第五科學革命

新興儒學世紀領航

周哲水 著

臺灣商務印書館

自序

　　我有寫書，但決非作家；我思考哲學也探究科學，但既不是哲學家也不是科學家。許多作家與學者因為工作、因為興趣或求知等，所以寫書、所以發表論說。我則是用生命尋夢築夢，我的書和論說，不過是尋夢築夢的紀事。

　　拙作《第五科學革命》當然也築造一個夢，一個中國科學革命的夢。現今臺海兩岸，「采西學，制洋器」；不但是產業的跟隨者（Follower），還是科技的跟隨者，甚至幾乎淪為文化的跟隨者。只有一場浩浩蕩蕩的中國科學革命，才能把三、四百年來中國文化的不幸斷層，藉此再行賡續，而中國人也才能擠身躍為世界領航者。

　　配合本書初版，我騰出時間建立「周哲水部落格」，針對中國科學革命等繼續提出粗淺看法，也希望讀者和各界人士惠賜寶貴意見。中國科學革命，將由大家彩繪！

周哲水　筆於臺北 2010.09.24

中國科學革命宣言

（為新興儒學敬告全球中國人宣言）

一 介紹

本宣言「中國」一詞也指文化中國，籠統地講就是華文世界；而「中國人」當然也有其廣義解釋，凡炎黃子孫皆屬之。藉由本宣言，筆者斗膽表示：經過百年的沉澱錘鍊，新興儒學扮演中國科學的先鋒正要開始邁步。這是中國科學革命的擲地先聲，也是二十一世紀中國人日新又新的序曲。

中國在宋、明之後，儒學衰敗。滿清末年，歐美挾船堅砲利入侵，以儒學為核心的中國文化更不禁棄甲曳兵，而中國頓墜為知識的沙漠地帶。當時有識之士大為驚覺，曾國藩提倡「主以中學，輔以西學」，張之洞強調「中學為體，西學為用」、「中學治身心，西學應世事」。爾後國人競採西學，走上一條「中體西用」的百年之路。

民國初年，五四運動呼喝中，陳獨秀、胡適之高舉科學和民主，更有喊出「打倒孔家店」。當代新儒家約莫相當「中體西用」的儒家學派，先有熊十力、梁漱溟等，繼之又有張君勱、唐君毅、牟宗三、徐復觀等起而堅守「中體」的道德意義，也接納「西用」的科學和民主，認同科學的普世價值。諸位前輩口中的科學，指的就是西方理性科學。它本是西方民族透過他們特有的宇宙觀與方法論來對外在世界所作的詮釋，竟被拱上「科學無國界」旗纛下的至尊典範；而儒學遂被侷限為人學，窄化為一門道德學問。近百年來，正是科學的高峰期，卻是儒學的低谷震盪階段。

事實上，儒學自有其科學一面。本宣言揭示由儒學出發，浩大邁向泱泱中國科學之路。

二 現代科學的盛世風情

何謂科學？科學即是知識。狹義解釋的話，它原指理性知識。廣義來看，凡借助數學（或其他演繹／辯證的推演推理數符）以及試驗

（或其他歸納的鑑測觀察）共同證明符應自然法則的知識，就是科學（以物理學為代表）。

於是，現代科學不折不扣就是西方科學。它是由西方文化的本質所衍生出來，是理性的科學，也是存有的科學。伽利略的地域力學、牛頓的古典力學、法拉第（與馬克斯威爾）的古典電磁學、愛因斯坦的相對論，還有量子力學以至現代高能物理（經驗觀測的機率等現象除外），莫不屬之。它以無比崇高威勢，躍為全球共奉圭臬；由它遙遙前導的工業社會，也成為現代文明盛世風情的標誌。

猶如整體西方文化，現代科學（西方科學）的本質同樣也是：終極（Utimate）、存有（Being）、演繹（Deduction）。科學以終極為本，欲於外在世界（External world）中探索真一、絕對、基本的對象，並以此為總原理來說明整個世界。整個世界的最高終極，乃是上帝；至於自然（物質）世界可藉由切割（Fragmentation）以求終極，無疑便是基本粒子（正統屬性應為質點，Particle），以及基本力。

現象和實在二截，感官現象是短暫多變，為虛幻。科學要把握的是存有的物理實在（Physical reality），是永恆的、不變的，為實際存在，包括：物理實存（存有者）及其秩序運動（存在活動）。心、物二元，物理學專門探詢物界，是物體和空間的知識，表述物體（物理實存）於外在空間因受外力而進行運動（秩序運動）。時間故此專指可逆的運動時間，為距離除以速度的度量，只不過是物體和空間的產物。所以，真實世界是無時間性（Timeless），而含攝過去、現在、未來的不可逆的歷程時間僅是感官幻象。

科學還採用演繹方法，在終極和存有的基礎上導衍出森嚴的物理學說，進一步有條有理建構出堂皇的機械論世界。幾何學涉及空間的理性圖板（Rational scheme），便成為最佳演繹工具，透過幾何的協助，可以循序推導形塑理性知識。古代希臘羅馬哲學乃賴「宇宙幾何化、幾何形上化（命題化）」來落筆，至於物理學更憑「物理幾何化、幾何計量化（代數化、微分化）」才得以集成。

壯哉科學，偉麗又相扣！反轉過來，生物學則可化約為化學，化

學也可化約為物理，物理還可化約為空間、基本粒子與基本力，以及自然法，最後再化約為終極與存有。

數百年來睥睨全球，現代科學目前正處於盛極將衰的高原期。

三 中國科學一條異彩道路

誠然，中國文化以儒學為核心，儒者孜孜不倦的便是搜覓涵蓋「天」（超越）、「地」（自然）、「人」（人界）的一貫原理。出自儒學，中國科學當然也以此為目標。

儒學是繼承三代文化而來，孔子稱「周監於二代，郁郁乎文哉，吾從周」。自古儒者矢志鑽究天地人的統一原理，《中庸》就講，「可以與天地參矣」（天地人三）；《周易》也説：「有天道焉，有人道焉，有地道焉，兼三才而兩之。」到了漢朝，武帝和董仲舒的獨尊儒術，就是一套天人感應下的統一社會理論。宋明時期，由周敦頤的《太極圖説》建造出自然萬物架構並繼天立極（天道人極）；爾後程朱理學（性即理）和陸王心學（心即理），分別各是一套天人合一的統一自然理論。二十一世紀中國人苟能承先啟後，就可挺身再接再厲建立一體生成的統一宇宙理論。

作為中國文化主流，儒學始終彰顯一體生成的宇宙觀；實在與現象是無間，心（理）與物（氣）是一源。實在與現象不是二截而是不分，心（理／邏輯）與物（氣／物質）不是一元也不是二元，而是不離，理生氣並於氣中（此即：邏輯於物質中，規格於器具中）。中國科學是心性（此處心性指心性論的思維型式）的科學，由儒學而萌生。因此，它還含具歷久彌新的儒學本質：人本、化生、因反。本質決定中國科學發展方向，預期必能開拓與西方科學並駕齊驅又相互輝映的一條異彩道路。

只有像西方科學探詢終極，關注外動等等，才能產生現代物理這樣的知識。反之，中國科學以人作為根本為範本，聚焦於客體的內在世界（Internal world），設法尋求客體的本源和結構邏輯（有機法

則），並以此為經緯來說明客體的結構單元與內動歷程。若說西方科學（現代物理為代表）主要即是外動力學，那麼中國科學（包括中國特色物理）則關注內動學說以及其意義與效用，最終凸顯攸關客體的歷程時間、結構邏輯、內動力（本源）。請大家注意，由「外在世界」定義，空間和物體是實存且二分，時間是運動時間。若由「內在世界」定義，內動不息，時間可視為歷程時間，空間為內界空間，空間不空。

存有科學幾乎把世界看成一無機世界，「歷程時間」為虛幻。所以，生物學可以化約為化學，再化約為物理；然後又是物體空間運動，又是外動力在主宰，於是生物問題最後統統還原為物理問題，而生物方面的科技循著西方學理就會被大力束縛！中國科學標榜化生的知識，放眼為一有機世界，那麼生物科技循著這一不同學理之路才可大突破，而關於生命其演進生成的有效操控也才較有可能。中國科學主張歷程即實存，不止生物，甚至小至粒子、大至星球，乃至整個宇宙，都是錯綜覆變一體生成而來。存有不變，終極單純而不滅，故能永恆。化生則強調生生與新新，事物由低等而高等，由粗陋而精密，求全達善以至完美結構（穩定結合）故能長久。中西科學之理想願景，完美 vs.單純，各有千秋！

《周易》暗藏的因反覆變與應對推演，可視為一套思維型式；舉凡思想學說（如天人合一）、中算（如弦圖推演）、藝文（如平仄對偶）、建築（如平穩對稱）等，都受其影響。宇宙苟能由外在世界觀的秩序和諧來立論，演繹推理方法當然很好。但大爆炸宇宙論（Big bang cosmology）顯示內在世界化生結構的說法更為貼切，況且弦論（String theory）揭櫫高維空間 不就是內界空間的空間不空，還有量子力學 （Quantum mechanics）所展現一體生成（全域性 Non-locality）、流動不居（疊加態與互補性、機率性），以及熱力學隱含的不可逆時間（歷程時間）等等；這些問題，也許引用改進的因反推演會更有幫助。

站在西方科學的肩上，中國科學有機會看得更高更遠。

四 結語

　　幾世紀以來，理性科學一枝獨秀。但存有知識已無法十足說明整體世界，晚近的證據和論說（如：大爆炸宇宙論、量子力學）似乎都暗示吾人所身處的，更接近一個一體生成的化生宇宙。

　　融存有入化生，這無疑是中國人的再次提升。採用中國科學這種融貫觀點來詮釋整體世界，也許可為二十一世紀人類知識突破找到出路。

　　抱持興奮心情，期待中國科學的誕生！

周哲水　筆於臺北 2010.05.10

目　錄

緒論　風再起・雲再湧

《第五科學革命──新興儒學世紀領航》所標舉的新興儒學，乃是會通傳統儒學跟現代科學而誕生於臺灣的一套知識間架，可以稱之為「科學儒學」或「臺灣儒學」。期待它足以作為未來儒學再奮發的激動力量，也夠格扮演未來臺海兩岸四地科學積極發展的前導指南。

本書連文帶圖約二十八萬字，誠然是一哲學也是科學論證之書（本書中科學、哲學、思想等字義有其交集）。縱使不考慮書裏的觀點是否完全正確，仍可提供一個更寬廣的視野以及一種反向思考的啟迪，相信一定有助中國人（書中「中國人」都可作「華人」解釋）追求知識以獲得亮麗成果。如果書中觀點進一步恰有幾分可取之處，那甚至就會對未來兩岸知識的推進造成某種程度的影響，「第五科學革命」因此也許真能預告一場中國（書中「中國」都可作「華文世界」解釋）知識運動。本書笨鳥先飛，希望兩岸、港澳，及海外等地至少那些熱衷追求科學知識的讀者，大家還能夠從中早睹趨勢並共襄盛舉。

再造本土思想（科學儒學）

曾經在媒體上看到前英國首相柴契爾夫人的說話，她指出：「中國沒有那種可用來推進自己的權力，從而削弱西方國家的具有國際傳播影響的學說。今天中國出口的是電視機而不是思想觀念。」是誰講這段話並不重要，固然筆者曾經查證過，也無法確定是出自柴契爾夫人之口；但重要的是，這段話真的一針見血，實在太貼切了！一百多年來，清末民初的中國以至當前的臺海兩岸，從來都是思想荒蕪的地方。

對一個國家或民族來講，思想是所有「軟實力」之靈魂（極軟），以軟開硬（以體開用），還是所有自研自製的頂尖「硬實力」（至硬）之核心。因此，適時而偉大的本土思想，乃是一流的超級大國、強大民族的必要條件。1970 年代的前蘇聯以及 1980 年代的日本，那時前者是威風凜凜的軍事超級大國，後者則是工業發達產品優越的經濟超級大國。兩者由於都缺少一個適時偉大的本土思想，前蘇聯轟然

瓦解了，而日本則在泡沫經濟破滅後一蹶不振到現在。反觀西方，西歐、英國、隨後美國，數百年來之所以能接棒睥睨全球，端賴它們秉有一脈相承的西方本土理性思想。

自古扮演中國的本土思想，主要是儒家學說。近代列強侵華帶來的震撼，船堅砲利之後，更有科學和民主。儒學於是癱瘓不起，甚至支離破碎，中國頓成一沒有本土思想的國度。幾十年來兩岸分別參照資本主義和社會主義作為意識型態，但是所大舉輸入的科學技術也好，政治體制也好，還不都是在本土思想匱乏且斷層之上把一堆舶來品勉強拼裝。就像臺灣，科學技術固然可以攔腰移轉，卻沒辦法生根；政治也只注重民主表象，卻忽略人人平等的實質。

近年來兩岸經濟發展甚受注目，臺灣前是鼎鼎四小龍之一，大陸現今更是世界工廠；但說穿了，雙方不過都是利用廉價的人力、土地等來充當西方世界推行全球分工的加工或代工角色。今天，兩岸都自以為前年（2008 年）全球金融海嘯中受創相對小，進而認定未來全球經濟競爭的優勢就相對大。事實恐怕未必！金融海嘯震央固然是美國，但美元是它印的，許多政經遊戲規則是它訂的；最重要的是它擁有訴諸理性的西方本土思想，若說智識大國、科技大國捨它其誰？幾年後，相信美國它又會開拓創新的產業，重執牛耳。

臺海兩岸如果不能另鑄一適時又博大精深的本土思想，就別奢談自強奮發，妄想晉身超級大國。前蘇聯、日本殷鑑不遠，單在經濟上，預期兩岸終將在加工代工模式發展到巔峰之後，無可避免地跌落下來（臺灣已經先行傾斜）。更別說在科學、藝文、時尚等領域，能有辦法與西方一爭長短。殘酷地說，今天中國人（記住，也可作「華人」解釋）仍然是世界的次等公民，唯有晉級到中國（記住，也可作「華文世界」解釋）本土思想再造，隨之中國軟實力媲美西方；那時才會出現許多兼具中國特色與優質魅力的跨國大企業和產品，那時許多許多中國人也才會成為世界一流科學家、一流思想家、一流藝文巨擘、一流時尚大師……等。到那時，風再起、雲再湧，中國人能再次引領全球風騷，才是世界的一等公民。

因此，筆者約在二十年前就開始潛心研究科學結構，尋求如何再造未來中國儒學。一路走來的心得，寫成了幾本書籍（此外也有一些文章）：《世紀大預言》（風雲時代，1995）、《挑戰西方科學》（正中書局，1998）、《經濟獨白》（付梓中）。而本書《第五科學革命——新興儒學世紀領航》則是經過十年摸索，以第五科學革命的名實（前幾次科學革命又是什麼，本書都有交代），嘗試重建儒學。此煥然一新的二十一世紀儒學便是以「科學儒學」（即「臺灣儒學」）為根柢，且咫尺之遙就可孕育中國科學。期盼巍峨高矗，一個繼承與創新的兩岸本土思想能夠由此壯麗站立。退一步說，縱使本書立論有待商榷，但是內中所指出更始儒學的芻議，也應可拋磚引玉。筆者持具信心，未來中國儒學一定可以復甦為人類總舵手。

然而，陳獨秀「打倒孔家店」沸騰聲音猶在耳邊，胡適之等「五四運動」中冒出的賽先生（暫不提德先生）早就蔚為風潮，已成沛然莫敵的磁吸。西方理性規範若摧枯拉朽，不單竄起充作中國、東亞甚至還是全球的知識綱領，科學光芒無疑益形昌熾耀眼。今天，除了瘋子或無知，不然有誰敢批判科學的不是!?有誰敢高喊儒學再次時代導航!?

即使當代新儒家，也傾向接受西方理論科學之精神，肯定西方科學的普遍性。對此，筆者一向不敢苟同；殊不知儒學當中自有科學（指那洋溢「化生」芬芳的中國科學知識），並且主體思維情智一體，不必有「道德（良知）主體」與「認識（知性）主體」的分裂。不幸的是，在宋明理學（新儒學）力量耗盡之後，尤其在訴諸「存有」的西方科學威力籠罩之下；儒學的科學面一直隱而不顯，難以窺見。況且，越是受到西方思想片面薰陶的人，越是目不見睫，反而看不出儒學的科學豔彩。三、四百年來特別是清末民初至今，國人逐漸自我設限，錯誤認為儒學（當然包括宋明理學）只是關於人的學問。

面對西方科學，筆者斗膽企圖做中流砥柱。或許，終究是一隻井底之蛙，不過是妄想用纖纖螳臂擋它西方大車。縱使如此，筆者作為知識分子，仍敢慷慨把我壯年歲月，盡託付與這縹渺卻無悔的夢。張

載四句話讓我義無反顧：「為天地立心，為生民立命，為往聖繼絕學，為萬世開太平。」

而為了重建儒學，本書跨越古今中外，博採科學、哲學、政經、藝文、數學等領域之要旨。因此，一方面固然疏失難免，尚請大方之家指正。另一方面卻也能有效廣納西學許多領域供作借鏡，尤能充分吸收存有跟理性，融入於化生跟心性（此處「心性」一詞特指關於儒學心性論的思維形式）。本書比較艱困的工作就是要落成論說的推演，乃至實例的檢驗。十年的漫長，本書終於完成了儒學的現代化、理性化、科學化。依其內容，筆者才稱此儒學為科學儒學；若是依其產地芳華，則可稱此為臺灣儒學！

儒學以「人」為本，卻並非僅是人學。而科學儒學更是強調「人」為宇宙人，這說法有別於宋明新儒學開顯自然人，更不同於秦漢儒學標榜社會人。科學儒學既沿襲傳統屬一圓滿道德之學，更是特別張揚為一可受檢驗的知識綱領，並發軔為二十一世紀中國科學之初探。不怕讀者們笑話，科學儒學的確自視是中國科學之先鋒，預期以此為指導範疇，應可盛開中國科學繁枝茂葉。本書論證跟例子顯示，中國科學無疑比西方科學更能合理說明現實世界自然現象，也更具備條件打造出統一理論和宇宙模型。

對眾多現代知識分子來講，「中國科學」一辭，還真讓人聞之噴飯！豈不知「科學無國界」，不是嗎？難道「科學」還有分西方或東方嗎？「科學」不是說放諸四海皆準嗎？誇言「中國科學」，一定又是愚昧冬烘大放厥詞。這點，讀者們儘管上門踢館，本書採嚴謹論證並佐以實例或圖表，豈敢胡言亂語！況且，筆者又是極少數最能深深了解讚賞西方科學的人，請參考拙作《挑戰西方科學》。再說，中國科學和西方科學並不必然是互相排斥，彼此不過是以不同角度、方式來詮釋事件。

臺灣初春 3 月（2010 年），本書才告真正完稿；但願這是吹響兩岸本土思想覺醒的號角，也是宣告儒學再次時代領航的誓言。

章節重點介紹

本書與其說是關於思想的創作之書，不如說是針對中國文化演進的實地剖析之書。

文化猶如一座深深迷城。它由人類言行所堆積建造，但卻鮮有人能一窺其全貌，更遑論從它的錯綜建築、複雜蹊徑中找出迷城的規律與原理。筆者對此做了一大膽嘗試，最後幸運地發現人類的集體言行有其偶然性跟必然性，人類的世代因襲也有其主觀性跟客觀性。並且，同樣的文化演變模式、同樣的原理與規律，不但適合於中國文化而且也可以拿來套用在西方文化上。

此外，讀者一定可以看出，本書其實是涵蓋關於中國文化的兩大析綜工作的記實。一是索解中國文化的內容議題，把兩千多年來儒學精義及其科學面，透過現代化工程來重新包裝展布。另一就是根據中國文化的演變模式，沿著數千年發展法則，設法去捕捉明日儒學的科學化新風貌。本書就在這兩大工作的交會之處，奠定科學儒學的堅固基礎。

除〈前言〉外，本書共分七章。接下來，筆者擬對各章作一重點介紹。

第一章指出人類進步、文化前馳，是由人文革命（科學革命）帶動譜出向上飛躍的輝煌。每一次都是起自思想與知識面的更新，爾後是技術與物用面的深化；物用的深化從經濟發展來看，則是新一輪「生產要素」（Production factor）的發掘（拙作《經濟獨白》對此有詳細說明）。有史以來，人類已經走過了四次科學革命，而本書所要揭櫫的，是代表未來新一波的思想與知識浪潮，此即儒學的科學化（科學儒學），筆者稱此為第五科學革命。這是中國本土學問跟外來知識又一次激盪後的突破性碩果，而中國數千年來整個文化演變還可歸納為一個合理模式（見表 1-1）。

若要問有什麼能推動如此波瀾壯闊的人文遞變，就像章節中所說

的，顯然是中國人意識與志念的再一次攀升。進入二十一世紀，中國人正面臨史無前例的精神面大躍升！

第二章和第三章是西方文化的全面剖析，從古埃及文明到古希臘羅馬哲學，最後再到現代科學，作一廣深的爬梳。我們也看到一個具有客觀、必然意味的西方文化演變模式，一樣是展現西方本土學問跟外來知識的交流（見表 2-1）。大家據此可以看出中西方文化的發展，雙方確實具有共同的原理與規律。但在內容議題上，中西方文化卻截然不同，甚至是奇妙地互為相反，這還真令人嘆為觀止！

內容議題方面，西學聚焦於空間與外動，立論彰顯本體、現象二截；其認知框架強調終極、存有與命題，其宇宙要素（心與物）和認識論（唯理與經驗）交織萌生四大知識原型。古代四大知識原型因為西方知性的提升而更進為近代四大知識原型，從科學哲學高度來看，近代物理四大理論便以此為綱——接踵誕生，此即：伽利略的地域力學（相近路線又有量子力學）、牛頓的古典力學、法拉第的古典電磁學（馬克斯威爾進而建立方程組）、愛因斯坦的相對論。

二十世紀前期，物理遭遇烏雲籠罩，大家逐漸發現現實世界未必是如西方物理所刻畫的風貌；況且四大原型多處夾雜矛盾，加以人們認知能力日益增長，批駁性的見解及事證一再出現尤其打擊到物理的權威。最重要的，現實世界絕非一存有物理（Physics of Being）足以敷陳的世界。因此，表面勉強維持一致、確決的現代物理理論，終於爆發分裂危機。西方十六世紀所創建的科學時代走到了尾聲，二十一世紀肇始，可說已邁入「後科學」時代。

第四章和第五章先提到中國天人之說，隨即直接論析儒學。儒學從來都是中國文化的中心，它的起伏分合注定影響中國文化乃至國勢的興衰順逆。當對其內容議題作了一番窮究後，發現它與西學確有奇妙的相反相成，讓人頓生鬼斧神工的敬畏。本書於是試行某種方式，把它與西學作一深切的對照勘察、交叉推斷，採取一種「比較文化」的手法，結果似乎更能探得儒學精義。「他山之石，可以攻玉」，誠不欺我。

　　儒學的鏡頭反之是投注在時間與內動，立論更展現體用不二；其治學框架講求人本、化生與因反，而其宇宙要素（理與氣）和認識論（主觀與客觀）則隱約構成兩條理論路線。這兩條理論路線在宋明理學的角力中比較清晰地區分開來，一條是程、朱的性即理，一條是陸、王的心即理。

　　兩千多年的曲折走勢當中，可以看到儒學對一些重大議題（或範疇）的論述與解答，其內涵不論是優或劣都直接造成了國家民族將是強盛或疲弱。明末迄今數百年，儒學衰敗以至瀕臨死亡，中國文化和國力也一直走下坡，而此時臺海兩岸何嘗不就是思想空白、文化赤字、經濟加工代工……等的所謂邊陲地帶！儒學以人為本（根本、範本），進而探詢涉及天、地、人等重大議題（或範疇）的一貫原理。其關注重點在秦漢儒學雖然大多集中於人界的議題，但隨著時代巨輪馳騁，到宋明新儒學（理學）已把目光轉向自然議題。只不過，中國地大物博人多，歷朝政務壓力多來自人事的問題，難免導致儒家學者多以人事作為議論對象。事實上，宋明新儒學所揭示的是囊括天、地、人的統合之理，人已定義為自然人。可見，儒學絕非僅是人學。

　　第六章和第七章原為一氣呵成的一整章，但因字數過多，才分割為兩章。第六章直入自然科學之母即物理的細緻與關鍵之處，揭發物理困境。物理危機當下，後科學時代來臨，而在現有知識領域渺渺遠處，卻見儒學的星光不停閃爍，顯示一大塊全新的知識園圃。

　　一般來說，現代物理學早就到達了高度熟透階段，已經沒有再成長的餘地。進一步觀察，西方理性思想包括存有之學和解析之理都已經逼到了人類的極限，再往前便超過客觀條件允許的範圍，甚至出現非理性狀態，這就為何另類形上意涵的量子論機率現象會因應而生。何況，愛因斯坦相對論乃是泛神論穿上數學跟物理外衣，當它接棒而起奉為物理主流，就表示近代物理四大理論（各含一近代知識原型，如：斯氏原型泛神論）的輪替暫告完畢，也意指西方理性思想完全耗盡所有潛力。若再深入幽微之處，馬上看到現代物理是以相對論和量子論為兩大支柱，然而兩者卻是相互扞格不入的。況且，相對論的一

些見解犯有錯誤，竟連「光速不變」（Constancy of light velocity）都有瑕疵，而量子論的詮釋，譬如「疊加態」（Superposition state）也是不夠完整。

鑑於「機率」是科學問題中的問題，接著還對「機率」作一哲學性質的探尋。能夠洞燭「機率」真相，科學才有機會再次突破。

第 7 章算是結論，提出科學儒學芻議，主要是一個統一的宇宙理論。自然界是一個整體，萬有莫不遵循共通的原理。古今中外眾多學者對此倒是異口同聲，咸表贊成。可是，大家眼見不單科學與社會（如：道德）是分裂的，甚至物理領域如：微觀與宏觀、動力與熱力……等也是分裂的。雖然不少物理大師包括愛因斯坦都試圖「更徹底地」從基本粒子和基本力來著手，力圖一統，而最近還有弦論的興起，但都離統一理論或稱「萬有之理」（Theory of everything, TOE）仍是遙遠。

同樣，中國宋明新儒學的「性即理」與「心即理」也是分裂的，造成主體與本體、主觀與客觀、人界與物界……等隔閡對立，知識之路陷落中斷。所以，筆者首要乃是將性即理與心即理二者給予統一起來，這等於是理學的總完成（「化生之學」）。緊接著，再將總完成理學與現代物理（「存有之學」）也予以統一起來，融存有入化生、融理性入心性，找出新宇宙觀與新方法論；這便是儒學的科學化，僵硬數百年的儒學終於注入了新生命。科學儒學（內含統一宇宙理論）於焉誕生，而宇宙、物質、時間等也有了新定義。

末了，本章就在時間新探之中畫下句點。

一份時間之證詞

人類未來進一步要窮盡的，是時間，是不可逆的歷程時間。《周易·繫辭》說「變動不拘，周流六虛」，歷程時間若依儒學也可稱變動（流逝）時間。

西學標榜存有，空間乃物體的外在廣延，為一真實存在。幾何是

空間的理性圖板,而物理則是闡揚物體在空間中運動的真與美,遂有運動時間。

本書中,筆者對空間、時間分別作一探究,並析論歷程時間與運動時間的不同,指出人類到現在為止仍對時間諸多歧解。與西學相反,儒學則肯定時間的真實存在,《周易》名列五經之首,專講變易,是一部古代的時間之書。至於本書尤其強調時間的真實性,並申明真正時間即是歷程時間(變動或流逝時間),揭露中國人從來是一時間民族。相較於物理是「物體與空間」的知識,科學儒學之路自當在「事物與時間」方向尋求知識突破。未來中國文化若能闢此蹊徑以致再次綻放光芒,本書便是一份時間之證詞。

燦爛的西方文明,其性質無疑即是「空間運動」的文明。動力學最具代表性,顯示物體的空間運動無論過程或結果,都能夠計算出其距離、速度與位置等。於是,各種力的發現以及應用,尤其引力、電磁力跟核力的面世,更把西方從十八世紀的船堅砲利,推升到二十世紀的核能氫彈、電腦通訊、航空太空等。今日西方,全球唯它馬首是瞻。

現代物理的理論源頭,確實可以上溯到西方關於空間的形上思想,屬於西方專有。這乃為何近幾十年來中國人在物理試驗與計算等方面雖有建樹,但在物理理論方面卻總是乏善可陳,因為中國人終究沒辦法打從身心完全進入西方文化深層。拙作再造本土思想,重點便是從中國文化當中萃取獨有的時間方面的形上意識,這原是數千年來中國祖先思索宇宙的結晶,我特加整理供給當前兩岸科學研發人員、知識分子和學校師生作為參照之用。

科學儒學所指出的,將是一個能夠展現出「歷程時間」(時間變動或流逝)的文明。歷程時間的理論建立乃至技術開發,將來需要千千萬萬國人投入耕耘。歷程時間的真實性,科學儒學確是提供了先聲的學理基調,而整個理論體系的營造和技術操控的鑽研,猶有待眾志成城。總而言之,本書只是一個小小開始。萬般流轉,時間唯真;筆者最後也是因為能夠辨識時間之虛實,尤其把握歷程時間的理一萬殊之玄機,才敢擱筆脫稿。

　　譬如説生命，就是在歷程時間流之中。其實，不瞞大家，筆者確在「時間技術」的鑽探上略有一點點心得，而這也更加深我對科學儒學的信念。但是，仍必須等一段期間後，等到時間技術的實際成效更為明顯，才敢定論。第五科學革命也好、科學儒學也好，涉及眾人，我未必能看到它開花結果。但時間技術的應用，只跟個人有關聯，目睹步漸寸進難免我心雀躍。

　　嚴格地講，西學確為存有之學，彰顯存有（Being）排斥化生（Becoming），即使到了今天仍然視「歷程時間」為虛幻。所以，生物科學可以化約（Reduction）而為化學，化學再化約為物理；然後又是物體空間運動，又是力的作用，生物問題最後又統統還原為物理問題！而在目前物理觀念之下，那麼像生物方面的科技循著西方學理就難以突破窠臼。按照儒學觀點，一向認定「歷程時間」為真。如果這樣基調屬實，並且得以積極發揮，也許就可以依此建立一套新興學理，進而化生的知識一步一步確立。那麼生物方面的科技循著這一不同學理路徑才有機會翻新，而關於生命的演進生成的有效操控也才比較可能。

　　當然，不管怎樣的學理基調乃至完整理論體系，最後還是要有實證支持以及相關應用技術的出現，這種科學才有意義有價值，也才會廣被接受。古典物理學當紅時，牛頓的萬有引力定律一時膾炙人口，就是因為許多天文事實，譬如：哈雷彗星的觀測、海王星等的發現，全都印證了萬有引力定律。愛因斯坦的廣義相對論預言重力場會使光線偏轉，後來果然觀察到遙遠射來星光，當經過太陽重力場時會發生一點七秒的偏轉。世人大為震驚，也奠定了愛因斯坦的天才地位。同樣，本書「事物與時間」的科學不光是嘴巴説説就好，將來也一定要接受實務的嚴厲挑戰。

　　話説回來，不管書中內容是否足夠充作兩岸科學研發的指導原則，至少披露理論科學（尤其理論物理）研究工作的一個嚴肅的課題。那就是，理論科學研究人員的角色應該像一個知識尋寶者，在已知與未知交錯的智慧大海中從事尋寶工作。應該警惕的是，他絕非一個矇住眼睛一無主見的摸索者，單只希望靠些運氣就想從茫茫大海中撈針。

反之，他至少是一個略懂方向、粗知目標，以及持有地圖等的探勘先鋒，而所謂方向、目標、地圖等其實就是科學的形上配備，屬於文化束縛（Cultural bound）的東西。

不過，科學儒學雖然自許揭發現實世界流轉動況，並築構一新宇宙觀與新方法論，但事實上，其主旨還是繼承儒學道統而來。雖說筆者對宇宙、物質、時間等內涵也予以重新加以界定，然而內中要意仍是沿襲傳統儒學精義。

儒學一向都有它的科學一面，它自古以來所尋繹的是總括天、地、人三大範疇的至理。因此，它既不單是人學，也不僅僅是道德之學，而是一套以人為本並兼含樸素統一宇宙（天地人三）理論的學說。這一事實，可能會讓現今許多人甚至知識分子感到非常驚愕。但事實就是事實，勝於滔滔雄辯。《周易・說卦傳》稱：「昔者聖人之作《易》也，將以順性命之理。是以立天之道曰陰與陽，立地之道曰柔與剛，立人之道曰仁與義。」撇開人事不提，若把這陳述當作自然知識的總綱領，即是：順天地（宇宙）自然事物的性命之理（化生原理），訂立陰（負）與陽（正）、柔（能）與剛（質）作為基本準則。那麼，在秦漢的農業時代以及宋明的工藝時代，這一總綱領就足夠引導古人鑽究科技、勵行開物，也的確造就了秦漢農業帝國以及宋明工藝強國的璀璨文明（宋明新儒學對物之理更為重視）。

明末迄今數百年，儒學一直無法再更新。加上大時代背景劇變，西方理性率師的一致性、必然性、精準性的知識騰空凌駕，工業時代蒞臨。於是，儒學與中國雙雙重摔下來，傷痕累累幾近死亡。泱泱中華原本是世界中心，竟淪為邊陲的落後地帶。

今天，筆者借助西方科學來點亮儒學既有的科學一面，融存有入化生、融理性入心性，打造科學儒學成為「事物與時間」尖端知識的指導綱領。儒學復興，中國文化再活；這份二十一世紀中國人心聲的時間之證詞，期盼預照未來的絢麗千百年中國歷史！

（周哲水　筆於臺北 2010.04.20）

第1章　藉由革命而逼近真理

人類藉由革命而揚升，而逼近真理。此處「革命」是「人文革命」的縮寫，意為人文的交流與躍進——主要還是針對不同文化的匯集貫串再加去蕪存菁。不同文化經過長期互動，最後引發的將是思維更張，接著風起雲湧的則是知識翻新。藉由這樣子的起伏轉進，方使得吾人所打造的文化世界其智性一面逐漸逼近真理。

的確，不同民族由於不同的歷史背景、地理區域和思維型態等，各從不同的角度切入去應對所處的周遭環境，遂堆砌出不同的文化世界——它們各自僅是千萬種人工實境（Artificial reality）之一。繼之，凡是存活的文化，它們的知識建置還會以其不同相貌，從不同方向、遠近，透過接觸、磨合、試誤和改進而一波又一波去逼近真理。

倘以目前知識標準來論斷，則西方文化也好、中國文化也好，任誰都無法自誇通達真理。未來，還要看那一方能有更大的包容與創意，能在知識巨流中再捲起浪濤洪峰。到那時候，它才可自詡更為符應真理。

1.1 第五科學革命的契機

如果要用比較直接措詞，人文革命即是知識革命。依據寬廣解釋（按：狹義解釋請參考拙作《挑戰西方科學》），科學意指知識，故又可稱科學革命。自有歷史記載以來，人類已經走過了四次這樣子的科學革命，依序為：都城革命（約 2000～800B.C.）、思想革命（約 600B.C.～300A.D.）、物理革命（約 1050～1950A.D.，十一世紀中國理學可視為廣義物理革命）、企業革命（約 1750～2050？A.D.）。第三科學革命即物理革命主要是關於空間運動理論的突破，第四科學革命即企業革命當然就是關於空間運動其應用的推陳出新；二者合為存有科學之革命，其中，有一段重疊時期乃表示理論與應用的緊密銜接。西方民族應該說是這第三和第四科學革命的關鍵推手，他們所打造的西方存有文化世界，至今仍然是全球人類的共同典範。

任何民族之所以能夠存續，乃在於他們的文化世界經得起環境的

考驗。根據史實得知，某一民族能夠有機會力展雄圖，其原因追根究柢總是由於文化的精神面（請參考圖 1-1 文化示意圖）——尤其智性知識——獲得統一與再生；相反地，某一民族一旦掉入攻訐紛爭的困境，其原委多半是精神面出現分裂與窘敝的緣故。中國文化自宋、明以降，精神面便節節敗退，導致國勢長期衰竭。更經清末民初西潮衝擊，天人理論出現嚴重矛盾分裂，尤使民族信念、思維等一蹶不振。屆至今日，中國文化依舊欲振乏力，中國人依舊俯首嘆為地球的二等公民，中國政經、社會也依舊面對著重重的內憂與外患。

文化（即文化世界，請參考圖 1-1），是一個民族和其環境所交集而成的一個複雜錯綜體（Complicated complexity）。它深深地影響團體當中每一分子，使他或她從出生到老死都受到極大的束縛。另外，當中主要分子也可透過繼承與創新，苦心孤詣地去改造文化世界的內涵，以強化民族的競爭優勢。在踏入二十一世紀之刻，細數百年來多少中國人前仆後繼，力求復興自強。種種奮發事蹟，讓我們感受到中國歷經殷憂多難卻百折不撓的悲壯，也體會中國文化始終蘊蓄一絲羸弱但堅毅的微光。這些，正隱含不滅的民族意志，尤透露第五科學革命的契機。

「中國」一詞，本意應為萬邦中樞。遠在商代，就有「中商」觀念，東、南、西、北四方（方即國或邦）加上中商共為五方。東周時，中國僅指那些進步的周朝初期疆域，即：晉、衛、齊、魯、宋諸國，四周則稱南蠻、北狄、東夷、西戎。秦、漢的統一，中國所代表的區域越來越廣，但中國作為世界中心的想法，未嘗稍變。宋、明時代，中國本位文化發展到極致，普天之下中國上邦，為世界之中。

今天，古老帝國早已崩潰，我們當然也不會再侈言中國是世界中心。不過，就在西風勁道力盡疲軟的時候，中國也不該繼續被認定為落後下邦，是西方文明的邊陲地帶。回顧古今數千年的民族足跡，我們確定中國歷代的興與衰，實乃中國文化的統一與分裂相互嬗遞所致。那麼，值此跨世紀之初，當務之急莫過於探究古代諸子的精義與軌跡，把分崩離析的儒學重新統合；由此點燃第五科學革命的熊熊烈

火，進一步再造一個嶄新的中華文明。

　　事實可以證明，歷朝的興衰果然繫於文化，尤指儒家思想的統一與分裂。此處，我們擬迅速瀏覽一下（第四、五章會再詳細論說）西周迄今，有關主流思潮的變遷以及政經的起落。然後，沿著此一長期趨勢，探索當前人文活潑所在，諸如：臺灣、港澳、大陸沿海等地，是否有誰可以首倡儒學復興，進而發起一場科學革命。

　　西周繼承夏、商的敬天祭祖法度以及都城暨集體農牧文明（按：國有制），另注入西周本身新興的民本精神，融合成為一個統一文化（按：融民本入法統，其中統合天人義理可視為前儒家思想）。也因此，建立了一個禮樂盛極的上古先進國家。堪作楷模，孔子也不禁說：「周監於二代，郁郁乎文哉！吾從周。」西周以後，國有制逐步瓦解，禮壞樂崩，文化出現分裂矛盾，社會也陷於動盪不安。春秋戰國是一從集體農牧轉向個體農業文明的關鍵時期，農耕技術進步，土地私有制浮現；原有社會結構也告解體，人們無奈面臨前所未有的劇變。針對「周室衰而王道廢」，大家卻始終拿不出一套統一的方案——包含理論（道）與應用（術），以妥善地去解決日甚一日的種種問題。

　　一場思想革命於是杳然來臨。「道術將為天下裂」，九流十家眾議紛紜，各有主張。當時，社會衝突問題嚴重，比較能夠匡正時弊者首推儒家（按：稱為原始儒家）和法家。孔、孟鑑於「世衰道微，邪說暴行有作」，「是邪說誣民，充塞仁義也」，挺身繼承民本信念，提倡禮樂仁政，為社會樹立行為規範。商鞅、韓非則基於諸侯稱霸爭雄的需要，強調法治，鼓吹富國強兵，諸如：鼓勵農業、獎勵軍功。新興的法家學說，遂為西秦政府所積極採用推行。儒、法，還有道、墨、名、陰陽等，為先秦重要流派。稍後，不同的思想學說漸有匯聚的趨勢，例如：雜家，它偏重道家與陰陽家，且兼採儒家、墨家，併合名家、法家（見《漢書・藝文志》）。在這種匯聚趨勢裏面，荀子的貢獻甚為卓越。他是儒家重要人物，尊孔子為大儒，試圖追尋一套以儒為體、法為用的統一人學思想或知識體系。此處「思想」和「知

識」，皆指人們面對外界變動而建構的一組因應道術，二者因此是相通的。

漢朝初期崇尚黃老之學，唯其內容隱然可見眾家匯聚的脈息。到漢武帝開始獨尊儒術，所謂儒術就如董仲舒《春秋繁露》刊載，固然標榜儒家，卻已兼容法家、雜家等觀念。西漢儒術，終於實現了一套統一儒家人界體用立論（按：融法雜入儒家，儒學至此一統，可稱為政教儒學）。若非如此，何以支撐中國盛大的農業文明，也無從憑以建立一個史無前例的龐然農業帝國，聲威震撼四夷，疆域廣闊遠至朝鮮、瀚海、西域和越南等地。

東漢末年，黃河流域農業土地漸告枯竭，林、礦等自然資源大量耗盡；況且民間土地兼併，財富集中在少數人手中。政教儒學無法克服環境移易，賴此為核心的農業文明於是焉坍塌傾圮；人心失落，讖緯災異流行，宗教和符籙乘勢竄起。中國文化又告分裂與窘敝，社會也兵連禍結，民不聊生。魏晉南北朝，北方長期處於紛亂且農業生產遲遲未能恢復；隋代到中唐，南方經濟逐漸開發有成。這前後約五百五十年歲月，是從農業轉向工藝文明的重要期時。唐代中期，另類經濟活動開始活躍，工商事業反倒日益發達，加工生產越受重視，社會展現新貌。不幸的是，佛老只知暢談空無，罔顧政教、事理、物用和工藝文明的朝向。韓愈深具憂患意識，其〈原道〉不只一貫道統且痛貶佛老，也是一篇洞察時代變遷的政經議論。其實，早在唐朝以前便有人提出儒釋道三教合一以求適應時代的變通道術，而禪宗融儒入佛也吸引當時大批知識分子。不過，韓愈的鮮明見解，終於反過來奠定了融佛老入儒學的方向，並為此一全新又統一的中國文化喊出先聲。

宋朝另創的新儒學稱為理學（或道學）。它以儒家思想為主幹，另參考佛老的世界觀和方法論，完成了一套統一儒家心性學說（按：融佛老入儒學，儒家至此再統一，稱為哲學儒學）。中國傲世的工藝文明就是在心性物理基礎上茁壯起來，而宋朝壯麗的豐功偉業也是在這基礎上興造起來。不少人推崇宋朝新儒學是原始儒學蟄伏數百年後的復甦，事實不然，它可說是一套經過新造的自然哲學體系。原始儒

學是基於禮樂潰散而產生的「天道人學」，新儒學則是起於探詢自然世界而產生的一套涵蓋宇宙人生的「萬有理學」。

元、明、清三朝，知識分子先是走入虛談空疏，後又轉入考據訓詁，儒家精義黯然褪色，矛盾加深。工商業主和工匠都墨守成規，以新儒學為軸柱的工藝文明到此遂停滯不前。十九世紀中葉，西學標舉科學與民主，尾隨船堅砲利長驅直入。中西一經較勁，中國文化立刻深切分裂與窘敝；儒學徹底敗北，自限於人學。於是，中國成為俎上魚肉，任憑列強瓜分，國家民族岌岌殆哉，時人不由疾呼災禍之烈極矣！清末知識分子因此痛定思痛，悟得救亡圖存唯有從知識入手。張之洞、康有為等人看到西方技術、議會種種長處，便倡言以夷為師，最後方摸出「中體西用」（「中學為體，西學為用」）的門徑，為併裝的中國文化打下基石。

民國以來，西學漫天湧入。西方科學是現代知識的最高標竿，而西方民主又是現代體制的最公平準則，儒家思想失去著力點，落得苟延殘喘。五四運動的精神從北京蔓延到整個中國，乃至燃燒到整個華人世界；大家齊聲吆喝打倒孔家店，轉而膜拜西方知識，高唱賽先生（即科學，Science）和德先生（即民主，Democracy）。在這樣一團混亂之中，本土有志之士站起，希望尋找一條學貫中西之途徑。那時候，當代新儒家先鋒人物有熊十力、梁漱溟等，1949 年國民政府遷來臺灣，後起者又有唐君毅、牟宗三等，極切感懷意義危機。他們讚賞西方科學十足符合自然知識，又肯定傳統儒家道德精神的高超價值，便試圖尋求二者的串連以期開拓一條中國人的現代化之路。結果並不十分滿意，所謂知性與德性終究難以統一。當代新儒家只造就了一套併裝的儒家中體西用論說（按：融西用入中體，故又稱為西用儒學），無疑可為臺灣、香港等的輸入式工業文明的背景──倫理、民主、科學──充作哲學詮釋。而臺灣等六○年代以來優異的產業建設和經濟成長之實例，又為大陸八○年代起的改革開放和急遽工業發展鋪設先行道路。

歷次中國文化的統一再生，都是融合外來新興思潮而化入本土既

有理念，還推動體用的全面改造跟政經的新象。就如宋朝新儒學，便是「融佛老入儒學」，才誕生煥然一新的理學。但是，當代新儒家雖勵行「融西用入中體」，卻中體與西用各自涇渭分明，彼此幾乎沒有什麼關聯。中外思潮始終未能真正融合，根本無法激勵一次人文革命。因此，當代新儒家到頭來難免有二項侷限。其一，沒有辦法做到「由體開用」，以致國人雖然全力科技移轉卻無法生根，潛心研究西方科學卻不能創立宏偉的理論知識。其二，沒有辦法達成「內聖外王」，反使大家不得不懷疑倫理道德無從助成現代化國家，既開不出民主政治，也開不出公義社會。

　　晉入二十一世紀，隨著理性的鈍化，西方文化已用盡了潛力。我們看到自然科學特別是物理學停滯不前，工業社會顯然也不是最佳生活方式。反映出數百年來西方標榜存有（Being）所描繪的外在世界，也不過是片面之辭。轉頭看一看臺灣、大陸等地區（按：走在前面的臺灣已見徵兆），併合的中體西用不久將會瀕臨極限。國人只知投入生產製造（如 OEM、ODM），或專於工程、設計、實驗等項目，卻始終不知如何作出重大發明、重大創作，更甭提躋身劃時代的偉大科學家、思想家、藝文巨擘、時尚大師等。而且，傳統道德實踐未能去調和輸入式工業社會，反造成急功好利又短淺無行，不啻是儒家心性的一大諷刺。

　　理性科學和心性道德不知如何銜接，當代新儒家的基礎顯得非常脆弱，數十載費心的意義探求很可能只是一場苦工，致力營造的中體西用也可能只是一座流沙上的華廈。是中國人太過淺短？還是儒家根本無力指引中國人攀登再一巔峰？事實上，宋明以後，儒家思想就一直未曾跳脫分裂與窘敝，到今天，民族內憂外患也依然凶險。中國文化未能發動一次科學革命而融合統一，中國相應恐將無路大幅攀升，更甭談步上崛起之路。回想二十世紀最後十至二十年間前蘇聯和日本推行西化（Westernization，即工業化，Industrialization）有成，分別躍身為軍事強國和經濟強國。但因缺少一套統一且精深博大的適時文化體系，當然也無法塑造一強大柔性力量（Soft power），其國勢遂

先後從巔峰反轉下挫，前蘇聯甚至解體了。

以臺灣來講，它是中體西用的先驅，近幾年來隨著當代新儒家論述稍有停留，輸入式工業社會不久將是強弩之末，面對局勢劇變，問題不少。放眼望去，未來臺灣的紛擾豈是嚴厲二字了得！臺灣確實必須從文化突破的原點切入，以探詢中體西用之上該如何再次締造新局。

初聽之下，文化二字頗為抽象，文化突破之言更是空泛，怎麼說都相當不實際。大家應該知道，必先有生機蓬勃的精神文化，方有強大的社會與政經；更何況，二十一世紀的一場文化突破之壯舉，揣度各方興衰規律，榮耀注定歸於中國文化。臺灣（或者：港澳、大陸沿海，乃至新加坡等）居於中外古今文化交集的位置，具有獨特優勢（Uniqueness），正可為二十一世紀的一套統一的中國文化首開先河。這將是一場儒學科學化的運動，亦即第五科學革命，融存有入化生，融理性入心性，不僅建構新思維（即新性，包括一新穎宇宙觀與方法論），還憑以推出一個統一宇宙理論，繼之由體開用，內聖而外王，即可營造一個更新且更巍峩亮麗的文化世界。

誠然，第五科學革命的契機，乃在中國人的主觀意願及客觀條件之中，尤在文化與歷史的演化規律之中。為了能讓讀者更明確看到儒學科學化的一路走來趨勢，我們特從文化進化的高度，將上述由西周到現代有關中國文化幾次統一與分裂的經過，歸納製成表 1-1 中國文化演變簡表，供讀者比照。表 1-1 包括三大部分：①知識與思想的演化；②社會與物質的演化；③思維意念與相關工具的演化。讀者如果對後二者有興趣的話，請參考拙作《經濟獨白》及《世紀大預言》。本書重點則在探討前者亦即知識與思想的演化，並由此揣摩第五科學革命將如何發生？將是什麼模樣？

1.2 文化世界的進化角色

接著，我們打算回頭解釋一下什麼是文化世界（簡稱文化）。它的角色是什麼？它與人類的關係又是什麼？

　　為了求得翔實完整的詮釋，我們的踏勘工作擴大到一般動物，再
提高到人類，以期在更寬廣的範圍來歸納出文化的標準定義與普遍規
律。我們一方面從生物學、物理學等資料裏面去搜羅證據，一方面也
從中西文化的演變中去尋找事實，務使關於文化的論證得以奠基在生
物行為以及物理之上。

　　表面上看，沒有符號體系，就沒有文化。人類直到新石器時代（約
一萬年前）開始，文字符號次第形成，才造就了文化。實質上講起
來，舉凡人類乃至一般動物，其本身為了更合理地適應周遭環境而做
的各種活動，皆可視為文化。所以，更周詳地考量文化的意涵，發現
它不啻是進化的手段（The means of evolution）。人類身為萬物之靈，
演變至今，其文化還依不同民族或國家各自發展成為不同內容的龐大
實體（Entity）。這一龐然大物不但具有進化的功用，尤具有可以滿
足吾人高層次心靈需求的機能，使它無疑又是圓滿的手段（The means
of completion）。

　　再仔細一瞧，文化又區分為外層文化和內層文化。人們所身處的
日常世界，通常可以直接代表文化世界，但仔細檢視，絕大部分都屬
於外層文化（按：其中許多又可列為體外工具，Exosomatic instru-
ment），包括：

　　(1)**物質面**（**Material aspect**）：指由實物所形成的食貨、建造等，
如食、衣、住、行等產品，以及自然界各種事物。

　　(2)**社會面**（**Social aspect**）：指由人事所產生的體制、組織等，
如政府、公司、家庭。

　　(3)**精神面**（**Spiritual aspect**）：指由情智所栽植的知識、藝文
等，如物理學、生物學、文學。

　　此外，我們發現固守在外層文化的裏面，尚有一內層文化，主控
著幾乎所有外層活動。這內層包括：

　　(1)**文化元素**（**Elements of culture**）：指構成文化的思維意念要
件，也稱為精神構造。

　　(2)**團體心象**（**Collective schemata**）：指民族或國民的平均智力，

表 1-1　中國文化演變簡表

中國文化 ＼ 朝代	夏商周（西）	東周 & 秦	漢	魏晉南北朝 & 隋唐
知識 & 思想：				
新興思潮	西周（天命靡常）	西秦（法家）		西域（佛學）
主流學說	法統 → 前儒學 →	原始儒學 →	政教儒學	
融合特徵	┄┄┄┄➤融民	本入法統 ┄┄┄➤	融法雜入儒術 ┄┄┄┄┄┄	
社會 & 物質：				
文明演變	集體農牧文明（王官）	土地私有制 ↘ 生產力下挫 ↗ 國有制瓦解	農業文明（王官、地主）	資本私有制 ↘ 農林資產枯竭 ↗ 土地兼併
人文創造	都城革命 約 2000 年 B.C.（國有制）	┄┄➤ 思想革命 6-3 世紀 B.C.（土地私有制）	┄┄┄┄┄┄┄┄	
（註）生產函數	$y = f(x_1)$	┄┄┄┄┄┄┄➤	$y = f(x_1, x_2)$ ┄┄┄┄	
思維意念 & 相關工具：		以人觀人 社會之道		
思維意念	前心性 ◄——— 初性	———➤ 儒學心性 樸素心性（社會人）		
符號工具	表音文字 尚無「思」字	字詞體系、易學、中國算學 諸子百家　　九章算術	綴術	詩 算經十書
宇宙模型	靡常 ◄——— 歲時（生）	———➤ 禮樂社會，生物之仁 流逝時間（生生）		

註：x_1：勞力，x_2：土地，x_3：資本，x_4：企業精神，x_5：創新功能，y：產量，詳情請參考拙作《經濟獨白》。

宋	元明清	中華民國 （1949-1999）	兩岸四地 （2000-2020？）	華人世界 （21 世紀）
	西歐（西用） ↓		西方（存有） ↓	
哲學儒學（理學）（視為廣義物理革命） →		西用儒學 （當代新儒學）		科學儒學
┄┄► 融佛老入儒學	┄┄	融西用入中體	┄┄┄┄┄►	融存有入化生
工藝文明 （王官、地主、商賈）→	企業私有制↘ ⤶ 工藝衰落 機械興起	工業文明 （政府、地主、資本家、企業家 & 經理人）	智財權↘ 生產極大化 財富集中	智識文明 （政府、地主、資本家、企業家 & 經理人、智識專員）
┄► 工藝革新 9-12 世紀 （資本私有制）	┄┄	中體西用 20 世紀前期 （企業私有制）	┄┄┄┄┄►	第五科學革命 21 世紀前期 （自有制）
┄► $y = f(x_1, x_2, x_3)$	┄┄	$y = f(x_1, x_2, x_3, x_4)$	┄┄┄┄┄►	$y = f(x_1, x_2, x_3, x_4, x_5)$
以人觀物 自然之理 理學心性		以人觀物 自然之規律 倫理心性		以物觀物 宇宙之邏輯 科儒新性
自然心性（自然人）		後心性（自然人）		新性（宇宙人）
新文體、象數體系、中國算學		白話文、現代數學		新漢字，圖符體系
唐宋八大家、宋元四大數學家		西用科學家、數學家		智識家
主觀／客觀自然，萬物化生		（中體西用）		文化世界，秩序的不定
流變時間（化生）				流程時間（化生＋存有）

也可以用教育水準或數學程度來表示。

(3)**體內工具（Innersomatic instrument）**：指思維意念的輔助工具，主要有符號工具，如語文、數學、圖形。

還有，為了辨別某一文化是否存活，內層文化的裏頭有一表示文化主體是否存在之處，此即形體（個體或群體）。形體假如存在，其有關活動便是一活存之文化，反之便是一死亡之文化。

並且，我們注意到文化的日新月異，端賴驅動機構的策進。它常是牽動一個民族或國家向前馳騁的火車頭，在不同時期由不同的主導部門來扮演這一角色。在古代，最強勢的主導部門是政府機構；到現代，緊緊支配著大部分人日常生活的樞紐，當屬企業公司。

倘若把一般動物的所謂文化拿來與人類的文化互相比較，便可發覺兩者差別非常大。觀測一般動物的行為，不難發現牠們的文化——各種適應活動——固然也可區分為外層文化和內層文化。可是，它們的內容卻非常貧瘠，水準也非常低劣。一般動物的內層文化非常單純，包括：

(1)**本能（Instinct）**：指與生俱來的能力，如趨性。

(2)**團體行為（Collective behavior）**：指一動物族群（Population）大部分成員對於環境刺激所作的反應，有些得自遺傳，有些則得自經驗。

(3)**體內訊號**：指神經的作用所產生的內在訊號，它可以影響腺體並藉由骨骼與肌肉將行為付諸於外。

如此單純的內層，當然只能造就簡陋的外層文化或稱為感應世界，包括：

(1)**物質面**：指外物所形成的物用與環境，如工具、巢穴、食物等，只有少數動物像黑猩猩才能製作且使用工具。

(2)**社會面**：指同種（Species）個體所構成的團隊，如配偶、親子、族群等，不過許多動物的社會組織都很鬆散。

(3)**精神面**：指同一團隊所共有的關於日常生活的訊號系列，可用聲音和動作來表達；這種訊號系列與人類真正精神活動高低相差太

遠，完全無從比擬。

　　動物形體（個體或群體）的存在與否，便決定了其所謂文化是否存活。還有，牠們的驅動機構也非常簡單，主要為親代。許多動物都曾受到親代的撫育，並從雙親那兒學到一些技能與習性。

　　在此，我們把人類與一般動物的文化結構繪成圖 1-1 文化示意圖，圖中之 A 部分表示人類及其文化，而之 B 部分表示一般動物及其文化。彼此皆畫分為三個區隔，由內向外分別簡述如下：第一區代表個體或群體，存在成為生理形態與體能；第二區代表內層文化，開展成為心理形式與性能；第三區代表外層文化，表現成為生活環境與機能。再者，介於內層文化和外層文化之間，則是驅動機構。從這幀示意圖中，我們觀察到人類及一般動物文化的意義有其雷同，皆可視為進化的手段。只不過，人類文化具有非常豐富的內容以及優越的功

圖 1-1　文化示意圖

之 A：人類及其文化　　　　　　　　　　　　　　　　　之 B：動物及其文化

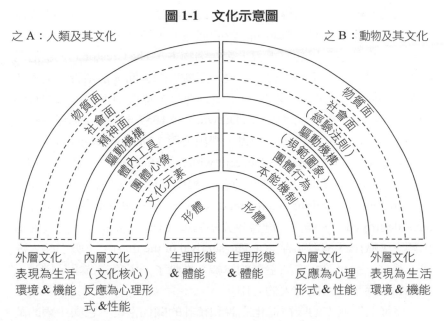

外層文化	內層文化	生理形態	生理形態	內層文化	外層文化
表現為生活	（文化核心）	＆體能	＆體能	反應為心理	表現為生活
環境＆機能	反應為心理形			形式＆性能	環境＆機能
	式＆性能				

註：為了簡化起見，本書有時把外層文化，權且視作文化世界。

能，它與一般動物文化有難以想像的差距，遠遠地把一切拋在後頭並展現無比的觀瞻。

進化剖視

能夠充分領會文化為進化手段這一涵義，才能夠更全面地體認人類進化的真實狀況。畢竟，現代人類進展的關鍵，可說完全取決於文化前進的腳步。

「進化」一詞，廣泛言之相當於萬有生成（Becoming）現象，指其循序更新，自強不息。狹義言之專指生物族群的演化——沿著單向時間的不可逆過程（Irreversible process），其生物遺傳物質（基因，Gene）發生變化，並先天反應在個體身心的適應與分化上，以達成更好的存續目的。

西方傳統思想傾向排斥關於進化此一觀念。古希臘學者大皆秉持「存有的哲學」（The philosophy of being），把進化看成是一種感官幻象。中世基督教思想家更視上帝為造物主（The Creator），堅信萬物本質經受造後，不可能自行改變。這些思想裏面，都預設有絕對者（Absolute）以及永恆、必然、不變等理念，無形中否定了單向時間的真實存在。一直到達爾文（C. Darwin）於 1857 年出版《物種原始》（*On the Origin of Species*）一書，提出天擇（Natural selection）來說明生物進化（即變異遺傳，Descent with modification），並詳細搜集整理大量證據以支持生物進化立論，揭櫫「優勝劣敗，適者生存」（Favourable variations would tend to be preserved and unfavourable ones destroyed）。繼之，社會學家史賓塞（H. Spencer）大力鼓吹進化觀念，喊出「適者生存」（The survival of the fitest），吸引時人注目。後來，進化論在自然主義的旗幟下推動了一場思想抗爭，物競天擇論點也逐步植入西方人的心田。

事實上，西方的天擇進化之說和統計的關係密切，它與中國的萬物化生思想還是不一樣，跟生成哲思仍是有差別。而且，進化觀念的

誕生與蔓延也不可說是達爾文或史賓塞個人之功，應該看成是依附在近代科學一路走來的趨勢中。

進化論的主題集中在物種進化。一般動物進化步調緩慢，毋需考慮文化因素，單只物種進化便可充分詮釋。但是，人類進化神速，尤其最近幾百年人文進展遠超過以往幾百萬年的演變，則這不單只賴物種即人種的優勝劣敗，猶格外仰賴文化的急遽躍升。因此，我們非要考量文化進化不可。

人種進化之途是經由基因變異和生殖遺傳，否定獲得性遺傳；不過文化進化則是經由文化元素變異和獲得性遺傳，導致工具嬗遞與累進以及知識分裂與統一。總括言之，人種進化是一種發生在人身的變異遺傳，而文化進化主要則是一種發生在身外（但族群中）的變異遺傳。此處「遺傳」的意義因此被擴大解釋了，不再限於親子間生理形體的繼承，而可用於描述族群中兩代（或不同世代）間文化的傳承。正由於身外的變異遺傳是一種獲得性遺傳，著實不同於人身的變異遺傳（按：非獲得性遺傳）；那麼上一代費心營造的文化實體就可以完全遺留，而下一代當然也就可以完全繼承。其方式包括：透過學習來吸收科技知識，透過移轉來接手政經資源，透過對貨品的運用來直接增強身心功能……等等。

所以，當人類文化越來越發達的時候，人類進化就越來越快速，各種工具與知識也越來越犀利、高超。

法國動物學家拉馬克（J. B. de Lamark）早在十九世紀初曾出版《動物哲學》（*Philosoplie Zoologigue*，1809）談到物種進化法則，主張親代後天獲至或取得的形體特質可以遺傳給後代子孫，此稱為獲得性遺傳。其實，親代的生理變化僅是器官細胞的「用與不用」（Use and disuse）所產生的變化，絕無法親子相傳。親代的遺傳根本是基因的作用，上一代特徵乃經由精子與卵子來傳給下一代。這種關於遺傳機制（Genetic mechanism）的課題，達爾文也不怎麼了解，迨至 1865 年，奧地利教士孟德爾（G. Mendel）才借助統計找出遺傳基因的結合律與分離律，揭發了物種進化的精微遺傳秘密。

今天，任誰都知道人種進化屬於非獲得性遺傳。然而文化進化卻是屬於獲得性遺傳，該方式不但能完整地累積、統合人類千萬年的思維結晶，一滴不漏地由上一代傳遞給下一代。並且，還催促人們有效地進行文化的繼承與創新，使一代又一代去承襲過去舊文化的精華進而開創未來新文化的浩瀚。過去漫長歲月中，這種繼往開來的途徑因此曾經巨幅地把人類從野蠻帶到文明；展望未來，這還會大力地把人類推向更高層次。圖 1-2 人類進化與變異遺傳，描述人種進化和文化進化的情形，並顯示其甬道一是生殖遺傳、另一是獲得性遺傳。

與人種進化相比較，可以發覺文化進化的步調更為快捷。我們能夠清晰看到許多國家民族，他們各有獨具一格的文化風貌，如：日本文化、美國文化。也看到一些民族文化由於無法契合時代潮流或克服天災人禍等，不得不敗北甚至夭折，如古埃及文化、邁錫尼文化。還看到少數歷久彌新的全球性大文化，雖然曾因分裂而停滯，終能融貫統一而繼絕復興，如中國字詞文化、西方字母文化。自有歷史記載起，文化進化更完全決定了一切事務。人類數千年文化演變其表面看

圖1-2　人類進化與變異遺傳

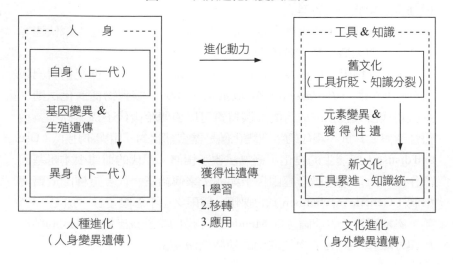

似流動不羈，世事興衰難料；其實，古來種種強食弱肉和霸權替代的背後，所有一切最終仍然歸結為文化進化。

　　追溯漫長人類進化的軌跡，梗概言之，可以區分為三大階段：①人種進化（約 175 萬年前至 1 萬年前），②生活進化（約 8000B.C.至 2000A.D.），③智慧進化（約 2000A.D.起）。第一階段視為人種進化，這與一般動物的進化有些相似，造就了人類特有的身軀形態。第二和第三階段可形容為文化進化，造就了七彩繽紛的文化世界。茲把要點繪成圖 1-3，供給讀者參考。

圖 1-3　三階段進化要點

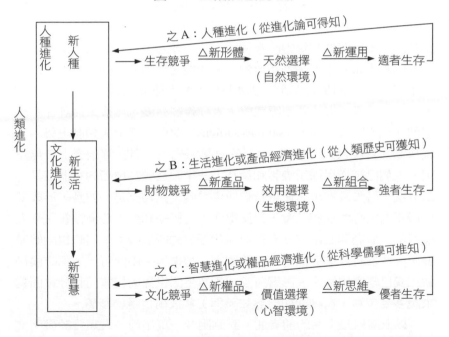

註：人藉由其新形體、新產品、新權品而躍為適者、強者、優者；而智識經濟即是權品經濟。

　　大約在一百七十五萬年前，最早的人類稱為直立人（Homo cretus），另有一說指最早人類應為巧人，Homo habilis）登場，他們直立行走，懂得製造石器工具並從事狩獵。後期直立人雖尚未發明文字符號，但已握有一種用來作為表達與溝通的初生語言，據推測是採用單字句（按：單一詞彙），再配合動作和表情。因此，當時人類文化也就缺少真正的精神面，它與一般動物文化相比，內容雖有高低但性質卻大同小異。人類文明在整個漫長的舊石器時代（Paleolithic era）進展非常緩慢，甚至其物質面與社會面也沒有什麼長足滋長。從人類新形體來看，舊石器時代是一典型的人種（即物種）進化。頭部方面的最顯著變化就是腦容量的擴大，從 860 cm³ 增到 1400 cm³ 以上，身體方面除了雙足穩健行走之外，更有手的抓拿（Prehension）與捕捉（Grasp）。人類之所以能夠分化出特有的生理形態與體能，無可否認乃由於變異遺傳和致力許多運用——主要為工具的製造和操作以及團隊的組織和分工。憑著新形體，人遂能在激烈的生存競爭中得以適者生存。這一階段要點請參考圖 1-3 之 A 人種進化。

　　一百多萬年來，為適應環境，人種幾經演變。然後，估計在四萬年前，現代智人（Homo sapiens sapiens）緊跟著登上人類歷史舞台。現代智人為現代人（Moderns）的直接祖先，二者在解剖學上幾無差別。他們已經懂得採用磨製和鑽孔方法來製造較為精巧的石器工具，還發明了弓矢及擲矛，使得狩獵成果可觀，食物充足。並且，形成了以母系為中心的氏族社會，也使得成員的組織和分工逐漸複雜。令人矚目的，他們開始創立一套近似現代語言的雛形版本，同時也開始發展出一些帶有表述與描摹意義的圖案、繪畫等。由此可見，那時候符號工具已經露出端倪。影響所及，不單生活世界的物質面和社會面越來越多姿多彩，精神面如自然知識與工藝技術也隱約醞釀。

　　以上還只是文明的前奏曲。直到距今一萬年前，人類終於發明文字符號，跨入一個極具關鍵性的新石器時代（Neolithic era），展開生產活動，故又稱早期農牧時代。從生產要素（Production factors）新組合來看，這一萬年自早期農牧時代到今天工業時代，不啻是一轟轟

烈烈的生活進化。人類透過愈為高效用的生產組合（按：表現為一生產函數，Production function），包括更高效率的人力組織與分工，製造出愈為精良的產品。在激烈的財物（Goods）競爭中，先進民族憑此走過效用選擇並得以強者生存。有關本階段要點請參考圖 1-3 之 B 生活進化，又名為產品經濟進化。

生活進化堪稱人類非常燦爛的歲月，也是非常驚心動魄的日子，人類的最大敵人常是人類。更加是最後四千年的文化躍升時期，先有發生在西元前 2000 年上下的都城革命，四大古文明（美索不達米亞、古埃及、占印度、古中國）肇造，繼有西元前 600 年左右在古希臘、古中國等地突起的思想革命，近尚有十六至二十世紀和十八至二十一世紀在歐美一帶相繼引發的物理革命和企業革命（十一世紀中國理學可列為廣義物理革命）。其竅要無疑繫於一波又一波的符號工具與的突破，才達成生活進化的豐碩收穫，幾乎把人拱上神的位置。人類在短短四千多年的光陰中，進步神速，所獲致成果遠遠勝過疇昔一百多萬年所累積一切。

二十世紀末期，歐美先進國家工業盛況發出警訊，生活進化傳來疲態。現代符號工具（即現代數學）和現代知識體系（即現代存有科學）雙雙出現停滯現象。世人眼中的科學進步實際上只不過是一種技藝（Technique）的直線累加，已無關宇宙真理的探求。1970 年代起，許多西方著名學者都相信一全新紀元勢必蒞臨，無不認真省思未來社會。人們固然未能充分瞭解文化變動模式，但仍可察覺工業時代將告結束，資訊時代（Information age）也只是一過渡時期，標榜智慧進化的智識時代最後終究到來。屆時，十六世紀至今發展起來的工業技術、產業結構、生活方式……等等，這些工業時代的基本結構和規範統統都會走上瓦解命運，隨著，一個嶄新的高智慧時刻注定出現。

本書大膽預測，智識時代的特徵之一就是，每一樣產品的核心必定會有一至數種智慧財產權（Intellectual property rights，簡稱權品）。1993 年 12 月 15 日關貿總協（GATT）烏拉圭回合達致自由貿易協議，在西方國家堅持之下，權品油然成為其中注目要項，從此遂

搖身變為未來社會最關鍵的新財富。人的最大挑戰是自己，二十一世紀開始理應步入一更為驚心動魄的智慧進化，用經濟學的術語應稱為權品經濟進化。任何民族若不能自行產出珍貴的權品新財富，就很難跨越價值選擇並得以優者生存！這一階段要點請參考圖 1-3 之 C 智慧進化（按：又名為權品經濟進化），人類料想將邁向一個難以置信的文化世界。

日日新，又日新

借助文化進化，日新又新，人類因此高高聳立逼近於神的地位。

曾子在《大學》中引用商湯的盤銘「苟日新，日日新，又日新」教誨，點出文化不斷繼承與創新，以維繫民族澎湃活力。文化的日新又新，說得透澈一點，便是文化由分裂而統一，統一促進盛興，盛興力盡又告分裂，如此交替不已。古中國文化經過夏、商二代的建設，卻在殷商末年一度衰破。迨至武王克殷，「周雖舊邦，其命維新」，於是產生了一個文化的整合現象：融民本入法統。西周體察天命靡常，力行敬德保民，並開展以「人」為本的文化（注意，本書「民本」是政治上以民為根本，而「人本」則是知識建置上，以人為範本）。此一文化再經過先秦諸子百家的激盪，主要有儒家的「祖述堯舜，憲章文武」，標榜仁義性善，尚有法家的「信賞必罰，以輔禮制」，標榜以法統政……等等，後來，終於在漢朝形成了一天道人學和注重人之道的儒術文化世界。宋朝初年，儒家爆發一場思想革新，融佛道入儒學；探索對象從「人界」到「自然界」，針對天地萬物提出萬有理學和自然之理，斗膽落筆畫出一鮮豔的心性文化世界，宋朝之末，儒學陷落，到今天，國人只得挪移西方存有科學作為富強手段，中外文化勉強湊合一起，出現一個中體西用的輸入式工業文化世界。

同樣也在繼承與創新中昂首闊步，但西方文化卻上演著別樹一幟的劇本。一般咸信古埃及文明為西方文化的上游源頭，尼羅河流域不

只孕育了幾何學、字母與造句法、十進制加法命數法，還引領人們對
「超越」的沉思。古埃及新王國（New Empire）時代，阿克納頓法老
（Akhnaton，在位期間 1380～1362B.C.）抵制既有底比斯城（Thebes）
的阿門神（Amon），而另建新都阿肯達頓（Akhetaton），創立唯一
神祇阿頓神（Aton），為一神教之肇端。此事掀起了改革與保守路線
之爭，和一神與多神宗教之互斥，吹奏出了以理性的超越為主題的文
化樂章。後來，古希臘羅馬繼絕而起，以理性的超越為焦點的文化世
界得到了眾多哲學家的心血灌溉，其中尤以柏拉圖、亞里斯多德等的
見解堪為「邏輯性的超越界」的登峰造極，並開拓一個形上哲學和注
重第一原理的絕對理性文化世界。經過近代思潮的洗禮，繼承與創新
的自然哲學和自然法則的觀念，因此深深植入人心。到今天，西方文
化從「超越界」而「自然界」，領先全球成為「實證性的自然界」的
典範，並早就發展出一個自然科學和凸顯空間運動的科學理性文化世
界。

　　中國文化也好，西方文化也好，一路走來固然起伏難測，但終能
步步前進。跨入二十一世紀，挑戰越為嚴厲，彼此都將面臨一場文化
世界的競爭。為了簡便起見，我們有時可以把生活環境（即外層文
化）權且當作文化世界。它的造型，堂皇而宏偉，橫向可切割為精神
面（道）、社會面（術）、物質面（器），而縱向亦可畫分為表層
（器）、裏層（術）、基層（道）。而且，它的內容，日益深廣與複
雜，它的智性知識力圖日新又新以逼近真理。概括言之，它是吾人與
外在真實世界相互作用所交織成的一個集合；它代表人類的認知領
域，展布人類的活動範圍，也反映人類的身心疆界。歐美的科學理性
文化世界目前正值盛興後期之轉折整理，它的難題是百尺竿頭，如何
更進一步？中國的輸入式工業文化世界係儒學分裂之後的權宜湊合，
它若有谷底翻升的機會，就端賴如何淬礪出統一的現代化儒家思想。
雙方未來是興是衰、是起是落，就要看存有與化生乃至理性與心性能
否交涉，徹底融合兩大文化世界的精髓。

　　吾人處於自己一手所拓殖的文化世界裏頭。文化世界並非真實世

界（True world），真理一直在現有的知識之外。文化世界不折不扣乃一「人工世界」（Artificial world），寬鬆言之，既涵蓋主觀又涵蓋客觀，今天，不止眼前的設備裝置、高樓大廈等，都是人工製品；連周遭的動物植物、山岳河川等，還不都是經過有意或無意的人工改造。甚至小至粒子、大至天體等，也都是基於人工界說或詮釋；並且，當我們強去觀測時，又何嘗不會受到人為因素——如觀測儀器——的干擾或規定而變為人工現象。德國物理學家海森堡也落得只好無奈地表示：「科學研究的對象已不是自然本身，而是人對自然的探查活動。」（The object of research is no longer nature itself but man's investigation of nature.）

海森堡所說「人對自然的探查活動」，其實就是「人工世界」！也就是「文化世界」！他最後終於發現，一生孜孜不休所研究觀測的對象，竟然不是自然真相而是人工現象。這對一位數十年矢志尋求自然至理的科學家而言，實在是一個巨大的衝擊！對當代中外學者來講，不啻也是一個發人深省的啟示！

所以，不論中國人或西方人，大家與其說是生活在宇宙間地球上，倒不如說是生活在自己的文化世界裏面。大家日常生活所接觸的、認知的、感動的，林林總總，無一不是文化世界的東西，是一個泰半由吾人外層文化落成的有機式人工實體。

此處，讓我們綜覽中國文化日新又新的歷程，再採取其間幾個不同時期的造型與內容，當能清楚目睹進化的步驟。請參考圖 1-4 自強不息的中國文化世界造型，內中有三幅圖片：圖之 A 表示天道人學的儒術文化世界（政教儒學），圖之 B 表示萬有理學的心性文化世界（哲學儒學），圖之 C 表示中體西用的輸入式工業文化世界（西用儒學）。

通常，一個強勢的文化世界不單是一高效結構的人工實體，還必須是動態的、生機煥蔚的、體用一致的。依據圖 1-4，所謂體是指基層（道），是無形無影的；所謂用是指裏層（術）與表層（器），是有形或有樣的。而唯有徹底融合暨完全統一的文化世界之體，才能開

圖 1-4　自強不息的中國文化世界造型

圖之 A：天道人學的儒術文化世界（政教儒學／體用一致）

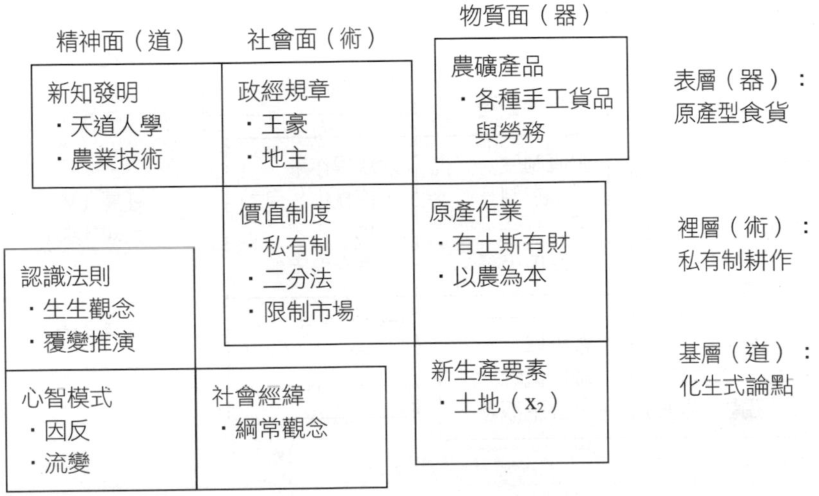

物質面（器）

精神面（道）　　　社會面（術）

| 新知發明
・天道人學
・農業技術 | 政經規章
・王豪
・地主 | 農礦產品
・各種手工貨品
　與勞務 | 表層（器）：
原產型食貨 |

| | 價值制度
・私有制
・二分法
・限制市場 | 原產作業
・有土斯有財
・以農為本 | 裡層（術）：
私有制耕作 |

| 認識法則
・生生觀念
・覆變推演 | | | |

| 心智模式
・因反
・流變 | 社會經緯
・綱常觀念 | 新生產要素
・土地（x_2） | 基層（道）：
化生式論點 |

圖之 B：萬有理學的心性文化世界（哲學儒學／體用一致）

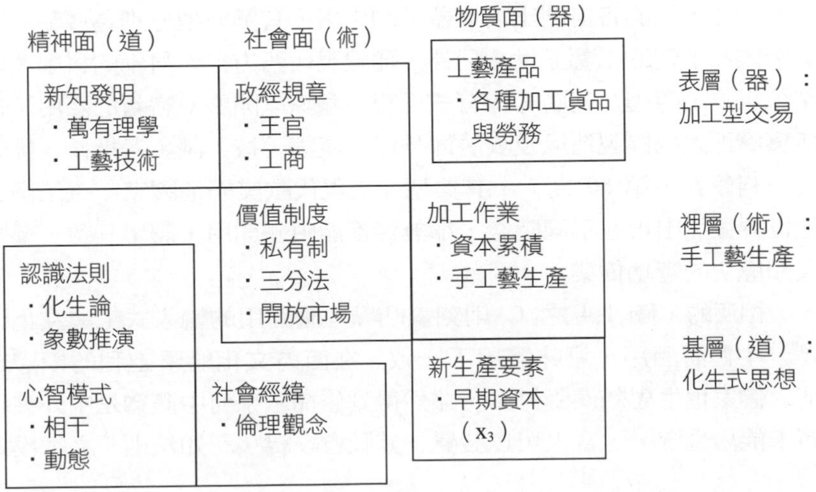

物質面（器）

精神面（道）　　　社會面（術）

| 新知發明
・萬有理學
・工藝技術 | 政經規章
・王官
・工商 | 工藝產品
・各種加工貨品
　與勞務 | 表層（器）：
加工型交易 |

| | 價值制度
・私有制
・三分法
・開放市場 | 加工作業
・資本累積
・手工藝生產 | 裡層（術）：
手工藝生產 |

| 認識法則
・化生論
・象數推演 | | | |

| 心智模式
・相干
・動態 | 社會經緯
・倫理觀念 | 新生產要素
・早期資本
（x_3） | 基層（道）：
化生式思想 |

圖之 C：中體西用的輸入式工業文化世界（西用儒學／體用不一致）

精神面（道）	社會面（術）	物質面（器）	
新知發明 ・科學知識 ・工業技術	政經規章 ・民主政府 ・企業公司	工業產品 ・各種工業貨品與勞務	表層（器）： 勞作型產銷
認識法則 ・化生論＆推演 （・存有論＆推理）	價值制度 ・私有制 ・四分法 ・自由市場	大規模作業 ・機械化、自動化 ・擴大再生產	裡層（術）： 大規模製造
心智模式 ・相干＆動態 （・獨駐＆靜態）	社會經緯 ・倫理觀念 （・公平觀念）	新生產要素 ・企業功能（企業家與經理人 x_4）	基層（道）： 併裝式形態

顯卓越不凡的文化世界之用（注意，本書通常係由文化縱向來談體用）。圖 1-4 之 A 和之 B 先後披露古代和近古中國文化皆有其融合統一的中體，遂能各自開出功業蓋世的中用，有關典型分別為漢朝的農業帝國和宋朝的工藝盛世。另外，通覽現代西方自然科學的科學理性文化世界，西體乃基層即存有式思想，奮迪以開展一嶄新的西用，包括裏層即大規模製造以及表層即勞作型產銷（按：請參考拙作《挑戰西方科學》，第 50 頁），其典型即為現代歐美先進國家。這三個文化世界固然出現在不同時空，卻無疑都能由體開用，體用一致，譽為人類歷史的豐功偉業。

相反的，圖 1-4 之 C 則刻畫凸顯中體西用的輸入式工業文化世界，中體而西用，意味體用不一致。在西方文化船堅砲利的橫掃之下，儒家化生思想備受打擊，雖然得到修補，奈何中體猶是中外夾雜而未能融合統一。吾人可以發覺，其社會經緯、認知法則、心智模式

三者，次第為中國的倫理觀念、化生論與推演、相干與動態，卻悄悄已夾雜西方的公平觀念、存有論與推理、獨駐與靜態（按：這些本屬西體，潛藏於民主法治和科學規律之中）。如此夾雜之中體，自是無力開啟一聳拔宏構的現代中用。於是乎，現代中國人只得競相攔腰輸入西用，「採西學，製洋器」，導致中體西用，並促成一個體用不一致的斷層文化。圖 1-4 之 C 的中體終究開不出中用，歷經百年磨合還是未能改造更進；國人儘管拚命進行科學移植、技術移轉，怎奈科學技術總是無法生根（甚至民主理念也難以貫徹）。現在兩岸勞作型產銷暢旺，大規模製造成績亮麗，締造了東亞經濟奇蹟。可是，談到頂級的一流科學理論，談到尖端的一流發明，談到淵博的一流思想……等等，我們只能汗顏交出一張多處空白的考卷。兩岸從來都是跟在歐美的屁股後面跑，中國人仍然是地球上的二等公民。

　　不過，中國文化雖說久遭撕裂，但生機弱中帶強。它歷經長期的中外互動，既大力吸收外國的優點，也承領眾多先進維新自強的血汗灌溉。因此，一個融合統一又新穎的中體，簡直可說呼之欲出。今天，只待中國人勇於發揚民族自信，融存有入化生，融理性入心性，便能敷設一個融合統一又標新的中體。筆者斗膽，試圖沿此提出一套更逼近真理且內含新宇宙觀與新方法論的儒學芻議；這便是儒學的科學化，可稱為第五科學革命。科學儒學若能茁壯成長，新中體開出新中用，內聖而外王，中國人自能開拓一卓越的文化世界，請參考圖 1-5第五科學革命的智識文化世界（科學儒學）。拙作《經濟獨白》從經建角度出發，對圖 1-5 的表層：創新型產品，以及裏層：高價值供需，曾作詳細推敲描繪。本書焦點主要在其基層：新世紀思維，以及在其精神面，試圖對新的中體與科學儒學，作一深入論證。

1.3　不可思議之奇蹟

　　文化，是人類進化的手段。而一個活存的文化，從人的情智精神到大觀世界，日新又新且深廣豐富，在在莫不展現它自己是一偉大傑

圖 1-5　第五科學革命的智識文化世界（科學儒學／體用一致）

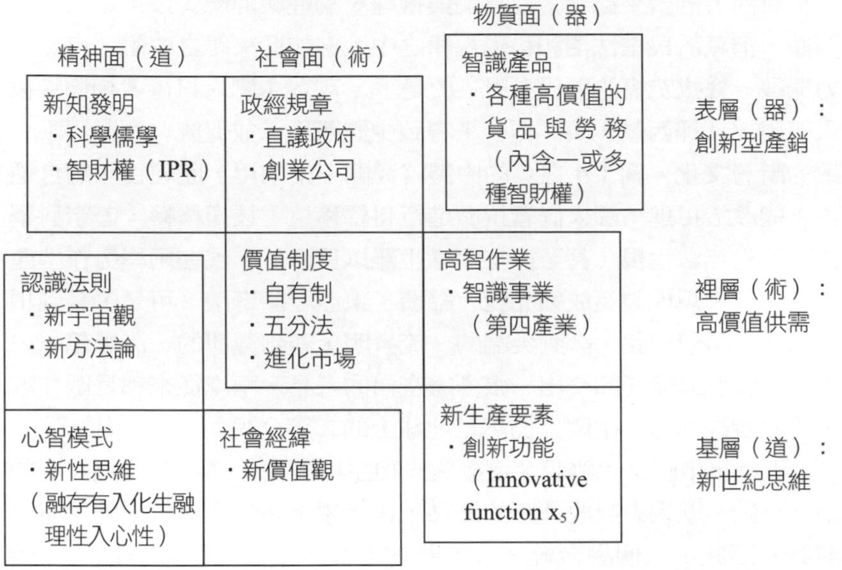

物質面（器）

精神面（道）	社會面（術）	智識產品	
新知發明 ・科學儒學 ・智財權（IPR）	政經規章 ・直議政府 ・創業公司	・各種高價值的 貨品與勞務 （內含一或多 種智財權）	表層（器）： 創新型產銷
認識法則 ・新宇宙觀 ・新方法論	價值制度 ・自有制 ・五分法 ・進化市場	高智作業 ・智識事業 （第四產業）	裡層（術）： 高價值供需
心智模式 ・新性思維 （融存有入化生融 理性入心性）	社會經緯 ・新價值觀	新生產要素 ・創新功能 （Innovative function x_5）	基層（道）： 新世紀思維

註：本書通常由縱面去討論體與用

作，簡直為一不可思議之奇蹟。

　　接下來，我們打算再回頭追溯古今人文進化的過程。以宏觀大尺度，從文化世界突飛猛進當中，嘗試挖掘人類思維意念由無到有，及其所催生的幾次人文革命打造不凡奇蹟的始末。

　　據推測在五百萬年前左右，原人類（Proto-human）和猿類彼此隔離開來，各自發展。原人類兼具人與猿的徵象，表現出特有的生活方式。但是，他們面對的外在世界仍被定義為感應世界，他們的動作也大皆受到本能的支配。這一方面，他們和動物甚為類似。爾後，經過漫長的奮鬥，約在一百七十五萬年前，真正的人類誕生了，稱為直立人，從此掀起了舊石器時代的序幕。直立人直立行走，常攜有打製的石器工具，以採集和狩獵為生；懂得團隊作業，經已知道用火，後期

直立人還會使用初生語言——單字句再配合動作。由此可知,直立人開始有步驟地去辨識自然事物和其功用,漸進地知道如何使用石、木、水、火、土等,來作為強化生活的利器。他們在奔跑、攀緣、游泳、飛翔等體能上,壓根兒不算強者,但藉由粗製或就地取材的物質性工具的協助,總能領先其他物種,居於主導地位。於是,直立人完全揚棄了一般動物那種生理導向的「刺激—反應」模式,率先開啟心理導向的人文行為。這一開啟不啻宣告他們面對的外在世界悄悄調整,已非一般動物的感應世界;透過對自然事物的辨知與掌握,其外在世界已提升為一物質世界。

回想直立人混沌初知之際,最大壯舉莫如專用的體外工具首度面世。體外工具是那些能夠提高體力功效的利器,那時候最具代表性者即為打製石器。約莫二十萬年前,早期智人接替直立人而起,當時最重要事件乃扮演溝通與運思角色的體內工具初次發明。體內工具是用以操作概念、表達情智、運用思想的心力輔助工具,那時候主要應為早期語言的新創。早期語言已具備一語言體系之基本要件,以簡單的句子(按:名詞為多,動詞次之,其他甚少)為王,再加上手勢,足可用來表述相當複雜化的生活與情智。早期智人因為心力急遽增長的緣故,視線遂能穿透具體的物質世界,進而望見其背後一個抽象的思維世界。這是一次大壯舉,隨即驅策人類去尋味真、善、美的永恆價值。真是表達自然事物的條理法則,善是直指人事演進、社會發展的本質,美是反映心物的高檔態式;先從個人內在精神出發,再一一表現形成眾人外在的文化成品。根據出土的遺留,看到早期智人的石器工具已有粗修與分類的情況,顯示對自然法則(真)的進一步瞭解。再者,也看到他們掘穴埋葬死者的行為,象徵人間本質(善)的嶄露。又者,還看到他們會用器物來作陪葬品,有些陪葬品咸信乃死者生前喜愛之物,代表美感觀念(美)的茁生。這些內心趨向真、善、美並形諸於外的早期心力表現,如:粗修石器、埋葬行為、陪葬物品等,縱使不脫原始,卻點燃了人類情智的火苗。

大概是四萬年前左右,現代智人又接替早期智人而蒞臨。現代智

人和現代人在生理解剖上可說一模一樣，無疑是當今所有人類的直接祖先。這次人類變異真是一次空前的生物進化，以致吾人在生理和心理上都發生關鍵性變化，幾可視為超脫萬有而成一獨特存在。現代智人標示人類巨變，人類從此具備奇巧肢體和充沛情智，尤其竟然擁有前所未見的深化思維。所謂深化思維，係指現代智人與生俱來的一種精神稟賦，起初是對生死存歿抱持極度關切，最後引發對人、自然、超越的深沉探詢與冥思。更貼切的說，深化思維可視為一腦-神經殊異狀態，它活躍主動且逾越一般情智之上。

人類深化思維的發展，籠統而言可分為四個階段。第一階段是四萬至一萬五千年前，恰處於舊石器時代將近落幕之際。現代語言的雛形版本，粗磨與鑽孔的石器，複合器具如弓矢和擲矛，裝飾品與洞穴繪畫，以及小型氏族組織，都一一開始出現。特別是，還出現了喪葬儀式。前述埋葬行為和此處喪葬儀式的意義不太一樣，前者僅是人倫向善的彰顯，後者則是附加安排一場往生的典禮，反映人類心靈剛在摸索一個深化思維通達的靈異世界。第二階段是一萬五千至一萬年前，乃一些學者所稱細石器或中石器時代。這也是一個生活大轉變的時代，心理需求凌駕生理需求；開始出現圖畫文字，以及細磨的石器，獸皮縫合的衣服，尚有藝術作品，大型氏族組織。此外，據推測應已出現祈求儀式，意味靈異世界受到進一步的肯定。第三階段是一萬至四千多年前，新石器時代揭幕，出現琢磨與打光的石器以及手製陶器，且還出現形意文字（表形與表意，即義符字），成為遠古文明的最大推手。人類發起空前的實業革命，施行農牧生產，追求以滿足心理導向的生活型態。緊接著，人們相繼覓地築室定居，形成農業聚落；與此同時，圖騰崇拜（自然崇拜或祖先崇拜）開始出現，靈異世界遂告確立。

第四階段是四千多年前至今，乃金屬硬體的時代，堪誇人類文化一波接一波飆颺飛騰的階段。整個四千多年歲月，人類歷經了都城革命、思想革命、物理革命、企業革命等的洗禮，一方面，深化思維的自然精神迅速高拔升上超然精神，世俗的圖騰（偶像）崇拜轉折為形

上的至上理念,部落巫覡的靈異世界也轉折為哲學論證的超越世界。另一方面,日常面對的外在世界也尾隨著急遽擴張延伸,終於開闢一極其深遠的外在世界,亦即囊括有限與無限、相對與絕對、現象與實在的宏碩文化世界。

以下,茲將第四階段中西雙方幾次重大人文革命,遞次作一簡述。

一、都城革命(又稱第一科學革命,生產要素為勞力)

相較於西方文化的最早源頭是古埃及尼羅河流域(古王國、中王國、新王國),中國文化的發源地則是古中國黃河流域(夏、商、周);兩大地區分別在四千多年前左右,先後推動都城革命,創立都城邦國。當時生活日見繁雜,舊有文字符號不敷使用,遂有表音文字(在古中國為形聲字,在古埃及另為聲符字)之濫觴。百工冒起,各有專長,除了石器、骨角器、木器、陶器等,尚知製作銅器,進入金屬時代;此外,還能建造宮城、舟車、水利等,躋身為古文明之範式。

不過,最引人注目的並非古文明的表象,倒是另有其他。一是都城革命早期,深化思維的乘數作用,使得跟隨自然崇拜和祖先崇拜之後,尚有宗教集團包括神廟(或宗祠)、祭祀儀式、專職祭司(或卜祝)等連袂而起,凸顯靈異世界的主宰地位。當時盛行說辭稱靈異世界諸神會守護人間的統治階層以及所依附的民眾,且掌管一切的主神又跟人間最高統治者有某種關聯,以此標榜神權——王權神授——的合法性。

另一是都城革命晚期,深化思維自然精神發生大轉折,超然精神悄悄破土萌芽,揭開文明新頁。大家要知道,靈異世界眾神乃祖先和自然事物(如日、月、雷、電……等等)所化成,祂們有形體、具性情、知寒暖,雖然常居靈異之境,必要時候仍會現身人間。靈異之境遠在人煙絕跡之域,或在河海、或在群山、或在九霄雲外,卻總還是在自然界裏面。相反的,古中國西周,以德配天,融成至上之天,作為儒家義理的前導。古埃及新王國阿門諾比四世(Amenophis IV)眾神會一,抽拔出至一之神——阿頓神(Aton),首倡終極信念。雙方

超然精神盤旋醞釀，不約而同隱約烘托一個超越界（Transcendence，或稱超越世界）。超越界在人間界之外，也在自然界之外，是超自然的。天和阿頓神約莫等同超越界，不具形體性情，代表至真、至善、至美，乃一至極超絕存在，為一切萬有的最高最終範疇。精神大轉折激發抽象概念，是人文突破的重大事件。在古中國西周大轉折，產生義理化的天道觀，最後焦點是天地大德，萬有化生。類似的心路，在

圖 1-6　精神大轉折

圖 1-6 之 A

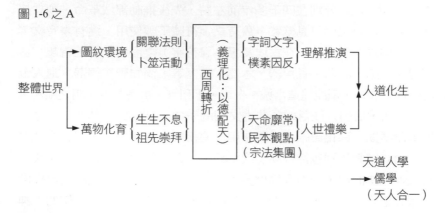

圖 1-6 之 B

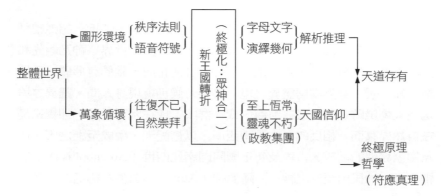

古埃及新王國大轉折，則產生終極化的一神信仰，促成了至一、存有的理念，請參考圖 1-6 精神大轉折。

二、思想革命（又稱第二科學革命，生產要素為勞力與土地）

古中國先秦到漢朝以及古希臘羅馬各自的一場人文大運動，分別墾殖一個包含人、自然（地）、超越（天，和終極：上帝或粒子）的疆域。知識分子領先出擊，不再自限於人間界和自然界，向上堅毅地去攀登超越之巔，遂開展出一深遠以致極限的外在世界。

那時候，是由神權轉向王權、公有制轉向私有制的動盪時期，人文活潑地點隨著知識流布而擴散四處，人類精神自覺也逐漸旺盛。但，求生求存卻總面臨死亡、短暫的宿命，求真求善求美卻常目睹荒謬、混亂的事實，這當中因此還隱藏一個時代危機。靈異世界只是衝著事物現象去建造一個感性避風港，並不能就事物本質去架設一組原理與規律。所幸超然精神澎湃，全力推助人類追求自我圓滿；稠密深切去冥思宇宙心物、一多體用、存滅有無等課題，無數周匝尋繹，最後突破性地把握到有一至極超絕存在，作為萬有之最高倚仗以及天地人我之大本。此一至極超絕存在，亦即超越界，祂在古中國儒者的心中是經過義理化的「天」。再以此為最高準則，便堆疊一套天道人學的道術學說，包括先秦孔子、孟子等的原始儒學以至漢朝董仲舒等的政教儒學。至於在古希臘羅馬的學者心中，祂是經過終極化的「原動」，有神論者稱之為上帝（God），無神論者稱之為原子（指至小物質粒子）。學者們分別對原動作出不同界定，並提出了林立的終極哲學；依其潛藏獨特原型（Prototype），可找出四大理論範式，包括德謨克利圖（Democritus）的原子說、柏拉圖（Plato）的理型說、亞里斯多德（Aristotle）的形式說、博羅丁（Plotinus）的流出說。

任憑物換星移，這場思想革命總是鮮明地標注古代先進民族的恢宏氣度，懂得興造一個涵蓋人、自然，和超越的文化世界，內中的社會面與物質面還牽涉領土無比遼闊的農業帝國——大漢帝國和羅馬帝國。此外，超然精神經已濃縮為心性和理性，各自在中外文化長河裏

頭，扮演主導的角色。

三、物理革命（又稱第三科學革命，生產要素為勞力、土地，與資本）

晚近一千年間（大概介於 1000～2000 年），由於心性和理性各別的轉調活動，物理革命遂得以撼天震地之姿態蠢起，造作一畫時代人文大觀。

心性原係心（類似主體）與性（近似本體）二詞，本書則將之併為一個專門名稱，指心性論的思維形式。心性從超然精神提鍊形成，視為中國文化的特徵；它原是代表人的本質，是內生的，但所受義理秉彝又是來自超越之天。人與天道因而具有本質上的關聯，孟子說「知心知性則知天」，奠定天人義理的牢固基礎。事實上，古中國思想革命，先賢們孜孜不倦所探索的常是天道和人間心性。而所謂人間或樸素心性，磅礴為人倫之道，引用現代術語來表示，就是人倫社會的原理。近古宋朝曾經爆發一場化生式的物理革命，此乃影響國人至巨的理學（新儒學）運動，由宋初周敦頤、張載等領軍發難，其瀁漾餘波遠達明代王陽明。理學家們所熱衷追尋的，乃人間心性轉調而擴張的自然心性。自然心性映照的即是天地萬有之理，也就是自然萬物包括人類的原理；其中當以人類原理（人之理）的等級最高，直接通達天理，此為理學先哲埋首鑽研的關鍵課題。

理學可從正反兩面去評判。正面去看，理學算是成功的。其一，透過理學，強化了人倫之道即忠孝仁義的必要性與正當性，從而形塑宋室成為歷來最堅守中國本位暨民族氣節的倫理社會。其二，訴諸理學以確立自然萬物皆有其內動脈絡，憑此開發出傲人的工藝技術和早期資本，經營宋王朝為一先進工藝國度。反面去看，理學受其背景侷限，僅是一門尚未完成的學說。理學既疏於向下解析的工作，又欠缺外動法則的探究，始終無法發展成為一門嚴謹科學體系。有鑑於此，本書實乃企圖藉由融理性、存有入心性、化生，點燃第五科學革命，促使理學連帶整套儒學完成科學化，進而便可打造科學儒學作為二十一世紀先進科學的指導綱領。

　　隨著近代中國清末民初遭遇國難厄運，民族與文化雙雙備受摧殘；
整套儒學包括理學只得淪為恥辱的記號，遠遠被丟在一旁，時人對之
莫不棄若敝屣。與此相對的，近代西方存有式的物理革命對當今整個
世界帶來驚天動地的鉅變，不但造就歐美國家躋身世界強權，其所開
創的現代科學知識和工業社會也受到全球人類的膜拜與景從。

　　物理革命主要還是指發生於西歐的存有物理革命，乃理性遞進的
必然結果。理性是由超然精神收斂而落成，在西方文化中，它原義是
宇宙的本質，是外附的，由外而來附於人的精神上頭。因此，理性當
然能夠理解真理與法則，並使人的行為合於法理。古希臘羅馬的思想
革命確是哲學理性的發揚，哲學理性無非是表示理性知覺集中在「為
何」（Why）一事，追溯因故，繼之方有以終極為重點的愛智立論。
近代西方自哥白尼（N. Copernicus）《天體運行說》（1543 年）一書
問世後，掀起了排山倒海的物理革命，這完全仰賴轉調而精準的科學
理性所大力推轂。科學理性意味理性冥想貫注在「如何」（How）的
領域，捕捉外動的普遍規律，才陸續衍生以現代物理為軸心的自然科
學知識。所以，存有物理無疑是終極哲學循著「為何」到「如何」的
思路，再由簡約到精細、由論證到計量、由超越到自然，然後一圈又
一圈地展開的一系列動力學說。從哲學到物理學，雖然內容粗精可說
明顯不同，但古今的精義其實是延續的、一貫的。因此現代物理學再
怎麼樣吹噓，說穿了，原來不過是西方民族的一套主觀見解，何嘗確
切反映整體宇宙的真實面目！

　　君不見古代哲學四大理論：原子說、理型說、型質說，和流出說，
經過逐一微調遂成近代培根（F. Bacon）的物質論（無神論）、笛卡
兒（R. Decartes）的精神論（創造神論）、洛克（J. Locke）的經驗論
（自然神論）和斯賓諾莎（B. Spinoza）的模態論（泛神論）。接著，
再相繼配上數學公式和試驗數據，終於變成物理學中伽利略（G. Gal-
ileo）的地域論（自因論）、牛頓（I. Newton）的絕對論（以太論）、
法拉第（M. Faraday）的電磁論（力線論）和愛因斯坦（A. Einstein）
的相對論（時空論）。而且，沿著地域論的路標，最後勉強地（故不

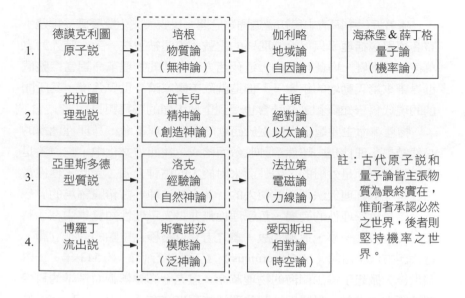

用箭頭表示）又蹦出海森堡（W. Heisenberg）與薛丁格（E. Schrödinger）的量子論（機率論）。西方數千年豐富知識饗宴，望眼固然目迷五色，但歸根究柢，卻可簡化成為，這四大理論的拉長和糾纏：

這四大理論集合起來便是西方文化的主幹，也充任西方科學的基石，本書（第二與第三章）對此將會詳細剖析和舉證。

　　這四大理論其實各代表不同的理念，顯示現代物理的基礎充斥矛盾與分裂的因子。今天，雖說在理念上是一件不能相容的事，可是在計量上，絕對論（以太論，一般則稱古典力學）和電磁論（力線論，一般則稱古典電磁學）已被修正併入成為相對論的特殊案例，因此這四大理論旋踵又畫分為兩大陣營：相對論和量子論。甚至，許多當代物理學家還進一步執意要在計量上去整合相對論和量子論，以期建立最終的統一性理論。但是，大家始終很難解決兩大陣營在基本原理上的扞格，尤其適值熱爆炸宇宙論和不可逆熱力學的興起，帶來了更大歧見與更激烈衝擊。存有物理無疑岌岌殆哉，西方文化不可否認已邁

入後科學時代。

不管怎麼樣，檢閱物理革命一路奮進，其過程彰顯超然精神、追求自我圓滿並覺知超越存在，同時鞭策人類情智寫下中國理學特別是西方科學的篇章。

四、企業革命（又稱第四科學革命，生產要素為勞力、土地、資本，與企業功能）

若說物理革命是精神面的改弦更張，則企業革命應是近代以降，人類社會面與物質面翻天覆地的一次重構。單從經濟角度去作狹義的解釋，它可以視為一場數百年強渡關山的產業更替。其間，新產品的性能與外觀總是一代比一代優越，並且刺激到簇擁而起的產銷系統以及環繞而列的政經體制。終於，不知不覺中，工業社會早已君臨並滲入每一寸生活中間。

西方是企業革命的出生地，由基層、裏層而表層，最先構成一自發式工業社會。十八世紀後期，英國最先發現蒸汽動力，首開機械化之先河，引爆了工業革命。它高舉傳統產業充任經濟先鋒軍（1790～1845 年，以紡織、鍊鐵為主），數十載奮力經營，搖身變為富裕強國。企業冒險精神燃燒到歐陸，德國、法國等相繼加入工業革命的行列。英、德、法、義等的交通產業非常蓬勃（1845～1890 年，以火車、鋼鐵為主），次第躋身列強之林。到了十九世紀末期，美國繼承企業拓荒的鬥志，深化電磁作用，推廣自動化生產，工業蒸蒸日上。不止如此，美國和西歐的新興石化與汽車產業起飛充作經濟火車頭（1890～1935 年），創造驚人財富，使得國力增長一日千里。第二次世界大戰爆發，美國本土有幸免受戰火蹂躪，還成為軍需的供應國以及西歐一流人才的庇護所，進一步更攫取機會拔擢機電產業（1935～1980 年），得以躍為最富強國家。1960 年代，全球許多重要產業當中，它都占有最大優勢，不但坐擁政經霸權的頭銜，尚榮登世界盟主的寶座。1970 年代起，面臨亞洲工業新秀如日本、四小龍、中國大陸等的崛起，西方工業社會的腳步開始蹣跚。美國已無法也無

必要繼續追求大規模製造，改以優異的文化條件，發揮柔性力量（Softpower），吸引全球的人才與資金；充分拓展精密重力、電磁力、核力層次的技術，採行智慧化的生產方式，推動高科技產業（1980～2020?年，預期到 2010 年才有可能出現疲態），終於遙遙領先群倫成為唯一世界超強。

中國大陸與臺灣忝列工業新秀，是企業革命的傚效者、跟隨者（Follower）。積極攔腰挪移洋器與西學，由表層（洋貨）、裏層（民主與科學），而趨近基層，慢慢搭建一輸入式工業社會。事實上，兩岸人民摸索工業化（即西化）已有不少時日。清朝末年，悸於洋貨之精巧和船堅砲利之威勢，悟得「中體西用」之策；繼之大舉輸入洋器與西學，也設法引入技術，購買外國機器，聘請外籍技師，仿製工業產品。民國肇造，又有五四運動精神啟迪，中國人瞭解製造生產以外，自強之路尚需大大加重科學與民主，遂能朝向輸入式工業社會浸尋邁進。1949 年國府遷至臺灣，勵行工業化，進口替代，出口擴張，後又建立重化工業。到 1980 年代促進產業升級，趕上了高科技列車，成為新興工業（NIES）四小龍之一員。另外，大陸自 1980 年起實施改革開放，急遽推動工業化，經濟成長表現亮麗。跨入二十一世紀之際，其工業發展一方面正從沿海緩緩伸入內陸，一方面正謀求深墾高科技產業，大致說來已具世界工廠的睥睨架式。展望未來，大陸預期當為全球數一數二的經濟體。

第2章　西方知識原型

我們在第一章中廣泛談到人文革命、文化進化等課題，還蜻蜓點水地觸及中外文化的一些實況。接著，我們擬在第二、三章和第四、五章分別針對西方科學知識和中國儒家思想作一番徹骨之剖析。只有全力去追查雙方文化的本質與軌跡，才能洞察全球人類的大趨勢，並為未來優勝創造有利條件。同時，全心從雙方那令人目眩的文化紛歧中去擷取精粹，才可以反過來更貼切去把握宇宙人生，開拓最先進知識。

　　吾人因文化而文明（Civilization），文明係指人類進步的狀態，常是文化世界其社會面與物質面的實質呈現（Substantial presentation）；高層次的實質呈現代表高水平的文明程度。值得注意的，尚有知識原型簡稱原型（Prototype），總在反映文明的幽深精義，乃文化世界其精神面主流知識（或思想）的原意呈現（Significative presentation）；因此，每種論說無不或明或暗涵攝一個知識原型。西學雖說流派不一，但各種論說（計有四大理論）都有一個文理結構上的特點，那就是邏輯性特強。因為邏輯性強，吾人便不難一舉得窺其中原型；而由原型的遞嬗，又可清晰看到知識發展的脈絡。

2.1　三千年知識之旅

　　西方知識的發軔，是始自古希臘羅馬，然後起伏轉進直到現今。整個過程不到三千年，卻是西方民族一段非常驚心動魄的旅程，也是人類屢次繼承與創新的上好見證。

　　然而，古希臘羅馬的磐礴文化，其精粹主要又是源自古埃及文明。古埃及的文字、幾何、思想等，透過各種不同管道，先是湧入希臘半島。於是，當地中海東南邊古埃及文明逐漸枯萎時，斜對岸的古希臘文明卻以無窮活力的態勢繼絕而起。古希臘哲學多姿多彩又博雅精湛，對稍後的羅馬思潮的影響殊深，到今天再回頭去看，根本可以把兩者擺在一起稱為古希臘羅馬哲學。它不但是西方知識原型的搖籃，尚且是現代科學的根基。

至於古希臘的固有文化，原為自然崇拜。早在西元前 1200 年，有一群同樣屬於希臘人的杜利安人（Dorians）大舉侵入。他們人馬慓悍但缺少文字，為自然崇拜的蠻族，便造成了其後大約四百年的黑暗時期。那時候，知識和藝文極為貧乏，只有一些口頭的故事歌謠四處傳誦。一直到西元前 800 年左右，希臘人從腓尼基人那兒學到字母符號（腓尼基人又從古埃及人那兒學到字母法則），才由荷馬（Homer）等彙集故事歌謠編成敘事史詩。荷馬史詩為劃時代作品，至今只有《伊利亞》（*Iliad*）與《奧德賽》（*Odyssey*）二篇流傳下來，讓人得以一窺黑暗時期之情形，故有人把黑暗時期也稱為荷馬時期（Homeric age）。

古希臘繼承荷馬時期的自然精神，此外，不單從古埃及間接輸入字母法則，還直接輸入演繹幾何、秩序宇宙觀和超越存在概念。融超越入自然，點燃思想革命的引信，於是一場知識的突破平地爆炸開來。王權神授的觀點逐漸消逝之際，哲學代表時人酷愛真理睿智的結晶正悄然發酵擴散。整體世界的容貌雖說依舊蒙上一層神秘輕紗，但不少學人勇於掙脫神譜論（Theogony）的枷鎖，毅然對之作出耳目一新的合理詮釋。繼泰利斯（Thales）和其學生畢達哥拉斯（Pythagoras）之後，學派林立，許多學者對自然、人和超越等紛紛發表不同想法。針對外在世界，有些偏重其本質、有些偏重其構成，有些提倡「一」、有些提倡「多」；而針對人類行為，有些強調個人權衡、有些強調普遍德操。

迨至德謨克利圖、柏拉圖和亞里斯多德，他們先後集合眾家之長各自創立了不同知識原型但卻統一的哲學理論系統。這三套理論依序為原子說、理型說與型質說，一為傾重經驗物質，一為傾重理知型式，另一為型式與物質並重。古希臘哲學到這三位卓越思想家時，大抵已告完成；他們的論說總括自然、人和超越等不同範疇，並執著「存有」概念來表達對有關範疇的探詢心得，宣示一個強調哲學理性的文化世界的體（基層）充分實現。接著，自亞歷山大大帝（Alexander the Great）之後的希臘化文明（Hellenistic civilization），直接

貫穿到羅馬的政經興衰，再到中世歐洲的宗教年代，則是逐步落實哲學理性的文化世界的用（裡層與表層）。不過，西元三世紀中葉博羅丁卻是羅馬哲學領域的異數奇葩，他把型式與物質予以統合，獨創一套哲學理論稱為流出說。博羅丁的流出說內具特定原型，故得以和早他數百年的德謨克利圖原子說、柏拉圖理型說、亞里斯多德型質說，並列被推崇為古希臘羅馬四個最重要的哲學理論。

　　四大哲學之外，我們接著要檢視的是羅馬時期在處世營生上實用路線之表現。羅馬經過多次戰爭，征服了義大利全境，得以向東大量吸取希臘化文化，為其統一強大的羅馬盛世預先作好鋪路工作。自希臘化世界到羅馬帝國，哲學歷經一變，融規範入哲學，形成倫理哲學（倫理，Ethic，追求福利的合理規範），後人稱為希臘化羅馬哲學（Hellenistic-Roman philosophy）。當時著名哲學家為奇諾（Zeno of Citium）和伊壁鳩魯（Epicurus），相繼開創斯多葛學派和伊壁鳩魯學派，承續古希臘形上理念，但著重個人幸福的理性規範。前者認定宇宙秩序為德性原理，苟能遵行德性便可獲得最大幸福；遂鼓勵人們排除情欲，發揮盡責自律，秉持平靜恆常去追求德性。後者要人們用心靈探索自然現象，設法剔除痛苦，相信感官快樂特別是心智快樂為最大幸福；故肯定肉體之樂，乃至追求精神安寧之至高快樂。

　　在歷史上，這種倫理主義帶來價值觀方面的重大改變。大家都知道，經過古希臘哲學的洗滌，人們已經認清人之國度是由人而不是神來治理。那時，古希臘諸城邦（Polis）也都各自訂立一套簡易的貴族（地主或奴隸主）統治的律法制度。然而，古希臘城邦小者面積不到一百平方英哩，人口不過十萬人；大者如雅典與斯巴達，面積約一千多與三千多平方英哩，人口全盛時各約四十萬人。何況，城邦與城邦之間，戰爭頻繁缺少共存規範。因此拿諸城邦的規模、狀態，來和疆域遼闊人口眾多且統一強大的羅馬軍國（羅馬帝國人口在西元元年約三千七百萬人）相互比較，兩者差距簡直就像天壤之別。羅馬能夠維持其高度治理，原因無他，主要便是仰賴融規範入哲學並配合一套完整貴族統治法度；從而才得以創立一盛大的農業文明，橫掃地中海地

區叱吒風雲好幾百年。

最後，帝國還是難免傾覆。原因可用一句話來囊括，就是：農林資源匱乏罄盡，土地財富兼併集中（注意，這跟漢朝滅亡的原因幾乎相同）。大抵在西元二世紀，羅馬的政經狀況就已出現潰崩徵兆，其後國力有如江河日下，國祚延至西元五世紀時遂在北方蠻族屢次犯境中終告結束。羅馬解體情景也跟中國東漢末年相似，處於兵荒馬亂的沉淪時代；水深火熱當中，人們都從現世移向宗教尋求神祇的賜福與靈魂的永生。但是，單單一般宗教活動還是無法滿足廣大民眾的需要。羅馬俟狄奧多西大帝（Theodosius，在位期間 379～395 年）頒布基督教為法定國教，許多教會菁英更著手探究超越、共相、救濟等等問題，為統一強大的教會組織作先鋒。哲學至此二變，融教義（Dogma）入哲學，後人稱為中世哲學（Mediaval philosophy），即基督教神學（Theology）。

廣義言之，中世哲學包括教父哲學（Patristics）與經院哲學（Scholastics，或譯為士林哲學），乃哲學理性（相當於「體」）處於後農業文明時期，藉由宗教之路（相當於「用」）來凸顯終極實在。後來文藝復興期間基督教漸告式微，關鍵原因之一不啻起於哲學立場之分裂（如，唯實論 vs.唯名論）。但是，許多西方學者反過來誤認那時哲學淪為神學之女婢（The maidserver of theology），顛倒體與用，令人莞爾。

事實上，著名教父哲學泰斗聖‧奧古斯丁（St. Augustine）的基督教上帝就等於柏拉圖的哲學之造物神（Demiurgo），兼為絕對的理型（Idea）與最終的實在（Reality），其著作《上帝之城》（*The City of God*，約 400 年左右）貶斥短暫常變的地上之城，並以滿腔熱誠來歌頌永恆不變的天國——上帝之城；這上帝之城和地上之城，也等於柏拉圖的理型世界和現象世界。十二世紀西歐和東方回教地區之間因戰爭、貿易等互動頻繁，許多知識與器物由東向西源源流入，社會變化腳步加劇。經院哲學初期原是柏拉圖哲學披上基督教的聖袍，所秉持創造神論、唯實論、知信合一等，也就遭受泛神論、唯名論、知信

054 | 第五科學革命　　新興儒學世紀領航

不一等的強力挑釁。經過經院哲學大師聖・多瑪斯（St. Thomas of Aquinas）的努力，亞里斯多德哲學為最具調和之選擇，遂取而代之成為基督教神學的核心。其見解諸如：神超離宇宙而存在、共相內在於殊相、以認識神為最高活動……等等，能夠折衷爭議並守護教義。十三世紀是經院哲學氣燄的頂點，但亞里斯多德哲學的折衷適值人文氣氛漸濃的當兒，卻也埋下理型世界以至宗教信仰中衰的種子。

十一至十三世紀，西歐自東方回教地區看到一個別樹一幟又更具優越的工藝社會，便毫不猶疑地設法引入有關知識與器用，包括：數學、天文學、理化知識、工藝技術和各種貨品等。大抵到了十四世紀初，從義大利開始，風起雲湧絡繹出現了許多工藝城市，如米蘭、威尼斯、佛羅倫斯等；在此同時，中世的經院哲學和封建體制也隨著緩緩瓦解。這一股蛻變之風，還呼嘯北傳，颳遍整個西歐。在這前後將近二百五十年的日子裏，西方人還不遺餘力挖掘古希臘羅馬的文化遺產，重新刷上新時代物質文明的五顏六色。人本主義（Humanism）和世俗主義（Secularism）崛起，推動一場新舊雜陳且人文薈萃的社會運動稱為文藝復興（Renaissance），塑造一個逐漸重視物質的文化世界。融物界入哲學，傳統那一種偏向超越的哲學至此分裂，踏上中落窮途；緊接著，另一種偏向物界如何的自然哲學即物理科學，正悄悄吐露生機。

哲學原為人們溯源整體世界的愛智結晶，其理論上游向來矗立一位終極之神即超越。基督教興起並致力信仰的理性化，揉合哲學與宗教互為體用，主張認知神就是認知整體世界的永恆真理；還把柏拉圖哲學當作基督教的門徑，將信與知視為同一。柏拉圖的理型唯實論提出理型代表所有個體殊相的普遍共相，是真正實在，是先於萬物現象而自存，這點倒頗能呼應正統教義。不過，柏拉圖體系雖有理型與現象、共相與殊相之區別，卻沒有明顯表示超越與自然之並在非一，讓人很容易就走上異端的泛神論把超越視同自然——神就是自然（Deus sive Natura）——的路子。

相反的，亞里斯多德體系突出神和自然二者分立（Deus et Natura），標榜唯一絕對的神作為宇宙變動的不動原動者，是超離萬有之上，此無疑讓人找到了對抗泛神論的有力武器。況且，亞里斯多德哲學對於日益擴大的唯實論與唯名論之爭端，以及信仰與知識之裂痕，也讓人暫時找到兼顧的說辭。然而，經院哲學接納了亞氏體系譽為古希臘最清晰的理論，固然推遲了基督教的衰敗命運，卻無可避免最後造成了工藝時代的哲學之大分裂。自十四世紀肇端，許多學者不管從事經院哲學或自然研究的工作都已發覺，超越的形上世界和自然的物理世界無法不出現分裂。甚至一發不可收拾的，宗教的信仰和自然的知識，最後仍然不免出現徹底決裂。

形上世界和物理世界的分裂，最終導致宗教歸宗教，自然科學歸自然科學（主要指物理科學）。而且，自然科學的研究中，已無法去追詢「為何」（Why），只能全力去探求「如何」（How）。西歐繼承古希臘羅馬哲學、歐氏幾何等，復又引入阿拉伯的理化、代數等；因而觸發了一場發生在十六至十七世紀歷時約一百五十年的初期物理革命，先是數學（科學語言）的改造，把代數融入幾何成為解析幾何（簡稱解幾），然後融解幾入科學。就信仰而言，神依舊高高在上俯視人間，但就知識而言，大家都把焦點投注於自然現象當中。近代人把注意力轉向物理世界，這也是亞里斯多德《物理學》（*Physics*）所描繪的外在物體運動乃至宇宙時空。處於此一新潮流浪頭，多少自然研究工作者前仆後繼投身追求真正科學知識（True science），從哥白尼（N. Copernicus）到牛頓（I. Newton）一路不屈不撓曲折前進，努力建造了一套統一的科學理論架構並開啟了一個強調自然的文化世界。

物理革命的實質意義，就是對亞氏物理世界的知識原型進行修正與轉換。哥白尼的《天體運行說》在 1543 年問世，以雄健論證、詳實觀察與計算來支持地動說；有力駁斥那結合亞氏宇宙觀點和幾何形式的托勒密天動說（Ptolematic system），為物理革命奏起序曲。按照天動說或亞氏宇宙觀，宇宙天體被視作一個永恆秩序的幾何圖式的同心天球。地球位在天球中心，地球之外依序為月球、水星、金星、太陽、其他行星和眾多恆星；天體以循環不息方式作圓周運動，地上

物體則以輕上重下方式作直線運動。哥白尼地動說反其道而構思，推斷太陽位於天球中心，太陽之外相繼為水星、金星、地球、其他行星和眾多恆星。

伽利略（G. Galileo）贊同哥白尼地動說，也反對亞氏運動原理；最後著作《兩種新科學》（*Two New Sciences*, 1638 年）採用斜面實驗跟數學計量來闡述等加速度運動，徹底推翻亞氏物理論點。他的另一項偉大貢獻是首倡科學方法，把實驗與數學結合起來，可以從感官的個別現象中找出抽象的普遍規律。牛頓是初期科學集大成者，1687年出版《數學原理》，靈巧掌握「物理幾何化，幾何代數化」的竅門，終於建立牛頓力學成為古典物理學的輻輳。他繼承哥白尼、伽利略等的新見，進而提出運動三大定律與萬有引力定律，強力地整合了亞里斯多德一分為二的地上直線運動與天體圓周運動，完成了統一的動力學體系。不止如此，牛頓力學展示出宏偉壯觀又簡潔優美的機械論（Mechanistic theory）模型，還成為當時自然科學的萬人共欽的典範（Paradigm）。此時，哲學的身分也出現了微妙的變化：它不再象徵一種知識體系，卻退縮形成一種環繞著自然科學（已被公認為一知識體系）周遭的思辨體系。哲學，就其「愛智」原意來說，它看來已結束了生命。

按照物理路線來權衡，西方科學大致可畫分為：⑴初期科學，指上述的初期物理革命階段大約十六至十七世紀所締造的知識；⑵盛期科學，指以下的盛期物理革命階段大約十八至二十世紀所締造的知識。

十八世紀起，盛期科學朝向三方面分頭齊進。一為物理學本身的拓展與突破，包括古典物理學的完成以及現代物理學的冒出。一為科學的擴充，最早是把牛頓力學奉為典範去拓墾天文學、化學、電學、熱學……等等。此外，另一為工業技術的發明與推廣，隨即引發十八世紀起名聞遐邇的工業革命或稱企業革命。所謂企業革命，依筆者的說法，乃融技術入科學；遂有純粹科學（Pure science）跟應用科學（Applied science）之別，進而使到應用科學飛快成長並開展五個波段的工業文明麗景。這五個波段的主導產業為：1790～1845 年英國的

紡織與鍊鐵產業，1845～1890 年西歐的鋼鐵與鐵路產業，1890～1935
年美國、西歐的汽車與化工產業，1935～1980 年美國的軍需與機電產
業，以及 1980～2020(?) 年美國的高科技產業。人類於是擁有非常強
大威力的工具，初為英國與西歐（仍以英國為代表），接著美國，先
後在全球樹立起傲人的統一的國際性霸權。不但如此，今天人類還憑
著尖端的器具，伺機進軍浩瀚宇宙。

　　英國崛起於十八世紀間，經過二百年風光日子，最後還是歸於平
淡。美國則崛起於十九世紀間，目前正處於巔峰狀態，預料在二十一
世紀前期將因高科技無以為繼而出現疲態。有關工業社會的沒落以及
智識社會（智識經濟）的興起，拙作《經濟獨白》有詳細說明。順著
這種轉變，我們看到二十世紀後期起，世界文化核心開始從大西洋悄
悄遷移到太平洋。而二十世紀整整一百年歲月，恰是西方工業文明最
富戲劇性的轉變：一方面，歐美列強駕馭全球，另一方面，西方文化
也發出盛極而衰的警訊（請參考拙作《世紀大預言》）；一方面，應
用科學依然強勁邁進，另一方面，純粹科學卻透露倦怠的徵兆（請參
考拙作《挑戰西方科學》）。早在二十世紀初，現代物理學萌芽滋
生，但卻也引爆了物理學分裂危機（注意，最後其實是西方四大理論
畫為兩大陣營而形成的對峙）。古典物理學不足以解釋許多新冒出的
奇怪狀況，而現代物理學兩大支柱即相對論與量子論，雙方本質又相
互矛盾。牛頓的力學定律與機械論點備受質疑，將之奉為圭臬的古典
物理學只得無可奈何的淪喪了。可是，相對論與量子論在不得不短兵
相接的當兒，終究怎麼也湊不成一個統一的物理理論。盛期物理革命
的尾聲，吾人看到物理科學由「體」而「用」相繼疲軟，到了二十世
紀末，連帶整個西方工業原本訴求擴大再生產，也終於出現退潮的跡
象。

　　古典物理學和現代物理學彼此不一，現代物理學的相對論和量子
論互不相容……等等，科學所堆砌的知識殿堂竟一下子四分五裂，人
們公認科學代表真理突然間竟混沌不明。邁進二十一世紀，技術固然
因累積而持續進步，但是真理卻不見了。牛頓之言不是真理，愛因斯

坦之言也不是真理，所有曾經被譽為真理的卓見正遞次被推翻；非理性起來侵蝕科學理性的堤防，明日是一個後科學（Post science）的時代。目前可以預見的是，融機率入科學，許久以來的連續性、確定性、簡潔性（秩序）等特色，正逐漸被跳躍性、機率性、錯綜性（機體）等形象所撞擊。穿過超越和自然，我們正屏息凝視西方文化在後科學時代如何再度出發。

　　大致上，我們經已梗概瀏覽一遍三千年西方文化的統一與分裂。茲將整個分合過程（或者說，四個理論的牴牾與遞代）整理成表 2-1 西方文化演變簡表，請讀者詳加參考──最好把它與表 1-1 作一比較。西方文化原是一本複雜深奧的大書。唯經過一再抽絲剝繭，我們把它濃縮為短短數千字的陳述和一頁圖表，來展現它那具有客觀規律之演變軌跡。根據其演變軌跡，我們才能夠深刻瞭解西方文化它的本質、轉折，它當中什麼是「體」、什麼是「用」，它為何會興起、為何會沒落……等等有趣的問題。

　　為了慎重起見，我們接下來擬對上述演變軌跡的一些重要部分嚴加論證，以求無訛。

2.2　愛智的透析

　　哲學的希臘文原意即是愛智（Love of wisdom）──「愛」（Philo）與「智」（Sophy）。

　　古希臘羅馬哲學（主要乃古希臘哲學）從萌生到落成一個又一個思想體系，整個思想革命就像百花齊放；然而，在眾說紛紜的背後，其根本活動應該看作是哲學理性的逐漸開顯與茁長。這在其他民族歷史中，並未發生過具有同樣內容的文化事件（唯有中國人創立一內容相反卻同樣淵博的中國文化可與之分庭抗禮）。因此，針對此一特有個案，我們不禁想要知道，哲學真實面目如何？且哲學又如何可能？坊間或圖書館中，有關古希臘羅馬的哲學思想和哲學史的書籍多如汗牛充棟，但是我們看不到有那一本書能夠清楚且確切回答這二個問

題。此處「愛智透析」某種程度上可以被視為後設哲學（Meta-philos-ophy），試圖站在一更全面、更透澈的層次，重點地來闡明哲學真實面目如何以及哲學如何可能。

超越概念與自然意識

總括一句，哲學是古埃及的超越概念（超然精神）融入古希臘的自然意識（自然精神）而促成。

上古希臘人如同許多其他民族的先人一樣，是由自然崇拜（Nature worship）再進展為多神崇拜（Polytheism）。

原始氏族社會中，人類情智能力漸增，目睹周遭自然萬象舉凡日、月、星辰、動物、植物、山川等事物，總有特異之處並顯露令人無法解釋的神奇與威力。大家深感敬畏，遂將有關事物或其特點的形態作成圖騰予以膜拜。並且，不同族群又各認定自家祖先就是某一圖騰的化身，從而此一圖騰也就變成該族群的標誌。我們把這種行為稱為圖騰崇拜（Totemism），由於崇拜對象不離自然事物，故也稱為自然崇拜。後來，人類在與外界環境的搏鬥過程中，經由反覆試誤而導致自我意識增強，奠定了人為萬物之靈的地位。於是，這些崇拜對象慢慢就不再以事物或其特點的形態來表現，改以人形來顯現。不論是古埃及的人首獸身、人身獸首等，或者古希臘的人神同形同性，我們都稱為人形的多神崇拜。

荷馬的《伊利亞特》、《奧德賽》和稍後赫希奧德（Hesiod）的《神譜》（Theogony）等史詩中所描述的，全是流行在西元前八至十二世紀關於泰坦神族（Titans），以及奧林帕斯山（Mount of Olympus）的眾神和力可拔山的英雄之種種事蹟，十足寫出當時上古希臘人對自然神奇的信仰以及對自然威力的禮讚。時人透過神話與宗教來表達對整體世界的看法，可視為早期宇宙論以及關於萬物和人的見解，是人類探索人界與自然界的必然階段。

赫希奧德《神譜》無疑是一種上古的創世說（Cosmogony），指

表 2-1　西方文化演變簡表

時代　＼　西方文化	古埃及＆荷馬時期	古希臘	希臘化羅馬	中古歐洲
知識＆思想：新興思潮	近東 古埃及超越／理性		希臘化文明	西亞基督教
主流學說	荷馬時期自然精神 →	古希臘哲學 →	希臘化羅馬哲學 →	中世哲學 ——
融合特徵	┈┈→ 融超越入自然 ┈┈→	融規範入哲學 ┈┈┈	→ 融教義入哲學 ┈┈┈	
	750B.C.哲學理性　322B.C.　476A.D.			
社會＆物質：文明興衰	集體農牧文明（王官）	土地私有制↘生產力下挫國有制瓦解	農業文明（王官、地主）	資本私有制↘農林資產枯竭，土地兼併
人文創造	都城革命（國有制） →	思想革命（土地私有制）		
（註）生產函數	$y = f(x_1)$ ┈┈┈		→ $y = f(x_1, x_2)$	
思維意念＆相關工具　思維意念	前理性 初性 ←→	存有原理 哲學理性 第一理性		宗教理性
符號工具	義符＆聲符 ←→	字母體系、平面幾何 哲學家、幾何學家，歐氏幾何		邏輯 神學家
宇宙模型	和諧 空域（永恆） ←→	秩序之宇宙／實體的存在 亞氏空間＆天球、托勒密地動說（存有）		

註：x_1：勞力，x_2：土地，x_3：資本，x_4：企業精神，x_5：創新功能，y：產量，詳情請參考拙作《經濟獨白》。

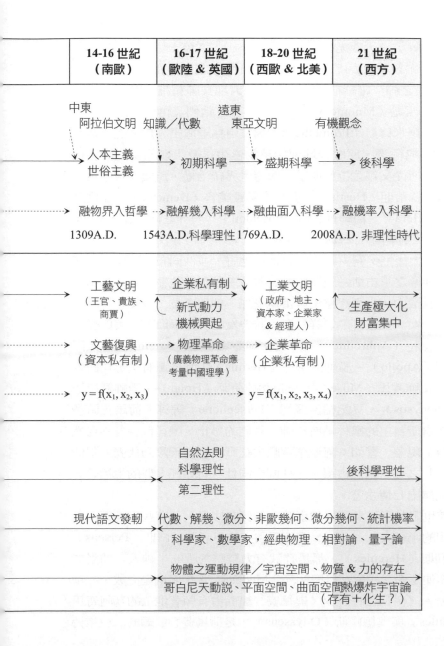

	14-16 世紀 （南歐）	16-17 世紀 （歐陸 & 英國）	18-20 世紀 （西歐 & 北美）	21 世紀 （西方）

中東
阿拉伯文明　知識／代數　　遠東
　　　　　　　　　　　　東亞文明　　　　有機觀念

人本主義　　→　初期科學 ──→　盛期科學 ──→　後科學
世俗主義

融物界入哲學 ─→融解幾入科學 ─→融曲面入科學 ─→融機率入科學

1309A.D.　　1543A.D.科學理性1769A.D.　　2008A.D. 非理性時代

工藝文明　　企業私有制　　工業文明
（王官、貴族、　　　　　　　　（政府、地主、　　生產極大化
商賈）　　新式動力　　資本家、企業家　　財富集中
　　　　機械興起　　& 經理人）

文藝復興 ─→ 物理革命 ─→ 企業革命
（資本私有制）（廣義物理革命應　（企業私有制）
　　　　　　考量中國理學）

$y = f(x_1, x_2, x_3)$ ─────────→ $y = f(x_1, x_2, x_3, x_4)$

自然法則
科學理性　　　　　　　　　　後科學理性
第二理性

現代語文發軔　代數、解幾、微分、非歐幾何、微分幾何、統計機率

科學家、數學家，經典物理、相對論、量子論

物體之運動規律／宇宙空間、物質 & 力的存在

哥白尼天動說、平面空間、曲面空間熱爆炸宇宙論
（存有＋化生？）

出宇宙之初最先存在者為卡奧斯（Chaos，即混亂），其後創造出地后芝亞（Gaea）、天尊尤拉努斯（Uranus）、愛慾王伊羅斯（Eros）等。繼之，尤拉努斯與芝亞結合，生出河海之神歐西納斯（Oceanus）、百穀之神克羅納斯（Cronus）、大地女神莉雅（Rhea）、記憶女神莉莫西妮（Mnemosyne）等；接著，祂們又再繁衍出下一代——內中普羅米修斯（Prometheus）另又用黏土造出人類。這便是泰坦神族的形成經過，反映天地創始萬物滋生以及人類起源之說。後來，克羅納斯從父親尤拉努斯手中奪得世界統治權，還與莉雅結合，生出火神赫絲蒂亞（Hestia）、農物之神戴美答（Demeter）、家庭守護神希拉（Hera）、海神普賽頓（Poseidon）、冥界之神布魯托（Pluto）、陽界大神宙斯（Zeus）等。

　　宙斯長大後把父親克羅納斯禁錮在地府，並偕同布魯托與普賽頓將世界分而治之。宙斯遂成為眾神之首（主神），住在希臘北部奧林帕斯山上宮殿中，一發起怒便會雷電交加。他與希拉、戴美答等結合生下眾多子女，比較耳熟能詳的有：雅典女神（Athena）、美與愛之神阿莉羅黛特（Aphrodite）、月亮女神亞黛蜜斯（Artemis）、太陽神阿波羅（Apollo）、農神漢密士（Hermis），其他還有：專司詩歌藝文的九女神繆思（Muse）、季節女神荷萊（Holai）、酒神戴奧尼索斯（Dionysus）、冥妃柏西鳳妮（Persephone）等等。荷馬史詩多半涉及以宙斯為主的奧林帕斯眾神，祂們的舉止、職司代表各種自然（或社會）現象，譬如：阿波羅駕馭火紅戰車馳騁天際乃代表太陽的運轉。除此之外，祂們也跟人一樣同形同性，有如凡人似的生活著，並時時流露出七情六慾。

　　史詩也記載了許多英雄的事蹟。他們有些是人，有些是神與人有染而生出的半神人。《神譜》裏面最引人注目者為柏修斯（Perseus）和海克利斯（Hercules），都是孔武有力驍驤善戰的半神人。前者的聞名壯舉便是殺死蛇髮女怪梅杜莎（Medusa），後者則是完成十二項艱巨使命。《伊利亞特》與《奧德賽》裏面占有顯著地位的為阿奇里斯（Achiles）與奧德修斯（Odysseus），是荷馬費心歌頌的二位秉持

智勇、排除萬難的英雄。前者是女神德蒂斯（Thetis）與凡人庇留斯（Peleus）之子，為希臘諸邦聯手圍攻特洛伊城（Troy）此一戰局之主角；後者是希臘伊色佳（Ithaca）的國王，參與攻陷特洛伊城戰役之後，在回家途中曾遭遇無數冒險與患難。這些人物故事不但毫無保留地描述力與美，也寫盡人間性情跟悲歡離合。

從詩人的字行間，可以解讀出在自然崇拜的背後，或者說在眾神與英雄的傳說中，上古希臘人擁有二大特徵。其一，時人腦海的整體世界的範疇侷限在有形有跡的自然（以眾神為代表）和人（以英雄為代表）；反過來說，當時尚無超越或終極的概念。其二，時人對天地萬象的想像，也就是對眾神與英雄的行為、性情的渲染，乃時而蠻橫嫉妒、時而平和、慷慨，時而喧鬧、時而安靜……等等，似乎把整個世界視作遷變錯綜來詮釋；易言之，當時尚無秩序和諧的宇宙觀。而且這些傳說和特徵，不但流行在黑暗時代，還一直保留到後來古希臘民間，反映一股激越的自然意識。

至於古埃及，早在西元前 2500 年左右，其創世說就成了宗教的重要一環。據說，宇宙之初只有混沌的水，稱為奈恩（Nun），繼之阿圖姆（Atoum，即太陽神，唯尚有其他稱謂與形象，如赫普里，Khepri、晃，Ra）升出水上。阿圖姆創造出空氣之神舒烏（Shu）和水汽女神苔芙娜特（Tefnut），二神結合生下男地神吉伯（Geb）跟女天神娜特（Nut）。後來，吉伯與娜特結合又生出原為農神的奧西里斯（Osiris）和其妻艾西斯（Isis），以及沙漠之神塞特（Set）和其妻萊蒂斯（Nehtys）。創世說不單是一則傳說，還被繪成一幅活靈活現的宇宙畫象。構圖頗具巧思：空氣之神舒烏雙手舉起並托著屈身穹隆的天神娜特，而雙膝頂著側身斜躺的地神吉伯；娜特身上綴滿星星，手腳分別和吉伯的手腳相碰，二側手腳之外則為諸神洞天。古埃及的宗教與政治關係密切，隨著社會的發展，晃作為太陽神的一種公認的形象和名字。很快就享有無與倫比的地位，尊為全國性的主神。

古埃及前後共有三十個王朝，其王室家族通常起自不同的行省（Zept 或 Nomos）。他們原是奉祀不同的地方性神祇（即族神，Tribalgod），一旦成功取得國家政權之後，其所奉祀的地方性神祇便升格或與太陽神化合（二神合一）為全國性主神。王朝最高統治者為法老即神王，兼為人間之王與自然之神。歷史學家依王朝興衰，依序分為古王國、中王國和新王國三個時期。

古王國歷史最早可溯至第三王朝建都於孟斐斯（Memphis），法老自命為鷹神霍魯斯（Horus）的化身，霍魯斯也就成為全國性主神。第二代法老傑塞（Dreser）首建梯式金字塔陵墓，其造型象徵法老死後昇天，也散發永恆屹立所帶有的神秘性與權威性。第四王朝肇造，王室就縈繞一股信奉太陽神晃意味永恆常秩，法老的名字開始冠上「太陽國度之王」（即「卡爾特修」）的圓框符號。而且，興建非梯式金字塔陵墓，其設計比喻太陽神崇拜，霍魯斯此時也化合成為兼具鷹神跟太陽神的雙重形象。第五王朝終於完全突出太陽神崇拜的舉止，原任祭司的第一代法老烏沙爾卡夫（Userkaf）不但祭祀太陽神，還著手建築第一座太陽神殿，嶄露晃為眾神之首的無比地位。第六代法老尼烏沙勒（Nyuserre）因此自許為太陽神晃之子，他的名字也開始再加冠上「太陽神之子」的象形符號。此後，幾乎所有歷代法老的名字皆附有「太陽國度之王」和「太陽神之子」的標誌。

在古王國之後有所謂第一中間期，接著第四行省底比斯（Thebes）崛起。孟圖赫特一世（Mentuhotpe I，但有些史家認為是二世）重行統一古埃及，創立第十一王朝，繼之，阿孟勒默斯一世（Ammenemes I，原為宰相）則創立第十二王朝，二者合稱為中王國。於是，王室便把原為底比斯地方性神祇阿門神（Amen）跟太陽神晃化合，成為具有雙重形象的全國性主神稱為阿門晃（AmenRa），還在卡納克（Kernak）等地建造神殿。中王國時代，除了王室成員繼承傳統，凸顯太陽神的崇高形象，此外，民間百姓則流行對原為農神的奧西里斯大加膜拜。根據傳說，奧西里斯曾經統治人間，不幸被胞弟塞特謀殺肢解；後經妻子艾西斯妥善埋葬於阿比多斯（Abydos），靈魂復活化為冥間之神。這個傳說影射尼羅河流域大地跟農作物一年一度因乾涸而死亡，以及因河水氾濫而復活，從而代表大自然永恆生命的週期循環。

　　渡過了混亂的第二中間期，古埃及再度統一，新王國誕生。當時人們自我意識又一次跳升，精神活動更為複雜。譬如說：第十八王朝哈塞布蘇特（Hatshepsult，女法老）便揚言獲得神諭才即位；百姓更購置「死亡經書」（The book of dead）以求靈魂通過死後審判。唯最足以反映時人的心靈躍進，應是一次關於「多神合一」的出現，以及所引發一場史無前例的意識型態之鬥爭。

　　西元前 1380 年左右，阿門諾比斯四世（Amenophis IV）登上王位，進行文化改革，催動了精神大轉折。他一登基旋即另立主神，將霍魯斯、奧西里斯、艾西斯等跟太陽神化合，多神合一，形成唯一至上恆常的太陽真神稱阿頓神（Aton）。阿頓神不只是埃及的神，也是整個宇宙的神，且是人類的創生者與主審者。祂不再像眾神一樣各具形體，而是轉向一種超越的概念。這位法老在卡納克建造阿頓神殿，宣揚最早的一神崇拜，著手壓制長期奉祀的阿門神以及傳統眾神——但太陽神晃除外。不久，他還易名為阿克納頓（Akhnaton，意為阿頓神滿意），在底阿雅馬納（Tell Al-Amarna）另建新都稱阿肯達頓（Akhetaton，意為阿頓神都城），並大力打擊阿門神和眾神。不過，這次鬥爭未獲徹底成功。約莫西元前 1360 年，亦即阿克納頓逝世後的第二年，女婿圖坦納頓（Tutenknaton）獲得阿門神祭司集團擁戴繼位為王。新任法老在位第四年時改名為圖坦阿門（Tutenkhamen）還都底比斯，宣布恢復阿門神跟眾神的榮譽，重建眾神的神殿神像。儘管如此，此一精神轉折影響深遠，非但強化太陽神所隱含的秩序條理，尤開啟後世一神宗教和超越概念。

　　雖說上古希臘黑暗時期以及古埃及古中（古王國與中王國）時期，二者的自然意識大致相似，也都沒有至上的超越概念。再者，雙方無不認為宇宙最初是混沌一片。不過，創世之後，彼此對外在世界的見解逐漸出現一些差異。在希臘方面，主神宙斯固然想要好好治理世界，但總遭到諸神的抵制而產生許多困難，還有祂本人又時喜時怒，使到整個世界看起來不像是有序的樣子。在埃及方面，主神晃乃太陽神，不但是天地主宰，祂每天一次定時東升西降，使人相信祂又是掌

管宇宙秩序與公理。進一步，猶如前述，古埃及新王國還發生了一次精神大轉折，這是上古希臘所未曾體驗的。那時，阿門諾比斯四世將多神合一為超然存在的至上之神，揭示絕對唯一的阿頓神。原本，古埃及神祇的造型都完全「形體化」，各呈現動物形或人形等；但是，阿頓神的造型卻試圖「理念化」，呈現為圓盤與線條的圖案。無疑，此一轉折奠定外在超越的初步概念。

四大哲學的形成

外在超越概念經由二條線路影響近代人文甚巨，一條是經由古代猶太人促成了後來崇拜絕對唯一上帝的基督教，一條則是經由古希臘羅馬人匯成了以形上學為核心的哲學理論。二千多年來，這二條線路宛延交錯，成為中古歐洲乃至近代歐美的文明根基。此處暫且擱置基督教不談，我們看到哲學的確是外在超越概念融入於自然意識，復經再三搓揉而成。就讓我們回頭來觀察這一段思潮激盪的歷史，端詳整個融入的過程。

首先，我們必須慎重求證這一融入事件的真實性。西洋學者研究古希臘羅馬思想變遷，可惜大部分人對哲學淵源都未有（也許不願意）清楚交代。縱使有少部分學者肯定古埃及的影響非同小可，但仍未能十足透視這一段思想激盪的內幕。我們此處敢斷定哲學是古埃及的外在超越概念和古希臘的自然意識之合成結晶，乃基於後面三項論證：

第一，文化進化的證據。大家都公認古希臘人發覺了「理性」，從而創立了哲學。此一理性（哲學理性）無非外在超越即關於「終極和秩序」的概念，它絕不可能憑空產生，必定有一段頗長的演化歲月。可是，在荷馬、赫希奧德史詩等資料所展列的激昂之自然意識當中，任憑怎麼找也找不到一點丁兒理性的痕跡（德國近代學者謝林，F. W. Schelling，亦證實這一點）。事實上，環顧當時周遭地中海區域，唯一可以找到終極和秩序的蹤影，就是在古埃及文明的深處。

第二，符號工具的證據。大家都知道，古埃及是拼音字母（Alphabet）、加法十進制（Additive decimal principle）、演繹幾何（Pure-geometry）的發源地，這些符號工具無疑都含有終極和秩序的特徵（請參考拙作《世紀大預言》）。字母與加法十進制大約在西元前 800 年左右，間接透過腓尼基人（Phoenician）傳入古希臘。演繹幾何代表外在世界的理性構圖（Rational scheme），則大約在西元前 605～555 年間輸入古希臘（先是小亞細亞一帶）；當時，幾何作為哲學家的一項犀利工具，可以用來揭發宇宙奧秘和探索世界至理。

第三，哲學史實的證據。根據歷史，古埃及對古希臘的哲學發展有極大影響。在兩地人民尚未廣泛接觸之前，也就是在二十六王朝法老薩姆提丘斯一世（Psammetichus I，即 Psamtik I，在位期間 664～610B.C.）未登基之前，古希臘尚無真正的哲學。直至他執政時候，開始僱用小亞細亞（Asia Minor）的愛奧尼亞希臘人（Ionian Greeks）等為傭兵，還與古希臘城邦建立貿易關係，鼓勵希臘人到埃及定居。此後，古希臘才有哲學。也因此，哲學遂由小亞細亞愛奧尼亞希臘人率先孕育，繼之才輾轉進入希臘本土。

然後，我們另外要請讀者們回顧一下眾人皆知的古希臘羅馬哲學史。因為是從動態的立場去考量這一段經過，我們對其發展打算概略地提出一個新的看法。此處，我們將哲學依其脈絡而區分為三個時期（請參考圖 2-1 哲學透析簡圖）。即：孕育期（624～554B.C.），以泰利斯的出生和逝世年代為分界，反映哲學理性的萌芽；分殊期（554～399B.C.），以泰利斯和蘇格拉底的逝世年代為分界，代表各種學說競相爭妍；集成期（399B.C.～269A.D.）以蘇格拉底和博羅丁的逝世年代為分界，顯示四大哲學理論的成功整合。茲分別介紹如下：

一、孕育期

哲學理性的吐放，使到時人在注視著造化萬千的當兒，也不禁要冥思宇宙的真相是什麼？更進一步，其實體與變異要如何去理性詮釋？最早的古希臘哲學家，便是想要回答關於實體與變異的合理性暨

圖 2-1　哲學透析簡圖

孕育期
（624-554B.C.）

分殊期
（554-399B.C.）

集成期
（399B.C.-269A.D.）

超越（存有）：
　靜態一元説
　齊諾芬尼斯
　（Xenophanes
　570-480B.C.）
　巴門尼德斯
　（Parmenides
　515-470B.C.）

原子説
　德謨克利圖
　（Democritus
　460-370B.C.）

自然：
　本質問題
　普遍流動説
　（一元論）
　赫利克利圖
　（Heraclitus
　535-475B.C.）
　構成問題
　元素説
　（多元論）

理型説
　柏拉圖
　（Plato
　427-347B.C.）

物質的前泛神論
　單純質料（偏
　構成）
　泰利士（Thales
　624-554B.C.）

古埃及（新王國）
超越概念

恩培多克力斯
（Empedocles
495-435B.C.）
種素説
（多元論）
亞納薩格拉斯
（Anaxagaras
500-429B.C.）

形式説
　亞里斯多德
　（Aristotle
　385-322BC）

精神的前泛神論
　秩序理則（偏
　本質）
　畢達哥拉斯
　（Pythagoras
　582-500B.C.）

古希臘（荷馬時期）
自然意識

人：
　辯者學派
　普泰哥拉斯
　（Protagoras
　485-411B.C.）
　德性説
　蘇格拉底
　（Socrates
　469-399B.C.）

流出説
　博羅丁
　（Plotinus
　204-269A.D.）

單純性的問題，而哲學家也就因此孕育並誕生了。

　　大家也許記憶猶新，最早且最負盛名的哲學家首推泰利斯（Thales）。泰氏是小亞細亞米勒（Miletus）的愛奧尼亞希臘人，據說曾遊歷埃及，引入演繹幾何，成為專注實體（Substance）問題的米勒學派的宗師，名列七賢之一。他體會到自然萬象應出自超越的基本原理（Arche，即 Principle），認為天地的原始質料——此即為實體的前導——是水，萬物皆由水衍生出來。他企圖追索那落成物體與運動的宇宙之本初，所持立場可視為具物質傾向的前泛神論（Pre-pantheism）。緊跟其後，同樣名垂不朽且又能自成獨立門戶的是哲學家畢達哥拉斯（Pythagoras）；他也是著名的數學家，其畢氏定理至今幾可稱家喻戶曉。畢氏是小亞細亞近海小島薩摩斯（Samos）的愛奧尼亞希臘人，相傳是亞諾齊曼德（Anaximander，泰氏弟子）的學生，曾經周遊小亞細亞、埃及、巴比倫（Babylon）諸地，被奉為引用數理來描述變易（Change）問題的畢氏學派的鼻祖。他相信外在世界的複雜、混亂的形態與關係，可經由單純、和諧的幾何與數論而歸於元點（Unity）、次序（Order）。他苦心孤詣乃探詢宇宙之秩序法則，是最先把宇宙取名為「Cosmos」（即秩序）的人，所持立場可視為具精神傾向的前泛神論。

二、分殊期

　　前述哲學甫起時刻，自然意識當中有超越概念，二者交錯未能明確釐清。哲人眼中的世界，自然之內雜有類似終極的存在，無常之間帶有秩序的形式。無可否認，這正是愛智濫觴階段的曖昧不明，米勒學派和後來畢氏學派因此都遺留許多未解的矛盾與凌亂。光陰荏苒，當哲學理性逐漸開顯，又衍生理知與感覺兩股認識能力，加以人們嘗試從不同預設去認知整體世界——可視為幾何學上有限的三維空間體系。於是，哲學猛然昂首邁步，分頭發展，蔚為百花齊放的盛景。大約在西元前六世紀中葉開始，哲學家們分別針對超越、自然與人作為出發點，就實體和變易等問題，提出震驚心魄的各種學說，展開一波

絢爛的文化邅動。

　　齊諾芬尼（Xenophanes）為小亞細亞科羅弗（Colophan）的愛奧尼亞希臘人，後來卜居大希臘（Magna Graecia，義大利半島南端）埃利亞（Elea），遂成為秉持終極（至一）和秩序（確定與不變）概念的埃利亞學派的先鋒。他排斥荷馬史詩所描述同時也是傳統希臘所信奉的擬人眾神，轉而提倡哲學的一神論，主張唯一上帝便是宇宙的實體，這與泛神論（上帝即宇宙，易言之，超越即自然）的觀點有些類似。齊氏認為上帝是不動的，是不變且必然的，祂是有限球形而無窮能力，唯一實體而萬化乾坤。巴門尼德（Parmenides）為埃利亞貴族子弟，嘗一度為畢氏學派信徒，後來師承齊諾芬尼，建立一套關於存有（Being）的學說，使超越從宗教味道的信仰提升到哲學的理念，遂成為埃利亞學派的實際創始者。他指稱變異與繁多僅是事物表象造成的幻覺，確非宇宙真面目；唯有理性能體認宇宙大本，抵達其實體──其性質非物質亦非精神。它是不生不滅、無始無終，不動的存有，係唯一的、永恆的，同時不變的、獨立的實在。巴氏的恆靜一元論（Static monism）把唯一與不變當作繽紛萬象的共同基礎，也可形容為超越一元論，成為形上學的先驅。

　　反過來，赫利克利圖（Heraclitus）以自然與變為起點，在理知基礎上創立普遍流動說（Universal movilism），赫氏為小亞細亞委菲士（Ephesus）的愛奧尼亞希臘人，既反對荷馬的混沌自然觀，也反對齊諾芬尼的超越概念，故獨闢蹊徑，宣揚理知的精神傾向自然論。埃利亞學派表示共同基礎是不動與不變，但赫氏卻肯定一切事物無不在流動遷變當中，遂反而暢言永久的變動。所以，他把宇宙的本質稱作「火」（有時也稱為熱氣），象徵永遠運動變遷與循環再生。照他的說法，恆靜不過是感官所看到的短暫現象（Phenomena），不是實在的；唯有理知才能夠直達本體（Noumenon），因而捕捉到永恆不變就是「變」本身。故此，世間萬物流變不息，方為自然真義。這無妨視為自然一元論，站在萬有流轉的立場去思索現象與本體的問題。

　　針對宇宙的構成，恩培多克力（Empedocles）、亞納薩格拉

（Anaxagaras）等，則以物質傾向的自然與變為起點，各自創立元素
說、種素說等帶有感覺味道的多元論（Pluralism）。這些學說的要旨
力圖闡釋自然變動之真相，謂基本物質是恆存不變、無生無滅，彼等
所構成的萬物則是聚散分合、變動不止。恩培多克力是西西里島
（Sicily）亞喀力君坦（Agrigentum）的杜利安希臘人（Dorian Gre-
ek），認為基本物質即是土、氣、火、水四種元素（Elements）。它
們受到愛力（Love，反之為橫力，Discord）的作用，構成琳琅滿目且
運動頻繁的萬有事物。亞納薩格拉是小亞細亞克拉蘇曼納（Clazomenae）
的愛奧尼亞希臘人，認為基本物質便是種素（Seeds）。種素的類別
（同類則性質相同）與數量皆無限多，其體積無限小；聚合則構成
物體，分散的話則物體隨之消逝。另外，還有一種基本要素稱為理
素（Nous），為萬物分合有則、萬象變動有秩的原動力。

　　知識的探詢，由超越轉向自然，且由變的否定轉向變的索解，於
是出現了許多學派與爭論。到了西元前五世紀時候，大家發現「人」
的課題儼然為知識的處女地，亦為希臘諸城邦日益興盛而社會矛盾日
益嚴重的關注焦點。當時，知識好奇之心又由自然再轉向人事的範
圍。起步之初，先有辯者學派（Sophists）的學者湧出，採用詭辯方
式來質疑昔日關於客體的學說，進而肯定個人作為感覺主體的優先地
位。著名辯者（Sophist），如普泰哥拉斯（Protagoras，阿布特拉的
愛奧尼亞希臘人），便稱「人為萬物之權衡」（Man is the measure of
all things），甚具代表性與時代性。

　　那個時候，古希臘已完全邁入以貴族和高等公民為核心的城邦政
治，最負盛名的城邦就是雅典。哲學巨擘蘇格拉底（Socrates）生於
雅典，一生好學不倦；早年繼承父業從事雕刻工作，後來專門研究人
的哲學並教導青年。蘇氏把人界定在「知汝自己」（Know thyself）
且以這種「一般的人」（Man in general）為對象，經由辯證方法，揭
示道德福善的客觀標準以及倫理規範的通行法則。他對埋首在超越或
自然的鑽究能夠發見真知一事深表懷疑，復對辯者學派關於道德公義
的唯覺主義（Sensationalism）謬誤也深表排斥。相反的，他領悟出真

理反映於吾人思想與行為當中，遂洞察理性之目的是福善，此方為宇宙最高形式和不變公理，故稱「知識即是最高之福善」（Knowledge is the highest good）。因此，他首開倫理學（Ethics）之先河，強調道德觀念有其客觀規範，可在公共良知（Public conscience）上求得普遍規律。同時，在認知的法則上，他也率先走到了歸納、共相等這些題目的邊緣。

三、集成期

　　經過一百五十餘年的分殊時期，許多學說分頭發展，對超越、自然，與人紛紛提出各種不同的論調。它們各自由不同角度去闡釋宇宙與人生，固然非常新穎創見，卻因立場過於偏執以致無法完全詮釋整體世界的諸項疑因。而且，哲學理性猶未達到成熟的地步，理知和感覺兩大認知功能，尚在摸索過渡。西元前四至五世紀之交，時人議論仍在分歧，大家意見莫衷一是。在此同時，知識圈子也出現一種趨勢，那便是集大成的哲學系統包括知識論的醞釀。果然，約莫自西元前 400 年起，三個標舉超越為本的恢宏哲學體系，即：德謨克利圖的原子說、柏拉圖的理型說，與亞里斯多德的型質說，在古希臘戰亂迭起期間次第完成。然後直至西元 250 年上下，隨著近東宗教的普遍流傳，博羅丁（Plotinus）的流出說，既兼收並蓄又別具一格，便在羅馬貴族的歡迎聲中快速竄起。這四位哲學家提出的理論體系堪誇曠世傑作，不祇代表古希臘羅馬無數智慧的總匯集，也植基作為中世哲學和現代科學的堅固柱石。

　　把以上四位偉大哲學家和其理論體系拿來互相比較，是一樁別具意義的事。德謨克利圖出生於愛琴海北岸貿易城阿布特拉（Abdera），是盧西浦（Leucippus，米勒的愛奧尼亞希臘人）的學生，與其師兩人合作創立原子說。德氏治學方法和倫理學觀點都曾受到同鄉著名辯者普泰哥拉斯的影響，因而擴充原子說成為一完整哲學理論。他曾經旅行希臘、埃及，和小亞細亞許多地方，其間寓居埃及長達五年，約在西元前 420 年返回故鄉，致力講學與冥思。德氏的核心思想當數唯物

主義原子說，看來乃基於「物質形態之幾何化」與辯證法。他認為單感覺所觀測到的自然萬物不斷變異，固然是不可否認的現象，不過總是感官的一些模糊知識。經由理知的判斷，可直達物體的終極質點即無數原子（Atoms，此處原子指至小粒子），這才是真正知識。原子永恆存在，其性質永遠不變，不過其大小形狀卻因種類而有不同。每一原子皆具無休無止的運動，原子與原子之間為真空（Void，即「無」），從而分合流轉構成萬物的存亡遷化，並促成世間的無窮現象。神和靈魂也都是由原子構成，當然不免也都會有存亡遷化的各項際遇。原子的分散聚合跟運動轉移，乃是受到某種必然性（Necessity）的力量所支配——德氏和其後原子論者（如伊比鳩魯）對此皆未能提出精準的說明。另外，倫理學方面，德氏則主張理知的快樂說。

　　柏拉圖誕生於雅典一貴族家庭，自幼接受完備教育，二十歲時又追隨蘇格拉底學習哲學。蘇氏死後，他遊歷義大利、埃及、小亞細亞等地，曾拜訪畢氏學派，大力推崇幾何學並嘗試批判辯者學派。從西元前 387 年到逝世前夕，他大都在阿卡勒密學園（Academy）專心講學和研修，致力融匯各家論點並建構一套自己的學說；他的大部分著作也是在這段期間撰寫的。柏氏的理論重點標榜唯心主義理型說，這種洞見的形成係經由「精神觀念之幾何化」與辯證法暨抽象法。理知依幾何形式的普遍原理，得以明察真正實體為觀念理型（Ideas）。它是個體現象的共相，是一永久的、不變的、唯一的、最真的精神實體，而以它為對象所產生的便是必然性的知識，亦即真理。另外，感覺所接受的個體現象或稱殊相，僅是精神理型之影本。影本有生有滅、變化萬千，以此為對象所產生的也僅是一種偶然性之意見。透過精神觀念的「單一」（One），可以認識理型是單純連續的超然存在。譬如，理知的三角形（或桌子）此一觀念（理型），便是獨立於感官所見的任何三角形圖形（或任何桌子，皆為個體現象，代表殊多，Many）之外而超然存在；由此可知，真實世界當然也就沒有真空容身之處。理知還可通達善與美的觀念，二者同為最高理型；神（柏氏眼中，神與善的觀念近乎同一）則為絕對理型和最終實在，堪稱共相的

共相。倫理學方面，柏氏提出至高福善的說法，人生以求達至高福善為目的。

　　亞里斯多德誕生於馬其頓的史塔齊拉（Stagira），父親是一名醫生，使他從小便培養起實證態度。他十八歲進入阿卡勒密學院做柏拉圖的弟子，親炙共相理型說之薰陶。柏氏去世後，他邀遊希臘、小亞細亞許多地方，曾一度擔任馬其頓王子亞歷山大的教師。西元前 335年，他回到雅典創設芮西思書院（Lyceum），傾力講授和研究學問，並發表作品且編纂書籍。亞氏的哲學要義是揭櫫目的與動力的型質說，其動力觀點（現代物理關注的是動力因）則完全立足在「物體運動之幾何化」與邏輯論理的基礎上，從而展布整體世界的和諧及其第一原動。關於實體問題，德氏說法是運動不止的物質原子，柏氏說法是遠離殊相的外在理型。反之，亞氏說法則是物質素材與精神型式所結合的不可分組成；其中物質為基架（Substractum），而型式（Form，存於殊相裏面的內在理型）為促使物質定型的要件——無異凸顯型式方是事物的真正本質。真理是理論與客體的相符應，這種真實知識的證明途徑主要是訴諸理知的演繹法式；此外，也可採用感覺的歸納法式借助經驗把它概括出來。不過，理知直達事物型式為前提的演繹法式，表現為三段論法或數理證明，總是受到高度推崇。

　　並且，亞氏還把宇宙看成近似一個同心天球，地球不動居於中央，月、日等所有星辰都依序環繞在地球的周圍。抬頭望去，月球之上屬於天體世界（Heaven），之下則屬於地面世界（Earth）。天上物的元素為以太，地上物的元素為土、水、氣、火，這些物質元素依各種型式合成萬有事物。任何事物皆依其不同原因：物質因、型式因、動力因、目的因，進行相關運動與變移。若就運動而言，天體運動是一種完美的、永久的自然圓周運動；至於地面運動（Local motion）則包括重物向下、輕物向上的自然垂直運動（自然運動，Natural motion，包括天體之圓周運動和地面之垂直運動），以及非自然的施力運動（Violent motion）。按照這種關於地面運動的想法，不同重量的物體一齊下墜，便有不同的落體速度；而且，宇宙間不得有真空，否則因

失去阻力將導致運動速度無限大。神是超離宇宙之上的第一不動原動者（The first unmoved mover），為純粹型式、最高目的、絕對完美。倫理學方面，亞氏提出道德說。

新柏拉圖主義帶有濃厚玄秘主義（Mysticism）色彩，喜歡採取一種忘我冥想、歸真入神的直覺觀照。關鍵人物博羅丁出生於埃及萊科坡里（Lycopolis，另一說於萊科，Lycon），曾在亞歷山卓城求學，對當時希臘哲學和近東宗教頗有心得，後來拜入沙加士（Ammonius Saccas）為其門下。西元 244 年，博羅丁前往羅馬，創立學派並致力講學與著述，名噪一時。博氏提出的流出說（Emanationism），乃奠基在「萬有流溢之幾何化」與辯證冥合。根據流出說，上帝是至一至善，不變不動，無始無終，超越一切並流溢（Emanate）而衍生一切。上帝的流溢分為三個階層，首先為智慧（相當外在理型），其次為靈魂（相當內在型式），復次為物質（亦即物質基架），形成宇宙萬有。因此，任何存在的最終目的，便是歸返上帝。倫理學方面，博氏強調品德的力行。流出說自成一格，技巧地處理單一性與多樣性的矛盾對立，營造出一個泛神論性質的形上學架構。雖然可能會有爭議，但筆者還是把流出說拿來作為古代四大理論之中的一個典型範式。

為了清楚起見，茲將以上概述擇其重點臚列於表 2-2 古代四大哲

表 2-2　古代四大哲學理論簡要

名稱（依學者姓名） 項目	德謨克利圖	柏拉圖	亞里斯多德	博羅丁
認知方法： 1.終極預設	至小質點＆原子說	.至上理型 & 理型說	第一原動 & 型質說	至一至善 & 流出說
2.秩序拼圖 　幾何推理	物質形態之幾何化	精神觀念之幾何化	物則運動之幾何化	存有流溢之幾何化
命題推理	辨證法（概念 & 判斷）	辯證法加抽象法（概念 & 判斷）	邏輯推論（三段論法）	辯證法（矛盾冥合）

世界概論： 1.超越 & 　自然（宇 　宙論）				
感覺經驗	自然物象（模糊知識） 殊多可分解為物質原子	自然影像（意見） 殊多乃影本	自然現象（歸納知識） 殊多內有型式	自然事物（慾望） 殊多含有反智的物質
理知尋繹	質點原子（知識） 類似幾何質點，運動不停，原子與原子之間為真空。	外在理型（知識） 為幾何形式的單一性，代表共相實體，故觀念世界沒有真空。	內在型式（演繹知識） 型式與動力乃物體的幾何化運動之主因，不許有真空，否則導致運動速度無限大。	至一（真理） 幾何秩序的歸一，反映一多冥合，故無真空。
理論概述	a 否認非物質性超越的存在。 b 認定萬物，及諸神、靈魂皆由原子構成。 c 原子的初動應是自發性，世界形成後，各種運動流轉則受必然性動力之支配。	a 感官的自然現象皆為理型的影本。 b 理型乃永恆不變的實體，神是絕對理型。 c 整體世界的運作受福善目的所支配。	a 超越與自然並立，二者皆實存。 b 型式為內在理型，乃事物之本質，神是第一原動。 c 自然萬物具有四因：物質因、型式因、動力因、目的因。	a 試圖整合超越與自然，認為二者冥合同一。 b 萬有皆從上帝流溢衍生，上帝是至一至善，不變不動。 c 任何存在的最終目的是歸返上帝。

| 2.人事規範
（倫理學） | a 人生之目的是幸福，此乃理知行為（理知面的原子運動）所帶來心智的真正快樂。
b 道德之價值在於實現最高的理知行為，主要為公義與克己。 | a 人生乃追求最高福善，從理性修養到靈魂昇華進入最高理型境界。
b 理性修養落實為公義以及智慧、勇敢、克己四種道德。 | a 人生之最高福善就是道德活動所產生之樂利。
b 道德活動意指理性的中庸（Moderation，如，勇敢是凶暴與懦弱之中庸）和智慧。 | a 人生最高目的是洗滌塵世的慾望污濁，經由品德的不斷超升，最終得與神冥合。
b 四種品德包括：禁慾、清心、求知、智慧。 |

學理論簡要，供讀者對照比較。

2.3　原型的更遞

　　西方攸關整體世界的主要學說，最初有宣揚「超越」的古代四大哲學理論，展布終極和秩序。順應羅馬政經版圖的興衰變化以及近東（西亞）一帶宗教的傳入，又陸續出現以超越為本的倫理哲學和中世哲學（神學）。中世哲學從它的開始到結束約有一千多年，包括教父哲學和經院哲學。文藝復興時候，宗教力量式微，復古的呼喚加上中東阿拉伯文明的影響，使得人本主義與世俗主義思潮如火如荼到處展開。融物界入哲學，近代自然哲學——物理學的前導——於是焉星火燎原急遽冒起。到了十六至十七世紀，培根、笛卡兒、洛克和斯賓諾莎，接過了古希臘羅馬和中世歐洲思想大師的火炬，憑以建立近代四大哲學體系。然後，當代物理又站在眾多巨人們的肩膀上，一步一步完成了西方物理四大理論。

　　請注意，早先曾經介紹哲學四大理論，而此處所言則是物理四大理論；綿亙的知識嬗遞源流，前後各種立論內容雖有不同，但它們的

宗旨與要則還是緊密連貫的。事實上，它們內中的知識原型，如果大家不去計較一些枝節問題，前後無疑是連貫的。這點，不管古代到中世、近代到當今是如此，即便由古而今還是如此。十六世紀以來數百年間，縱使西方已經走到涉及自然的哲學與科學；古今一對照，前後宗旨與要則確有雷同之見，其知識原型尤有脈絡可尋。

此處，我們擬鑽究西方文化千年發展的深層意涵，以去追蹤其古今學說和原型是怎麼樣子依次替代。

古代知識原型

一開始，我們來討論一下什麼是知識原型。

任何一套學術理論，都出自一個原始樣式，稱為知識原型（簡稱原型）。原型反映理論的幽深精義，也代表其原意呈現。具體一點講，它有如事物的胚胎，固然是初始的、簡單的，尚無法顯示事物的完整狀態，但早就含蓄事物的精髓；這精義包括世界觀與基本信條，主要係針對現象與實體、變動與不變、繁多與單一等課題，所提出的一個粗糙剪影。歷來西方不同學派其知識原型——內中的世界觀部分——是不一樣的。不過，這些原型總秉持一個共同特色，那就是內中的基本信條部分令人驚訝地卻是一樣的；易言之，它們都具有共同的形上理念：終極和秩序。並且，從宏觀角度來看，西方由哲學而科學的文化世界，幾乎可說是全繫於四種知識原型的演變。

遠在古希臘羅馬，便可清楚看到四種原型；它們一一萃取自前面所介紹的四大哲學理論，權且取名為：德氏原型、柏氏原型、亞氏原型，和博氏原型。德氏原型要旨視至小物質原子為構成秩序世界的終極基礎，此即聚集單一形成繁多——集一之多（Many from one）。原子的初動在虛空中可能是依大小、形狀而有其自發行為（德氏倒未明說），一旦世界形成後，原子的活動就會受到合理性與必然性的左右。承繼德氏原型，伊壁鳩魯（Epicurus）對快樂主義倫理哲學再加耕耘；宇宙論方面，他贊同原子說，表示原子具有重量，主張神、靈

魂與萬物皆由原子聚合生成。因此，我們也把伊氏說法稱為物質神論，前後匯為德氏至伊氏的唯物哲學源流。

　　較之德氏原型著眼於經驗的現象界及其構成，柏氏原型則是首度明確釐定什麼是實在界。柏氏原型要旨強調理型（共相，指實在界）是眾多個體（殊相，指現象界）的共同形式，乃獨立存在於個體事物以外的必然不變之實體；所有共相再構成一個秩序世界，上帝則為最高理型（共相的共相）。個體是理型的影本，理型是繁多個體以外的單一——多外之一（One along with many）。柏氏原型對實在界的肯定以及有關「創世者」（Demiurga，等同於上帝）創造自然界的說法，最後匯入基督教神學家聖奧古斯丁（St. Augustinus）的創造神論（Doctrine of creation ex nihilo，或 Creationism），宣講上帝由「無」當中創造「萬有」，闢出了一條古代唯心源流。

　　理型依亞氏原型是個體事物的內在型式，它無法跟事物分開而獨立存在。亞氏原型要旨主張共相蘊涵於殊相裏面，聯結在一起；易言之，共相為殊相的共通屬性，是「類」（Genus）的概念。因此，揆度某一「類」中的眾多殊相皆可指涉同一共相，此即揆度繁多指涉單一——揆多之一（One from many）。亞氏以萬有為物質與型式所組合而成，上帝則居於宇宙之上，是純粹型式和純粹實現，並以此為骨架進而建立完整的形上與物理學說。這種學說被中世著名基督教神學家聖托瑪斯（St. Thomas Aquinas）襲用改良，強化了護教衛道的神學體系。聖托瑪斯採取倒溯方法（Aposteriori method），循亞氏原型，認定上帝為第一原動、終極原因，並超然高立（超立）宇宙萬有之上——我們稱此為超立神論。型質說以至超立神論，彰顯上帝和萬有分立、而萬有則是心物聯結的思想源流。

　　新柏拉圖主義在西方文化中占有獨特地位，係自一特異角度來詮釋宇宙。典型代表博氏原型受到猶太教等影響，其要旨乃把上帝當作絕對單一，以祂為根源而流出繁多萬有，此即單一以外的繁多——一外之多（Many alone with one）。事實上，上帝「以外」沒有其他實體，所以此處「以外」的地方仍然是上帝神性的流溢所在，完全如同

上帝自身一樣。

　　提倡宇宙由上帝流布出來，無異表示宇宙便是上帝自身。這方面，博氏原型所持上帝與宇宙冥合之觀點，跟採納柏氏原型的聖奧古斯丁創造神論之觀點大相逕庭，也就不受正統基督教派的歡迎。九世紀中葉，基督教神學家艾烈基那（Erigena）曾循博氏原型再次倡導改裝的流出說。顯然的，這種議論無法得到基督徒的好感，也不符合教會的立場。不過，今天看來，其中關於自然界的思路卻對近世宇宙論——指斯賓諾莎泛神論以至愛因斯坦相對論——提供前導作用，對此我們稍後會予以說明。艾烈基那直接表示上帝與宇宙並非兩種各別的存在，二者是一樣而且是同一的實體；此可視為一即多，多即一。如果硬要從二個不同層次去看，那麼宇宙係存於上帝之中，是可度量的實體，而上帝亦存於宇宙之中，是不可度量之實體；此可視為一中多，多中一。至於艾氏對共相的看法，也採取類似的思路，稱共相先於萬有而存在，但又存在於萬有之中。他所言上帝與宇宙萬有兩者同一的卓見，充實了流出的萬有神論（Emanatistic pantheism）。博氏至艾氏，川行銜接一道隱含心物同一的源流。

　　以上四個原型及其有關發展、演變，形成了四大理論源流。這四者可以充分反映古代西方文化的實質內容，乃西方民族為求解「終極和秩序」所得到的心靈產物。之所以會這般，最初乃基於對哲理的好奇，不少人想要揭開「一與多」的奧秘。後來則基於對實用的需要，羅馬帝國覆滅之後帶來的政經混亂，使到人們蘊生建立關於「上帝和宇宙」的社會共識。在此，我們把四大哲學理論源流依其分類（按心、物比重）和項目，概略地整理成表 2-3 西方文化乃「終極和秩序」的產物（古代），供讀者參考。

　　當然，反過來，由表 2-3 所列四大源流中，更可以輕易看出四個古代原型各代表不同的整體世界簡圖或理論原始樣式；言簡意賅且承先啟後，真箇是古代西方文明之骨架。接著，為了讓讀者對古代原型有一具體概念，我們特別繪製圖 2-2 古代四個知識原型的輪廓，請大

表 2-3　西方文化乃「終極和秩序」的產物（古代）

分類（按心、物之比重） 項目	物質論源流（側重物質）	精神論源流（側重精神）	共存論源流（精神＆物質）	同一論源流（精神＝物質）
終極哲學：對於終極的沉思，同時，關於秩序的探討				
1. 創立者	德謨克利圖	柏拉圖	亞里斯多德	博羅丁
2. 學說	原子說	理型說	型質說	流出說
3. 要旨	集一之多	多外之一	撲多之一	一外之多
4. 基本問題：外在超越（終極和秩序）	一與多	一與多	一與多	一與多
知識原型：整體世界之簡圖，理論之原始樣式	德氏原型	柏氏原型	亞氏原型	博氏原型
倫理學與神學：以超越為本，乃哲學理論的應用				
1. 創立者	伊壁鳩魯	聖奧古斯丁	聖托瑪斯	艾烈基那
2. 學說	物質神論	創造神論	超立神論	萬有神論
3. 要旨	神與萬有由	神創造萬有	神超立萬有之上	神和萬有同
4. 基本問題：外在超越（終極和秩序）	原子聚成 神和宇宙	—— 神和宇宙	—— 神和宇宙	—— 神和宇宙

註：相較於表 2-2 所展現乃「宇宙幾何化」，此處表 2-3 所展現則為「宇宙形上化」

家仔細端詳。不只古代哲學體系內中涵攝知識原型，在當代科學的深層之下，我們依然可以發覺遞進而來的知識原型，擔任西方科技基建設施的角色。這方面，我們回頭將再加以探討。

圖 2-2　古代四個知識原型

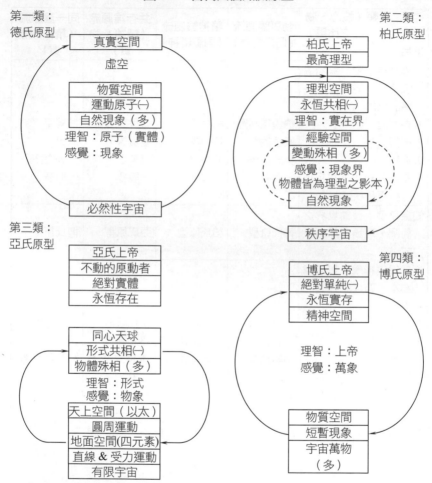

第一類：
德氏原型

| 真實空間 |
| 虛空 |

| 物質空間 |
| 運動原子㈠ |
| 自然現象（多） |

理智：原子（實體）
感覺：現象

| 必然性宇宙 |

第二類：
柏氏原型

| 柏氏上帝 |
| 最高理型 |

| 理型空間 |
| 永恆共相㈠ |

理智：實在界

| 經驗空間 |
| 變動殊相（多） |

感覺：現象界
（物體皆為理型之影本）

| 自然現象 |

| 秩序宇宙 |

第三類：
亞氏原型

| 亞氏上帝 |
| 不動的原動者 |
| 絕對實體 |
| 永恆存在 |

| 同心天球 |
| 形式共相㈠ |
| 物體殊相（多） |

理智：形式
感覺：物象

| 天上空間（以太） |
| 圓周運動 |
| 地面空間(四元素) |
| 直線 & 受力運動 |
| 有限宇宙 |

第四類：
博氏原型

| 博氏上帝 |
| 絕對單純㈠ |
| 永恆實存 |
| 精神空間 |

理智：上帝
感覺：萬象

| 物質空間 |
| 短暫現象 |
| 宇宙萬物 |
| （多） |

自然科學的醞釀

　　十字軍東征，它的真正收穫毋寧說是自阿拉伯地區輸入工藝貨物和數理知識。這對西歐社會造成無比衝擊，最重要的，除了觸引文藝

復興之外，就是催化自然科學的萌芽以及滋長。

人們的視野更加寬闊，逐漸重視現世生活兼物界現象。俟十三世紀末凸起「個體化」（Individualization）趨勢之後，人們相繼肯定個體殊相的重要性。當時，唯名論（Nominalism）雖受傳統勢力抵制，卻堅固地占據了一席之地。很快的，十四、十五世紀時候，文藝復興以無比氣勢象徵現世與物界思想的抬頭，先是發生在義大利，旋踵又橫掃西歐諸國以至英倫三島。接著，宗教改革（1517 年）的運動也如火如荼掀起，並造成舊教與新教的對峙。那真是一個激烈動盪的年代，在此同時，民智也由低向高一步一步提升。神學被界定為代表天啟真理，既不能證實又不能理解；另外，探索自然現象的新哲學（即自然哲學，乃物理學之前身）甫脫離神學而成為一門獨立學科，它代表科學真理，既能夠證實又能夠理解。於是，大家逐漸體認神學與自然哲學，彼此不應有任何瓜葛。最後，知（知識）信（信仰）宣告徹底分離。

儘管如此，科學知識並非一說出現馬上就出現。「知信分離」僅是科學發展的起碼條件，而「融解幾入科學」才是科學萌生成長的決定性因素。正如古代哲學其深層氛氳是「融超越入自然」，初期科學的胚芽不啻是先「融代數入幾何」，東方（阿拉伯地區）的代數計量融入西方的幾何圖式，形成解析幾何（解幾），然後再「融解幾入科學」而激發的一種知識型態。古代哲學因「融超越入自然」，才綻放出「宇宙幾何化，幾何形上化」的知識奇葩（參閱表 2-2 與表 2-3）。近期科學乃因「融解幾入科學」的活動，才能產生複雜化與精邃化的實證推理的知識。就其內容屬性而言，十六世紀實為「宇宙幾何化，幾何數量化」，而十六至十七世紀整個階段則為「物理幾何化，幾何代數化」所點燃的古典力學七彩煙火。中期科學更因「融曲面（微幾）入科學」（曲面由微分幾何得解）的逐步深耕結果，其陸續面世的理論內容無疑可詮釋為「物理幾何化，幾何微分化」。

幾何學是西方理性的智慧結晶，也是一套犀利的推理與演繹的符號工具，適合用來輔助尋思整體世界的構成與關係。廣義言之，東方

代數包括算術、三角、解方程等，則是一種不同思路的智慧成品，可說是一套非推理非演繹的計量工具，擅長作為測量、計數、運算等之用。十六世紀肇始，代數幾經改良並融入到幾何當中；工欲善其事，必先利其器，解幾的誕生無疑有效助成了光芒四射的近期科學。這方面的詳細論證和實例，有興趣的讀者請參考拙作《挑戰西方科學》。繼之，我們以下也對其中重要部分作一梗概說明。

　　近期科學的崛起，十六世紀是一關鍵階段。我們觀察到當時西哲如何藉由代數計算之助益，促成了宇宙的幾何圖式之重構。此一階段可謂自然科學的醞釀期，其成果在於宇宙構圖的改造以及科學認知方法的奠基。現在，我們就來回顧「宇宙幾何化，幾何數量化」的創舉。

　　自從文藝復興揭竿而起，歐氏幾何便再度受到普遍重視。同時，為應工商業的熱絡旺盛的需求，蓋凡貿易、航海、工藝、建築、天文等，都必須引用東方的代數計算，包括：算術、三角、解方程。不過，最初由阿拉伯傳入的代數尤其方程式型態一事，既無明確格式、也無恰當符號。那時有許多計算人員和知識分子，早就投入代數的應用與改良的行列。直到十六世紀前期，經過不少數學家如費洛（S. del Ferror）、塔塔格利亞（原名 N. Fontana）、卡登諾（H. Cardano）等的努力，代數一門遂得以建立雛形。特別是方程式型態（格式與符號）以及解法，在十六世紀後期維特（F. Viete）等的精心設想之下，終獲致輝煌結果，成為可以邏輯地運算的一套符號工具。此一系列的數學重造，不只立刻加強時人的計算效率，還拓展了大家的數理能力。

　　數學不愧被譽為科學語言，於是，十六世紀果然也就成為科學號角吹起的一年。哥白尼於 1543 年出版《天體運行說》，標榜地動說系統（唯尚沿用有限天球的概念）。而白魯諾（G. Bruno）於 1584 年刊行《論無限宇宙與萬象世界》《De I infinito universo e mondi》，在地動說的基礎上，進一步提出無限宇宙論。兩人一前一後發出人類近代理性的鏗鏘之聲，公然駁斥教會長期堅守的天動說系統和有限宇宙論點。哥白尼本是波蘭教士，長期參與教會曆法事務；他年輕時候曾赴義大利波隆那大學修習天文學與數學，對三角和算術甚有心得，這

於他日後曆法研究幫助極大。經過接續不懈的努力，約莫長達三十年的天文觀測與三角計算工作，最後，他才得以重新設置一個更為翔實的宇宙圖式。今天看來，他的哥白尼革命，坦白說正是憑藉計算技巧與數據資料，所重新繪製一幅更為可信的宇宙（和神）的幾何圖式。

中世基督教會的宇宙模型，完全承襲古代羅馬的托勒密天動說圖式。該圖式含有某種程度的亞氏原型色彩，視宇宙為巨大的同心天球，地球穩然居於中心位置。地上（月球以下）屬於物理空間，天上（月球以上）則屬於神聖空間，月球、太陽，以及眾行星都依序各循均輪（和本輪）環繞地球而旋轉；恆星則是綴滿天球最外一層，它又稱為恆星天球。恆星天球包容萬物，它本身卻靜止不動，是觀測其他天球的位置與運動的參考背景。上帝處於同心天球之外，推動宇宙萬有產生變動。這實為一個堪稱哲學辯證的機械論宇宙圖式（圖 2-3 之 A），易言之，也就是一個訴諸「幾何—形上」的構圖。哥白尼所重構的天動說圖式，照舊把宇宙畫成同心天球的模樣。不同的是該圖式把太陽定為中心，太陽四周再計算諸行星公轉所需時間的長短，依次環繞太陽而運行，當時已知的六大行星由遠而近為：土星、木星、火星、地球、金星和水星。天球最外層仍然是掛滿恆星的恆星天球，上帝照舊還是處在同心天球之外。哥白尼地動說整合了物理與神聖空間，並且摒棄了本輪與均輪的謬誤，充分滿足幾何的簡潔與和諧之要求。最重要，一旦把地動說拿來用在天文曆法上，則各種有關天體的位置、變動的計算，反倒顯得更為簡易且精準。地動說所展現的，正是一個更單純的、更合理的、更統一的（幾何方面），以及一個更有數據憑證的（計量方面）宇宙模型。撇開內中一些神學觀點不談，這可說是一個秉持科學實證的機械論宇宙圖式（圖 2-3 之 B），更貼切地講，就是一個訴諸「幾何—數量」的構圖。

另外一項觀念革新，就是關於「無限」（Infinity）的理解與把握。自古以來，西方人對「無限」與「有限」便有過幾番爭議。古希臘人對此曾有分歧看法，迄西元前三世紀左右哲學體系漸次集成之際，大家立場方趨一致，認為「無限」意即無邊無際，是不完美的、

也是不可理解的。亞里斯多德把無限看成「僅是潛能而已，卻從未曾實現」（Only potential, never actual）。為什麼會有這樣的見解呢？主要乃時人所倚仗的演繹幾何，易於流為一種三維視野的平面空間的度量與比例之推理工具，因此很難用它去推想「不可分」的線段（無限小）和「無邊際」的平面（無限大）。這完全像「無理數」（Irrational number）之類的思維困擾，最後都把人逼向「無公度量」（Incommensurable）的窘境。總之，古希臘人只能理解並讚賞有限，認為宇宙應為完美的極致，所以它必須是有限的、對稱的正圓形構造。

中世時期，隨著基督教致力宣揚上帝是無法言詮的終極存有，擁有無限全能，祂由無中創造宇宙萬有。於是，人們的看法逐漸靠攏一起，相信宇宙作為被創造物是一有限的、變動的有形世界，而造物者上帝則是一無限的、超越的精神實體。後來，儘管哥白尼以翻天覆地的氣勢重新繪製宇宙的幾何圖式，但他的地動說還是堅持宇宙為一有限的和對稱的正圓形的同心天球圖式。這一項傳統觀念，一直到十六世紀後期，才讓白魯諾給與強力打破。

白魯諾是義大利拿坡里（Naples）人士，曾為多明尼克教派（Dominican order）修士。他具有很好的哲學、數學和人文修養，喜好探討自然知識，認同哥白尼的地動說，也讚許尼古拉（Nicholas of Cusa，德國哲學家兼數學家）的無限宇宙想法。1576-91 年間，他暢遊西歐許多國家，一邊旅行一邊講學，並曾出版多本著作闡釋宇宙無限論。白魯諾把數量觀念引入幾何疆界中，藉以捕捉暨認知什麼是無限！我們知道，十六世紀前期，代數進步神速，人們已經可以借重計量方法去處理諸多事務，也不再拘泥於幾何的表達方式。於是，許多傳統上難以用三維視野的幾何來呈現的「數或量」，都可以改用忖度思量的變數（Variables）與方程式（其中已含蓄變量和函數的初步概念）來描述。水到而渠成，大家終能坦然接受無理數（荷蘭 S. Stevin, 1544 年）、負數（義大利 H. Cardano, 1545 年）、虛複數（義大利 R. Bombelli, 1572 年），乃至無限（義大利白魯諾，1584 年）的存在。白魯諾接著更透過對無量與無數的探索（《論無量與無數》，*De im-*

圖 2-3　宇宙的幾何圖式一再演變

圖 2-3 之 A 托勒密天動說圖式

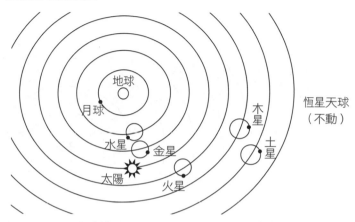

圖 2-3 之 B 哥白尼地動說圖式

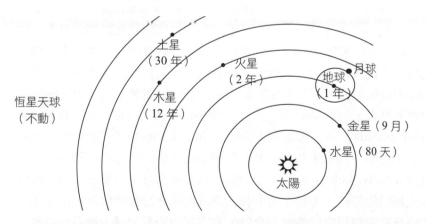

menso et innumerabilibus, 1591）來加強對無限的把握，將無限轉為完美的、可理解的存在。

按照他的說法，人們眼中的繽紛世界乃宇宙的大觀萬象，即「自

圖 2-3 之 C 白魯諾無限說圖式

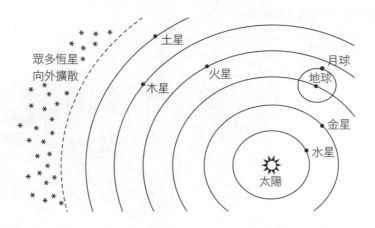

然所造的自然」（Natura naturata），涵蓋無數之種類和個體，以及其所展現的無量之構成和關係。由另外一個角度去看，宇宙乃大觀萬象之最終原因，即「能造自然的自然」（Natura naturans）。最終原因並非那無限的無量無數之總和，而是存在於那無量無數亦即無限之中——既存在於無限的每一單元之中、又存在於無限的一切之中。職是之故，宇宙是單一的、永恆的、絕對的「無限實體」；再者，因為不可能有兩個無限，則無限宇宙與上帝必為同一實體。為了更詳細說明無限的概念，他還提出「單子」（Monads）和「超單子」（The monad of monads），一種影射無限小（Infinitesimal）與無限大（Infinity）的論點。他的思想與見解，影響到後來斯賓諾莎的泛神論、萊布尼茲（G. W. Leibniz）的單子理論，以及微積分學。最重要的，由於接受無限的存在，導致宇宙的幾何圖式再次面臨顯著修正。那就是，遠自托勒密到哥白尼的蕭規曹隨的有限宇宙恆星天球，被徹底打破；原本綴在其上的滿天恆星，便向外四處擴散開來。至此，一個無限宇宙的幾何圖式於是焉誕生（圖 2-3 之 C，虛線部分代表天球外殼已被打破）。無可否認，這誠然是一個經過理性論證加以修正的機械論宇宙圖式，同樣是一個又一次訴諸「幾何—數量」來補強的構圖。

物理的基礎——近代知識原型

上一小節，我們已看到十六世紀是自然科學的醞釀期。這一小節中，我們還會看到十七世紀如何成為自然科學的原型期。十七世紀一方面是近代知識原型的奠定階段，築成了西方物理的基礎。另一方面，我們在下一章將可看到，十七世紀也是大家一度尊崇的古典物理的濫觴階段。

為恐混淆，這邊有一件事情要說明一下。習慣上，筆者通常喜歡把現代科學直接喚作西方科學，並畫分為近代科學（16～19 世紀）和當代科學（20 世紀至今）；此外，當代和現代二詞，有時又會交互使用。這種畫分方式，乃著眼在多數人把近代物理學（包括古典力學、古典電磁學等）稱為古典物理，而把當代物理學（包括相對論、量子論等）稱為現代物理。不過，本書為了論證的需要，就像前面曾經多次言及，則把西方科學畫分為：近期科學（16～17 世紀）、中期或盛期科學（18~20 世紀）、後期科學或後科學（21 世紀起）。這種方式，希望不致讓讀者徒增困擾。

物理堪誇為自然科學的典範，長久以來，「物理」一詞幾乎等於真理的別名。無可否認，現代物理其成就足以睥睨全球萬邦，是西方心智急遽攀升所建立的一種先進灼見。然而，它既非人類關於宇宙人生的最終解答，更談不上扮演唯一真理的角色。嚴格言之，只是源自西方民族的特有產物，一種截至目前為止比較逼近真理的知識罷了！大家也許不得不承認，物理學（指理論物理）的的確確是自然哲學的巧裝，更貼切地說，是自然哲學知識原型的繼承並透過證明而重行開展。講真的，大家倒應該沿襲十七世紀的稱謂，把物理學依舊喚作「自然哲學」，可能更名符其實。

當然，今天來看，自然哲學和自立門戶的物理學已被認為兩個截然不同的領域。自然哲學家諸如培根、笛卡兒、洛克、斯賓諾莎等的體系，各自包含一套自然思想（內有知識原型）和認識方法。他們的

認識方法大致上依其對知識前提是來自理知或感覺的判別，而區分為經驗主義跟唯理主義二條路線。他們的思想重點則是立足在自然現象上，探詢宇宙萬有的和諧關係，並重新思索上帝的本質。近代學者非常重視治學方法，較之自然哲學家尚帶有濃厚的哲學辯證的味道，物理學家卻講求科學方法——試驗加上數學——的證明。物理學家諸如伽利略、牛頓、法拉第、愛因斯坦等的體系，主要則是藉由科學方法的實證推理之途徑，圖謀合理說明千變萬化的自然現象。大方向上，他們無非都是抱持微粒運動觀點（Corpuscular-kinetic concept，即物質／幾何的終極切割），從不同立場去闡述物理世界的規律。

事實上，自然哲學和物理學並非像一般人所意想屬於兩個截然不同的領域。不止如此，就其脈絡來講，兩者還是前後連貫；雙方知識原型，簡直可說一模一樣，無妨將之當作一個來看待。自然哲學的重責大任無疑是在為物理學事先雕塑幾個不同的近代知識原型，每一個知識原型又都各含一組關於實在與現象以及終極秩序的理念。概括說起來，近代知識原型也同樣共有四個不同的類型。它們並非孤立的偶然圖式，相反地是繼承古代知識原型的架構而來，進而再作一次自然哲學的精心翻新。然後，不同的物理學說相繼出現，這些學說無疑是以不同的近代原型為基礎所建立的關於動力學的理論。當然，由於物理學被奉為科學的圭臬，任何動力學理論都還必須接受試驗與數學二者的嚴苛考驗，爾後才能成為放諸四海皆準的人工真理。

接著，我們就要對這幾個近代原型，逐一進行剖析。讀者們馬上便可看到，在某一物理學理論出現之前，其有關（指相同源流）的知識原型已經震盪形成。十七世紀是四個近代原型的落成時期，依序為：培氏（培根）原型、笛氏（笛卡兒）原型、洛氏（洛克）原型、斯氏（斯賓諾莎）原型。它們各自是從古代原型——即德氏原型、柏氏原型、亞氏原型、博氏原型——演化而來，但又受到近代西方人高度關注自然現象的態度所影響，重點遂移向物界運動。此外，它們又是站在支持哥白尼地動說乃至白魯諾無限論的立場上，標舉著反中世的、反教會威權的旗幟。

　　第一個是培氏原型，潛伏於培根的思想體系的底層。培根是英國倫敦一個趁著社會變遷從平民跳上新貴族世家的子弟，遂能敏銳地先於一般人嗅出自然科學的到來，因此也就睿智地走在一般人前面成為自然哲學的領導人物。就學術來說，不管怎麼樣子去形容他，培根徹頭徹尾是一個經驗論者兼物質論者。認識論方面，他主張真正知識是起自人們對自然現象的直接觀察，先由感官提供材料，再由理知從事整理和消化。這種注重感覺材料的說法，使他被譽為近代經驗論的先驅。他極力提倡試驗方法，充分瞭解眼見為真的試驗方法是自然科學的利器；還排斥亞里斯多德的演繹法，著有《新工具》（*Novem Organum*, 1620），為近代歸納法的創始人。

　　思想方面，他斷然否定傳統，批判中世經院哲學，抨擊亞里斯多德、柏拉圖之類的古希臘哲學。但他卻獨鍾德謨克利圖的原子說（唯堅稱原子相互緊靠而不留虛空）跟唯物主義，視之為直接考察事物本身的變動所獲致的真知灼見。培根他勇開近代物質論先河，申言宇宙萬物都是物質所構成，認定唯有物質才是最終的真實存在。物質是自因的，其至小單元為原子（即基本元子，Primary element），具有占積、運動、形式（指某種法則或特質）的屬性，並承認自然規律的客觀存在。這一觀點凸顯自然現象偏向因果論而非目的論，偏向機械論而非生機論（Vitalism）；於是，人們能夠援用實證的自然哲學去認識自然、征服自然。基於此，不難判斷培根正如伊壁鳩魯同屬物質神論的行列，而他也的確曾經被人指控為無神論者。不過，身為英國的一員新貴族，他必須接受社會現實，終其一生篤信基督教。他甚至要考慮一些深刻的人文課題，從而預見到有深度的哲學會把人引向宗教；這又使他看來更像一個宗教神論——因人文或道德等因素而贊同信奉宗教——的實踐者。

　　綜合觀之，他的學說即使不十分嚴謹，仍有相當明確的脈絡可循。其立論核心為：

我（經驗）──▶唯物世界（哲學或知識）┈┈▶上帝（神學或信仰）

　　憑此交織成他宇宙觀的縮影。他認為，由我（即感覺主體）伸出

經驗的觸角，將可認知到實在的唯物世界，進而產生自然哲學或知識（實線箭頭代表理性真理）。另外，考慮到人文倫理的實際情況，也不排斥心靈中上帝的抽象存在，以支持神學或信仰（虛線箭頭代表天啟真理，並暗示上帝和唯物世界沒有直接關聯）的活動。換句話說，他真是個不折不扣的哲學與神學二元論的支持者，秉具知（識）信（仰）分離的想法。認定哲學不受信仰支配，完全獨立發展；堅持從哲學固然無法推出信仰，從信仰也照樣無法推出哲學，彼此不容相互干擾。由此我們體會到培根所關注的領域仍然圍繞著實在與現象的問題以及二元觀點上打轉；只不過，他把抽象的上帝歸於信仰，而把自然現象背後的唯物世界當作真實的存在，是認識的真正對象。

　　第二個是笛氏原型，埋藏在出身法國貴族家庭的笛卡兒的哲學系統深處。不像培根時常表露對實證效果的重視，自幼接受天主教學校教育的笛卡兒卻對數學的推理無比熱衷。不只如此，二人除了共同體認到令人振奮的新時代正在加速來臨，這點是一樣之外；其他許多部分，尤其是哲學見解方面，他倆的立足點簡直可說南轅北轍。那麼，就怪不得笛卡兒會被定位為一個唯理論者兼精神論者，況且他也毫不掩飾地是如此看待自己。雖然，在論及物理世界的當兒，他有時會被誤解為偏離其基本原則，不過這終究只是一種錯覺。笛卡兒哲學主要包括唯理的認識論以及機械的宇宙論，給近期科學注入一股極大動力。他的認識論廣義言之，乃是一套幾何推理方法，一切皆以「自明原理」，譬如幾何公理、上帝（或無限與完美）概念，作為認知的出發點。繼之，根據這簡單的自明原理，採用演繹法另推出其他複雜的正確命題。這種方法無疑透露唯有理知才可直達事物本身，進而再循理知以洞察關於事物的客觀規律；笛卡兒也就憑此躍為近代唯理論之宗師。

　　凡是瞭解他的機械宇宙論的人士，相信就會看出該宇宙論是他透過這種幾何推理方法所一路推論出來。從這種方法的縱切面來分析，知識的先決條件乃理知或思維主體不得為虛假，否則又如何談什麼客體為真實？所以，必須先要確定思維的「我」存在，亦即笛氏所言

「我思故我在」。接下來，便用我的理知直接把握萬有的本質，也就是「上帝」。此處顯示，自然現象的深層，確有一個作為本質的實在世界。再者，笛卡兒是「由果溯因」來論證上帝的存在。指我之所思為有限的、不完美的，那麼，絕不會憑空冒出無限的、完美的觀念。既然如此，我所固有上帝的概念，絕非個人思維的收穫；而是必有上帝即無限與完美的存在，由祂給予這一自明原理或天賦觀念。隨著，再由上帝的存在，馬上又可摒除懷疑，進一步確定上帝所創造的「外在世界」（External world）的存在。於是，我、上帝、外在世界三者的存在依次被證實，構成了笛氏宇宙觀的縱軸，也展現他無限神論的三部曲：

我（理知思維）──▶上帝（自明原理）──▶外在世界（正確命題）

　　從上述推理方法的橫切面來分析，心（或精神）以及物（或物質）是相對實體（Relative or finite substance）；而創造者上帝──純粹精神體──則是絕對實體（Absolute or infinite substance），為心、物之憑仗和第一因。這種觀點與其說是相對的心物二元論，毋寧說是絕對的精神論，並由此構成了笛氏宇宙觀的橫軸。按照他對心物的描述，物質是被動的，其屬性為廣延，而精神是自動的，其屬性為思維；二者迥然有異，且互相對峙、彼此獨立。所以，心物之間毫無相通之處，也就不可能發生任何關聯。不過，他曾經數次提過吾人之心、身（物）具有一種偶發性的交接作用。他的追隨者還倡導偶發說（Occasionalism），謂心身只是偶發因，上帝方是決定因，在祂的參與下，心身之間會產生偶發性的互動，進一步彰顯祂為無所不在之上帝。

　　外在的物理世界是一望無際的廣延，此即無限的三度空間。空間之所在，四處有持續運動的物體；不同形狀的物體皆可細分為不可分割的極小物質微粒，微粒與微粒之間不是虛空。整個世界宛如一架精緻又有秩的機械，各種運行皆循因果法則；上帝是造物者，也是原動者和第一因。在這種情況下，物理世界中關於運動的研究，便應該拋棄對第一因的冥思，轉而著眼於對其機械運行的詮釋。更具體地說，設法捕捉機械式的物理規律，進一步再化約為解析幾何──一種描繪

物理世界的通用方法（General method）——的陳述。為了讓因果法則更顯得牢靠，甚至杜塞目的論的滲透，笛氏還說上帝一開始就賦予物理世界某一定量的原動力，以保持不滅的運動。如此一來，他把上帝刻畫成為一位製造鐘錶的工匠，世界就像一具精密的鐘錶；這一說法有點偏離傳統基督教的世界觀，難怪他曾被保守人士控為無神論者。

　　第三個是洛氏原型，主要貫穿於洛克的悟性學說裏面。像他的許多前賢一樣，這位出身自律師家庭的英國紳士極度反對經院哲學的冥思方式。他贊同培根的實證主義精義，並在不同的預設背景上去吸取笛卡兒關於心、物的說法，因此能夠墾殖一塊經驗論兼心物聯立論的知識園地。有關這方面的卓見，大都散布在其代表作《人類悟性論》（*Essay concerning human numderstanding*, 1690 年）中。該書撰寫於許多新知識紛紛出籠之後，遂能擷取、融合眾家之精華，從而提出了一套更務實的哲學議論。許多引人入勝的新知識，例如：數學家華里士（J. Wallis）專文探討「無限」且首用「∞」符號（參考《無限的算術》，*Arithmatica infinition*），化學家托里切利（E. Torricelli）發現真空狀態（托里切利真空），物理學家伽利略、柯普勒（J. Kepler）諸人關於物理世界的科學考察……等等，的確對這位英國紳士乃至當時其他學者產生非同小可的影響。

　　洛克的哲學以認識論為出發點，而其認識論又以研究吾人之觀念起源、特質等為要務。他主張人心本是一面白板（Empty tablet），絕無先天的自明原理。所有的觀念，追蹤其原初，莫不是通過經驗——包括感官的感覺即感覺（Sensation）和內心的感覺即反省（Reflection）——而獲得，完全屬於後天的。觀念計有兩種，一乃由經驗而來的簡單觀念，另一乃由簡單觀念再加處理整合的複雜觀念。笛卡兒的自明原理且同時又意指上帝的所謂「無限」的觀念，洛克則將之畫歸某種複雜觀念而已，認為不過是「量」的一種變化罷了！知識端賴歸納法來建立，必須與事物真象相呼應；它係吾人對兩個觀念是否一致而產生的知覺，而知覺能力（Perceptive power）即是悟性。一般來說，知識可區分為直覺的知識（反省的），如：圓形不是三角形；以

及論證的知識（推理的），如：三角形內角之和等於二直角；還有感官感覺的知識（個別的），如：三角形 A 大於三角形 B。據此，知識絕不能超出觀念以外，甚至其範圍遠比觀念更為狹窄；這乃由於吾人對許多觀念的箇中意涵尚非十足瞭解，如：思維。

談到其哲學思想，許多人只注意到洛克對於「人」的闡發。他所提出關於倫理、政治、教育等論點，不少已烙印在近代的社會制度上。可是，大家都不太知道他對於「宇宙」的立論，才真正意義深遠。他所持的宇宙觀，既規定了他的思想框架，也一反十七世紀牛頓唯理的、推理的物理學宗旨，為往後十九世紀法拉第（M. Faraday）與馬克斯威爾的經驗的、實證的物理學指出一個新方向。

站在經驗為知識起源的立足點上，他的思想建設藍圖反映出自然神論三部曲：

我（經驗）→外在世界（經驗）→上帝（論證）

我的存在可由直覺予以確認，經驗地自我肯定為真。繼之，事實擺在眼前，外在世界的存在也可進一步憑著經驗得到肯定。至於上帝的存在，則是借助論證來證明。洛氏所設想如何證明上帝的存在一事，也是以果溯因。照他的說法，「無」中勢必不能生「有」；凡有（「此有」）必由有（「他有」）所生，「此有」的一切統統都無法逾越「他有」的範疇。所以，自然萬有——我與外在世界——的根源必為一凌駕所有的超越存在，即一全知全能之終極實有，也就是上帝。祂創造自然，並超越萬有，是一位不干擾任何事務的外在之上帝（Absentee God）。人類理性既然可以探求普遍的自然法則，也就可以作為天啟的標準。洛氏這種理性言論及其《基督教之合理性》（*Reasonableness of Christianity*, 1695）一書，不啻助長了自然神論（Deism）的氣勢，他因此也被斥為唯一神教派的信徒（Unitarian，該教派不承認耶穌基督是神）。

雖然未曾詳細說明，但洛克毫無疑問地把心（或精神）以及物（或物質）當作直接實體，二者聯立。而把透過推理得知的上帝——純粹精神體——當作間接實體，在心與物的經驗之外。物質具有廣延、堅

固、運動等屬性（初性），可由感官感覺得知。任何物體皆可分割為
至小微粒，沒有微粒的地方，便呈現真空狀態——這點顯然符合當時
科學界所發現的真空（Vacuum，沒有空氣的真空地方——當時大家還
誤認為真空就是虛空，什麼都沒有）。精神的屬性則為思維、意志
等，可由反省得知。物質是被動的，不過精神卻是既被動復又主動
的。精神固然有支配物質之能耐，反過來，物質也能夠讓精神產生
色、聲、味、嗅等感覺（次性）。心與物聯立，彼此會起交接作用
（Interaction），這看法可稱為交互二元論。上帝是完全自動的，據
洛克表示，祂在心物交接作用中裝設了某種關鍵機制；這一意見也和
笛氏學派所提偶發說是不一樣的。洛克和笛卡兒的最大觀念差異是，
吾人先天並無上帝的觀念，此乃後天上將知識、權力、福善……等
等，擴大至無限並加以融合，終於構成上帝這個複雜觀念。再者，經
過嚴謹的論證步驟，尚可證明上帝的存在。然而，人類悟性始終不能
完全瞭解上帝，吾人對上帝的本質根本一無所知。

　　第四個是斯氏原型，嵌在斯賓諾莎所揭示上帝即宇宙的學理中。
他是一個住在荷蘭的葡萄牙籍猶太股商的兒子，早年勤攻猶太教神
學，為一泛神論信徒。繼之，他又窮究形上學，讓他的年輕與熱情再
添上理知洞見，從而驅使他對希伯來教典作出諸多補充。可是，這位
後來被推崇為近代最偉大的猶太人，在他生前卻遭致猶太教會的嚴詞
攻訐，被訾為無神論者，使得他只好脫離族人，長期過著流離與困頓
的日子。斯氏在哲學的建樹確是非同凡響，他受到歷來許多致力猶太
思想的傑出學者的影響，並取法笛卡兒的方法論跟實體論，終能獨闢
蹊徑，走出一條唯理論兼心物同一論的道路。他的哲學理念給二十世
紀愛因斯坦帶來一個很大的啟示，進而創立名聞遐邇的廣義相對論以
及靜態宇宙模型

　　在《知性的更正》（*Emendafio of the Intelect*, 1677 年）一書中，
他企圖把唯理論加以修正、轉化；意欲以一種本質的、毋需論辯的
「直觀原理」，代替笛卡兒的「自明原理」來作為知識的最高指導。
他所謂「直觀原理」就是以上帝（唯一實體）的某一屬性的基本法則

為起始，再以此去獲得直達事物本質的翔實知識。換句話說，直觀原理乃藉由理性直觀，從事物本質來認知事物。幾何學的公理可視為理性圖式（Rational scheme）之直觀原理，由簡單的幾何公理出發，便可掌握整個幾何系統。斯氏因此還建立一套摹仿幾何演繹的論證方法，由前提出發，繼之逐步演繹出其他相關命題。由此可知，斯氏治學嚴謹之程度，連笛卡兒也望塵莫及。斯氏的代表作《倫理學》（*Ethics*, 1677 年）所敷陳的，便是從若干視為直觀原理的定義界說出發，再按演繹程序，逐步去推展出整個體系。該書的架構、內容皆前後連貫，各個章節論證也相互呼應，處處邏輯嚴密且條理分明，堪稱一部倫理哲學中的《幾何原理》。

不止如此，《倫理學》還載明斯氏哲學思想的重要部分。一方面，高舉泛神論的旗幟：

我或心理世界（思維屬性）⇠⇢ 上帝即宇宙（唯一實體）⇠⇢ 物理世界（廣延屬性）

此處實線箭頭代表依附的意思，思維和廣延同為屬性（Attribute），只是相對的事物，都必須依賴上帝為唯一實體（Substance）而存在。反之，虛線箭頭代表包含的意思，上帝是絕對的唯一實體，含有思維、廣延等無限數量的屬性。屬性皆以模態（Mode）為表徵，思維的模態是理知和意志，廣延的模態則是運動和靜止。正因為所有相對的事物皆無法獨自存在，它們的存在完全依賴有一永恆的、無限的、必然的、不變的本質之最終實存，亦即絕對的上帝。這些，統統都可藉由直觀原理來得知。職是之故，斯賓諾莎對上帝的存在一事未曾諸多著墨；因為在他看來，相對的東西依附於絕對的東西之上，且絕對的東西又獨立自存，凡此都是天經地義的道理。同時，上帝為宇宙之因（倒轉過來，宇宙遂為上帝之果），存於宇宙之內，喚作內在之上帝（Immanent God）。上帝既未曾創造，也未嘗超離宇宙；上帝和宇宙是一體之兩面，二者乃同一之實體，由此凸顯近代泛神論主張上帝即宇宙的理念。

另一方面，該書極力標榜屬性二元論。斯賓諾莎紹述笛卡兒的心

與物之論點，唯引用更周詳的邏輯論理，重行明察慎思。笛氏提出物質與精神皆為相對的實體，前者屬性為廣延，而後者屬性為思維，同是依傍著絕對的實體，即上帝。斯氏對此頗不以為然，轉過來推論實體是獨立自存，再者，上帝作為實體是各方所依憑；故此，斷定上帝以外別無實體，廣延與思維僅是此獨立自存的且絕對的上帝之屬性。屬性（按：裏）會展現各種模態（按：表），彼此互為表裏；運動（或靜止）是廣延的模態（Mode of extension），理知（或意志）是思維的模態，構成了多姿多彩的相對世界。最值得一提的是，二種屬性按照同一法則相互平行對應，全然不會發生任何交接作用，此即平行說（Parallelism）。二者具有同質性，推到最終都歸於同一本質，無疑是同質事物！所以，上帝實為一個靜態的宇宙，表現於其外乃同一法則且平行對應的眾多世界，已知的有藉由幾何定理來映射的心理世界以及循蹈運動規律的物理世界。

　　斯賓諾莎的哲學理念，後來透過愛因斯坦的科學表述，對二十世紀人類思潮帶來一陣劇烈的衝擊。經過大約二千年的爭執，泛神論觀點終於在現代西方社會獲得許多人的垂青。

第 3 章　現代科學大解剖

由終極的冥思到自然的索解，再由原型的定調到理論的發展，現代科學（尤指物理）是如何一路走來，相信有其非常特殊的地方。這邊，我們延續前文並展開一深層之探究。

截至十七世紀時候，四個近代知識原型即：培氏原型、笛氏原型、洛氏原型、斯氏原型，均已獲得十足的滋潤跟充實，進一步還匯為文化之主流。在那時儘管眾說爭鳴，而且每個原型都各持己見；但是，總的來說，卻也出現了相當程度的共識。這共識可分為二方面：其一，一種機械論宇宙觀正牢固地、雄偉地高高築起，並受到大家的讚賞與膜拜。其二，一套揉合推理（主要是數學方法，唯理論所揭示）以及實證（主要為試驗方法，經驗論所提倡）的科學方法論正震盪形成，同樣也受到大家的廣泛接納。

最重要的，現代科學發出奪目光彩。自十七世紀開始嶄露頭角，且還延續到二十世紀猶餘輝灼然，可以目睹幾個重要科學理論的逐一落成。物理學家分別套用四個近代知識原型，一路繼承與創新，終於次第發展出四個不同的物理理論。整個過程中，十七至十八世紀為「物理幾何化，幾何代數化」時期，相繼有伽利略的地域力學、牛頓的古典力學；十九至二十世紀為「物理幾何化，幾何微分化」時期，陸續又有法拉第（馬克斯威爾寫出方程式）的古典電磁學、愛因斯坦的相對論。無可否認，這四個理論依其發表時間的順序，早發表的對晚發表的固然有一定影響；但總的來說，卻是各基於特定原型，依不同脈絡所建立的不同動力學系統。

到了二十世紀後期，上述原型和根植其上而蔓延盛開的理論，一個接著一個耗盡了它們的文化動能。終於，在它們統統無法合理詮釋物理世界的當兒，自然科學就倒栽蔥似的跌入矛盾與分裂之中。緊跟著，西方文明也就不可避免地像是午後西下烈陽，雖然依舊燦爛，可惜接近黃昏。

3.1 物理學四大理論之剖析

在此，我們無意尋繹「物理幾何化，幾何代數化」跟「物理幾何化，幾何微分化」的內涵，這方面的精要，請讀者另外參考拙作《挑戰西方科學》。我們此處的焦點，主要還是剖析物理學四大理論的文化意義與來龍去脈。

伽利略率先發難

四個理論裏面的第一個，是高矗在類似培根原型之上的十七世紀前期的伽利略「地域力學」。我們把伽利略力學稱為地域力學（亦稱，自因力學），乃由於它統合了亞里斯多德的地面運動（Local motion），把亞氏的自然垂直運動（重下輕上）和非自然施力運動二者予以統一起來，這可說是伽氏的最大貢獻。當時，經過文藝復興和宗教革命的衝擊，教會對思想的箝制在西歐各地已受到不同程度的反抗；英倫培根原型便是一個嚴拒神學凌駕自然哲學的時代產物。儘管培根本人好像未曾直接給伽利略什麼樣子的啟發，而且這位偉大的義大利科學家向來都生活在頑固的羅馬教會的勢力下；不過，一直習慣於講求真憑實據，使到他的地域力學仍然不免奠基在一種類似培根原型的上頭。

進入比薩大學（Pisa）之後，伽利略先是潛心研習講求實證的醫學，後又轉攻善於推理的數學。此一求學過程注定使他創出一套影響深遠的科學方法，所奠定的治學態度跟方式遂形成後人奉行的經典。正如 1954 年諾貝爾物理學獎得主波恩（M. Born）所稱，伽氏的崇高地位，幾世紀以來一直保持不變。就廣義的認識論而言，伽利略非常重視客觀事實（供作為其假說 Hypothesis 來源），無異還是一位經驗論者。

眾所周知，伽利略在科學方法的建樹堪稱史無前例。其一，他賦予實驗（或觀測）空前的地位；此後任何理論皆須伴隨著實驗，才能

視為完整的科學。如果說培根是最早把「實驗方法」納入認識論之中的人，伽利略則無疑是最早把「實驗方法」實際地用於科學研究的學者。他相信實驗正確地反映自然現象，通過理想化的實驗設計包括各種精密裝置與操作，便能夠提鍊出必然而不變的自然定律。譬如，他的斜面實驗，便是一項膾炙人口的實例。其二，他擅長數學，懂得善用幾何與代數的特性，並成功地把實驗方法跟數學方法巧妙融合在一起。通過數學才能準確地表述科學事實，一點也不錯，就像他的名言所稱，「自然之書是用數學語言來描繪的」。一系列的證明步驟裏頭，他先把自然現象簡化為幾何圖式，以求出合理的、完美的形式，且作為實驗設計的構思憑藉。繼之，再針對幾何圖式，通過重複實驗找出其中數量關係。譬如，他從斜面實驗進而找出自由落體的數學公式，顯示為一距離（S）與時間平方（t^2）成正比的等加速度運動。

近代兩位力學先驅，當屬伽利略與牛頓。前者是打從經驗論兼物質論，而後者則打從唯理論兼精神論的不同觀點出發，進一步在不同科學假說和證明的水平上，奮力去改寫亞里斯多德的動力學。凡依循經驗論的路線來建構科學知識的學者，所跋涉的途徑通常是崎嶇又緩慢的。伽利略經過嘔心瀝血長年摸索，及至四十六歲年齡（1610 年）才清楚確立思想方向，地域力學俟其晚年（參考 1635 年脫稿的《新科學對話錄》）才達臻最後成熟階段。但是，唯理論的門道，則敏捷且迅速多了。牛頓挾其天縱之資，二十四歲時（1666 年）便發現微積分跟萬有引力，他的古典力學在四十四歲時（參考 1686 年完稿的《數學原理》）已經落實為一個統合天體與地面運動的宏偉系統。

伽氏早期原為亞氏信徒，然而他不一味盲從，自青少之年就勤於實地追探物體運動的因果關係。他稍後曾於 1591 年撰寫《論運動》（*On Motion*），提出運動力（Motive force）的概念，並由單擺的等時性來推敲不同重量的落體將同時落地的假說。在那時候，他已無法完全認同亞氏關於運動規律的說明。1600 年代為一關鍵時期，一些客觀現象的發現更驅使他作出重大轉變。首先，英國吉伯（W. Gibert）在 1600 年發表有關磁石的實驗與研究，推論地球是一塊大磁石（並

斷定所有星球都是磁性物體）。伽氏大力讚揚吉伯的成就把磁力視作
一項非凡的奇蹟，當時的地球磁力無疑正可部分地駁斥亞氏地上運動
的謬誤。接著，1604 年 10 月上旬，天空出現一顆超新星（Super-nov-
ae），吸引許多關注天上運動的學者之視線。伽氏判斷該新星遠在月
球以上，且位在行星與恆星之間，此一情形顯然也違背亞氏認定天體
是完美而不變之觀念。最重要是後來伽氏在 1609 年發明了望遠鏡，
透過這一犀利的工具，觀察到穹蒼眾星的許多真相，因而徹底改變了
其宇宙觀。從此，他找到了哥白尼地動說的有力證明，於是理直氣壯
地回過頭去反對托勒密天動說及其核心──亞里斯多德宇宙論；甚
至，還得以完全跳出亞氏動力學之窠臼。

可能由於教育背景，也可能由於社會現實的考量，以致伽氏一直
扮演一位忠於教會的天主教徒，或者援用一個更恰當的名稱：宗教神
論的實踐者。雖然他公然宣揚哥白尼體系，常有意無意貶低聖經的地
位，並企圖凸出他所不斷讚美的自然之書（The book of nature）；不
過，幾次遭受教會的高壓後，到頭來他終究是一個神學（聖經）哲學
（自然之書）二元論者。1616 年，他曾被教會正式告誡不得再公開支
持哥白尼思想，於 1633 年又因《天體對話錄》（*Dialogue Concerning
the Two Chief World System*, 1632 年）一書被教會判處禁錮終身。他曾
經揭開許多天文真相，諸如：月球的凹凸不平、金星的圓缺、太陽黑
點的周轉、……，顯示不但天體和地面一樣皆非完美無瑕，而且地
球、金星等都是環繞太陽旋轉。可是，這在那時候混沌不明自然觀念
的籠罩下，許多詰責隨即接連湧出。例子之一諸如：若說地球真有轉
動，那麼為何落體又會掉落於其垂直地面定點之上？針對種種詰問，
《天體對話錄》站在一個更高尺度──主要為運動的相對性原理（The
principle of relativity）──的上頭，深入剖析地球運動，以求進一步
從物理學層次來辯護哥白尼地動說。該書雖屬名著，但有些論證未必
正確，像潮汐起因於地球轉動之說（按：應為月球轉動），無疑便是
錯誤。其實，我們在地面上最能證明地球運動一事，乃是十九世紀才
告發現的恆星視差──因地球的周年運動導致人們觀察恆星時所發生

的微小視覺位移。

　　事實上，《天體對話錄》由側面來披露出天體與地面的自然法則應是一樣的，這點更是一項不可磨滅的科學成就。話說回來，不管對它看法如何，當時此書一出，馬上引起廣大迴響，也引來教會的制裁。1633 年，伽氏雖然以懺悔方式逃過重刑，但內心卻絲毫未嘗改變其嚴正立場。正如他自己所說，不論如何懺悔，地球依然循著一定軌道繞著太陽轉動。五年後，新作《新科學對話錄》（*Dialogue Concerning Two New Sciences*, 1638）由荷蘭書商出版。此書是伽氏思想幾經波折、融貫，最後終於成熟的結晶，堪稱其代表作。它系統地針對並論證地面運動，把亞氏所稱直線運動和施力運動，以及他自己早先所發現的水平運動統統統一起來，匯為兩種基本運動，即：自因慣性運動（請留意「自因」二字）和加速度運動。更進一步去看，該書無疑以原子說跟物質論為經緯、交織成一套地域力學——就其本質應稱為自因力學——的知識體系。早從 1623 年出刊《試驗者》（*Assayer*）書中，便可以看出伽氏已多少具有原子質點的想法., 迨至《新科學對話錄》一書問世，更可以看出他並不排除某種虛空或真空的可能性（按.. 無怪乎他的學生 E. Torricell 能率先在 1643 年用水銀實驗造出沒有空氣的真空——那時人們常誤把真空視為虛空）。不過，伽氏的物質論（其實，真正的原子說即是物質論）倒就不是那麼昭然若揭，只悄悄地躲藏在新科學概念的背後，否則他這種唯物主義犯禁，將比他公開支持哥白尼思想一案尤罪加三等。

　　的確，迄今鮮有學者能夠十足洞悉伽利略的唯物的內心意念，包括一個類似培根原型的架構。《新科學對話錄》粗看之下，內容恰如那由書商擅定的原文書名所標示，乃關於力學和地面運動（Mechanics and Local Movement）的新科學的討論、證明。詳細品評的話，標示「力學」並沒有什麼錯失，書中在在涉及力學原理跟機械觀念，且可藉以影射機械論宇宙觀。但標示「地面運動」卻略嫌狹窄，地面運動從亞氏本意，乃指月球之下的物體運動，可是伽氏書中所論證的運動定律隱約間已可擴大至整個宇宙天球即物質空間，涵蓋了月球之上的

天體運動——而絕對者上帝無非宗教的存在，處於宇宙物外的地方即非物質空間。因此，我們猜測這「地面運動」（Local Movement）一詞當是伽氏頗不喜歡上述原文書名的一個重要緣故；他尚曾為此向擅自定名的荷蘭書商提出嚴正抗議。當然，以下我們仍要好好分析其中的運動理論，方能充分瞭解伽氏動力學的真相。

西方的動力學，大致可區分為二大陣營。一為物質論，指物質是唯一的真實存在，並認定它自具運動之起因（自因），為古代德氏原型和近代培氏原型的核心。二十世紀以來，量子論不知不覺成為其代言人。另一為非物質論，指物質僅是被動的東西，其初始動力係來自第一因，也就是終極實存亦即上帝，素為其他原型（包括：古代柏氏和近代笛氏原型，古代亞氏和近代洛氏原型，古代博氏和近代斯氏原型）所遵循。二十世紀至今，逐漸以相對論為其代表。

《新科學對話錄》的記敘無不以物質論為背景，不只透過伽氏代理人沙維提（F. Salviati）的口，明白表示不擬探討運動之終究原因——十九世紀物理學家馬赫在《力學》（E. Mach, *The Science of Mechanics*, 1883 年）曾對此大表讚賞。甚至，還把運動起因歸於物體自身，書中的恆動慣性定律以及落體加速度原理無疑都是根據物質的自因（自具動因）特性而設計。這方面，我們果然可以看到培根宣稱自然哲學毋需第一因的影子。進一步仔細端詳，我們也看到伽利略和牛頓根本就是遵照不同信條來從事他倆的動力學研究；對此，科哲學者波普（K. Poppe）在《波學發現的邏輯》（*The Logic of Scientifit Discovery*, 1959 年）也曾提過兩人的差異。儘管如此，波普仍然未能清楚看出牛頓古典力學實為一套倚仗究因（Final cause）的動力學，而伽利略力學則不啻為一套隱含自因的動力學。

雙方在本質上就有很大分歧！伽利略慣性定律是在陳述自因的「動者恆動」的狀態，故本書將之予以正名稱為「恆動慣性定律」。伽氏在他書中寫著「……水平運動是永久的，因為在這裏，假如速度是均等，那麼它不會減少或遲滯，更不會消失」（ "……motion along a horizontal plane is perpetual; for, if the velocity be uniform, it can not be

diminished or slackend, much less destroyed"）。由此可推論出自然界
中物體自具動因，其力的作用可產生永久且均勻的運動。儘管牛頓是
從伽氏那兒接觸到慣性定律，然而牛頓的措詞卻是在表述究因的「靜
者恆靜，動者恆動」的另類狀況，故本書也將之稱為「恆態慣性定
律」。牛頓在他《數學原理》中說道：「…物體繼續保持靜止或直線
均速運動，除非加諸外力迫使改變其狀態。」（ "…… body continues
in its state of rest or of uniform motion in a right line unless it is compelled
to change that state by force impressed upon it." ）。由牛頓恆態慣性定
律衍繹的自然界，不加外力的話，物體將永遠保持靜止或等速運動。
於是，我們可以清晰辨別伽利略確實傾向物質論，認為物質具有主動
與自因的稟賦；而牛頓則傾向非物質論，主張物質是一被動且依賴外
在緣因的東西。正由於如此，照伽氏想法，每一單位（重量）物質的
自具動力，不論在何處，都是永續且一樣的；所以落體的重力加速度
不管任何距離也都是一樣的，為一常數（ $g = 981$ cm/sec^2 ）。反之，
依牛頓的見解，每一單位（質量）物質的外加動力便會受到距離的影
響；所以引力會隨兩個物體間的距離遠近而有不一樣，並非一常數。

　　古代物理概念初開，亞里斯多德主張外力是運動（速度）的起因，
沒有外力就沒有運動，則物體只得停在其自然位置（Natural place）。
直至十七世紀，亞氏論點匆促褪色，力學觀念已有重大突破。伽利略
率先主張外力乃是加速度的起因，沒有外力就沒有加速度，則物體只
得保持等速恆動。後來牛頓也挪用加速度的說法，唯主張沒有外力造
成加速度，則物體只得保持恆態——恆靜或等速恆動——的狀況，並
由此建立了運動三大定律。總的來說，伽氏發現加速度一事是近代運
動理論的一個躍進標誌，他本身便是採用加速度原理來統一詮釋所有
運動現象。首先，關於他較早時候所提出的水平等速運動，實為「加
速度為零」的等速運動。其次，亞氏所言自然垂直運動（向下與向
上），不過是「加（減）速度一致」的等加（減）速運動。再者，亞
氏所讚賞的天體圓周運動，要嘛可由地球表面附近的水平等速運動來
說明（他在《天體對話錄》中曾透露此一看法），要嘛也可由地球高

空之上的水平等速運動和自然垂直等加速運動的合成運動來說明（他在《新科學對話錄》中只證明出拋物線的軌道）。最後，亞氏所謂施力運動，仍然還是一種加（減）速度運動。

或許伽氏本身的認知尚有盲點，或許他表達方式有些模糊，或許他盲點與模糊二者兼有；但這些都不影響他置身於一個巨大的文化框架中，其力學理論的定位。就他晚年著作《天體對話錄》跟《新科學對話錄》的內容來解析，其立論依據明顯為：

我──▶物質世界（哲學或知識）⋯⋯▶上帝（神學或信仰）

物質世界可以排除第一因，就這點而言，他無疑已初步完成一個以物質論即培氏原型為基礎的地域力學（或自因力學）。

花了這麼多篇幅來介紹伽氏理論，是因為他所身處環境最為艱困以致立場最為隱晦，故此不得不諸多著墨，多端求證。概括言之，他不失為一個科學的經驗論兼物質論的執行者。這也就是為什麼，他基於無法觀察故此難以苟同白魯諾的無限觀念以及柯卜勒（J. Kepler）的行星橢圓形軌道（按：伽氏缺乏柯氏手中握有的第谷布拉 Tycho Brahe，所遺贈之豐富天文觀測資料）。他又基於無從預設無所不在的上帝是終極或第一因，並扮演著不動的原動者（First unmoved mover）的角色，因而不可能像牛頓雖然贊同真空卻又提出內中布滿以太介質（按：牛頓的真空並非虛空，尚有以太實體）的說辭。一般人總喜歡把伽利略當作牛頓的先行鋪路者，這固然不能完全說錯；唯經多方探究，我們終能認清他倆所遵行的知識原型是截然不同的。

牛頓是一集大成者

進一步，我們繼續要探討第二個理論，亦即那挺拔地兀立在笛氏原型之上的十七世紀後期的牛頓古典力學。

不少人常愛恭維牛頓是一集大成者，他本人也曾因此自謙其遠見之所以較笛卡兒尤勝一籌，乃端賴他站在巨人肩上的緣故。而他 1687 年出版《數學原理》此一曠世名著，其書名和內容即是呼應笛卡兒

1644 年出版的《哲學原理》（*Principles of Philosophy*）。牛頓在許多方面都是衝著笛卡兒而發，但他所反對的泰半屬於技術性課題（即力學計算），反之他所贊同的大皆屬於原則性想法（即知識原型）。這導致二人在淵源上有一承襲臍帶，而彼此最重要的關聯乃是：牛頓把笛卡兒對於物理世界力學關係之思辨的、粗約的定性描述，提升為舉證的、精算的定量描述。任何人只要詳讀牛頓的定量研究，目睹他濃厚的唯理論兼精神論的色彩，便可斷定他不啻就是一位活生生的科學領域之笛卡兒。他的特有理念所造就的古典力學壯舉，遂被當代科學哲學大師們譬如：巴得弗（H. Butter field）、孔恩（T. Kuhn）等，推崇為一場成就非凡的笛卡兒─牛頓式的科學革命。

紮紮實實成為牛頓的偉大事業之基礎，是他在劍橋大學三一學院所接受的優異教育。置身於思潮澎湃的學府中，他不但專心研習柏拉圖、亞里斯多德、笛卡兒的哲學；還致力探究新穎的自然科學，包括哥白尼、伽利略、柯卜勒等的天文學與物理學，以及進步神速的數學，包括歐幾里得的幾何原理、笛卡兒的解析幾何、華里士（J. Wallis）的無限算術等。眾多學術巨人當中，笛卡兒的認知方式和知識原型無疑對他起了莫大影響。

眾所周知，牛頓一向堅持他講求實證推理的科學方法。儘管如此，大家千萬也別忽略該方法背後的廣義唯理論之立場。牛頓在許多場合幾次談到他埋首科學工作時所採行的一種認知方法稱為「分析─綜合方法」，而他的知交葛帝士（R. Cotes）在《數學原理》第二版序文裏面，也曾對這一方法予以特別介紹。概略言之，分析─綜合方法必須有實驗作為實證的根據，接著，分析各別現象導出自然力和其簡單規律（特定命題），再綜合（援用歸納法）形成普遍法則（全稱命題），便可用以詮釋（援用演繹法）自然現象。毫無疑問的，所達至之普遍法則或科學原理，還必須視情況另採數學和論證（引用公理方法）作為推理求證之工具。可是，這些看來非常嚴謹的程序，不過都是尾隨著「假說」起舞的一連串有關「證明」和「詮釋」的活動罷了。於是，我們還要回頭追溯其前提即知識起源或假說，到底是來自

何處！牛頓對此倒是未作多少闡明，甚至其「科學假說」跟「杜撰假說」二者之分界，除了蹦出一句名言「我不杜撰假說」（Hypothesis non fingo），此外，他始終沒有任何合理交代。今天，經過一再解析，我們赫然發現他的「假說」其實是來自笛氏的「自明原理」或「正確命題」。

在圖 3-1 裏頭，我們把牛頓式的認知方法按其步驟整理為：假說（自明原理或正確命題）、證明、科學原理（普遍法則）、詮釋。這跟它上下並排的笛卡兒式的認知方法，彼此就程序而言真箇是一模一樣。唯一不同的是「證明」一項之內涵，牛頓乃訴諸實證推理的科學證明。較之笛卡兒採行演繹推理的哲學證明只專注思辨活動，牛頓則如前面所說的，乃多方注重實驗、數學和分析──綜合的活動。結果，不同的證明工作，決定了兩人的學術角色── 一個是科學家而另一個則是哲學家。不僅如此，也決定了兩人在細部課題上發生不少迥殊，導致彼此力學立論出現粗精有別之差異── 一是屬於嚴謹的科學原理而另一是屬於哲學性的普遍規律。但是，兩人的基本想法反映為知識原型，進一步再產生某些前提（牛頓稱為假說，而笛卡兒則視為自明原理或正確命題），雙方卻幾乎是相同的。這點，我們馬上就要深入解析。倘若牛頓的假說真的是等同某種自明原理或由其衍生之正確命題，那麼他無愧當可冠上唯理論者的稱號；又倘若牛頓的假說大部分是來自笛氏的自明原理或正確命題，那麼他還應該被許為一個精神論者。

大家公認牛頓的最大貢獻，是奠立古典力學（其重點包括萬有引力定律和運動三大定律）以及微積分學（稱為流數術）。早在 1665 年至 1667 年間，他就著手探索萬有引力和流數。可是，歷經一段曲折過程，到 1671 年才撰寫《流數論》（*Theory of Fluxion*, 1736 年）；而到 1685～86 年才專心著述《數學原理》（*Principa Mathematica*, 1687 年），系統地闡述萬有引力定律和運動三大定律。

萬有引力的研究最具關鍵性。起初，牛頓由於傾向認同笛氏的漩渦理論，遂設想以太環繞著星球（如地球）作圓周循環運動，形成漩渦而產生「吸力」。所以，他最早乃依圓形軌道來處理萬有引力的問

圖 3-1　牛頓的認知方法之剖析

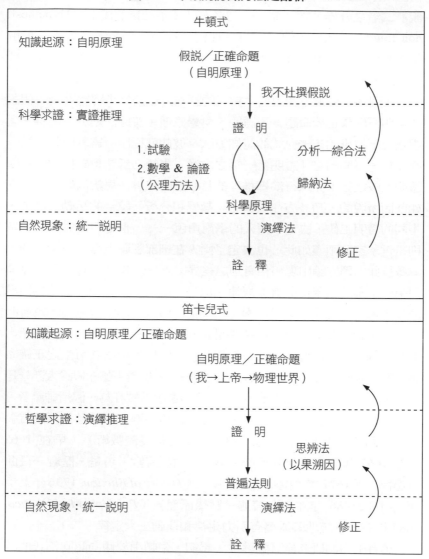

題。1670 年代，萬有引力的算式終於有一明朗的輪廓。笛卡兒的荷蘭籍學生惠更斯（C. Huggens）在 1673 年刊行《擺鐘論》中，提出圓周運動的離心力（反過來說，便可看作向心力）定律，指稱直徑固定時，該力與速度之平方成正比。大約也在這時候，許多學者終於發覺笛氏的以太循環運動並不符合實際情況；因而柯卜勒的行星橢圓形軌道逐漸被採信，其行星第三定律（即調和定律）所蘊含的天體向心引力以及伽利略的自由落體重力的算法遂部分被接納。1679 年左右，英國虎克（R. Hoode）、哈雷（E. Halley）、雷恩（C. Wren）等根據向心力定律和調和定律，找到一種圓形軌道的向心引力和距離平方成正比的算法，但這離正確答案尚差一大截。最後，牛頓統合眾家精義，才在 1684 年成功地導出橢圓形軌道的公式，次年緊接著更輝煌地創立了萬有引力定律 $F = G（m_1 m_2/r^2）$，算出該力和兩物體質量的積成正比，而和兩者距離平方成反比。他最後的珍貴結果，何止有賴他對質心（Center of gravity）的積分的洞見，主要尚且得力於他站在精神論的新高上，以笛氏原型為範本，並廣泛地融貫哥白尼以降無數心智的結晶薈萃。

　　默察牛頓與笛卡兒的思想路線，毫不驚訝地發覺雙方的基本前提大體一致。牛頓《數學原理》一書，便是參照笛卡兒的創造神論之進路：

我──→上帝（自明原理）──→外在世界（正確命題）

　　牛頓《數學原理》中呈現出來的物理世界，當然是笛卡兒的外在世界之落實。所以，牛頓力學不但公然地、徹底地打破亞氏所規定的天體與地面的界限，把向心引力與落體重力整合為一種萬有引力；這方面可說完全契合笛氏的鮮明主張，表示天體與地面的物質都屬一樣。尤有甚者，牛頓力學整套體系的各種基本假說，大半更是遵循笛氏《哲學原理》標榜的自明原理及其衍生之正確命題。

　　《哲學原理》分為四部。第一部談知識原理，教人跳脫懷疑轉向我思故我在，從而由吾人固有的上帝觀念來確定上帝的存在。笛氏的上帝為一至極的絕對實體與無限本質，再由祂創造外在世界來推斷物

質的存在。第二部探討物質真相，物質的屬性是廣延（Extension），
而廣延的特質為物體運動；再照笛氏慣有想法，外在物質世界實乃一
架由上帝一手創製與最終主控的機械裝置。物體便是由至小物質粒子
構成，粒子是不可分割的、具空間廣延性的，它們之間沒有虛空。以
上簡述多少反映出他秉持一個三維平面歐氏幾何的機械論宇宙觀，套
上他的數學術語，外在世界尚是一個可以計算變量的解析幾何系統。
再按其二元說法，物質實為一被動的相對實體與有限本質，所以，物
體的變動原則當是運動和靜止。自然萬象殊異，全是依靠物體運動；
更進一步看，乃是依靠物質粒子構成物體的樣式（可稀化或密化）、
大小和運動所造成。為了確保自然界的獨立運作，上帝在創世之初便
賦予它某一定量之動力，該力與物質一樣都是不滅的，這不啻暗諭一
個動量與質量雙雙守恆的物理世界。第三和第四部綜論天體的可見世
界（Visible world）和地面事物（The earth），考究宇宙萬物的構成、
性質等。內中最重要乃凸顯造物者上帝是第一因，為諸天的第一推
動；還預設以太循環運動形成漩渦吸力，用以解說星體的運行。

　　上帝也是牛頓力學的立論基礎，而宇宙則是物體運動的至大容器
（Container）與固定基準（Frame of reference）。

　　在《數學原理》等著作中，牛頓認定上帝是不動的原動者。祂無
所不在，是宇宙的締造者與維持者，創成絕對空間、絕對時間；祂不
但掌管整個宇宙並適時調整之，還主宰萬有，統治一切。宇宙無限廣
延，物體在此一固定容器中可以進行絕對運動。宇宙中心區域，星球
眾多故密度極大，由中心向外延伸則星球漸少故密度也跟著變小，到
了非常遙遠以外就成為永無盡頭的真空地帶——唯尚布滿非物質性的
以太介體。他常直言不諱地如此表達其形上理念，還在 1692～93 年
回覆本特雷（R. Bentley）的信件中，以及在 1712 年《數學原理》第
二版的補充中，特別強調上帝扮演第一因和第一推動。極具秩序的宇
宙讓牛頓不得不驚嘆所有運動的第一因，必是一個精通力學與幾何學
的睿智究因。可是，第一推動——從行星軌道來看乃指水平切線的推
動力——所造成之宇宙動量，很有可能無法如笛氏預測是一個常數。

根據牛頓估算，以太介體的平均密度約為空氣的七十萬分之一，其阻力極小，尚不及水的阻力的六萬萬分之一。然而，一段漫長久遠的時間之後，星球的運行終會受到以太阻力影響而逐漸放慢並發生墜落。職是之故，上帝必須適時出手調整矯正，以維繫宇宙的正常運轉。如果把上帝看作一個製造鐘錶的工匠，那祂實在不算是一個全能全知者，因為祂不時還要費心清洗修理祂那不太完美的機器。

許多學者尤其德國萊布尼茲，曾為此大力抨擊牛頓的動力理論。針對靜止的以太介體，牛頓稍後在 1717 年《光學》第二版的附錄中，周詳描述這種奇特實體如何催生萬有引力。照他的推論，以太介體散布在星球（或物體）的四周；因此，星球與星球之間及其周遭的以太密度當是稀稠不一。這對兩個星球來講，便會產生一股相向的擠壓力道，引發了源於「究因」的向心重力效應。就形上而言，此一重力跟伽利略「自因」的重力之性質完全不同。

一旦上帝和宇宙作為牛頓力學的背景畫像能夠定案，那麼萬有引力定律的架構就能確立，至於公式計算，只是數學應用罷了──不過因為牽涉到積分技巧，所以還是頗費功夫。接下來，整個物理世界的定量表述，自然就能順理成章。一些有關法則、規律的細部課題上，牛頓顯然跟笛卡兒的見解屢屢相左；這點只要我們把前者的科學原理跟後者的普遍法則兩相對照，就可一目了然，請參考表 3-1。可是，前者卻是沿襲後者對於上帝與宇宙的信條，以及對於物質與動量的觀念，還有對於粒子與力學的諸多預設。有關這些前提的部分，牛頓完全承攬笛卡兒的想法；站在巨人的肩膀上，也就比他人看得更遠。在他完成橢圓形軌道和質心積分的計算之際，我們相信當時他也已有一個清晰的「物理幾何化，幾何代數化」的藍圖。該藍圖在學理上是一個雷同笛卡兒的平面機械論宇宙模型，在數學上則是一個遠比笛卡兒益為精準的可以計算變量之增長率（如：加速度，都已涉及微分技巧）的解析幾何系統。再經過無數次實驗的確認，他最後終於把物體運動簡明地化為外力作用下的一系列機械行徑，進而寫出運動三大定律。

　　表 3-1 把牛頓物理跟笛卡兒哲學作一簡單檢驗，從雙方的前提部分，我們看到前者的假說大皆參照後者的自明原理或正確命題。

表 3-1　牛頓物理體系之檢驗

牛頓物理學		笛卡兒哲學	
假說	力學定律	自明原理／正確命題	普遍法則
上帝 ・不動的原動者	造出：絕對空間 & 絕對時間	上帝	絕對實體 & 無限本質
宇宙 ・上帝乃第一原因	意涵：無限廣延 & 絕對運動 ・第一次推動 　水平切線推動力 　（上帝得適時矯正） ・靜止的以太介體 　以太介體推動力 　（橢圓形軌道） △ 萬有引力定律 $F = G\dfrac{m_1 m_2}{r^2}$（無遠弗屆、立時即至）	宇宙 ・上帝乃第一原因	意涵：無限空間 ・第一次推動（宇宙動量是一常數） 　以太循環運動 　漩渦吸力理論 　（圓形軌道）
物質 ・物質世界是一由上帝發動的機械系統 ・粒子說（有異於唯物原子論）& 真空（真空非虛空，內有以太） ・物質是被動的存在	意涵：相對速度 & 有限質量 視為：平面機械宇宙論 解析幾何系統（計算變量之增長率） ・動因之慣性：靜者恆靜，動者恆動 △ 慣性定律	物質 ・物質世界是一由上帝發動的機械系統 ・粒子說（有異於唯物原子論）& 無虛空（凡空間即廣延） ・物質是被動的存在	意涵：相對實體 & 有限本質 視為：平面機械宇宙論 解析幾何系統（計算變量） ・物體的變化原則上仍是運動 & 靜止

・自然萬象全靠物體運動 ・自然界的動量（質量×速度）是一定的且跟物質一樣都是不滅的	・依靠粒子的質量（密度×體積）和運動（起於各種外力）所造成 △ 運動定律 （F＝ma） ・彰顯動量守恆 △ 作用 & 反作用定律	・自然萬象全靠物體運動 ・自然界的動量（重量×速度）是一定的且跟物質一樣都是不滅的	・依靠粒子的樣式、大小，和運動所造成 ・彰顯動量守恆

註：1.表中 △ 符號所示乃萬有引力定律與運動三大定律

　　2.萊布尼茲的動量則為質量×速度^2，對動量的看法又不一樣

　　如此說來，牛頓何止是一個唯理論者，尚且還是一個繼承笛氏原型的精神論者。

　　力的作用必須借諸媒介來傳遞，是為近距作用（Direct action），物理學家對此咸表相同看法。然而，牛頓萬有引力的提出，在當時給人的印象卻是不折不扣一種違反物理常規的遠距作用（Action at distance）。萬有引力所顯示的是無遠弗屆的作用力，它沿著平面空間直線傳播，立時即至；此外，整個傳播過程似乎不需要什麼物質性媒介——牛頓雖然稍後標舉以太介體，但其形態近似非物質性，且又無法證明該媒介確實存在。職是之故，他的物理世界無形之中籠罩幾許神秘色彩；他也曾因此遭到頗多非議，不過他總抬出「我不巧立假說」來搪塞。儘管他的理論有一些牽強附會，但萬有引力它在實用方面倒堪誇貢獻良多。總的來說，它能合理地解釋天體運行和重力效應，進而展現一個三維平面機械論宇宙的秩序圖式。就個別事例來說，透過它可以相當精確地推算出彗星的近似拋物線軌道（按：哈雷彗星即是著名實例之一），推知行星形狀為兩極略扁且赤道部位微凸的球體（按：地球為扁狀球體的測定亦是一著名實例）；還有，最轟動一時的是依據它竟可算出一顆從未人知的行星即海王星的蹤跡，為天文發現的記錄留下一段佳話。

法拉第激起陣陣漣漪

分析完了牛頓力學，我們繼續要辨明的第三個理論是安置在洛氏原型之上的十九世紀古典電磁學。從最初電磁概念的創建，繼之到理論的成熟以至事實的驗證，整個學說發展過程將近六十年歲月；當中代表人物計有英國法拉第（M.Faraday）、馬克斯威爾（J.C.Maxwell），以及德國赫茲（H. Hertz）。赫茲是個實用家，只有馬克斯威爾才是古典電磁學的集成者，但法拉第卻是最偉大的導師，獨立完成了拓荒、奠基和領航工作。所以，法拉第和其力線、電（磁）場……等事項，乃是此處我們專門要剖析的焦點。

不過，為了讓讀者們先有一個清晰的宏觀視野；我們稍稍離題一下。順著西方文化的脈絡，我們擬就法拉第和伽利略、牛頓、愛因斯坦四人的一些基本觀念，預作一重點比較與辨明。

上文〈西方知識原型〉一章裏面，我們曾經一針見血地揭露，西方文化乃對「終極和秩序」不斷尋繹的結果。一點也不假，它在古代先後以「一與多」和「神和宇宙」的課題，招致時人的巨大迴響。近代以來，它於自然哲學中又以「實在與現象」的風潮，擾亂了多少思想家的心湖；值得注意的，它更以「絕對與相對」的議題，引發自然科學界的許多南轅北轍的爭執。我們在前面才討論過，伽利略孜孜不倦地從事多種實驗（含觀測），無疑已意識到相對的自然現象背後，是絕對的自因物質的真實存在。故其力學理論中一點也沒有形上究因立足的餘地，而上帝僅是被限定為神學或宗教的存在。牛頓的上帝統管一切，促成絕對的宇宙時空，又是其力學理論的第一因。倘若缺少祂的第一推動，以及靜止、均勻的以太介體，那麼就沒有萬有引力、物體運動，以及相對時空。更進一步，他經由肯定絕對為無所不在、無限常住的真實存在，再來接受相對乃自然事物的現象存在。

接下來，我們馬上要解開的是法拉第關於絕對與相對的想法。法拉第出身學徒，極其講求實驗證明；同時又深受教會薰陶，為篤信基

督教的學者。無可避免地，他不知不覺就成為一個經驗論兼心物聯立論的科學家。他觀察到任何一處空間的正負電荷（或磁極）之間必有彎曲的力線（Line of force），從而推斷其媒介應為彈性的以太介體（注意，此處以太媒介已非固定不動的，而是彈性可動的──乃物質性的），進一步毫不懷疑地認定相對的電（磁）場是經驗存在。依照他這樣子的思路一直走去，那麼，絕對的靜態──不動的原動者──就被當作是宇宙空間（布滿物質性以太）以外的論證或理知存在。回頭一看，這豈非洛氏原型所揭示的外在之上帝（Absentee God）的構思？

最後，我們還要剖析愛因斯坦如何看待絕對與相對。身為一個性喜獨立思考的猶太裔子弟，他畢生推崇其先賢斯賓諾莎的泛神論；在西方文化激烈振盪中，他站在不同立場來尋味時空真理，遂命定是一個策畫一場思想反撲的唯理論兼心物同質論者。愛因斯坦把上帝和宇宙視為同一，祂並不創造和推動宇宙，事實上，祂就是宇宙本身。於是，泛神論披上一襲數學與實驗的外衣，掀開了二十世紀物理學上的內在之上帝（Immanent God）的一頁。他膾炙人口的相對論，無非是闡述物質世界乃內在上帝的千般外顯模態之一，不啻是套上了科學術語的模態論（Theory of mode）。愛氏其實不否認絕對的本質存在，但絕對乃是宇宙的內部本質，是構成物質世界的原因。反之，他彰顯相對的屬性存在，視相對為宇宙的外部模態，是自然萬殊，是果；其現象乃無限變化的物質運動，是我們科學認知之標的物。

現在我們再轉回法拉第的力線、電（磁）場……等課題上。馬上得探詢的是，我們必須先要瞭解當時學者究竟把電（磁）力看成是一遠距作用抑或近距作用？這問題牽連殊廣，不止涉及物理學歧見，尚隱含形上學關於基本論題（如絕對 vs.相對）之爭議。當時，法國庫倫（C. A. Coulomb）循蹈牛頓的假說，預設靜電力為一遠距作用力。他仿傚萬有引力定律的距離平方反比格式，在 1785 年提出庫倫靜電力定律。該定律表示兩個電荷同性相斥、異性相吸，彼此間作用力的強弱與兩者電量乘積成正比，而與距離平方反比。由此看來，其相斥

或相吸之作用是一種連結兩個電荷的直線傳播且立時即至的力。此外，他又發現相同格式的磁力的平方反比定律，使人不由要去聯想電與磁的密切關係。1800 年，義大利伏特（A. Volta）發明鋅銅電池，可以供應持續不斷的恆常電流，加快了動電知識的腳步。十九世紀初，大家皆奉牛頓力學為指導綱領，把電與磁都視為力的變形（注意，力是一種作用，並非如物質般是一種占積的東西），這也更使人要去聯想電與磁是否有什麼特殊關係。

丹麥厄斯特（H. C. Oersted）很早就致力搜求電與磁的關聯，後於 1820 年發覺電流會產生磁效應的現象；每當電流通過導線時，可以看見導線一旁的磁針會隨之發生偏轉動作。受到厄斯特的報告的啟發，法國安培（A. M. Ampere）也著手進行電流產生磁效應的實驗。歷經多方推敲，他把磁性效應歸為迴線的環狀恆常電流（環流）的結果，所以永久磁鐵就能夠採用他所謂「分子環流說」來解釋；既然如此，則「磁」無疑可由「電」來闡述。安培追隨牛頓式的路線，也將動電的作用當成一種遠距作用，並在 1822 年時，開始醞釀「電動力學」的構思。一番費心窮究之後，他到 1827 年終於完成電動力學（Theory of electrodynamics），對於動電，以及電與磁之間的作用提出系統性說明。內中最受注目誠屬安培定律，係套用萬有引力的平方反比格式，來描繪二條通有電流的平行導線，彼此同向相吸、異向相斥的定量關係。雙方的對應兩線元（按：導線之極小單元）之間的作用便是一遠距作用，直線傳播且立時即至；其作用力之大小與兩者的電流強度之乘積成正比，而與兩者間的距離平方成反比。

出身於貧困的鐵匠家庭，法拉第後來全憑自學苦修，最後才躍為近代卓越的實驗科學家。他一生有多項重大發現，對於後世影響深遠。法拉第能跨入物理行列最早全憑友人的臂力，這位最早發掘他並幫助他的友人便是皇家學會教授狄維（H. Davy），故一般戲稱狄維的唯一重大發現乃是法拉第。

1804 年時候，法拉第剛好十三歲，進入倫敦一家裝訂工場當見習訂書匠。他常利用工作閒暇，努力閱讀工場裝訂過的一些關於科學方

面的書籍。由於未曾受過什麼正規教育，他數學能力很差，然而總是無比熱忱地依照書中意思去做實驗。幾年宵衣旰食，他已經是一個基礎紮實的實驗專家。1812 年，狄維舉辦一系列公開演講，法拉第是最忠實、也是最能領會演講內容的聽眾。狄維看出他的才華，旋即聘他為私人秘書，次年又改聘他為實驗室助理，從此法拉第便得以展開他的科學生涯。1823 年，他入選為皇家學會會員，充裕的經費與設備等條件下，使到他的科學工作大為出色。他不喜歡沒有事實根據的議論，反之，他是一個非常講求實驗依據甚至將之和自然科學畫上等號的專業人士。同是受到厄斯特的電磁實驗的誘導，但法拉第不像安培等歐陸學者，他有他自己的路。他不苟同也不擅長將電磁現象硬裝上牛頓力學的格式；相反的，他全憑實驗洞察，認為既然通過電流之導線能夠產生磁性，那麼磁鐵豈有不能夠透過特定裝置而產生電？幾度考慮後，他便在 1824 年矢志勇闖「使磁生電」的難關。歷經數年廢寢忘食，他傾全力進行各種實驗，終於，他在 1831 年發現了電磁感應。

「使磁生電」的夢想終於成真，電磁感應實驗也就被譽為畫時代的科學事蹟。事實上，那時不少學者包括安培都曾考慮過「使磁生電」的可行性，只是這些人都自我設限於不同種力的相互轉換的盲點，一心只想如何讓靜止不動的磁鐵回過頭來直接產生出電流來！法拉第起初也是陷於此一傳統的力學陷阱中。不過，一向未曾受過正規教育的他反而容易打破傳統束縛，隨之捕捉到許多學者慣於忽略的現象，即：相對運動的磁鐵才能夠產生感應電流。這一現象具有引人省思的涵義，且表示「磁」不該草率地被界定為一種「力」而已！

就在 1831 年 8 至 10 月間，法拉第先是將一個熟鐵環的左右二側，各用銅絲繞成兩個線圈（即螺線管，Colenid coil）；當一側線圈接通或切斷電流時，另一側線圈便會發生瞬間的感應電流。繼之，法拉第把相對運動（按：抽出或插入於螺線管中的舉動）的磁鐵代替先前接通或切斷電流的線圈之時，仍然出現瞬間的感應電流。後來，法拉第設計出一個類似發電機的裝置，使用不停地相對運動的磁鐵，就

可獲得持續不斷的感應電流。從這些實驗，他總結出電磁感應定律，確認線圈產生的感應電動勢之大小與通過線圈的磁通量之變化率成正比。

漫長的時光，無數次的實驗，電磁感應的發現誠然過程曲折。但是，進一步若要把電磁感應的現象匯為一合理說明，也不是一件簡單的事。萬有引力的遠距作用及平方反比格式早為世人奉為圭臬，大部分受過牛頓力學、歐式幾何等薰陶的學者對此都不敢抱有懷疑之心。法拉第可不管這些，他的治學原則在於任何事情都必須取決於實驗證實。他眼見電磁力不單在一般介質甚至在真空中都會起感應作用，並且受到不同介質的影響，電磁力的傳遞也強弱不一；因而，他遂體認電磁力既非直線傳導也非立時即至，其作用如假包換是一近距作用。對此，他便採用磁力線來說明感應電流何以產生——磁力線是指磁鐵周圍所形成的磁力之曲線。人們只要在磁鐵上平鋪一張紙，再撒下一些鐵屑，就可看到鐵屑立刻沿著感應曲線作出規則排列。繼之，他又從磁力線衍義出電力線，指電荷（不論靜電或動電）之間所密布的電力之曲線。最後，力線又發展為「場」的概念，建立了古典場論的雛形。

按照場論的原意，宇宙當中根本沒有不被物質占據的空間。真空絕非虛空，乃充斥一種極輕薄細微稱為以太的彈性物質；以太至此遂從非物質性介質變為物質性介質，它除擁有許多特徵，還可以穿入物體。電磁力的作用，便是通過以太為介質的近距作用。法拉第還大膽假設，任一空間只要存在電荷或磁鐵，其四周以太粒子便發生極化（Polarization），其力所及的區域會形成「緊張狀態」，此即所謂電場或磁場。場中的所有以太粒子皆沿著力線呈彎曲排列，力線有如緊縮或伸長的橡皮筋一樣，藉由一伸一縮來傳遞其作用力。電力線是由正電荷出發，止於負電荷；磁力線則由北極（N）出發，止於南極（S）。異性之間的力線傾向壓縮而彼此相吸，同性之間則傾向伸張而彼此相斥。力線的概念提出之初，法拉第只把它設想為一種理知工具，一點也沒有任何物理學的意義。隨著經驗漸次累積，他後來尚體

認每一力線無異等同於一電荷或磁性單位，並開始相信力線是一真實東西（Reality）。他在 1852 年對此曾表示，不能想像在空間中有力線的地方，卻沒有任何事物存在。至於彈性的以太介質，事關絕對與相對的敏感議題，他始終不願更進一步發表明確看法。總之，他在電磁感應的貢獻，尤其力線與場的卓見，已經為古典物理的更張以及知識原型的轉換首開先河。

物理學方面，法拉第的傲人成就，掀起古典電磁學的序幕。安培的電動力學一直未能圓滿詮釋電磁的運動現象，其缺點一到法拉第的手中馬上就暴露無遺。安培揭開的僅是恆常電流產生磁效應的一角，便誤把磁當作一種力的作用；但是法拉第很快還發覺磁場變動會產生感應電流，電動力學至此再也無法自圓其說。安培把靜電和電流（或動電）分開處理，並把二者的作用力看成是分屬不同的形態；但法拉第卻敏銳地觀察到雙方實際上是相同的東西，遂讓電動力學啞口無言。更為重要的，安培順應古典力學觀念，揭示電磁力屬遠距作用；法拉第則憑藉經驗證據，斷定電磁力屬近距作用。二人的差別在於，前者接受直線傳導，力是沿著平面直線互相作用；後者則主張曲線感應，力是藉由力線——介質粒子的極化狀態所形成的非直線排列——而發生作用。另外，前者贊同立時即至，力是瞬息之間作用於對方；後者則認為具有時間性，力線的伸縮致使作用力需要時間——他還曾一度想要去測量時間短長。

經驗論者的路，一向漫長。法拉第的想法經過了馬克斯威爾的奮力加工與鎔鑄，才實現成為一個完整的知識體系，也才使到電磁學得以脫離牛頓力學的格式與箝制。馬克斯威爾精通數理，他繼承彈性以太介質的概念，又給力線與場穿上數學的新裝，再大力融合庫倫以後眾多人士的珍貴心得，方能造就古典電磁學如此成果。他把電與磁、靜電與動電、電磁與光波等都加以統一起來，在 1864 年寫下了電磁場的基本方程式，並作出了關於電磁波的預言。他的四項基本方程式，最後採用德國高斯（K. F. Gauss）的曲面定理予以修飾，則其陳述所投射無疑是一曲面的機械論宇宙模型。迨至 1888 年，赫茲設計

一個電波發射裝置，證實電磁波為橫波（介質振動和波之進行的方向互為垂直），其傳播速度與光速大體相同，填補了古典電磁學的最後一頁。

知識原型方面，法拉第所揭露的自然現象，詳加揣摩的話，不唯足以推翻牛頓的宇宙觀，還衝擊到傳統基督教的一位無所不在、干預世間的上帝觀。牛頓的宇宙論軸心，乃是笛氏原型。笛卡兒這位唯理主義大師，其思想淵源可溯至古希臘理型說和中世紀創造神論；他本人又受到近代西歐社會重心轉向物界殊相的牽挽，從而創立倡導精神論的自然哲學。牛頓繼承笛氏原型，在無限、絕對的背景之中，強給物理世界勾勒出數量與實證的景觀；由此形成了其力學綱領，並藉以烘托出一個三維平面的機械論宇宙藍圖。

所以，牛頓的宇宙論裏凝佇一個類似正統基督教的上帝；祂全知全能又無所不在，是宇宙的創造者和維護者，是第一因和不動之原動者。祂構成無限廣延的絕對空間，這相當於一個固定的無邊無際的真空容器；真空不是虛空，到處充斥著靜止的非物質性以太媒介——若為物質性則不可能是靜止的。物體運動必須倚仗絕對空間的存在，換言之，絕對空間不啻為現象物界亦即相對空間的根柢。而相對空間（現象物界）則為絕對空間當中可動之區域，乃由所有大大小小的物體和其部位來測定。上帝的無窮法力通達絕對空間，透過神秘以太的遠距作用，能夠有效掌握自然萬物並維持宇宙秩序。於是，此一力學上帝，可說等同於基督教的神學上帝。因此，牛頓的力學知識與基督教信仰，某種程度上無疑是統一的，具有甚大交集。這也就是為什麼，他一方面多麼勇於高舉物理學的大纛，一方面又能理直氣壯地為上帝的存在而衝鋒陷陣。

但是，從法拉第的電磁感應論去推究出來的科學上帝，卻迥異於他信奉的正統基督教上帝，二者的面目頗有差別。我們應該知道，科學知識的進步，必有其合適的文化條件。牛頓之後一百多年物換星移，歐洲走過轟轟烈烈的啟蒙運動與工業革命，世人心智跟著也益發精細敏銳。經驗主義代之崛起，英國尤其盛行洛克式的新穎思潮以及

他的自然神論想法，許多著名哲學家乃至神學家，諸如：柏克萊（G. Berkeley）和柯拉克（S. Clarke），都是洛克的信徒。置身於英倫的務實風尚裏面，加以法拉第本人又堅持用實驗來證實真理，以致他無形中賡續洛氏原型，並私淑其悟性認知（Understanding）方式：

我──→外在世界（經驗）──→上帝（論證）

　　結果是給法拉第帶來個人思想的自我衝突，他依據理知找到的科學上帝，卻不同於他感情上膜拜的基督教上帝；造成他內心老是掙扎於真實知識與理想信仰之間，落得只好辯稱科學與宗教彼此無關。

　　事實上，法拉第的科學與宗教豈無幾許關聯？宗教方面，法拉第自小堅信上帝，是個虔誠的基督教徒（長老會）。反映到科學上頭，他也能藉由外在世界之和諧與秩序來斷定上帝的存在。遺憾的是，他的科學上帝與基督教上帝，二者的形跡泰半不合。法拉第的悟性之眼中，絕對空間並非宇宙萬物的基底、扮演一固定的真空容器，也未見靜止的非物質性以太。他所知覺的宇宙空間，毋寧是到處被物質占據的區域；真空誠非虛空，卻是充塞另一類極度輕薄細小且彈性可動的物質性以太，極化之後可以形成力線排列的場，能夠透過它的近距作用來傳遞電磁力。於是，按照力線與場的概念，則科學上帝所一手構成的絕對空間，理應處於經驗存在的宇宙空間（依此說法便是相對空間）以外的論證存在。這麼說來，憑藉電磁感應所體認的，赫然卻是洛氏原型指涉的唯一神格、超然物外的自然神論的外在之科學上帝。祂外在於宇宙，垂拱無為，不參與世務；第一次推動之後，便撒手不管而任由外在世界獨立運轉。祂與法拉第內心讚美的三位一體、全知全能之基督教上帝，大不相同。基督教上帝不只是個造物主，尚且是個主宰者，不時參與宇宙人生各種事務。此一知識與信仰矛盾導致的思想衝突，難免喚起他內心深處些許失落之感觸，讓他不禁常要寄情拜倫（G. Byron）的詩，吟詠詩人一股苦於真實與理想兩相懸殊的強烈憂鬱，來排遣自己面對經驗科學（真實）與宗教信仰（理想）互為脫節的不安。

愛因斯坦的反撲

　　最後我們要介紹的，乃給二十世紀世人帶來無比衝擊的第四個理論，也就是茁長在斯氏原型之上的愛因斯坦的相對論。斯賓諾莎是愛氏心中的民族先哲，這位被形容為神聖但生前卻遭逐出教會（猶太教）的猶太偉人，在十八世紀之後便逐漸恢復他應有的崇高聲譽。他一手創立的斯氏原型標榜泛神論，對歐洲的哲學和文學烙有一道清新的痕跡，而對猶太後裔的信仰更有莫大的滲透力。1882 年，人們為他在海牙（Hague）建造的紀念銅像舉行開幕典禮，大家共同的心聲便是：上帝的真正啟示，應在此地。流風所及，非但當代歐洲猶太人所追隨的上帝，大體言之就是斯氏原型凸顯的泛神論上帝。不止如此，藉由愛因斯坦精製的物理革命，泛神論遂在二十世紀西方文化中發起了一場激烈的思想反撲。

　　愛因斯坦是德國猶太人，1879 年出生於德國南部烏姆（Ulm）；自小便接受猶太牧師的薰陶，播下上帝即宇宙以及猶太復國理想的種子。終於，斯氏未曾走完的路，愛氏高舉著相對論和人道精神，毫不猶豫地邁開大步跨進。愛氏的相對論是一家喻戶曉的名號，內中關於空間、時間、運動等的突破性見解，不只催生許多新的科學知識，還硬硬扭轉了時人的諸多日常觀念，也使到他本人成為近百年來最偉大又最轟動的科學家。相對論（具有泛神論或萬有神論意涵）和量子論（具有物質論或無神論意涵）同為現代物理兩大支柱，這反映西方傳統的主流思想已經受到嚴重腐蝕，也反映西方民族的固有信念正瀕臨瓦解。相對論一舉撕裂了古典物理學的「絕對空間」（靜止系）之觀念，量子論更粉碎了近代機械論的必然基礎──因果性與確決性；二者，毫不留情地衝著正統基督教和古希臘主流哲學所護持之世界觀，相繼發出猛烈攻擊。拙作《挑戰西方科學》曾對此事進行抽絲剝繭，歡迎讀者多多給予指正。這邊，我們將要就愛氏的觀點再作剖析，考察其相對論是否如筆者所言，不啻是斯氏的泛神論披上一襲科學外袍。

　　若要詳加考察上述課題，就得先回顧古今一個關於「以太」（Ether）的假設。早在古希臘時代，就有以太這一稱謂。亞里斯多德把它視為一種瀰漫在天界的神聖元素。直到近代，以太這稱謂又從自然哲學偷渡到科學領域，但卻改以一種特殊質料的面目出現；不過，它的神秘色彩還是讓它成為一道難解的謎題。牛頓和一些古典力學擁護者，統統把以太假想為靜止的、細微的媒介粒子，無影無形，布滿整個無限宇宙。它在宇宙的鄰近中央一帶亦即各種物體如星系等雲集的地方，反而比較稀少，但在四周一片真空的地方，則比較濃稠。濃與稀之差形成一股由四周向中央的壓力，是為萬有引力。按其格式與意涵，萬有引力無疑乃是借助以太來傳達，屬於無遠弗屆、立時即至之超距作用力。照這般看法，以太應是一種非物質性介質，否則如何可能受力卻靜止不動？又如何可能催發立時即至的超距作用？可是，把以太當作非物質性的東西，這在物理世界來講終究是一件尷尬的假想。況且「非物質」（心）和「物質」（物）彼此又該如何互動？這也是一個令人迷惑的問題——依力學方程而言，靜止以太與物體運動幾乎毫無瓜葛；果真如此，那又根本無從合理地來說明引力的產生！

　　隨後，法拉第等學者悄悄地把以太的性質給予重新更正。他們看到光或電磁效應可以通過真空，因而假設真空當中的以太是一種彈性的介質——它必須具有極大彈性，否則很難滿足傳播速度高達每秒約三十萬公里的要求！按照法拉第等的巧思，於是乎以太便不知不覺搖身變為一種物質性介質，並且電磁效應的傳播乃歸屬近距作用，係經由電場和磁場的交替所造成的一種物質運動形式。古典場論的精義確實如此，以太不只是一物質媒介，它與其他物質之間還會有互動關係。可是，由於顧全古典力學的崇高地位，當時物理學家只好假設彈性以太不得相對於其他物體作運動。換句話說，以太未嘗與其他物質之間有任何互動關係；不然的話，古典力學的架構立即有崩潰之虞！顯然的，古典場論的精義以及古典力學的架構，二者根本就是互為衝突的。於是，十九世紀關於以太性質的界定，為了遷就場論和力學兩種不同的思想，便出現牽強附會、自相矛盾的說法：它既靜止（平

面）又彈性（曲面）、既接近非物質又類似物質、即會與物質互動又不得與物質互動……等，的確讓人如墜五里霧中。

　　大家都在極力搜索枯腸，設法想要一探究竟，到底有沒有以太？有的話則它的廬山真面目又是什麼樣子？1887 年，美國邁克爾遜（A. A. Michelson）和莫萊（E. W. Morley）聯手進行一項著名實驗，來求證以太是否存在。他倆認為如果真有以太，那麼地球在靜止以太中均速運轉，將會迎面碰上一股「以太流」（Flow of the ether）；由於光是依附以太來傳遞，則其順著和逆著以太流的傳輸速度（即光速）就不一樣。只要能測出其差別，便可證明以太的存在。此即名垂科學史的邁克爾遜－莫萊實驗，唯原始構想乃馬克斯威爾於 1875 年所最先提出。邁克爾遜早前就曾獨自做過一回，1887 年他又與莫萊採用更精良的儀器重複再做，後來其他學者也曾陸續傚法做此實驗。奈何，所有實驗結果都相同，完全沒有發覺「以太流」的蛛絲馬跡。造成這種結果，是實驗未盡完善？抑是本就沒有以太？還是人類壓根兒尋找不到以太流……？剎那間，整個物理學界上空立刻籠罩一片烏雲，大家頓時不禁有點手足無措。

　　「山窮水盡疑無路，柳暗花明又一村」，知識進步亦復如此，轉折總在困境之後。然而，縱使西方人，也未必全然洞悉近代物理進步的內情。事實上，近代幾位物理大師秉持的知識原型乃至宇宙觀都各有所本。伽利略、牛頓和法拉第的理論所指涉的，就形上而言，分別是教會之上帝、無所不在之上帝和外在之上帝。職是之故，伽利略的自因力學毋需考慮以太的問題（甚至允許虛空的存在），而牛頓的古典力學乃將絕對空間與靜止以太（非物質性）作為固定的、唯一的基準參考系（Frame of reference）。至於法拉第的古典電磁學，係建立在場與彈性以太（物質性）的基礎上；牛頓所說靜止、非物質性以太與絕對空間，遂遠遠被推到經驗的宇宙空間以外的地方。十九世紀的物理學家大皆未能明察各種理論的深層差異，只得一味遷就而把以太性質說成四不像的樣子，還把一次又一次的轉折膚淺地說成物理進步，以致忽視各自理論深層的不相容性。

到了愛因斯坦的手上，物理學又再發生一次轉折；他的理論所指涉的，不折不扣是內在之上帝。他的相對論不啻凸顯物質世界為一相對世界（心智世界為另一相對世界），萬千模樣總符契相對性原理，展現物質運動和四維時空連續體（4D Space-time continuum）乃是互為表裏，可用統一的電磁場和重力場來表述（他晚年因此窮究統一場論，Unified field theory，惜未竟功）。依照愛因斯坦的想法，「絕對」不離「相對」而獨立存在，絕對乃是無數的相對世界的內在本質。所以在推出狹義相對論時，他未曾表示沒有以太，只主張如果有的話也根本無法用它來檢驗均速運動。因此，邁克爾遜－莫萊實驗要去偵測以太流一事，只是一項不切實際的舉動，而且光或電磁波的傳播也壓根兒不必考慮到以太是否存在。在廣義相對論中，他把重力和慣性力看作是等效。既然，慣性力無非物體的加速運動所引起的，那麼重力的形成也就不必扯到以太壓力的頭上，這不啻又是一大創見。基於他的新說，靜止以太終於徹底被驅逐出現代物理的領域。

弄清楚了歷來關於以太的假設之後，我們接著把焦點移到愛因斯坦及其學理之上，相信便可更清楚地看出泛神論與相對論的關聯性，還有近代物理學的發展軌跡。

前面曾經說到愛氏的宗教，提及他的信仰對象是受到斯氏泛神論影響的猶太教（Judaism）的上帝。此處，我們還要瀏覽他的求學經歷，追溯一下他學識增長的過程。說實在，愛氏的學校功課，從小就不很好。不過，他倒是很早便對歐氏幾何和自然科學表現出濃厚興趣，為他日後學術事業打下堅固的基礎。他在德國慕尼黑（Munich）讀完小學和中學，給人印象並不怎麼傑出。隨之到瑞士繼續其學業，1895 年先進入亞勞（Arau）一所州立學校，次年再進入聯邦工技學院（Swiss Federal Polytechnic School）。大學期間，他大量閱讀物理學書籍，尤其精習馬赫的力學以及法拉第、馬克斯威爾的電磁學。我們經已介紹過何謂古典電磁學，此處不擬贅述。至於馬赫力學，主要係稱一物體的運動，完全無法如牛頓所提以絕對空間來描述，反之必須以它與宇宙其他物體的相對關係（即相對性）之觀念來界說。馬赫於

《力學》（E. Mach，*The Science of Mechanics*, 1883）書中指出，絕對空間純屬心靈虛構，不可能藉由實驗獲得證明。

埋首於這種自由、蓬勃的學風當中，愛氏最後終於找到自己的理想鵠的，毅然下定決心要在理論物理學有一番作為。大學時代的他，儘管身上流著猶太人的血，但族人的泛神論上帝對他來講只不過是一個習俗薰陶，表面看來祂和基督教上帝是沒有什麼差別，而且，也都是現世社會的心靈救助。那時候，他的態度顯示上帝和科學是分開的，以致不知不覺傾向實證主義的路線。從他的自述可以得知，猶太教和猶太哲人對少年愛因斯坦的影響倒不怎麼顯著，反而是馬赫的實證態度和休姆（D. Hume）的批評論點（Criticism）對他起了重大的作用。

四年大學生活很快就過去了，愛因斯坦於 1900 年秋天獲得學院文憑。一陣波折之後，他於 1902 年在伯恩（Berne）專利局找到一份安定卻乏味的摘要撰寫工作。這份工作曾被他形容為「鞋匠的工作」，每天都要重複做著相同又單調的活兒。無論如何，他總還是能善用工作之閒暇，去從事物理問題的思索與研究。研究成果的確斐然，畢業後幾年光陰，他已陸續在一份科學期刊叫《物理學年鑑》（*Annalen der Physik*）發表了五篇論文。

上述五篇論文，都傾向遵行實證主義的法則；根據客觀事實提出新見解，駁斥那些無法化約為感官經驗的科學陳述。較早四篇涉及毛細管作用、熱力學統計、光量子說和布朗運動理論，隨後一篇則探討狹義相對論（Special relativity）——標題為〈關於移動物體的電動力學〉（*Toward the Electrodynamics of Moving Bodies*）。後來這一篇論文係發表於 1905 年，其中相對性原理觸發二十世紀物理學又一次轉折，也凸顯他治學方法從實證主義跨向唯理主義的一道關鍵門檻。相對論一詞從此很快就傳遍世界各個角落，成為最熱門的科學話題。他於是也被人們推崇為當代最具震撼力的科學家。特別要強調的是，狹義相對論對他來講更像是一條渠道，導引他走向一個嶄新天地。他因此拋棄實證主義而採取唯理主義的思考方式，經過一番嘔心瀝血，終

於在斯氏泛神論的內在上帝的啟迪之下建立了廣義相對論（General relativity）。

嚴格言之，古典力學的架構是到愛氏相對論崛起的當兒才算全面替換。然而，從較早的萊布尼茲到後來的馬赫，已有好幾位學者曾經一再對牛頓的絕對空間的觀念大張撻伐。不過這些都被看作是哲學爭辯，總是缺少有力的科學證據，也就引不起世人的重視。事實上，古典電磁學的「場」無形中已成為物理空間的替代品（牛頓的絕對空間便超離而處於其外），單單憑藉馬克斯威爾的微分方程就足夠描述電磁波的傳播現象。況且，對於邁克爾遜－莫萊實驗引起的困惑（指偵測不到以太流），彭加瑞（H. Poincaré）也在 1904 年率先提出「相對性」（Relativity）說詞設法予以解釋。然而，古典電磁學和彭加瑞相對性見解都還保留那無法經驗實證的以太，也未能揚棄靜止的絕對空間此一歷史包袱。

二十世紀初，就在大家踟躕於物理的十字路口之際，狹義相對論標榜相對性原理和光速不變原理，適時地宣布了合理的答案，並佐以近代實證的思想實驗（Gedanken experiment，即 Thought experiment）。表面上，愛氏所言僅是凸顯伽利略、牛頓等早就觸及的相對世界；不止如此，他又援引場論和馬赫力學的觀點，用場方程式來取代以太假說，總算順理成章地把絕對空間擱置一旁。實際上，若從知識原型或形上層次來看，愛氏的立場已經偏離了基督教的傳統信念——指上帝是超然存在。由此可知，如果他從小就是一位深受濡染的基督教徒，相信反而很難叫他突破瓶頸，去推想在相對世界之後會沒有一獨立、固定的絕對空間——它反映造物主上帝的超然存在。正因為他的泛神論上帝不是自然（宇宙萬物）的造物主，而是自然本身；遂使他得以從不同的宇宙觀的角度上，去勾勒相對世界的風情。但我們也要承認，愛氏尚只透過狹義相對論嘗試性地去擯棄以太，進而排除牛頓一個類似容器的絕對空間（當然也就沒有絕對運動！）。他此時猶未全面引入斯氏原型，其中相對性原理可視為經驗科學末期實證路線的極端走向之必然結果，而絕對空間等由於沒辦法證明存在則當然就

可將之排除甚至推翻。狹義相對論假如提早二十至三十年，在邁克爾遜－莫萊實驗之前刊出，說真的，相信一定沒有多少人會去注意甚至認同它。反之，假如它延宕二十至三十年才告出現，鑑於古典物理學支絀窘態，且傳統上帝畫像也逐漸剝落，則預期將有其他人搶先站出，針對相對世界發表類似議論。

狹義相對論間接地否定了絕對空間。照它的意思，世界到處運動不止，沒有一個固定之所在。於是，物理學的靜止基準參考系宣告瓦解，而所有慣性系各自的自然規律、常數和法則都是相對相同的。幾個月後，愛氏又從它裏面關於物體質量隨其速度增加而增加一事，導出著名的質能方程式（Mass-energy equation）$E = mc^2$，E 為能量、m 為質量、c 為光速。該公式意指物質所產生之能量，為其質量乘以光速（約每秒 30 萬公里）之平方，易言之，物質可以轉換為能量，能量也可轉換為物質。近代歐洲的物理觀點，原本把物質當作一種實體（Substance），其質量守恆；而能量則看成作功的能力，早前還曾經視為一種和物質完全不同的東西。依循這樣子的認知，著實很難興起物質會有生滅的念頭，更甭說可以轉變成能量。可是，斯氏原型卻否認物質為實體，而將之當作一種屬性（Attribute），可幻化變成眾多短暫模樣，甚至還贊同物質與思維（另一種屬性）二者具有歸一性和同質性。

二十六歲時候的愛因斯坦，說不上是一位熱誠的猶太教信徒；但獨特的民族背景仍然足以使他比別人更容易走出古典物理學的窮巷，敢於把質與能斷定為「描述同一內在真實的不同表象而已」——引自巴納（L. Barnett）的一本記敘愛氏及其宇宙的書籍。質能方程式果然解開了自然界的許多奧秘，也進一步為高能物理打下根基。此外，該式子又與狹義相對論的運動定律彼此呼應，顯示質能（物質與能量）和時空（四維時空連續體）彼此關係密切，進而引領他晉入新高的里程碑。

從此，他的平淡生活注入了豔麗色彩，竄升的知名度讓他很快就受聘到大學任職；既方便他的研究工作，也拓寬了他的視野。繼之，

由狹義相對論出發，他很快就體察真的沒有所謂絕對空間和絕對運動
——這些構成了牛頓力學的基本條件。再者，他的生命與觀念出現了
關鍵性蛻變；那是在 1911 年時候，他到布拉格（Prague）日耳曼大學
擔任教授，有機會實際介入猶太人團體並廣泛接觸猶太文化，使他的
思想得到徹底廓清與淬礪。他結交許多猶太友人，譬如，柏格曼（H.
Bergmann）、布羅德（M. Brod）等，他們不但對猶太復國運動極為
熱心，也對斯氏泛神論及受其影響的日耳曼觀念論（如費希特，J. G.
Fichte，關於我與非我的合一）抱有精湛見解。和這些人交往，的確
給他的轉化帶來相當程度的觸媒作用。於是，政治方面，他在族人流
離的歷史中看到自己的角色，遂躍為一位人道主義和猶太復國運動的
支持者。認識論方面，他揚棄了早期的實證主義，改去採納唯理主義
方法，認定物理學的成長全賴理論的建立；至於理論，乃吾人深信宇
宙是有序有理而產生的直觀原理所衍繹出來。學術方面，他的宗教信
仰與科學原理漸行交集，斯氏泛神論理念被當作是他物理學預設；因
此，上帝即自然（宇宙），單純與和諧為其內部的無限、絕對的本
質，質能運動為其外表的有限、相對的現象——亦即常人捕捉到的眾
多短暫模態。

　　雖然，愛氏一直極力避免被人認為他的學說和宗教有所關聯，但
他仍情不自禁地指出：我的宗教信仰是對無限至上神明的一種虔誠讚
美，祂用一些細微的事跡來顯示祂的存在，使人們脆弱的心智也能夠
察覺到；我這種衷心信服浩瀚宇宙確有一種超凡且合理之力量，便構
成了我的上帝信念。他又露骨地表示：這種宇宙神化的宗教式心路經
驗，是推動科學研究最強烈與最高尚的力量。我們可以在許多有關文
獻——包括前述巴納的書籍——中，看到愛氏這般說辭。尤其，面對
著量子說把宇宙描繪成不合理的統計機率行為，他總是堅毅地再三重
複那一句無人不曉的名言，「上帝不玩骰子」（德文：Gott würfelt ni-
cht）。大家不由不承認，愛氏的上帝即是斯氏原型的泛神論上帝，祂
不是宇宙（自然）的造物主卻是宇宙自身，指宇宙內蘊的單純和諧包
括永恆秩序及不變規律；至於宇宙外顯的種種事物則是祂的偶然模

態，不停在遷移遞嬗。

　　坦承科學便是奠基於這樣形而上的理念，愛因斯坦曾在他與因費爾德（L. Infeld）合著《物理學的進化》（*The Evolution of Physics*）中直率表示：「如果不相信我們的理論結構能夠領悟客觀實在，如果不相信我們世界的內在和諧性，那就不會有任何科學。」按照這樣子理念所刻畫的物理世界，當然不允許有獨立、靜止的絕對空間，更遑論絕對運動與遠距作用。於是，整個宇宙外延包括星系、物體、大氣、電磁、粒子、真空……等，皆歸於綿延不斷的質能運動；或者，套用愛氏發揮人類求知的心智所找到的一句術語，乃一種四維時空連續體（狹義相對論是平面，而到廣義相對論則是曲面），它最後可由高維曲面的幾何結構加以陳述。因此，愛氏的後續科學工作，尤其是廣義相對論和宇宙模型的鑽營，不知不覺便承襲了斯氏原型的同質論格式，並援用黎曼（G. F. B. Riemann）的曲面幾何為其工具：

思維或心理世界（曲面幾何）⟷ 上帝即宇宙 ⟷ 物質或物理世界（四維時空）

　　要在斯氏原型之上開墾物理芳華，就要能獨創一精闢理論，合理地闡述物理世界實為一相對運動的世界。明確地說，就要能證實絕對運動與遠距作用皆屬虛妄，使到絕對空間一事不攻自破，那麼物體運動當然都是相對性的。然而，狹義相對論還只是提到一切均速運動的物理系統（即慣性系）所觀察到的自然律都是等價的，其間沒有某一慣性系可以作為特定的參考基準。如果置身於兩個慣性系之一，我們甚至完全不知誰是動、誰是靜，誰是快、誰是慢。換句話講，一切均速運動都是相對的，根本無從去檢驗絕對運動。而且，實際上也找不到固定不動的空間，更別說靜止以太形成以太流──可以用來測量均速運動。還有，狹義相對論每每強調電磁力的空間即電磁場，它的運動規律宣示它並非遠距作用；並且，不論光源處於運動或靜止狀態，光線速度都是一樣。如此看來，狹義相對論僅僅涉及均速運動，仍然不過是一個特例。事實上，均速運動可改寫為加速度為零的加速運動，無疑的，宇宙更適合採用加速運動來統一說明。牛頓的古典力

學，便是一涵蓋加（減）速運動的理論。

　　針對這項挑戰，愛氏再接再厲試圖尋找一套廣義相對論，以揭露一切加速運動的物理系統（加速系）的自然規律均為相同；這才足以證實任何運動不論均速或非均速，都是相對的。況且，尚需修正萬有引力定律，以斷定它不是遠距作用。根據泛神論理念作出的預設，時空連續體和質能運動近乎表裏關係；不分不變（裏）所舉託，乃是宇宙外顯（表）的有限、相對的現象（即模態 Mode）。筆者前些日子曾經看到愛氏一段說辭，順手抄下，「時空（Space-time）未必能被看作是一種可以離開物理實在的實際客體而獨立存在的東西。物理客體不是在空間之中，而是這些客體有著空間的廣延」。誠然，所謂客體的運動，無異即是物體遵循曲面空間的幾何結構的特定路徑所表現的行跡。於是，客體運動和曲面空間的關係至為密切，互為依存，堪稱一事之兩面（或裏、外）。

　　大約於 1911～13 年，他陸續發表有關論文，推測光線受到重力（即引力）的影響會發生彎曲，並提出重力場理論的簡略架構。他斷定光束也具有質能，便不得不受到重力的影響；還把重力作用的空間設想為一種「場」，稱為重力場，則其運動規律就可依循近距作用的程序，毋需仰賴以太假說。特別是，經過邏輯推敲，導出沒有重力場的加速系不啻等於有重力場的靜止系；簡言之，重力場和加速系二者等同為一，此即重力和加速度等效原理。愛氏的思想實驗披露，任何人置身於二者之一，將無法辨別究竟是重力或是加速度的效應。既然二者等效，那麼以太壓力一事頓成無稽之談；並且，一切加速運動也是相對的，除非——事實是不可能——設置一個固定基準參考系來作比照，才可辨別真實狀況是什麼！如此看來，根本無從確定絕對運動的存在。1915 年，依「時空幾何量＝質能物理量」的格式，愛氏終於寫下他自認滿意的重力場公式，還藉由它解決了牛頓萬有引力二百多年來束手無策的天文難題——水星近日旋進的迷惑。1916 年，在信心與驕傲的激情下，他終於完成了廣義相對論，強調一般相對性原理和等效原理，成功地把斯氏泛神論改造為科學理論。他躊躇滿志，曾經

這樣子表示：沒有他的話，最後總會有人發現狹義相對論，但卻只有他才能發現廣義相對論。愛氏心裏清楚，因為這不只是一個物理革命，還是一個形上革命，更代表泛神論教義的反撲。

奮力不懈，愛氏繼之又於 1917 年設計出一個「有限無際」的宇宙模型，以取代牛頓的「無限無際」的宇宙體系。愛氏將廣義相對論的曲面空間應用於其中，營建一個空間體積為「有限」度量，而彎曲空間正曲率則造成「無際」（無邊無際）形狀的宇宙結構。若就數理角度而言，這種黎曼幾何概念的造型似乎不太容易瞭解。不過一旦說穿了，愛氏的宇宙模型其實乃是斯氏泛神論上帝的化身。從物質現象來看，它的外顯為相對、有限的物理世界，各種物體運動不止。當然，此一結構所表彰的，依舊是西方一貫標榜的「存有」（Being）而非「化生」（Becoming）的世界。所以說，它仍是一個靜態的（Static）宇宙；其斥力與引力相互平衡，既不膨脹也不收縮，既無開始也無結束，非但空間是可逆的，時間也是可逆的，運動定律對「將來」和「過去」不加區別。再者，它還是一個獨駐的（Isolated）宇宙；儘管時空和物體緊密關聯，連動一體，但物理系統和物理系統之間卻處於互不相干的狀況（局域性！這無疑是一個矛盾），使到運動格式符合確定性與決定性的要求。這些物理預設完全符應斯氏原型的條件：萬千的自然之相（Nature naturata），肇始自內在的自然之因（Nature naturans）。愛氏摯誠深信，宇宙內氳真實存在的本質為單純與和諧，物理學便可循此自明原理尋繹物理世界的永恆秩序和不變規律。

至此，愛氏孜孜建立的學理看似完備，唯一不足之處，便是宇宙空間竟有二種不同基本結構：一為電磁力的空間，另一為重力的空間。這種不一致性確是不能接受的，二種空間務必整合為一方可。1929 年，愛氏撰文闡釋統一場（Unified field），試圖把電磁場和重力場納入於一總括的宇宙基本場，希望由統一的方程式來表述。

直到 1920 年代末，愛因斯坦的學術華廈——除了統一場論——大致已告竣工。所有他的學說裏面，相對論首屈一指，風靡一時；它

針對時間、空間、物質、能量等課題，揭露許多天地奧秘。我們可以如此斷言，他的卓越功績全在他一眼看穿人類感官接觸的乃一相對性的物理世界；除此以外，他另有許多別樹一幟的見解則不無爭議。事實上，我們的宇宙怎麼說也不是斯氏泛神論的上帝，據此而建立的物理學終究只能綻放剎那的豔麗。1927 年，現代量子論刻畫出宇宙另一不同的風貌。當時在丹麥哥本哈根大學的德籍物理新秀海森堡的不確定原理（The principle of uncertainty）堪為代表，其所主張的統計機率，遂打擊到強調究因又訴諸獨駐的存有物理所一向標榜的確決因果。1929 年，現代宇宙論萌芽，轉任美國天文台的哈伯計算出宇宙正快速膨脹著，這更嚴重威脅到高喊終極並凸顯靜態的西方文化所大力堅持的永恆不變。唯心與唯物對峙，愛氏自始至終反對量子論的統計機率為世界本質。不過，因應天文領域的新發現，他倒曾修整自己早期的恆靜宇宙論，使成為一簡單擴大式模型（按：唯其膨脹速度逐漸趨向零，到最後仍然是一個接近不膨脹的宇宙），並重新檢討統一場論以求符應一些新生條件。可見，他一直未改其斯氏原型的立場。

晚年，眼見量子論地位益發牢靠，而恆靜式宇宙論的證據越來越薄弱，且新的統一場論又無法取得重大突破；在世人無知的讚美中，我們相信愛氏的內心相當落寞。這種落寞，未必是對斯氏泛神論上帝失去信心，應是對自己能力的侷限感到懊惱與徬徨！

3.2　由統一走向分裂

前述洋洋灑灑數萬言，我們分別把物理學四大理論作一剖析。理論的創立者，伽利略、牛頓、法拉第、愛因斯坦，也依序成為近代西方自然科學的至為關鍵的人物。

晚近數百年的自然科學還締造了無比盛況的工業文明，堪誇為人類前所未有的輝煌成就。察其起頭，固可溯至十六世紀科學革命冒出之際。至於其尾聲嘈雜，無疑發生在二十世紀中葉現代物理開始陷入四分五裂危機的當兒；自然界新狀況屢被挖掘，但現代物理已無法充

分說明甚至引發理論的矛盾、衝突。

一般咸表贊同科學革命起自哥白尼 1543 年《天體運行說》一書，此後，世人的視線漸由超越界轉向自然界。多少歲月的奮鬥，四大理論一一相繼面世，物理科學於是快速進步，到達了鼎盛階段。科學進步一方面端賴知識原型的替代，人們得以由不同角度去發掘自然真相。另一方面，也賴後人勇於站在前人的認知水平上，宵衣旰食埋首窮究，同時還使用各種日益精進的工具，包括新的數學方法跟實驗儀器。談到理論和原型，以上四人的確是抱持不同的預設（按：這些又都和古希臘羅馬的終極哲學有臍帶牽連），再沿著西方文化巨流，去縱橫論說。對此，請參考表 3-2 西方文化乃「終極和秩序」的產物（近代），而讀者在瀏覽表 3-2 之刻，請別忘記順便翻閱一下表 2-3，以為比較。

毫無疑問，只要檢視任一物理理論的內容，便可看出它的整個體系絕非一人一時的獨斷傑作。每一個理論當中，論說與原型互為顯微；任何風靡一時的理論，它有力的論說裏面一定有一個歷經再三淬礪的精微原型。儘管我們經已針對四大理論進行了一番徹底的剖析，但讀者們也許仍然半信半疑，不認為物理學會受到文化的拘束、會受到什麼「原型」的影響。誠然，大家習慣上的確認為物理學家不受個人價值判斷（Value judgement）所支配，而能公正地把自然界一舉一動忠實記錄下來；所有研究皆歸客觀、嚴謹的科學工作，又豈會跟什麼理念、思想扯上一點兒關係！殊不知，所謂理論的知識原型，莫非映演其創立者物理學家的世界觀。世界觀是吾人處在某種歷史淵源與當時背景之下所孕育出來，因此個人言行舉止固然很難逃脫其限制，而科學研究的重要部分「假設與求證」也常受其左右。況且，凡是理論，無不屬「假設與求證」加以篩選後的結晶。那麼，物理立論則又豈能和物理學家的世界觀硬生生隔離開來？筆者在此擬將有關知識原型和力學理論概要，進一步用圖解方式給以揭露出來，讓大家清楚目睹二者的表裏關係。請參考圖 3-2，並請將之與圖 2-2 作一比較。

綜觀物理學發展，可以看出這場盛事乃西方民族眾多菁英分子攜

表 3-2　西方文化乃「終極和秩序」的產物（近代）

分類（按心物	物質論源流（側重物質）	精神論源流（側重精神）	聯結論源流（精神＆物質）	同一論源流（精神＝物質）
自然哲學：終極和秩序的新探				
1.創立者	培根（1561-1626）	笛卡兒（1596-1650）	洛克（1632-1704）	斯賓諾莎（1632-1677）
2.認識論	經驗論	唯理論	經驗論	唯理論
3.學說	物質論＆宗教神論	精神論＆無限神論	聯立論＆自然神論	同一論＆泛神論
4.要旨	﹛知信分離　實在：物質微粒	心物偶發　實在:先驗形式	心物交互　實在：經驗觀念	心物同為屬性　實在：恆常本質（上帝）
5.基本問題（終極和秩序）	實在與現象（物界運動）	實在與現象（物界運動）	實在與現象（物界運動）	實在與現象（物界運動）
知識原型（物理世界之圖式）終極：上帝秩序：和諧宇宙	培氏原型（物質為主，宗教神論）	笛氏原型（精神為主，無限神論）	洛氏原型（物質＋精神，自然神論）	斯氏原型（物質＝精神，泛神論）
物理科學：以物界運動為重心				
1.創立者	伽利略（1564-1642）	牛頓（1643-1727）	法拉第（1791-1867）	愛因斯坦（1879-1955）
2.認識論（實證推理）	重試驗，偏經驗論	重假說、數理，偏唯理論	重試驗，偏經驗論	重直覺、理念，偏唯理論
3.學說	自因力學（20世紀由量子論接棒）	古典力學	古典電磁學（後由馬克斯威爾集成）	廣義相對論
4.要旨	宗教之上帝＆簡式機械論	全在之上帝＆平面機械論	外在之上帝＆曲面機械論	內在之上帝＆四維曲面機械論
5.基本問題（終極和秩序）	絕對與相對（低速運動）	絕對與相對（低速運動）	絕對與相對（電磁感應）	絕對與相對（重力路徑）

註：17-18 世紀為「幾何代數化」，19-20 世紀為「幾何微分化」

圖 3-2 近代四個形上原型和動力理論

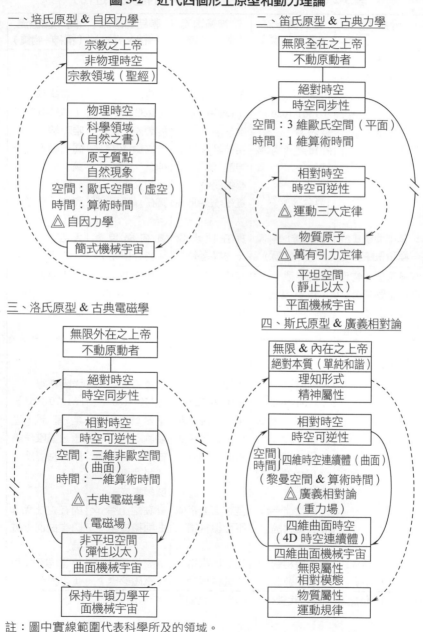

一、培氏原型 & 自因力學

宗教之上帝
非物理時空
宗教領域（聖經）

物理時空
科學領域
（自然之書）
原子質點
自然現象
空間：歐氏空間（虛空）
時間：算術時間
△ 自因力學

簡式機械宇宙

二、笛氏原型 & 古典力學

無限全在之上帝
不動原動者

絕對時空
時空同步性

空間：3 維歐氏空間（平面）
時間：1 維算術時間

相對時空
時空可逆性
△ 運動三大定律

物質原子
△ 萬有引力定律

平坦空間
（靜止以太）
平面機械宇宙

三、洛氏原型 & 古典電磁學

無限外在之上帝
不動原動者

絕對時空
時空同步性

相對時空
時空可逆性
空間：三維非歐空間
（曲面）
時間：一維算術時間

△ 古典電磁學

（電磁場）

非平坦空間
（彈性以太）
曲面機械宇宙

保持牛頓力學平
面機械宇宙

四、斯氏原型 & 廣義相對論

無限 & 內在之上帝
絕對本質（單純和諧）
理知形式
精神屬性

相對時空
時空可逆性
空間
時間｜四維時空連續體（曲面）
（黎曼空間 & 算術時間）
△ 廣義相對論
（重力場）

四維曲面時空
（4D 時空連續體）
四維曲面機械宇宙

無限屬性
相對模態
物質屬性
運動規律

註：圖中實線範圍代表科學所及的領域。

圖 3-3　動力學發展簡圖

準備期 （16 世紀中葉）	原型期 （17 世紀）		理論期（17~20 世紀中葉）	
	經驗論		代數／解幾	微分幾何
代數 & 幾何 地動說 哥白尼 （1473~ 1543） 〈天體運行說〉， 1543 年	物質論 培根 （1561~ 1626） 培氏原型	聯立論 洛克 （1632~ 1704） 洛氏原型	簡式機械論 伽利略 （1564~1642） 自因力學 （內睹培氏 原型）	曲面機械論 法拉第 （1791~1867） 馬克斯威爾 （1831~1879） 古典電磁學 （內具洛氏 原型）
無限說 白魯諾 （1548~ 1600） 〈論無限 宇宙〉， 1584 年	唯理論 精神論 笛卡兒 （1596~ 1650） 笛氏原型	同一論 斯賓諾莎 （1632~ 1677） 斯氏原型	平面機械論 牛頓 （1643~ 1727） 古典力學 （內有笛氏 原型）	四維曲面機械 論 愛因斯坦 （1879~ 1955） 廣義相對論 （內含斯氏 原型）

代數計算

幾何圖式

註：20 世紀量子論以機率機械論面貌接棒為物質論代言人

手催生的一場文化運動。在這之前，早有一段文藝復興的洗禮，他們自西方傳統中繼承了幾何圖式與哲學理念，又自東方貿易往返中接觸到琳瑯的代數計算與現世貨物。激烈文化交流的效應，先是十四世紀融物界入哲學，並摧毀了教會凌駕一切的權威；繼之是十六世紀融解

幾（解析幾何）入科學，啟動了物理學的巨輪。後來，經過十七至十八世紀解幾與微分充分發揮，古典學理遂成為真理的化身；接著，乃十九至二十世紀融微幾（微分幾何）入科學，更把物理拱上一個新的高峰。

進一步，若以「原型」作為軸柱來觀察的話，則從十六至二十世紀中葉前後數百年時間，可說是動人心魄的物理飛躍階段。無妨將之再分為三個時期：1.準備期（16世紀中期）、2.原型期（17世紀）、3.理論期（17～20世紀中期）。準備時期，世人藉由代數與幾何的幫助，重新對宇宙構圖——尤指天動或地動之紛歧——再行省思。原型時期，隨著認識方法——經驗主義和理知主義——的出籠，世人進而對運動規律和宇宙造型抱有相當獨到的見解，於是近代知識原型一一改造浮出。理論時期長達二百五十年歲月，其間數學技巧和實驗設備屢有驚人發明，犀利無比。不同的時代背景和偉人心靈相互激盪，並且，不同的知識原型再借助相關科學方法重加鑄造，終於依序落實為不同的動力定律和宇宙模型。詳細情形，請讀者參考圖3-3動力學發展簡圖。圖中所列各種原型、理論等，前文均已作過介紹，此處不再贅述。

物理四大理論悉屬動力學，其所標誌毋寧說是西方傳統的主流思想。眾所周知，西方文化源自古希臘羅馬文明，其精粹在於揭櫫理性，體認「存有」意涉真正存在，特徵是必然、不變、永恆；宇宙萬有展現秩序和諧，而萬物之上乃是稱為超越或終極的一種能動實存。中世紀時候，基督教勢力如日中天，此一精要係附託於神學教義而蔓延。近代科學興起，這種存有原理儼然充作物理基礎，分殊為形式不一的知識原型。物理四大理論便是透過原型的鏡頭來捕捉大自然，進一步再經衍釋而構成；另外，科學不免仍會受到人文名教的牽掣，從而可見四大理論跟當時社會脈動結成一種特殊關係。

誠然，伽利略自因力學的本義為物質原子論。可是，不管懾服於當時教會的權勢，抑或受到宗教的長期浸漬，伽氏一向是個天主教徒，且他的二個女兒，馬利亞修女（Suor Maria Celeste）和阿肯吉拉

修女（Suor Arcangela），都是事主至堅的出世之士。他的學說雖因支持哥白尼天動系統而被教廷斥責，乃至被禁錮；但他和教廷的互動還是頗具妥協性，何況他主張一個秩序世界也十足脗合西方傳統信念。伽氏從未暴露他無神論的傾向，再說其研究項目主要乃在描述物體運動，毋需去觸及一些形上或基本課題，故其唯物自因的意圖始終隱藏著（唯物自因一直到二十世紀量子說問世才得揚眉吐氣）。於是，他的動力理論便單純地被看作沿襲地動說而來，進一步率先站在物理的高度，結合數學與實驗來闡釋自然大書如何循機械方式去運作，他因此也就成為啟動科學時代的實際推手。

在一般人眼中，伽氏只是扮演一個先鋒戲角，其慣性、加速度、自由落體等論點，最後全憑牛頓集合百家熔於一爐，才建成古典力學。其實，伽氏自因力學到牛頓古典力學是一學理的轉折。不過，牛頓不愧是一位成功的統合者，不只整合了紛紜眾說，提出一套統一的力學理論；他的偉大更在於他整合了冒起的物理新知跟傳統的基督教義，因此才被拱上科學泰斗的榮耀寶座。古典力學不但切確掌握萬物運動狀況，展現一個因果、秩序的外在世界；它還充分彰顯上帝的超越性與臨在性，祂是第一因和原動者，創造宇宙萬有，猶介入世界運行和人間事務。這樣子的力學體系很快便躍為近代西方的典範，非唯古典物理甚至近代科學諸多領域，皆因遵行其綱領、原理而得以進步神速。19 世紀初，英國道耳頓（J. Dalton）提出一套依附於古典物理的非物質主義原子說，無形中更強化了牛頓力學的影響力。迨至十九世紀中葉，以此為核心的近代科學既嚴謹又完美，既合乎真理又存乎實用，可說發展到了巔峰階段。

牛頓力學所稱真空專指沒有空氣的空間，內中布滿靜止以太，為超距作用的媒介，吾人由此猶可窺見絕對空間。爾後，法拉第所言力線、電（磁）場通過的真空，卻是充斥彈性以太，能起近距作用，無疑當屬相對空間。若照法拉第的思路，整個宇宙便成一個密布物質的宇宙，也是一個神力不參與、不介入的相對世界；不止為秩序暨因果的世界，況且亦為目的論（毋需上帝干預）的世界。這和牛頓的古典

力學是相互牴觸的,就形上意涵來講,也和基督教道統不盡相符。嚴格言之,物理學至此又見轉折。然而,身為虔誠基督徒的法拉第,總是不願去揭露此一知識與信仰的矛盾。後繼者馬克斯威爾也持相同態度,並刻意把知信分歧之處予以模糊化。當然,普通常人根本看不到這一線裂縫,何況法拉第的主觀信條依然完全膺服全在超越,和牛頓的哲思幾無二樣。所以,廣泛言之,古典物理學勉強還能維持統一的局面。

縱使如此,十九世紀後期歐洲的氣氛還是相當詭異,古典物理不過是置身於暴風雨前夕的寧靜。那時候,達爾文一派舉起了物競天擇的進化旗幟,設法從生物學的領域去挑釁存有原理。無獨有偶,克勞修斯等特別以熵值(Entropy)增加和宇宙熱死(Heat dealth)之說,藉由熱力學現象歷歷指證萬物終歸化為烏有,此言尤震動了時人的心弦。果然,西方社會在十九世紀末(Fin de siécle,即 end of century)隱約出現了異化、沉淪的端倪,一股反理性、反客觀的思潮正在萌芽。幸好當時古典物理猶能守住前線陣地,才使到西方文化依舊光芒萬丈。

一般常把愛因斯坦相對論的誕生,視為古典物理的終結,也象徵現代物理的蒞臨,甚至將它和並起的量子論當成現代物理的兩大支柱。這種看法簡直有點莫名其妙。相對論僅僅是物理學的再次轉折,實際上其精義堅持理性存有以及秩序宇宙,這點,愛因斯坦和伽利略、牛頓、法拉第三人的立場並沒有什麼不一樣。撇開這點不談,真正的不一樣在於他們如何釐定「絕對與相對」二者的關係。伽利略寧願相信二者屬於顯微的關係,絕對是精微、是物質至小原子;相對是顯現、是由原子構成的事物。牛頓把二者看成包容的關係,絕對宛若一無限、靜止的廣延大容(也可想像成至大容器);相對乃瞬間萬變的物質世界浸漬於其中。倘依法拉第的邏輯,二者據推斷應是超離關係,絕對不但是究因、原動,猶超離宇宙之外遙遙在不可言詮所在;相對則是被動,意指整個物理宇宙,乃經驗歸納可及的地方。至於愛因斯坦的觀點,無疑把二者想作表裏關係,相對是宇宙表面的事物現

象，是外在的萬千模態；絕對是裏頭的至理自身，是內在的單純本質。

於是，愛因斯坦所研究的物體運動和 4D 時空連續體乃相依且相互作用，質（物質）和能（不管是物或其他）可以換轉，心（心智思維或黎曼幾何）和物（物質運動或重力場域）是為同質……等；無論外表的模態（Mode）變動如何，都是能夠理性演繹的相對事件（Event）。反之，愛氏所強調的永恆、單純……等，無不代表宇宙裏面的絕對本質。如此看來，相對論果真是泛神論模態之說（Theory of mode）的舊瓶新酒。當然，愛氏終究不是一名教士，自是不便將上帝並不創造宇宙而毋寧是宇宙自身此一觀點大渲染特渲染，然則他所言確決穩靜又有限無垠的宇宙，難道不是內在上帝其心物屬性之巧裝？毋庸置疑，他切實深信表裏一體，並由外向內，寄身於相對模態來描繪秩序世界。這和時人熟稔的牛頓典範有極大不同，牛頓治學奉行絕對與相對為非一兼包容，且又從絕對為基準來俯察世界。所以，相對論一推出便造成許多觀念的衝突，連空間、時間等也因兩人立足點的分歧以致發生很大差異。可是，愛氏原則上仍然沿襲西方傳統的存有觀點以及因果與秩序宇宙，方使得數百年物理學猶可保持統一的面貌。

真正對物理學造成足夠殺傷，是量子論。而大爆炸宇宙論、和不可逆過程熱力學的異軍突起，更來勢洶洶猶如怒海驚濤，直撲物理學的基礎部位。西方竭誠追求真理，不幸的是，經過數千年鑄鍊的主流思想到今天竟然不能自圓其說，清朗理性至此頓時迷入四顧茫茫之十字路。

海森堡、薛丁格等提出量子論帶來衝擊有二：一是量子的跳躍性（即 Quantum jump），另一是量子的隨機性（即 Randomness）。十七世紀以來，儘管科學取代神學而起，只是大部分人仍然拘執自然無跳躍，始終認定宇宙底層是一連續體（Continuum）。但量子跳躍之事實卻顯示微觀領域別開生面，是以不連續形態呈現。如果進一步把量子跳躍和物理基礎扯在一塊，無疑表示世界是由質點及虛空所構成，不啻和古代物質主義原子論有些雷同（再次提醒，伽利略自因力學乃極晦澀地朝著此一方向）。不過，物質原子論暨無神論仍屬西方

傳統之一支，同樣還是承認吾人置身一必然（Necessity）與秩序（Order）之宇宙，堅信自然界有其決定性與確定性。相反的，量子的偶然（Change）與隨機行跡，包括機率波（按：機率，Probability）和不確定原理（按：不定，Uncertainty），加上晚近主張賦予量子自具能動之特性（如零點能，Zero-point energy）；一旦預設自然界本是如此，則由此而產生者當是一隨機（無序）的混亂之宇宙。這點，完全違反長久以來的理性精神。

大爆炸宇宙論和不可逆過程熱力學帶來的衝擊尤為強烈，導致物理基石一塊又一塊剝蝕掉落。西方文化一再宣揚終極和秩序，並揭示永恆不變與確決靜態都是通向完美之境。因此，存有原理只承認空間，卻不接受時間（單向時間）為一實在的東西。大家無妨仔細想想，假如時間是真實的，別說森羅萬象將隨歲月而變異，那怕事物之本體也會被畫上光陰的刻痕，則又何來什麼永恆不變!? 更又何來什麼長保均衡秩序的靜態體系!? 二十世紀反存有的聲浪中，量子論只是大聲駁斥有關秩序的訴求；但大爆炸宇宙論和不可逆過程熱力學尤為向前一步，顯示單向時間應為一實存，強硬直搗存有核心。果然，這二者觀點真的將物理學四大經典理論徹底顛覆，連同使到整個自然科學也產生嚴重分裂。

盱衡物理諸說，可以察覺所謂時間總是起自運動，且是可逆的（即雙向而非單向）。物理時間（t），指的就是這種運動時間，為距離（d）除以速度（v）。任何運動方程，都不致因時間的逆轉（由正數時間 t 轉成負數時間-t）而引發公式被推翻之虞。牛頓力學是以絕對空間（平坦空間）為基準來觀看世界，故在三維物理的絕對空間之外，尚有一維數學的絕對時間，自身在均勻流逝，而與任何外界事物無關，這表示真實世界為無時間性（Timeless）。他的相對時間即是運動時間，乃運動期間的度量（t = d/v，t 為時間，d 為距離，v 為速度），此亦為鐘錶時間，是可加可減也就是可逆的。物理世界中，空間、物質，乃至力都是實存，唯有時間是度量計算，並非真正存在的東西。當然，也不存在著什麼不可逆的單向時間。愛因斯坦狹義相對

論是以相對時空（時空連續體）為立足來縱談世界，時間乃是相對的，也是可逆的；時間當然就是運動時間，為物理的三維相對空間中一維相對時間本身。而且，空間與時間相互膠合，形成四維時空連續體的物理存在。任一物理系統內，為了計算方便，其時間可以人為地分離出來藉由一實際（或特定）的鐘錶時間來表示。不過，由於時空連動，務需明辨此一實際或特定鐘錶時間是否曾經參與運動。至於不可逆的單向時間，愛氏僅是把它當作一種非關實存的幻相。

　　但是，大爆炸宇宙論和不可逆過程熱力學已經奏響單向時間為真的序曲。照伽莫夫（G. Gamav）等大爆炸宇宙模型，宇宙年齡約為一百四十億年，最初是一個原始火球（Primordial fireball），一聲爆炸，便向四周膨脹開來，迄今猶未停止。這一不可逆的動態歷程，已構成一清楚憑據，支持單向時間的實存。最近許多學者更傾向認為宇宙將會持續膨脹，一直奔向一個漆黑、死沉沉的寂滅狀態，這大致上應驗克勞修斯斷言宇宙最終熱死的詛咒。這種寂滅或熱死的境況，意味無序或隨機程度（Degree of random）達至最大值。然而，新興的不可逆過程熱力學儘管同樣接受單向時間的實在性，卻把注意力從熱力學第二定律側重平衡態（Equilibrium）並暗諭熱死的領域，引往非平衡態（Non-equilibrium）和正面效益的方向。普里戈金的耗散結構（Dissipative structure）便是有名實例之一，確認一個遠離平衡（Far from equilibrium）的開放系統，可以從初級、簡單演進成高級、複雜，亦即從無序演化形成活力的結構。大家知道，西方社會齊聲歌頌的「秩序」係指靜態的體系，它排斥單向時間的存在，遵循因果律與確決法則，呈現均衡與一致的嚴謹圖式。剛剛所說的「結構」則指動態的系統，它日新月異顯示單向時間為真實存在，它的變動悉依因反（類似辯證）與機率的方式，而它所展現在在凸顯錯綜與曲進的機體組織之特性。由此看來，不可逆過程顯然又跟萬物演化緊密掛勾，而這（指萬物演化）和宇宙寂滅豈非互相矛盾以致留下難解的課題！

　　正因為量子論、大爆炸宇宙論，與不可逆過程熱力學次第發聲，還列舉不少「非存有」的憑據，使到物理基礎裂痕擴大。終極和秩序

的信念搖搖欲墜，此刻大家面對的竟是「無序」（Disorder），諸如：混亂（Chaos）、寂滅（Heat death）、結構（Structure）、複雜（Complexity）等的挑釁。今天，科學經已終結，完全沒有辦法去針對無序提出明確界定以及有效解說。時下科學所汲汲追逐的不外乎工程技術的知識，這已非科學愛真理，而只是一種巧藝罷了！大家知道，科學本意乃探尋符應真理的知識，尤其是涵攝存有要義的理性知識。一旦偏離了這條幹線，就不能將之視為科學了。二十世紀後期起至今的所謂科學，要嘛只是攸關技藝的知識，要嘛又是一些偏離存有原理的非理性知識。換句話說，所謂真正知識（True knowledge）之路終於斷絕，西方科學宣告分裂，走入了後科學（Post science）的時代。

第 4 章　中國天人旨趣新詮

在第二和第三章中，我們把西方科學知識盡意解剖爬梳；整理出來的資料雖然有嫌簡約，卻能窺其三昧。回過頭來，我們擬再鑽究中國思想之發展；在第四章和第五章中，希望能透過對儒學的重驗工作，覓得長久以來一些被人忽略的精義。

中國思想以儒學為中堅，相信大家對儒學包括天人旨趣及其發展應有起碼認識。此處，筆者專從不同角度切入，嘗試作一推陳出新之詮釋。

首先，必須注意儒學的演進軌道，這是由歷代宿學哲思所匯集成的一條綿延路線。大家應知道，任何個別學說都不是一孤立事件，更何況又有其侷限與盲點；如果我們太過偏執於個別學說的枝枝節節，那麼反而不容易看到整個儒家思想的真諦。所以，筆者的態度是，一邊既考慮它一路遞進的全豹，一邊又探討內中個別儒者的學理與定位，如此才不致流於見木不見林。

其次，必須在中西方文化比較的層次上來看待儒學。中國儒學和西方知識，不論其演變過程或內涵要領，皆有明顯的對比現象，譬如：中國儒學偏向化生觀念，而西方知識則抱持存有法則。因此，當考察中國儒學的時候，務需將之與西方知識作一參照，才能徹底瞭解中國文化的本義。

復次，必須透視儒家學說的基層構造。我們不單要去探究歷代大哲的卓見，還要深入到他們言辭背後的宇宙觀和方法論。甚至，可能的話也要設法一窺他們宇宙觀和方法論之內，其深化思維（即心性思維）是如何！

4.1 源遠流長——前儒學

有人把孔子、孟子、荀子、《易傳》、《中庸》等出現的年代，亦即大約從春秋末期到戰國末期，當時茁生、流傳的儒家思想體系稱為原始儒學。

原始儒學並非憑空而降。前面剛提過，任何個別學說均非一孤立

事件，況且首創者孔子也表示「述而不作，信而好古」，由此益可肯定原始儒家思想之前，尚有淵源。所以，我們便把孔子以前一些關於天與人的陳述，稱為前儒學。更進一步考量，猶如孔子嘗謂「周監於二代，郁郁乎文哉！吾從周」；因此，前儒學應該指西周到孔子之前的先賢們所匯集有關天道人學的樸素立論。它是原始儒學的源頭，直接影響到原始儒學的產生與成長。

前儒學意味人本乃至人道的發端，以及化生思想的萌芽，也代表上古中國心性思維（按：有別於西方的理性思維）的躍升。這是中國文化史上極具重要的一個過程，我們將在此作一切中探討。

超越的觀念

西周之初，中國文化演出轉折動作（請參考圖 1-6 之 A），使到人們視野大大拓展。造成這次轉折的原因，乃由於時人的超然精神逐漸醞釀，帶動抽象思維登上新高水平，開始滋生一種超越的觀念（The concept of transcendence）所致。這種超越的觀念不唯發生在古中國西周，出現至上之天；還發生在古埃及新王國，出現至一之神，同樣也引發一樁文化的轉折事件（請參考圖 1-6 之 B）。

在此之前，初民眼中所看到的整體世界比較單純，只畫分為「人間（界）」與「自然界」二大範疇。同時，他們膜拜的對象則有祖先與自然神祇二大類。原始宗教隨著不同族群的混合而益為複雜，每個族群原本各有其膜拜對象，混合之初遂有許多互不相干的神明；經過了若干時期，才演變出有系統的神譜和一位高高在上的主神。主神是眾神祇的首腦，也是人間與自然界的最高主管，執掌時令氣象、人世禍福、農工百事等等。主神和眾神一樣，都是眾神殿（Pantheon）中的一員，只不過主神更具權威、更具地位，猶如殷商的上帝（殷商上帝跟基督教上帝二者涵義完全不一樣），還有古埃及中王國的太陽神昃（尚有古希臘傳說中的宙斯）。

根據殷墟甲骨文資料，殷人的上帝是支配一切的最高神明，乃人

間世事與自然萬象的主宰者與裁決者。人們一般不直接祭祀上帝,而是透過祭拜祖先的方式,以祖先為中介,來表達對上帝的祈求。非常有趣的,依我們對古埃及中王國的考察,發現當時埃及人通常也不直接祭祀太陽神,而是膜拜一位由族神與太陽神化合為一的神靈,稱為阿門冕(Amen-Ra)。如此特殊的儀式與程序,不無刻意彰顯主神的尊貴身份。祂位高權重,人們的祈求必須透過其他神祇的居中傳遞,才通達祂的跟前。不過,有一點筆者順便要補充一下。任何主神都是歷經一系列步驟才脫穎而出,則其過程中難免有一段時期是屬於直接祭祀的階段。依筆者判斷,此一階段大約在古中國夏朝和古埃及古王國時候。爾後,配合初民的社會體制漸形繁縟,其祭祀方式也才跟著做出如此特殊安排。

　　超越的觀念影射一個全新領域:超越界(Transcendence)。這真是一項驚人的躍進,人們眼中的整體世界也就慢慢分為超越界、自然界與人間(界)三大範疇。這三大範疇在中國文化中,可用「天」、「地」與「人」來代表;而在西方文化中,則採用「神」(按:西方超越直指終極,通常藉由基督教上帝的稱謂來表示,物質論者則由此認定有至小粒子)、「宇宙」、「人」來代表。雖然早在西元前一千多年時候,中西方的超越觀念就已悄悄萌芽,但這要到西元前五百多年左右才進一步展開理論的建立。這種觀念剛萌芽時,並沒有人懂得探頭去鑽究其中涵義,直到客觀條件——抽象思維和文字系統——日益成熟完備,人們方知去追索何謂超越界及相關議題。終於,百家群湧爭鳴,東西雙方各自引發一場浩蕩的人類知識革命,包括:澎湃的中國先秦思想巨浪和繼承古埃及而起的希臘羅馬終極哲學運動。

　　中國儒家思想倒是鮮少關注終極存在的問題,這和西方知識切實有很大差異。肇因古埃及新王國發生至一之神的政教遽變,進而影響到古希臘羅馬和以後的西方文化無不秉持同一基調,亦即所有知識原型都牽涉到「終極」(和「秩序」)的課題(請參考表 2-3 與表3-2)。相反的,在中國文化裏頭,終極作為外動究因卻一直未曾獲得充分闡釋。雖然,西周提出了「天」的概念,呈露古中國人的形上的

超越視野。但是，形上天所強調的，主要還是一種關於內動元本（在人是為義理），而非外動究因。話說回來，天作為超越這概念卻常以「天人合一」、「天地人三」等命題，直穿古今儒家學說。

現在，我們就來盤查一下「天」的意義怎樣子轉折？

甲骨文「天」（𠀠、天）像人形，並凸顯其顛頂。《說文解字》稱「天，顛也。至高無上，從一大」。故此，天原指人頂所戴的至高無上之巨大穹蒼。同時，由於天又是巨大無比，亦即所謂「天大」，出土卜辭中「天」字都可作「大」字來解釋，如：「天商邑」意指「大邑」。

「周雖舊邦，其命維新」。西周本為諸侯之一，固然繼承了殷商的舊有法統，但在許多方面卻作過一番改革，使到國運吐放無比昌隆的新氣象。新舊交替的時期，商朝主神「上帝」一詞，便逐漸被「天」（按：主神天）所替代。周朝留下的典籍中，諸如《周易·卦爻辭》、《詩經》、《尚書》等，我們都可以察覺「上帝」的用語迅速減少，而「天」的稱謂卻明顯增加。

總的來說，西周的「天」字有多種指涉，各有其不同風貌。分析《周易·卦爻辭》、《詩經》、《尚書》等文獻，大致可以歸納出三種：形下天、主神天、和形上天。一般上，這三種身分常是交錯在一起，讓人難免混淆。此處，我們打算逐一加以探討。

形下的天即是自然之天，可說是天的原意，亦即前述「人頂所戴的至高無上之巨大穹蒼」。《周易·卦爻辭》所載大皆屬於商周之際的措詞用語，裏面的「天」字絕大部分是指自然天，譬如：「飛龍在天」、「初登于天，後入于地」、「有隕自天」等。句子中的「天」字，都是指抬頭望去，那萬里悠悠的天體。它蒼蒼莽莽，萬物萬象盡覆蓋在其內，日月星辰等全綴在其上，風雲雷雨等皆布在其間，而晝夜四時亦運行在其中。這種天的觀念是最原初的、也是最直覺的，完全針對有形蒼天。後來，人們又從形下天再引申出天地、自然等等意思。

主神的天是西周給上帝冠上的一個新命名。殷商本來稱至上主神

為帝，後來因商王也封為帝（如帝乙、帝辛），因此加稱至上主神為上帝（按：甲骨文「上帝」二字連在一起，形成合文），以示有別於人王下帝。如此一來，「帝」字多少就沾有商王族的色彩。周克殷之後，可能基於「帝」字（按：西周不用合文，「上帝」便分為「上」與「帝」二字）帶有商王族的意味，況且皇天至高無上，時人已有敬天之舉，所以西周逐漸便把「上帝」改稱為「天」，即主神天——主宰之天。

天作為主神天解釋，祂是王室的倚仗（王權神授），為人間與自然界的至尊，擁有身為主神——主宰者與裁決者——的全部功能，掌管諸多事項。主要事項包括：其一，時令氣象，如風、雨、雷。其二，人事災祥，如朝政、戰爭、吉凶。其三，農工生產，如耕種、農牧、建築。其四，法則體制，如「天敘有典……天秩有禮」（《尚書·皋陶謨》）。其五，賞善罰惡，如「天道福善禍淫」（《尚書·湯誥》）。前三項是商朝時候早就賦與的，後二項則是西周時候才再加強調的。隨著文化的進步，西周的主神天展現出更多樣化的面貌。

不過，當神權政治走向崩潰的時候，大約從春秋肇始，主神天的權威便一落千丈，對社會的影響也就每下愈況。最後輾轉遺留下來的，只剩下人們的敬天意識和一些相關習俗。

形上的天指的是至上之天，更精確地講，應稱超越之天。祂非但代表超越界，尤彰顯整體世界為化生結構且有一內動元本；若套用較具學術性的用語，這也就是天道。前儒學便是一些關於天道人學的樸素理論，揭櫫民本政治與人本論說，著眼人事又揣摩形上天的原理，以期把握適當行為法則並達成最大社會功效。

天如果只是代表形下穹蒼或主神帝天，很容易就會被當成一個有形態的對象，看去是處於自然萬有的最頂端。這還會引發距離的聯想，仍是一種高高在上、遙不可及的樣子。的確，我們可以體察到，殷代的蒼天（穹蒼）和人之間，是隔絕的、遠離的。再者，殷代的上帝給人的感覺，也不光是隔絕的、遠離的，更是威嚴的、莫測的。但是，西周的天不僅被當作蒼天或帝天來解釋，尚且將之提升到超越界

的層次。如此一來，天終於變成一種抽象化的形上東西。儘管天、地、人三大範疇從此三才鼎立，但形上天的質性與功能卻充塞上下四方，並可藉由萬物萬象來顯露。在這種情況下，天與地（自然）之間，特別是天與人之間，彼此距離驟然拉近，隨即產生了直接關係。這種形上之天，無所不在，亦遠亦近，若有若無，就是因其具超越的象徵。

剛開始時，形上天尤其和主神天糾纏在一起，不易廓清。不過，西周表面上固然繼承殷商的傳統，實際上有許多地方均已起了深刻的變化。最大的變化便是，人們添加了關於天人德行的抽象描繪，由此慢慢散發出一股內動超越的氣味。天雖然常會被稱之為神天、皇天……，但已徐徐綻放形上天專有彩姿。接著，且讓我們來看看這些添加的描繪是什麼！

其一，彰顯上天親民愛民的舉止。殷代的上帝原是一位主宰者與裁決者，至高無上，喜怒難測。迨至西周，天與人的關係日趨親近，所謂「無日高高在上，陟降厥土，日監在茲」（《詩經・周頌》）。天人距離從遙遠天邊一拉而近在咫尺，雙方之間遂建立直接關係。天，於是變得相當人性化，能夠體恤且愛護人民。《尚書・召誥》把上天愛民一事，形容得入木三分，「天亦哀于四方民，其眷命用懋」。《詩經・大雅》更描寫上天把愛民之心付諸於行動，積極查訪民間疾苦，「監聽四方，求民之瘼」。天和人之間，變得甚為親密接近。理所當然，人世間的君王便被視為天之子，代天執行任務，同時還創制了祭天的儀式，可上達天聽。

其二，標榜「天命」與「有德」的因果作用。夏、商、周三代皆屬神權政治，時人對於王權來自神授甚是深信不疑。「天命」的本意便是指受上天稟命來統治萬民，類似這種神權之說早已成為統治者的頑強藉口。但是，到了西周，眼看天命反反覆覆；先曾賦與夏，繼之賦與商，後來又賦與周，令人不禁感慨「天命靡常」。無論如何，印證夏、商、周朝代更迭之興衰因素，加以考慮到上天親民愛民之行跡；卻又看到冥冥之中一切天意安排，完全遵照賞善罰惡的因果原

則。縱使天命不是固定不變，然而總是賦與「有德」。《尚書·蔡仲之命》（按：偽古文）充分領略箇中緣由，明確揭示：「皇天無親，唯德是輔」。正因為夏朝和商朝先後失德，才會被上天所遺棄；而西周只要懂得謙恭節儉，勤政愛民，必能順天應人，取得並維持政權。〈毛公鼎〉稱，「丕顯文武，皇天引厭厥德，配我有周，膺受天命」，即是此意。

其三，指出天與人的親密且無形之臍帶。不管上天表現出如何親民愛民，甚至透過天命有德的方式來體現天跟人的直接、良性互動。但是，這些事件都屬於一種外部聯繫。真正能夠顯示天人的密切關係，莫過於把上天看成是生育萬民、成長萬民的本源，也就是筆者所稱宇宙萬有的內動元本。《詩經·大雅》如此寫著，「天生烝民，有物有則，民之秉彝，好是懿德」。宣稱四方眾民為上天所化育，恰好反映一種天人的內部聯繫；不但肯定彼此的親密關係，而且表示天生眾人能守則敬德。我們看到周王被稱為天子，嗣受天命（按：其他古文化也有類似事例），當屬神權的行徑。然而，標舉「天生烝民」，將所有人——不管國君、英雄，或一般人民——都視作由上天所化育生成，則無疑是一時代卓見。該說法奠定天人義理的紮實基礎，並為超越界和人間界綁上一條堅牢不斷的親密且無形之臍帶。

人道思想的興起

不同的超越觀念，渲染出不同民族風貌。古中國特有的天人義理的文化背景，含攝國人特有的化生宇宙觀與方法論，也決定了傳統中國文化特有的人道思想。

回想西周初年，王權神授因「天命有德」的觀點而進入一個嶄新的時局，締造古代歷史上一段清平之世。但是，從西周後期到春秋之末，社會矛盾日深，政治和經濟起了巨大變化，終於逼使神權時代無奈地畫上終止句號。

約莫於厲王和幽王在位時期，暴君當政，災異四起，民間疾苦，

周室開始走上了衰敗的命運。苟要聆聽當時百姓的心聲，《詩經》中有一些「變雅」的詩句；如「昊天孔昭，我生靡樂」（〈大雅〉），「昊天不惠，降此大戾」、「昊天疾威，弗慮弗圖」（〈小雅〉），到處可見埋怨上天的言詞。百姓之所以埋怨，說穿了還不是責備上天有失公義，「昊天不平」、「天命不徹」（〈小雅〉）。周王嚴重失德，人民身陷水深火熱之中，奈何周室政權依然不墜。於是，天命有德的法則受到質疑，人民對上天的尊崇和信任也轉為滿腔忿恨。怨天的詩句確實反映時人的二項心態：第一，大家依然肯定天代表正義，堪為道德的化身；不然，就不會有怨天的情緒！第二，大家對上天賞善罰惡等功能產生莫大懷疑，天人之間的外部聯繫說法幾乎徹底破產；否則，又豈敢有人發出怨天之詞！

當歷史腳步踏入春秋諸侯問鼎的時候，天的形上身分也終於一步一步確定。不過，就在天兼為超越界獲得一致認知時，面對不同對象與情況，形上天卻也變得具有多種涵義。首要，它承續「融民本入法統」的主流價值，扮演日益吃重的義理天。次之，它還取代逐漸弱化的主神天地位，轉為精神寄託的神性天。復次，它也展現出人對形下自然的洞見，化簡為有物有則的法則天。春秋的形上天，乃以義理天為主，某些情境中也充作神性天或法則天。天在不同的場合，便有不同的身分、涵義；有形下或形上，形上的話，則又有義理、法則或神性的解讀。

鑑於天人的外部聯繫斷裂，有人早就發出「不畏於天」（《詩經·小雅》）——不再怕主神天——的呼喊。跟著，越來越多人都親身體認主神天的功能並不那麼靈驗，它與人間的禍福吉凶也沒有什麼因果環鏈。勢所難免，主神天的地位與權威不禁破損動搖。表面上看來，神天仍舊高高在上，實際上其力已經不逮，無法再介入人間事務、促成積極作用。儘管還是這麼樣子被推崇，「天道賞善而罰淫」（《國語·周語中》），卻早就難以引起廣泛共鳴。只是人們常會把它拿來供作純粹超越象徵，譬如：「晉原軫曰：秦違蹇叔，而以貪勤民，天奉我也」（《左傳·僖公三十三年》），「單襄公曰：晉之克

也，天有惡於楚也」（《國語・周語中》）。所謂「天奉我也」、「天有惡於楚也」，都是轉而指涉一種虛位宰制，不具宗教意涵的神性天。

在此同時，人們察覺到，天不止可以作形下解以專門稱呼有形蒼天，有時還帶有「自然法則」的抽象意味。《國語・周語上》提到：「夫天地之氣，不失其序；若過其序，民亂之也。」以此處「天地」一詞雖然代表整個自然界，但隱隱約約已經看到自然之氣背後的自然之序。最足以標示「自然法則」的意思者，應屬一些直接標榜天道（自然法則）之敘述。《國語・越語下》謂「天道皇皇，日月以為常，明者以為法，微者則是行。陽至而陰，陰至而陽」，指出自然的規律，乃是日月陰陽運行交替的客觀常理。《左傳・昭公三十二年》有一段記載寫著「盈必毀，天之道也」，就是把事物盈虧的必然道理，視為法則天。

至於形上義理天的角色無疑越來越重要。當主神天那一尊貴面紗漸被撕裂的時刻，筆者在此無妨事先作一交代，前儒家的功績就是打造一以人為重心，且又循照義理天而宛延發展的人道思想體系。

影響彰著，形上天主要還是凸顯作為萬有本質的義理之天。它呈現抽象的精神（非物質）存在並發揮能動、合德、生成的作用，稟受為萬物的內動元本。天猶如萬有的完美總源，令人不由發出「天生烝民」摯言。此外，基於化生結構來推斷，它也是宇宙最高活動的原理。當然，人又是萬物之最秀，人類非但懂得領會形上天道生生大德，還能夠體察人世最高範疇的人道仁義至理，也是依天道而立。因此，形上天當然便是義理之天，可以援用道德之說來作詮釋。

詳細追溯起來，形上義理天最初原是附著於主神天，為其超越屬性。西周的文明特徵在於常以「人」為基石去思辨整個世界，形成人本——以人為範本——的意想。所謂人，此處指的是社會人。非獨人的價值受到重視，人尚且也被要求秉持合適的道德規範。在這種情況下，主神天很容易便被看作是人的理想楷模，貼上了絕對道德的標籤。我們必須提醒讀者，這一義理化過程甚為曲折緩慢。在早期氏族

社會中，我國先民便已特別強調血緣的倫理關係。後來，著眼於國家建設需要，周公制禮作樂，訂定出宗族社會中關於人的道德體制。繼之，又由於祖先崇拜和人本意想的大力拉曳，才推動了超越屬性之義理化的巨輪。而這一推動，又導致超越屬性獨自發展變成了義理天的超越存在。

說到祖先崇拜，其實當數殷商最為鼎盛。殷人咸認為先祖先公會眷顧自己的子孫，並且充任人與上帝的橋樑；那麼，不單附祀的先王先公，連帶高高在上的上帝，在正常情況下沒有理由不呵護自己的子民。這種想法到了西周時，就順理成章擴大演變為神天愛護四方眾民的觀點，顯露神天具有仁德之心。至於人本意想，西周原為殷商藩屬，其崛起乃標舉義旗反抗暴政，講求民本政治，更加容易會從人本義理的立場去看待事情。何況，周人考察夏、殷國運興衰，發現天命不是一成不變，而是繫於君王的勤政愛民之行為。於是，遂信天意可由民情去探知，所謂「天畏棐忱，民情大可見」（《尚書・康誥》），「人無水鑑，當於民監」（《尚書・酒誥》）。這種神天對萬民的關注，以及對君王敬德保民行為的要求，在在彰顯它的仁德質性。

前面是由世界觀方面包括祖先崇拜與人本意想入手，去查究天之義理化怎麼樣子產生。接著，我們擬由方法論去檢視，由不同面向再次探索天是怎麼樣子成為道德的化身。

古今中外，倘若有一世界觀能夠獲得共識，其先決條件乃是建構該世界觀的認知方法能夠取得普遍贊同。大概始自西周，當中國人特有化生式世界觀逐漸醞釀形成之時，一種專門的認知方法也趁機浮現。我們稱之為因反方法，它很早就夾雜於天人之說裏面，此處我們擬借助漢字特質和易卦格式予以說明。

漢字歷史悠久，到西周時六書（象形、形聲等）經已俱備。它屬於字詞符號（西方則屬於字母符號），每個字都是相對的單音獨體，兼具形、音、義三要素。一個概念就是一個詞，由一至數字所串成；一個判斷就是一個句子，由相關字詞併排在一起；押韻駢儷，聯章綴句，把事物及其關係活生生地描繪出來。因此，採用漢字作為表達工

具時，我們發覺到字詞的搜索推敲（即概念的萌生），以及字詞的排列（即判斷的擇定），乃至聯章綴句（即論證的作成），都是重要活動。這些活動，固然是針對特定對象再透過感官觀察與理知思考而形成表述，但許多也不乏是運用漢字的特質，藉由「對偶齊列」的手法所作出的敘述。所謂「對偶」是把同、異類別的字詞，互相配對使用；「齊列」是把應和的句子（或章節），加以有條不紊地分排陣列。自古至今，國人不論為詩為文，很習慣地常會套用「對偶齊列」的手法。後來不少文體，例如：漢賦、唐詩，更是嚴守「對偶齊列」的規則。

因反方法便是在「對偶齊列」漢字特質上所進行的一種結構式思維（暫且看成一種援引同異、應和……等要訣來激盪心智的思維模式，也稱為心性思維）的認知方法。更具體地講，它也是一種等同於易經卦爻覆變（「非覆即變」，指卦象反覆互變，也就是由一卦衍出另一卦）的思維法則。

易經卦爻覆變之法，後世雖然論者頗多，但基本上皆不脫離相因相反之範圍。「相反」係指易卦中三爻皆由陽（—）變陰（--）或由陰（--）變陽（—），導致那一卦完全逆反而變成另一卦；譬如：乾卦（☰，三爻皆為陽）的相反為坤卦（☷，三爻皆為陰），巽卦（☴，初爻為陰，餘為陽）的相反為震卦（☳，初爻為陽，餘為陰）。乾與坤，巽與震，兩個卦互相逆反對立。「相因」係指其他一些覆變式樣，由此產生的兩個卦於是具有互相因應的特徵。相因各式各樣，有者把整個卦倒置過來，譬如：巽卦（☴，下斷），倒置為兌卦（☱，上缺）；有者把卦中某一爻由陽變陰，譬如：乾卦（☰）初爻由陽變陰為巽卦（☴）。我們可以看到，巽與兌，乾與巽，兩個卦互相因應並立。由上可知，易卦的相因相反的推衍法則，使得兩個卦雖然互為逆反或因應，但卻有一條覆變的路徑把雙方接合起來，此無疑隱含一種「正—反—合」和「因—應—合」的思維模式。若拿來用於索解動態世界運行之原理，則油然成為一種所謂結構式思維之認知方法。一旦應用在漢字修辭的雕琢或儒學問題的研究，就成為所說的因反方法。

古代中國文化之所以蓬勃，小自文句的推敲，大至哲學議題的立論，許多地方端賴因反方法充當思維與認知之有效工具。翻開《五經》和隨後的《四書》，相因相反的痕跡俯拾皆是；譬如：「無有作好，尊王之道，無有作惡，尊王之義」（《尚書》），「君子所履，小人所視」（《詩經》），「舉直錯諸枉，則民服，舉枉錯諸直，則民不服」（《論語》），「從其大體是大人，從其小體是小人」（《孟子》）。這種方法，表面上和黑格爾（G.F.W. Hegel）辯證法（Dialectical method）有些類似，實際上卻是差異甚大，有機會將專文討論。

毫不驚訝，「天人合德」命題同樣也屬於因反方法的構造。「天」與「人」是兩個彼此因反且各自分立的範疇，此外，它們又有一共同的特質亦即「德」，把雙方緊密地統合起來。天人互為因反統合，一方有德則理當導致另一方依樣有德。此處，我們由方法論的角度去檢視，果然也可以發覺天就是這樣子成為道德的化身。

於是，人們在探詢天道義理化之際，其實也就是在奠定一套注重忠敬信義等的人道典制。易言之，當形上天道觀念脫穎而出，那一刻，無異也就是人道思想嶄露頭角的時候。《左傳》和《國語》對此著墨頗多。我們首先看到的是，當時士人對德的涵義給予了更寬廣的解釋，從簡單的個人敬德修德的要求，提升到忠信卑讓等人與人之間的道德規範，「忠，德之至也；信，德之固也；卑讓，德之基也」（《左傳‧文公元年》）。人們把這些道德規範的絕對標準奉為天道，當作大家必須遵循的無上原則。在這種情況下，以人道反諸天道，則天道所展現出來的，也不離人事活動的規律；「君人執信，臣人執恭，忠信篤敬，上下同之，天之道也」（《左傳‧襄公十二年》）。這些特定的道德規範又都屬於禮的範圍，所謂「忠信，禮之器也；卑讓，禮之宗也」（《左傳‧昭公二年》）；因此，整套人間禮法便可說是遵照天道而制作，故稱「禮以順天，天之道也」（《左傳‧文公十五年》）。

經過匆匆介紹，春秋時代關於天的涵義已有一個簡單說明。進一

步,如果從一個超越的介面來切入,那麼前述形上天的三種涵義:轉化而來的神性天、合德的義理天,以及形下自然背後的法則天,最後全部——其中要角當屬義理天——統統匯集融入前儒家的人道思想。儒家學說至此雖未問世,但已有脈絡可尋。

第一條脈絡是以人為重點,以天為弱化主神蛻變轉成的神性天。此時,王權神授的傳統正緩步瓦解,加上人們的心智大幅躍進,且民本社會(注意,民本社會以人為本,而民主社會則以神為本)隨著周室式微反而更有活力。在如此條件下,諸神乃至主神的地位跟著一落千丈,冒出了人民為主角而神祇為配角的意識。這股積極意識,稍後就擴散開來形成了原始儒學滋長的時代背景。諸侯稱霸促成政經文化劇變,識者心態上均已逐漸擯棄了神明的宰制,出現了不少重人輕神的閃耀卓見。《左傳》寫道:「吾聞之,國將興,聽於民;將亡,聽於神」(〈莊公三十二年〉),「夫民,神之主也;是以先王先成民,而後致力於神」(〈桓公六年〉);《管子》一書也寫著:「君子以百姓為天。」當時許多記載都把神或天拿來當成人的附庸,大不了只是人的精神寄託,反映人神(或天)主從易位,也反映人本精神飛揚煥發。士人能夠率先以一種敬而不信,甚至批判性、工具性的眼光來看待神和天,正顯示以人為主體的人道思想萌芽茁長。

第二條脈絡也是以人為重點,以天為合德的義理天。人民應該遵循種種道德準則,這些既是社會行為的指南,況且又是出自義理之天。唯有人類最能感受上天的德意,因此儘管天與人彼此分立卻可藉由德來互相聯繫貫通。此乃「天人合德」的精義,二千多年來一直是儒家的主流思想。當時,這些道德準則全都屬於禮法的範圍。禮於是與天道相合,且是人道的範本。《左傳・昭公二十五年》子大叔將之形容為,「禮,上下之紀,天地之經緯也,民之所以生也,是以先王尚之。」天地經緯意即天道,是上下共同遵行的準則,實乃人生的本源。同時,這些準則又無一不被視為人之道。《國語・晉語》特別列舉:「報生以死,報賜以力,人之道也。」人們對於恩惠賞賜,要極盡忠敬信義之能,全身全力相報,才不違人之道。於是焉,天道與人

道合一，也可視為以人道反諸天道，終於孕育出主張先天道德規範的人道思想。

第三條脈絡還是以人為重點，唯獨以天為法則天。法則天反映自然規律，它與人是有所區分的。凡秉持這種意見者，皆認為天象變化和人間動向應是兩個不同的畛域。這種傾向經驗主義的觀點埋藏著人定勝天的因子，可以產生許多積極效果，也常常被用來作為對儒學主流的修正。據《左傳‧昭公十八年》記載，子產不相信天象之變會牽連到人事吉凶，謂「天道遠，人道邇，非所及也，何以知之？」天體現象在遠處客觀地運行，只有切身的人事體制才是人們所該關注的。再參考〈僖公十六年〉的記錄，叔興把天道陰陽和人為吉凶也予以區隔開來，「是陰陽之事，非吉凶所生；吉凶由人。」由此可以看出這批人的說法，乃主張自然和社會在先天上是兩不相及。當然，人生活在天地之間，必須要懂得掌握自然事物的常理，同時也要訂定合適的社會制度。《國語‧越語》稱：「因天之常，與之俱行」，「因陰陽之恆，順天地之常。」這條脈絡宣示因順自然復又隨應施行，導致一種強調後天禮制的人道思想。

動態的化生世界

春秋時期曲折的三條脈絡，悉數盡融入人道思想。人道思想的標誌，人本之外，尚深信人必須堅持日新又新以至圓滿——此即天人合德或天人合一——的實現活動（Act of actualization；儒學係認定人可以在現世中不斷提升以達成自我圓滿）。於是，與人道思想並行而起，便是由此活動歷程所開顯出來的一個動態的化生世界。職是之故，在諸多先哲眼中，生生是真實的，變化是真實的；歷程時間（即單向時間）確定是存在的，現象也確定是存在的而非單是幻相。這些都是中國文化獨樹一幟的地方，也是札根斯土的儒家學說所以精深博大之處。

從人道思想一端來考量，查詢化生觀念之蹤跡，我們溯源到《詩

經・大雅》標舉「天生烝民」，披露生生的想法。神權時代，不管什麼民族都會自詡其祖先、國君或英雄，係由神（或神使）所生。古中國也不例外，「天命玄鳥，降而生商」，《詩經・商頌》稱殷商祖先乃神天命令玄鳥來到人間所生出來。周朝更直接稱君王為天之子，「曰天子作民父母，以為天下王」（《尚書・洪範》）。這些都是為了鞏固神授王權蓄意編造的神話，其牽涉對象僅限於天神與人王。然而，「天生烝民」的意思完全不一樣，非但表示上天具有生生的功能，況且其牽涉對象涵蓋超越界（天）與人間界（人）、還暗含自然界（地），乃三者關係的哲學索隱。這無疑是化生世界之早期素描，和西方文化所稱上帝造物的想法大相逕庭。

正因「天生烝民」，莫怪乎上天是那麼愛護四方眾民。而上天愛民的有效方式，就是訴諸外在的天命有德，使其仁德表現在君王敬德保民的措施上。不幸始自西周末年，「周德雖衰，天命未改」（《左傳・宣公三年》）。天命有德之說旋即幻滅，天人的外部聯繫立刻割斷；矛盾衝突四處竄起，社會失序陷於動盪不安當中，同時也掀起一場文化的危機。神權時代（即奴隸主時代暨國有制）將告結束，舊有典範搖搖欲墜；禮崩樂壞，不止政經失去準繩，甚至個人跟其上下左右的關係皆得重新釐定。春秋恰好是從奴隸主時代（國有制）轉向地主時代（土地私有制）的一個過渡期，許多新的意識型態開始醞釀。人民逐漸從舊有體制中游離出來（士則是從舊統治階層分出），人與人的問題嚴重；人道思想急需尋求突破，它的基礎便轉而奠定在天人的內部聯繫之上。《左傳・成公三年》記述劉康公的洞見，「民受天地之中以生，所謂命也」，就是宣示天人的內部聯繫。「中」是一種內在的、無形的東西，其意即不偏不倚，乃禮法典制的根柢。人便是接受了天地的「中」而生成，這不單如「天生烝民」暗射天生有一副人的形體，還曉諭天生有合乎中道禮義的質性。於是，伴隨著人道思想更上層樓，國人眼中的化生世界也越來越清晰分明。

尤其，《易經》烘托一幅有機組織的畫像，增強了動態的化生世界在中國文化裏頭的壟斷優勢。故此，從《易經》一端來考量，不但

發覺「生生之謂易」，「易……為道也，屢遷」；猶眼見呼應生生與變動的一套因反方法，藉由易卦的操作顯得更形醒目。大家應知道，漢字的「對偶齊列」雖然影響到一些文體和修辭的發展，可是唯有易卦的「因反覆變」，才深入左右古人的思維模式和算術運籌。

其實，《易經》原是一組八卦和六十四卦在一起的符號系統，加上每個卦的說明即卦辭與爻辭。西週期間，時人常借助卦與爻的因反變覆，來推算人事休咎。不過據筆者判斷，最早的八卦應是中國最古老的算籌，八個符號原本都和數字有關（請參考拙作《世紀大預言》）。殷周之際，經過細密改良，才拿它來作為占筮之用，同時，八卦又重疊產生六十四卦。占筮用的八卦和六十四卦，依考古學者研究，剛開始時仍然保留數字卦的形態。古人眼中，宇宙變化多端之象可以用數的錯綜通變來表現；再者，宇宙之象又顯示人生吉凶，遂能透過象數來推測人世之象。《易傳·繫辭》說：「天垂象，見吉凶，聖人象之」，「參伍以變，錯綜其數；通其變，遂成天地之父；極其數，遂定天下之象」，正是此意。後來，儘管把數字卦改為由陽爻與陰爻構成的三畫之卦（經卦）和六畫之卦（別卦），但其演蓍成卦的方法，尚依舊採用數的變化，《易傳·繫辭》關於「大衍之數五十，其用四十有九，……」一段，可為佐證。

《四庫提要》稱，「《易》之為書，推天道以明人事也。」然而，單單是光棍兒的卦畫，只能反映數的變化而已，根本無法闡明人事起伏。所以，每一卦每一爻都必須有它的名稱、位置、代表事項等，譬如：師卦（☷☵）代表軍事，訟卦（☰☵）代表司法。於是，每一卦之下，繫有關於該卦的說明，此即卦辭；而每一爻之下，也繫有關於該爻的解釋，此即爻辭。卦爻辭的內容，都是對事物現象的描繪，用來敘述或比喻人事活動吉凶，《易傳·繫辭》有言：「聖人設卦觀象，繫辭焉而明吉凶。」六十四卦的卦辭和三百八十四爻的爻辭之中，說來說去便不離「享」、「利」、「悔」、「吝」等字。總之，《易經》的確本是一套占人術，其特點完全就在動態變異的上頭。

若要多方瞭解《易經》，則應站在與歐氏幾何相對照的位子去重

新研究才有意義。幾何學原為古埃及測地術,古希臘將之淬鍊為演繹幾何,截取理性圖式來尋溯宇宙的永恆、單純、不變之原理。因此,歐氏幾何實可看作一理性(秩序)思維之方法論。與之對照,《易經》原為占卜術,再逐漸精進為一套列演宇宙人生瞬息多變又生生不已的形意圖象,正是用來索解萬物化生其有機結構的心智工具。於是,整套《易經》(包含後來《易傳》和各家之註釋)之學無非為一結構(心性)思維之方法論。易卦本質上含攝一生二、生四、生八、八八六十四乃至萬物生成的生生之意。此外,它本質上又影射天地乾坤和人事吉凶的遷變之易理。順理成章地,繼原初《易經》之踵,後才添一再加詮釋的《易傳》。《易傳》約在戰國之際作成,完全可說是一部對於化生世界的闡述。它一方面與人道思想相互接軌,故有「天地之大德曰生」(〈繫辭〉),「天地感而萬物化生,聖人感人心而天下和平」(〈彖辭〉)等之議論;另一方面還與陰陽五行互為吸納,方有「一陰一陽之謂道,繼之者善也,成之者性也」(〈繫辭〉),「陰陽合德而剛柔有體,以體天地之撰,以通神明之德」(〈繫辭〉)等之論點。因此,注定儒學前身便徹底向動態的化生世界傾斜。

於是,屆至春秋時期,前儒學早就奠定看似粗略但已成形的儒學大體架構;其主要包括:人道思想、因反推演,以及化生世界。三者之中,應以化生扮演先行角色。不過,正因為化生是居於顯著地位,又獲致普遍共識,且被視為理所當然;以致古人即使時常談到化生,但反而未嘗就化生一事窮源溯流。事實上,人道、因反,和化生三者頻頻交互作用,且以化生為核心(圖 4-1 之 A)。如果把這三者拉近看,則從人道思想來切入就是人本自覺,從因反推演來檢視就是《易經》體系,而從化生世界來查勘就是有機結構之易理(攸關時間變動)。

相較之下,西方哲學的大體架構迥然不同,包括:天道思想、演繹推理,以及存有世界。存有是一種與化生截然相反的理念。古希臘人率先提出此一說法,主張凡實存事物皆固定不變,且單向時間也被

圖 4-1　中西學說的大體架構

圖 4-1 之 A　中國儒學的大體架構　　　圖 4-1 之 B　西方哲學的大體架構

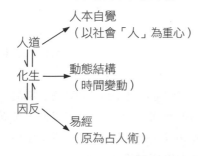

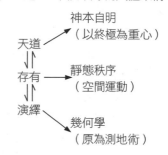

當作是虛幻。天道、演繹和存有三者之間的互動，存有發揮關鍵性作用（圖 4-1 之 B）。它們串聯在一塊，從天道思想來敷陳無疑有神本自明，而從演繹推理來求解圖式則有幾何學，另從存有世界來冥思尚可察破靜態秩序之動力原理（攸關空間運動）。中外兩相對照，吾人可以發現不少頗值玩味之處。

　　有件事情再次提醒一下，中西文化由古至今始終綿延不斷，前後一貫繼承。此乃為何古希臘羅馬哲學能塑造古代知識原型（圖 2-2），並且能默默左右近代物理學的成長；而古代西哲對外在世界秩序法則的鑽究，也引領十六至十七世紀科學家們踏上一條動力學（Dynamics）的道路。中國文化另闢蹊徑去看一體世界，秦、漢又宋、明，儒學曾見巔峰；不幸十七世紀以後化生斷層，導致中國走向衰敗之途。如今，國人倘若真能自力拓展科學，筆者認為勢必由有機結構的方向來研討宇宙人生，潛心內動原理時間變動的學殖（詳見本書第七章）。

4.2　原始儒學的肇造

　　中國文化經過春秋之世「融民本入法統」的冶鍊，它的輪廓大致浮現。內中最具意義且對時人心思影響最大的，就是「天」這一形上

身分的脫穎。「天」僅是一概括性稱呼，實際上卻是混合了轉化的純粹神性概念（神性之天）、破象見理的自然常則（法則之天），和能動合德的超越形式（義理之天）數種涵義。此外，強烈影響時人的意識型態者，尚有與天（尤指義理天）相互呼應的所謂大體框架，包括：人道思想、因反推演，與化生世界。這二者——形上天和大體框架——盤結起來，直接成為原始儒學的基柱。

約莫在西元前五至七世紀，全球幾個地區不約而同爆發一場思想革命。其中古希臘羅馬哲學以及中國先秦諸子學說的燦爛成就，照耀古今人文，以致現在我們仍然得以瞻仰其光彩閃爍飛揚。原始儒學乃諸子中至為重要的一支，係春秋末年大思想家孔子一手創立。它循蹈上述周王朝文化且再予以增減，對古中國的思潮、政經、社會和知識具有莫大作用。更值得大書特書，應屬它裏面一脈相傳的超越觀念和大體框架，一直是數千年來中華民族的守護神。

以人為本的社會原理

「融民本入法統」發揮最大力道的結果，便是原始儒學——闡釋以人為本的社會原理——的創立和成長。儒學裏面的超越觀念和大體框架，皆因襲春秋時代天人訓示而來。於是，諸位巨子例如：孔子、孟子、荀子等的言論，悉屬大體框架相同然而天道界定有別的人學論說；這些無一不是曠世之傑作，傲然各自蘊含博大精深之卓見。

原始儒學的興起有它的背景、淵源，前面大致經已敘述。開山鼻祖孔子（551～479B.C.）身處春秋之末，正是立足在歷史的轉捩點。春秋期間，國有制徐徐瓦解，宗法制度又遭摧殘，社會嚴重脫軌。加上各國間諸侯爭霸，以致征戰接二連三；各國內部也常有亂臣賊子以下犯上的事，造成政局不安。不止如此，各國形式上固然支持周室，其實無不想圖強稱霸，挾天子以令諸侯，使到舊日神權政治倫理早就名存實亡。尤其，自魯國於西元前594年率先推出「初稅畝」，撤除了公田與私田的藩籬，為土地私有制先行鋪路。這種土地變法逐步造

就一批奮鬥成功的新興地主，更加速神權政治走向終結。同時，由於
舊有統治階層緩緩解體，政經力量已慢慢從天子下移到諸侯，還開始
從諸侯再下移到家臣，甚至平民也有機會因其才識而躋身政治舞台。
並且，「天子失官，學在四夷」（《左傳•昭公十七年》），知識與
文字隨同「士」的四散而流入民間；民智大開，理知抬頭，也刺激人
們求新求變的慾望。迨至春秋之末，上述種種現象所產生的矛盾也越
來越大，到頭來促成了一股莫可抵禦的文化與社會蛻變的衝力。

　　仔細分析起來，不難瞭解孔子之所以偉大，固然在他致力於教育
工作；此外，更在他沿著蛻變的趨勢，苦心把神權信念轉化為人本自
覺。他先是繼承周代傳統，然後再推陳出新集成卓越創見，試圖從紛
亂局面中找出一條出路。他的學說旨在闡述以人為重心的社會原理，
首開儒學式「天道人學」之先河，並用「仁」為主軸來貫穿一切。

　　《論語•為政》記載孔子自述：「吾十有五而志於學，三十而立，
四十而不惑，五十而知天命，六十而耳順，七十而從心所欲不踰矩。」
這段話極具參考價值，將他自己的治學經過和思想進程作一概要介紹。

　　把這段話和其他有關資料稍作對照，便曉得孔子小時候就喜歡拿
祭器來玩，十五歲起發願向學，主攻周禮。三十歲時，熟稔禮制，以
好學知禮稱著於世。到了四十歲，遂能通達一切禮法典制和社會事
理，不再有什麼疑惑。此處，我們目睹孔子從志於學到不惑前後二十
年歲月，主要是在精研周代禮樂；而這，今天來看，其實是一套注重
外表的言行規範。這套禮樂規範由西周聖王所訂立，乃奠定於神權信
仰和天命有德的基柱上。春秋時期社會秩序蕩然，粗看之下應該歸咎
人們不遵守或不懂得這些禮樂法式。孔子胸懷大志，一心想要發揮所
長，以禮濟世。五十歲後，他有機會參與實際政治活動，才體會當時
禮紀沒落的真正原因，乃是神權信仰和天命有德此一基柱已經先行支
解。若要復興禮樂，唯有在外表的言行規範之下，重行建造新的基
柱。孔子被推崇為中國文化的關鍵人物，就是因為他一馬當先提出天
命義理（此乃超越觀念的擴充）和人本自覺，還曾初步觸及化生世界
和因反推演，帶頭為原始儒學的基柱趕忙進行奠基工作。

　　人本自覺是《左傳》、《國語》字行間隱藏著的一個重要訊息，反映人們心路歷程中一次浩瀚運動。那當兒，恰好處在「史以天占人」和「聖人以人占天」（揚雄，《法言·五百》）的分水嶺上，諸神和主神天的權威黯然消逝，而人道思想正潛滋暗長。神消人長，激發了人的主體意識。《國語·越語》載有「天因人，聖人因天」，《左傳·莊公三十二年》也載有「神，聰明正直而壹者也，依人而行」，顯示識者開始體認唯有人方是天地之中心。緊接著，孔子的儒學簡直就是高舉人本自覺的大纛，旨在揭櫫以人為本的社會原理。

　　另外，天命義理的真諦，是孔子到五十歲時才完全悟知，中國文化至此進一步落實「融民本入法統」一事。西周深受神權支配，天命一詞相當於上天任命、使命、命令等的意思，通常都會跟神授王權有所關聯，故可用來強化王權的正當性。周克殷時，由於感慨「天命靡常」，方興起「天命有德」的想法。而「德」無疑視為君王準則，泛指「懷保小民，惠鮮鰥寡」等的德行，乃王者的外在合理政治行為簡稱外德（圖4-2之1）。周公制禮作樂，無非在神權與外德之上建立一套有效的封建制度（圖4-2之2）。接著，經過春秋一連串人本運動的衝擊，天命已經不必再跟神權有什麼掛勾。《左傳》中劉康公進一步把「命」予以平民化與秉性化了，「民受天地之中以生，所謂命也」；人稟受天地中道因而出生，這即是命，天命而民受以生，無疑當是生命之由來。後來，孔子專於天命的義理化與內在化，「天生德於予」（《論語·述而》），表示上天生給他（天賦與他生來俱有）內在道德簡稱內德。因此，孔子所說天命，委實指天賦於他者且又是他所以當然之故（按：套用朱熹註釋），也就是內德。把他所悟所說再稍加整理，就成為天命義理。

　　孔子繼承春秋關於天的見解，但主神天的色彩益為淡薄，反之形上天——義理之天（主）和神性之天（次）——的質性越發清晰，恰好凸顯他和儒學在人本自覺方面不移的立場。人本精神有助於他對天命義理的悟知，正披露他生來具有內德，由此引導後世《中庸》「天命之謂性」的陳述，終於把天命義理再加人性化與普世化。最重要一

圖 4-2 神權基柱衰敗與儒、道、墨的紛呈

之 1：周初的王權守則——外德

基柱 { 天命有德 / 神權信仰

王權
外德
神權

之 2：周公的宗法體制——禮制

社會 { 社會制度
基柱 { 天命有德 / 神權信仰

王權
禮制 ◀—— 周禮
外德
神權

之 3：孔子的社會原理——仁

社會 { 社會制度 / 社會原理
基柱 { 天命義理 / 人本自覺 / （有機易理）

王權
外規：禮制 ◀—— 周禮
由己：仁 ◀—— 孔子之道
內德
人本
化生 ＆ 因反

之 4．老子的自然原理——道（無為）

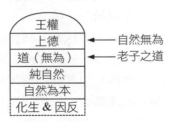

社會 { 社會制度 / 自然原理
基柱 { 效法自然 / 自然主義 / （有機易理）

王權
上德 ◀—— 自然無為
道（無為）◀—— 老子之道
純自然
自然為本
化生 ＆ 因反

之 5：墨子的終極原理——兼愛

社會 { 社會制度 / 終極原理
基柱 { 第一原因 / 神本論證 / （理性秩序）

王權
政事 ◀—— 善政
兼愛 ◀—— 墨子之道
天志法儀
終極為本
存有 ＆ 演繹

點，把人本與內德攪拌在一塊，可以從中提煉出孔子之道即「仁」
來。仁，是以人為本的社會原理，換言之，是人的一種義理人性的自
覺。注意，孔子的「人」意味社會人（宋明理學的「人」則代表自然
人），乃封建社會宗法組織的一員，而且，能志於仁的人不包括小人
之流，「未有小人而仁者」（《論語·憲問》）。還有，重視「為仁
由己」（《論語·顏回》），仁絕非一些外表的言行規範，而是發自
每個社會人內心由己的東西（圖 4-2 之 3）。年至五十歲時，孔子終
於才悟知天命真諦，從而改造封建社會的文化基柱，並揭示由己之仁
的積極作用，為周代禮制注入新生之活力。唯有如此，那他所追求
「周監於二代，郁郁乎文哉，吾從周」（《論語·八佾》），才顯得
有意義，否則追求「從周」豈非要退回到與人本相衝突的神權體制!?

　　從圖 4-2 可以察覺舊有的周禮和孔子所振臂復興的周禮，二者表
面看似一模一樣，但其本質卻大不相同。舊有的周禮，是以神權和外
德為基柱，由統治階層所訂定頒布的一套壓迫性的宗法體制（見圖 4-2
之 2）。這套禮制到春秋時，因其基柱傾圮而導致禮崩樂壞，斷片脫
落成為一堆徒具虛文的儀式，「禮云禮云！玉帛云乎哉？樂云樂云，
鐘鼓云乎哉？」（《論語·陽貨》）孔子所要復興的周禮，則以人本
和內德為基柱，經過再三琢磨，轉化而成的一套立於並彰顯由己仁的
社會規範（圖 4-2 之 3）。這套規範即是孔子親手建立的儒術，它札
根在仁之上，其要義更隨著周禮散落民間而合為社會習俗。它以人為
重心，合適規定人際關係，故利於人力（Man power）乃至勞力（La-
bour）的發展與擴張。它借助倫理排列來降低大我與小我的對峙，順
利邁向一個講求中庸路線的小康社會。孔子的仁是人在社會上（按：
家庭裏頭的孝悌乃仁之本）的義理德性的自覺，主要分為三個層次：
先是克己，次是愛人，再次是行道——忠、恕、恭、敬、惠、義等。
倘若能夠一一達致，那麼，何愁禮樂之不成！反之，又豈會有真正禮
樂？所以說：「人而不仁，如禮何？人而不仁，如樂何？」（《論語
·八佾》）

　　等到孔子五十歲時悟知天命的當兒，儒家思想體系才大致告成。

隨後，他周遊列國，儘管屢遭波折未嘗實現壯志，但萬里路程閱歷無數，對他學問與見聞都有非常助益。一過六十歲，他已能夠順天應人，不受耳邊是非塗說所干擾。七十歲左右，他以德合天，屆時其言行儘管隨心所欲，照樣還是合乎禮，況且也不踰越任何規矩法度。

先秦時期號稱顯要的學派，除了儒家之外，應屬道家和墨家，在此有必要將他們作一概略比較。我們知道，那時人們把整體世界畫分為：人間（界）、自然界，和超越界。儒家沿襲春秋脈絡而來，以人為本。道家採用相左的方針，以自然為本。墨家則完全遠離周代傳統，以終極——超越的終極化——為本。三家分別在理論層級上代表不同的文化走向，先後打從民間冒出，各自列道而議，致使道術將為天下裂。

談到道家，雖然老子其人和《道德經》成書年代尚有爭議，但這無損我們對其所代表之文化走向作一探詢。面對東周亂世，老子判斷問題出在人為的強勢干預，故曰「聖人不死，大盜不止」。關於儒家埋首重建周禮的工作，道家總是批評人為干預的負面效果，指責說：「夫禮者，忠信之薄而亂之首」（《老子‧三十八章》），認為倫理規範的訂定正是顯得忠信趨於淡薄，一味強加人間律法反而成為動亂之禍首。有鑑於此，道家主張以自然為本，參照自然自成來導引人事行止；認定只有遵循自然之原理即老子之道，才足以使事功既長且久。從這點可以看出，道家的大體架構是另闢自然主義的意想，但還保留固有的化生概念和因反方法。

老子把整體世界看作一個動態的有機體，沒有什麼義理之天，唯見天地萬物化育生成、變異反覆的純自然活動。因此，作為一個自然主義者，他思想裏頭的超越觀念以形下的自然天為器有，再破出而抽取形上之道。我們剛才談到，儒家的道意味人道（等同於義理），道的本體是仁。現在我們又瞭解，道家的道乃意味自然之道（等同於純自然法則），儼然為萬物之宗，其道體是無為，「道常無為而無不為」（《老子‧三十七章》）。無為即是純自然的意思，也就是沒有人為干預，代表自然界元始的樣式以及自生自成的法則。同時，老子

還採用因反方法來堆砌他的道之殿堂。「無，名天地之始，有，名萬物之母」（《老子‧一章》），他從「有無相生」（〈二章〉）來展列由道而萬物的生成進程，「天下萬物生於有，有生於無」（〈四十章〉），「道生一，一生二，二生三，三生萬物」（〈四十二章〉）。再者，「有之以為利，無之以為用」（〈十一章〉），他又從有與無的作用中，諸如：正與反、強與弱……等，列出各種事物的變異反復，「反者，道之動，弱者，道之用」（〈四十章〉），「天之道利而不害，聖人之道為而不爭」（〈八十一章〉）。然後，以上德來體現道，落實為一絕聖棄智、自然無為、小國寡民的上德社會（圖 4-2之 4）。

繼老子之後，是莊子天地逍遙的洞見，把道家推進到一個新高，以致一談起道家，便以老莊相稱。可是，莊子以後直到漢朝末年（除了漢初朝廷短暫黃老之術），他倆的無為、自然等觀點對中國社會實質上並無顯著影響。迨至魏晉南北朝，政局動亂且農工蕭條，儒學又正值下挫當兒，加上佛教出世說法由西域傳來，人們注意力轉向人間事務以外的地方。此時，道家的清靜無為才漸受歡迎，先是玄學的興起，成為社會的流行思潮。爾後由道家歧出的道教又跟佛教較勁，出現佛、道對峙的局面。隋唐時候，道和儒、釋三大思想鼎立，互相交流，也互相爭鋒。最後，漫長的文化融合過程中，道家（含玄學與道教）和佛學的精華皆歸併到儒家裏頭來，才綻放出宋明理學獨秀一枝。

接下來，我們還要談一下墨家和三家的異同。置身於春秋之末，墨子眼看綱紀殞墜，遂在社會紛歧喧嘩中，以神性的終極之天為本來作為文化突破的方向。毫無疑問，他的天絕非儒家以人道反諸天道的義理天，也不是道家的人法天地的純自然法則天，倒是有點近似宗教色彩的神性天。甚至可以說，墨子所標舉的，更是神性天的終極化；也就是，將之界定為一可以經由邏輯論辯加以推理證明的終極實在。終極實在是墨學的最高綱領，這點我們回頭將會另外說明。許多人不瞭解這一特徵，卻對墨學妄下斷語。漢朝《淮南子要略》如此說，「墨子……背周道而用夏政」，硬把墨子推理證明的終極實在和夏朝

原始宗教崇拜的主神給搭上關係；簡直似是而非，真箇兒扯得太遠了。還有，近代不少學者議論墨學，雖然對墨子的天作出了較貼切的註釋，但只知論斷墨學帶有濃厚的宗教意識且比儒學尤為復古，而不識終極真義，這也未免流於片面。

提綱挈領，墨家以終極為本，它整套學說可以濃縮為一組神本論證。墨學揭開超越界為至一存在暨第一原因，稱之為終極之天或天志，再以此出發，嚴謹地導衍出哲學理論包括人世政事之說。不像儒家以人為本或道家以自然為本，所涉及的「天」一眼可見，前者反映為社會義理，後者乃是自生自成、自造自化的純自然。同時，二者皆借助因反方法來建構其思想與論說，從而圈住天人被定位為二個對等又具有感應關係的範疇。《論語·泰伯》稱「唯天為大，唯堯則之」，《老子》也稱「天大，地大，王亦大」，無不贊同天人應屬對等地位。此外，復又認定二個範疇間有緊密的化生淵源，無疑能夠依靠道體達成天人合一。反之，墨子的神本論證艱澀難解，所訴求的天其手法又層層疊疊、無法一目了然，必須藉由靜態邏輯的演繹方法才足以證實。由於神本論證和演繹方法走的是一種迥然有異的文化方向，以致天人形成二個非對等且呈現非化生狀態的範疇。於是，墨家遺留下來的，不只有一套高舉天志的哲學思想，尚有一些關於邏輯的專論（指〈經〉、〈經說〉、〈大取〉、〈小取〉等篇）。

西哲亞里斯多德是從物理運動來證知超越界，根據命題「凡運動者皆為他物所推動」，而求得最後必有一原動者（The first unmoved mover）；這原動者乃終極或至一存在又稱第一原因（The first cause），也就是上帝。墨子主要則是從人間政事來證知超越界，其論證：「無從下之政上，必從上之政下。是故庶人竭力從事，……有士政之。……有將軍、大夫政之。……有三公、諸侯政之。……有天子政之。……有天政之。」（〈天志上〉）

從庶人而士，士而將軍、大夫，繼而三公、諸侯……；一級又一級，到最後可以推知必有一最高級原政者即天，也就是終極來主其事。於是，一切人世政事都必須以天志為法儀，其位階猶如亞氏的第

一原理（First principles，或最高原因，Highest causes）。而造成政事
運作之原由，則是出自上天的功利因，這又相當於亞氏運動系統中的
動力因（Efficient cause）。天乃最高原政者，故亦為永恆完美、至貴
至知者，「天為貴，天為知而已矣」；天操持無上賞罰之權柄，監督
人王推行善政，「天子為善，天能賞之，天子為暴，天能罰之」（〈天
志中〉）。這種關於天的界說，也和西方「融教義入哲學」以後對上
帝定位，大致類似。

　　儒、道、墨三家學說，縱使各有盲點，總的來說都有其合理的理
論依據與結構。孔子儒學以人為本，其焦點之一是禮，指的乃人為禮
法──從氏族到宗族、國有到私有一路發展而來的綱常組織和典制禮
儀。另一是天命義理，取代天命有德，喚醒人的義理自覺即仁來貫穿
整個禮樂體制。老子道家以自然為本，其焦點之一是擯棄人為禮法的
上德社會，專指絕聖棄智、小國寡民的型態。另一是道法自然即無
為，乃上德社會的原理。請讀者翻閱圖 4-2 之 3 與之 4，再加端詳。
此外，墨子墨家則以終極為本，其焦點之一是政事規制；他非常不滿
儒家講求倫理的繁縟禮節，改採尊義利民注重大公的政事規制。另一
是兼愛，政事規制便是奠基在兼愛之上。儒家仁愛對人講求倫理親
等，然而墨家兼愛卻人不分親疏，一律強調平等。墨子把兼愛看成社
會治亂之原理（圖 4-2 之 5），「當察亂何自起，起不相愛」，「故
天下兼相愛則治，交相惡則亂」（〈兼愛上〉）。

　　一些學者推崇儒家仁愛散射人性自覺，但卻常批評墨家兼愛，只
言及平等相愛、又和功利牽扯在一起，因此才無法構成一個真正宏偉
的哲學體系。殊不知，這類批評失之偏頗，未諳墨學幽微。墨子兼愛
和非命等主張其實重在闡揚天志法儀，高倡和諧秩序（Order），揭
發另外一種深邃意境。秩序是混亂（Chaos）的反面，乃是西方智者
用來表達對宇宙的看法。據稱古希臘畢達哥拉斯是第一個將宇宙取名
為「Cosmos」，原意即為秩序。然而，以人為本的話，默察宇宙人生
一體且義理為其通體經緯，無可避自當促成狀似複雜（Complication）
的思緒。舉人事為例，主要有：一是命數機遇，所謂生死由命，富貴

在天；另一是親疏差別，所謂入孝出悌，仁民愛物，且該差別又可隨個人際遇而變動。西哲向以終極為本，從邏輯論理以致宇宙和諧來看待外在世界，注定產生單純與秩序的思想方式。一旦由宇宙物則入手，主要便能目睹：一是因果環鍊，事件常受因果規律所支配；另一是均衡狀態，同物同則並且歷久而等同不變。

觀摩西學繼而透視墨家，我們發覺墨子正是將「秩序」與「混亂」一對觀念引入社會人事中，轉成「治」與「亂」二個針對政事的字眼。「治」的前提為「義」，「義者，善政也。……天下有義則治，無義則亂」（〈天志中〉）。義出自上天，與功利因乃一體之兩面。故稱，「義果自天出矣」（〈天志中〉），「義，利也」（〈經下〉）。而且，義的作用是一互惠、互助方式，「天欲義而惡不義；然則率天下之百姓以從事於義，則我乃為天之所欲也；我為天之所欲，天亦為我所欲」（〈天志上〉）。它儼然是墨學的動能引擎，墨子許多主張如「兼愛」、「非攻」、「非命」和「明鬼」等，皆以義或功利因為其要素。同時，這些主張大致又可歸為二大類：一是關於均衡狀態，一是涉及因果環鍊。這些，誠為國家善政、庶民大治的必要條件。在此，我們把對墨子天志社會所作新解，製成圖 4-3 之 1，並把西方神本宇宙的圖解繪成圖 4-3 之 2，提供給讀者參考。

墨子「兼愛」與「非攻」的本意是，「天下無大國小國，皆天之邑也；人無長幼貴賤，皆天之臣也」，「天之意不欲大國之攻小國也，大家之亂小家也，強之暴寡，詐之謀愚，貴之傲賤」（〈天志中〉）；也就是「天之行，廣而無私，其施，厚而不德」（〈法儀〉）。上天對人一視同仁，人人兼愛一律平等；只要人際情義沒有差別等級，理法也就不會發生差別待遇。果真如此，將可完全達到均衡狀態，進一步還達成秩序或大治的理想境界。莫怪乎墨子一再強調，不論人與人、或者國與國，兼相愛則治，交相惡則亂。

另外，墨子「非命」與「明鬼」猶藉由駁斥命數機遇之說，和闡揚鬼神代天行使賞善罰惡之行，來突出因果律以至秩序理念。當時一般人不瞭解因果環鍊，誤以為富貴、生死等乃命數天定，非人力能預

圖 4-3　墨家與西學的對照

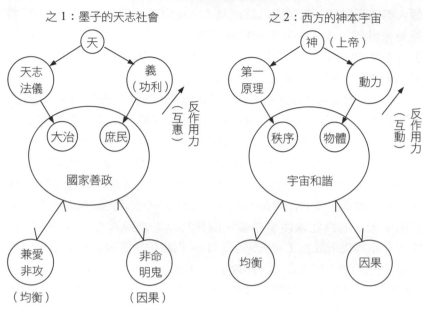

之 1：墨子的天志社會　　　　　　　之 2：西方的神本宇宙

知、挽回，如此反而造成混亂與窮困；「今用執有命者之言，……則刑政亂，……則財用不足」（〈非命上〉）。再者，社會失義一事，還要歸咎人們不知鬼神在因果報應中能起的關鍵作用，「偕若信鬼神之能賞賢而罰暴也，則夫天下豈亂哉」（〈明鬼下〉）。

　　春秋以降，禮失求諸於野，古中國便慢慢走向一倫理社會，重視親疏差別等級，還有慣用因反方法，相信命數機遇。相較於儒家順著這條路直走，墨家則是岔著橫走。先秦時期人心惶惶，諸子百家競起爭鳴聲中，墨家說法動人固然成為一時顯學，但是終究和倫理社會的本質格格不入，最後落得曇花一現。《莊子·天下篇》有一段評語：「恐其不可以為聖人之道，反天下之心，天下不堪，墨子雖然獨任，奈天下何？」著實一針見血。迄至今日，縱使西方文化船堅砲利中挾帶秩序理念長驅而入，儒家思想從此支離破碎。然而，中國倫理社會

（講求親疏、輩分、命定、機遇……）面對外來的神本機械論（注重因果律）、尤其人人平等觀念（強調均衡），還是難以全盤接納。

　　匆匆把孔子、老子、墨子三人的學說，作一梗概介紹。它們都是濫觴自西周「融民本入法統」，再經過春秋長久震盪所激發出來或順或逆的道術。孔子儒家以人為本，順著直走，後來扮演主流的角色。老子道家以自然為本，逆著倒走，也對漢末唐初民生凋敝或克難時期起過不小影響。墨子墨家以終極為本，岔著橫走，卻不曾真正發揮什麼作用；但它與西方神本思想在本質上有雷同之處，是一個值得注意的方向。我們將這三者依序排列闡明，請讀者參考圖 4-4 標示「垂直分化⇩」箭頭所指向之處。

　　回到主題來，我們還是要把重心移到儒學的演進上；觀察戰國到秦、漢之交，儒學如何邁步直前。

　　原始儒學在孔子之後，有了很大的增廣。思想巨浪把周朝的神權信仰加以摧毀，等於敲響了貴族（奴隸主）社會的喪鐘；孔子更喚起了縉紳（大地主）社會的人本自覺，初步建立了社會人該有的義理人格。到了戰國時候，各諸侯國爭強鬥勝逐鹿天下，周室太子連名譽上共主的身分都難以保存。不少諸侯國的規模，舉凡土地、人民和政府，都遠比當初西周還大。他們無不厲行富國強兵之策，並相繼實施土地私有制；因而小型自耕農陸續湧現，躍為一股磅礴力量，庶民（小地主）社會於是焉形成。就經濟學的論點而言，夏、商、周是以勞力為生產要素（Factors）的階段，迨至戰國時期則已經演進到以勞力和土地作為生產要素的階段。庶民社會的結構，後來又變成了大一統後秦漢農業帝國的基礎。這段期間中，孟子、荀子、和《易傳》作者群各自矗立起分庭抗禮的儒家學說。他們三者還在孔子猶未能闡幽的性與天道等課題上，先後抒發己見，並建構各具特色的人道精論。

　　三者都是繼承儒家標準的大體框架，堅定地高舉人本意想，採納因反推演，以及認同化生觀點。但是，他們對於理想中社會制度的藍圖，卻各懷一份不同的構思。

　　孟子處在戰國諸雄競立對峙時期，眼見戰亂爭奪越演越烈，苦不

堪言；除了揭示義──人心修養──的重要性，復又提出訴諸先天的內心人性的王道仁政崇高目標。他呼籲將仁（孟子的仁，常含仁主義輔之意）用到國家政事之上，「以仁政者王，莫之能禦也」（〈公孫丑上〉），蓋因「王如施仁政於民，省刑罰，薄稅斂；深耕易耨，壯者以暇日修其孝悌忠信，入以事其父兄，出以事其長上，可使制梃以撻秦楚之堅甲利兵矣」（〈梁惠王上〉）。孟子提倡的社會制度，其特徵是推己及人、由內而外；「仁，人心也」（〈告子上〉），從先天的內在仁心擴大到外在仁政，最後實現法先王的王道目標。

荀子生活在戰國嬴秦崛起並積極東侵之際，周室未久宣告淪亡（256B.C.），天下再次一統的趨勢已漸明朗。對於新的政經局勢，儒家經世致用之術面臨全面挑戰。荀子的構想幾可說是把王道與霸道的觀念合為君道，「道者何也，君道也」（〈君道〉），並致力宣揚一套後天的人為建制的禮治法度。他把禮義和刑法當作國家存亡的至道，「至道大形，隆禮重法則國有常」，所以「道存則國存，道亡則國亡」（〈君道〉）。他立法於禮，特別強調治辨以禮，其重要性不亞於孟子的義。於是，他斷言，「國之命在禮」（〈彊國〉），宣示「禮者，治辨之極也，強國之本也，威行之道也，功名之德也」（〈議兵〉）。荀子社會制度的特徵是法後王，重後天經驗，由群而己、由外而內；透過解蔽求知以及師法禮義，達臻天生人成。這不但是治辨強國之經緯，同時也是個人達成君子的不二法門；不只代表社會制度，也代表身心基準，更作為貫通天人的機制。

《周易》，包含經與傳。《易傳》又稱《十翼》，取意為《易經》之輔翼，計有十篇文章。文章體裁、筆法等雖說頗有差異，唯尚能循蹈儒家大體框架；就時空背景而言顯非一時一人之作，其作者群應介於戰國後期到秦漢之間。當時儘管政局紛擾，總的來說，人的地位顯著提升，土地的經濟價值受到肯定；隨著統一的腳步逐漸逼近，社會結構和生活習俗正呈現一種新面貌。

該書反映一般民眾渴求安樂兼關注自然界的心態，因而所倡議的制度實乃在展布依天地設位的禮義規範。其中〈繫辭傳〉說得一清二

楚：「夫易，聖人所以崇德而廣業也；知崇禮卑；崇效天，卑法地，天地設位而易行乎其中矣。」《易傳》作者群體認從宇宙秩序到人事倫理，皆為一自然生成的客觀結構，這包括最後再衍生的禮義體制；「有天地然後有萬物，有萬物然後有男女，有男女然後有夫婦，有夫婦然後有父子，有父子然後有君臣，有君臣然後有上下，有上下然後禮義有所錯」（〈序卦傳〉）。他們確信吾人倘能遵守禮義要則，就可促進社會安定和樂；「女正位乎內，男正位乎外；男女正，天地之大義也；……父父、子子、兄兄、弟弟、夫夫、婦婦，而家道正，正家而天下定」（〈彖傳・家人卦〉）。這種社會制度的特徵是標舉宇宙垂象和人世事理的符應性，主張人法天地，構成一個三才拱立的有機系統，並以仁義大德來貫穿其間。

表面上，三者關於社會制度的議論，都涉及仁、義、禮等德目。可是，根據前面所說不同的法度特徵來看，卻發現其建制藍圖與構想彼此差異頗大。用一簡單句子來表述，孟子乃「施政以仁義」，荀子乃「立法於禮」，《易傳》顯然乃「執禮用義」。而且，三者對於有關德目的界定也各持不同的看法。以「義」為例，戰國至秦漢期間，「義」常被一般人視為正當的行為，但在學者眼中尚含有更嚴格的意義。義，孟子看成是人心修養、樂善之念，「羞惡之心，義之端也」（〈公孫丑上〉）；仁心義念、仁靜義動，「仁，人心也，義，人路也」（〈告子上〉），再發為一種利他行為。荀子將之當作合禮，「行義以禮，然後義也」（〈大略〉），發為一種法紀行為。《易傳》作者群則普遍認定是方正，「君子敬以直內，義以方外」（〈文言〉），為一種正直行為。更深一層去探討三者為何會有以上分歧，我們赫然察覺全因他們在性和天道的課題上，彼此立場迥然有異。進一步，由天而人，還影響到他們對人道問題的立論。

那麼，性和天道是什麼？人道又是什麼？在此我們無妨再從孔子出發，去全盤探索這些命題。

起頭，先來談一談天道。而想要知悉何謂天道，則先要辨別儒學的天所指何物！我們已經說過，周朝肇造以來，天大致初有三種身

分：主神天（後來轉為神性天）、形下天、形上天。春秋期間，天的超越身分逐漸確定，形上之天甚至還展現出三種意涵：神性天、法則天、義理天。孔子處在過渡階段，原則上，他對天為主神天一事抱持很大懷疑態度，其人本主張更加無形中刺穿了神天信仰的要害。儘管如此，由於天仍有原始宗教殘留下來的儼人氣勢以及造化奧秘給人的神奇感覺，使他（甚至許多歷朝人士）依然深具敬畏之意識。一方面，他盡可能不去碰觸鬼神諸事，「子不語怪、力、亂、神」（〈述而〉），「子曰：未能事人，焉能事鬼；……未知生，焉知死」（〈先進〉）。另一方面，一旦撩起感性情緒，他照舊會脫口提到神天，「子曰：噫，天喪予」（〈先進〉），「子曰：不然，獲罪於天，無所禱也」（〈八佾〉）。按照孔子的語氣來看，神性天其實已呼之欲出。再者，有目共睹的形下天之外，形上天又可否明確地判定是義理天？孔子對此未嘗明白討論，更甭說宣示立場。當目睹天覆蓋萬物萬有，節氣生機概在其中，他便把天看成形下自然天，「天何言哉？四時行焉，百物生焉」（〈陽貨〉）；並不時注意天地變動，「迅雷風烈，必變」（〈鄉黨〉）。當感受到天注入給他一股濃烈精氣，讓他既知以仁合天、又能體察民族命脈，不由把天畫為形上的義理天，乃身心德性之本源；所謂「天生德於予」（〈子罕〉），「知我者其天乎」（〈憲問〉）。

顯然地，孔子未曾充分指證天究竟是那一種涵義的天，連帶也就未能對天道予以深入界說。怪不得《論語・公冶長》中，子貢會如此表示：「夫子之文章，可得而聞也；夫子之言性與天道，不可得而聞也。」當時思想革命號角吹響未久，孔子身為一個先知型人物，所能做的大抵還是一些拓荒性工作。儒學肇建時期，他領軍反神權、立人本，肯定超越之天。他固然窺見形下自然天之外尚有形上義理天，厥功甚偉；但其義理天並不含攝普世、絕對之價值，僅僅對君子產生作用。事實上，真能因之產生不移作用者乃是上智，一般社會人端賴上智的教誨，方足開顯由己仁而躍為君子，那些不遵教化便成為小人；至於婦孺、下愚、甚至化外，則更在義理天的作用不逮之處。這種看

法使到他雖因楬櫫根植於內德的仁（人性自覺）而獲得崇高地位，但他的仁卻落得相對性與特定性而有其侷限。

接著，要來談一談性。《論語》一書中有二處提到性，一處是出自子貢之口如上段引述；另一處則是孔子自己的話，他說，「性相近，習相遠也」，隨之又加一句「唯上智與下愚不移」（〈陽貨〉）。這二處「性」字的涵義，大抵皆指人生來所具有的本質，即本性；筆者這一說法不只考慮到文字的演進腳步，也較符合《論語》的一貫精神與時代背景。然而，孔子的經驗中以至思想中的人實際上皆牽涉到社會人，其浮現出來的所謂「性」已是經過後天薰陶，受到家庭、社會和文化所雕琢出來的一種模式，稱為社會人性。遺憾地，他總誤把社會人性當成人之本性，亦即《論語》所提的性。站在哲學的制高點，一講到本性，則大自然中同類者其本性豈有不同？豈能動輒改變!？可是，孔子看到的人卻又善惡屬雜，良莠不齊，好壞之差簡直不可究詰。我們推想這情況的確給他帶來頗大困擾，無奈只得說「性相近，習相遠也」；而在一般人範圍之外，分屬上智與下愚，彼等本性才是固定不變。根據記載，孔子自始至終未嘗對性作一徹底說明，不止如此，連帶也很少對「命」、「仁」等範疇本身作深入闡釋；莫怪乎《論語》會如此記載，「子罕言：利，與命，與仁」（〈子罕〉）。

再接著，且來談一談人道。孔子的道一般意即人道，指社會人所當遵行的道德規範。以人道為經緯，向外可以擴展進而交織成宗法結構的政治與社會制度、典章、習俗等。孔子的彪炳功業，就是致力於人道的向內穿鑿，使人道奠立於由己的仁之上。這吐露仁貫通整套道德規範，概括一切德目；於是乎，仁遂躍為人道總則，亦即道體。不過，道德實踐進程中，唯獨仰賴那幽微的道體去推動整個巨大的禮樂規範，其力量確實略嫌薄弱。春秋時候社會比較單純（國有制為主），只靠內在由己仁也許足夠重振外在禮制。但戰國時期社會日益複雜（私有制普及），咸信需要一由內通外、由己達群的機制來參贊，這機制就是一種行動基準，才能有助仁的貫徹。這種機制，孟子稱之為義，即「人之正路」（〈離婁上〉）；荀子稱之為禮，即「人道之

極」（〈禮論〉）。

　　在性與天道、乃至仁與命等範疇本身的課題上，孔子的說法確有不少尚待填補的空白之處，而這卻也為後代豐富又多樣的儒學園地預留一大片沃野。《論語》一書係記敘孔子之言行，據此便可瞭解仁確是侷限的、幽微的，也可體會他如何苦心孤詣去連通天與人。由於仁的侷限與幽微，天人之間遂出現失落環節，無法上下一貫。不過，一旦把「上智」（包括聖王、聖人）的角色嵌入其中，仍然發覺其失落環節倒可有效銜接起來，構成一個以上知為仲介的天人合一模型：

天──上智──人。

　　我們就援引孔子為例來作說明。孔子乃「天縱之將聖」（〈子罕〉），對天而言，他深感「天生德於予」，其「德」非唯「上智不移」，也讓他切身體驗「知我者其天乎！」他是先知型人物，他的這種「德」乃是天生賦與的，又是天生具有的，當然也就是他的本性！孔子之所以會說「五十知天命」，即是表示五十歲的他終於自我開悟──毋需外界開示──他與天合德。對社會而言，他承德啟仁再造周禮，把特有的德作為典範來感召社會人秉有的仁，並將之鋪設在人道之底層。然而，一般社會人「性相近，習相遠也」，尚且需要他諄諄教導、誨人不倦，才能夠培育出君子以仁合天。所以，社會極度仰仗孔子的感召與教誨，人道方能聯結天道；這不禁令他頓感身繫民族人文命脈，「文王既歿，文不在茲乎！」（〈子罕〉）無疑，若問他為何要刪《詩》《書》、作《春秋》，還要周遊列國、有教無類；則其目的不外乎意欲發揮上知聖人的使命，以救世道於衰微。

　　茲將孔子、孟子、荀子，和《易傳》中關於天道、性、人道，以及天人模型，分別臚列於表 4-1，供讀者們參考。孔子的見解，剛剛已經介紹過。稍後，我們將逐一介紹孟子、荀子和《易傳》代表作者在這方面的觀點。置身儒門的大纛下，他們各樹一幟，各有各的立論，也各有各的天人合一型式。另外，表 4-1 還彙集他們在社會制度上的不同特徵，以及在文化上完全雷同的大體框架──否則便不成為儒學了。

表 4-1　原始儒學綜覽

學說體系＼內容要旨	孔子（主要參考《論語》）		孟子（主要參考《孟子》）	荀子（主要參考《荀子》）	《易傳》作者群（主要參考《易傳》）
1.大體框架	人本（樸素）因反 化生（弱意味）		人本（先驗）因反 化生（弱意味）	人本（經驗）因反 化生（弱意味）	人本（綜驗）因反 化生（強意味）
2.天道　天　天道	形上天→義理天 ？		義理天 誠：誠身明善	法則天 常：天行有常	渾合天（註） 德：陰陽化生
3.性　本性　社會人性	〈上智〉德（不移）德	〈常人〉性（相近）習（相遠）	性善 人性本善	性惡 性偽合善	繼善 立性成善
4.人道（社會原理）道體（本義）　行為基準	由己仁 仁	由己仁 仁	人心仁（先驗仁）義（人之正路）	制天仁（經驗仁）禮（人道之）極	天性仁（化生仁）義（君子方外）
5.社會制度	體制：再造周禮（國有制）		王道：訴諸仁義的政治思想（私有制）	禮法：人為制天的禮治法度（私有制）	法象：依天地大德設位的禮義體制（私有制）
6.天人合德	天—上智—人（德性不移）		天—人心—人（存心養性）	天—制度—人（化性起偽）	天—天性—人（繼善成性）

註：義理天＝法則天

相較於孔子為一樸素人本論者，孟子則毫無疑問是一先驗人本論者。他打破上智和一般人的藩籬，史無前例喊出「人皆可以為堯舜」（〈告子上〉），推動義理的絕對化與普世化。孟子先承襲孔子由己的仁，再積極拓展。由己仁擴張為人心仁，立足在先驗價值判斷上，

由盡心知性從而知天。孟子口中的天，偶爾指神性天，有時也指形下天，大部分還是指義理天。何況，他一句「誠者，天之道也；思誠者，人之道也」（〈離婁上〉），盡數透露他的形上天乃是義理天。所謂誠，就是誠實。他未曾對天道本身直接詳加索解，只是記敘天道特徵「誠」──誠實顯現其本身；人道思誠也並非對人道本身作出界說，而是描述人道特徵「思誠」──思想誠實以顯現其本身。

那麼，孟子所稱的人道是什麼？孟子視仁為人道的總則，並常把「仁義禮智」四德排列一塊，四者「皆非由外鑠我也，我固有之也」（〈告子上〉）；其中數仁義為首要，「仁，人心也；義，人路也」（〈告子上〉）。義是人心修養，行仁之正路，標榜義連帶突出人心仁的貴重，「夫仁，天之尊爵也，人之安宅也」（〈公孫丑上〉）；終盡彰顯仁是人所以為人的至理，人結合仁便是人道，「仁也者，人也；合而言之，道也」（〈盡心下〉）。眾所周知，此乃孟子的卓越建樹，把仁從局域性、相對性提升為普世性、絕對性原理。孔子的仁僅是部分人的義理自覺（由己仁），但孟子卻將之推廣到所有人從內心發出的義理自覺（人心仁）。換言之，凡是人必定皆有相同的心，凡是心無疑皆有相同的仁，「心之所同然者何也，謂理也，義也」；聖人不外乎常人，唯「先得我心之所同然耳」（〈告子上〉）。人道一經底定，以人道反諸天道，可想而知天道亦為仁義道德。

以人道反諸天道，原本是原始儒家主要的論證暨認知之方式，孟子更是將之發揮得淋漓盡致。一手創立性善說，他開闢一條藉由性善──不像孔子乃借助上智──來溝通天人的階梯。他認為性雖是天生俱有的本質，但人性與獸性卻是不一樣的，而且人性肯定是善的，「然則……牛之性猶人之性與？」「人性之善也，猶水之就下也；人無有不善，水無有不下」（〈告子上〉）。每個人都有機會成為聖人，所謂「人皆可以為堯舜」；且人性之為善，實乃反映人心皆有仁義禮智，「惻隱之心，仁也；羞惡之心，義也；恭敬之心，禮也；是非之心，智也」（〈告子上〉）。的確，天賦與而人稟受的性，正是根植於內心裏頭的仁義禮智，「君子所性，仁義禮智根於心」（〈盡

心上〉）。人們只要誠身明善，存心養性事天；能以心為大，便可構成另一類天人合一模型：

天──人心──人。

猶如孟子宣稱祖述仲尼，荀子也自居儒學正統。事實上，前者主要繼承孔子的仁再往內採掘，形成一先驗人本論；而後者則重在繼承孔子的禮進而往外拓墾，終於造起一甚具宏規的經驗人本論。西周時候，禮只是統治階層的宗法規則；至於孔子口中的禮也不過是縉紳社會的人事規範，說來都屬於部分人的倫理制度。荀子的禮則不然，它名義上已經擴大為整個世界的禮治法度，不但是庶民社會一套關於禮義刑法的人世體系，還關係到人與物在該體系下如何互動、制用等，這是一種涵蓋所有人的總合制度。荀子生活於中國大一統的腳步漸近的趨勢中，體認到一個龐大複雜的社會體制是時代的需求，而其影響也直達人們的身心深處，甚至可以參與天地運作（按：現代人尚且能參與天地造化，就像基因工程）。這種浩瀚的人文壯舉，絕不是一般俗儒所能想像，也令他領悟「天地生之，聖人成之」（〈富國〉）的宏旨，並主張大儒應「法後王，統禮義，一制度，以淺持博，以今持古，以一持萬」（〈儒效〉依楊倞的注），樹立一支後天經驗的旗幟。當然，他也發現了經驗人本的能動力量，「人有氣、有知，亦且有義，故最為天下貴也」（〈王制〉）；句中「義」指「禮義」，即「行義以禮，然後義也」（〈大略〉）。

體認到經驗人本最為可貴，他遂選擇歧出的理論脈絡，喊出以人道制用天道，從而標舉後天人道與形上法則天（按：孟子以人道反諸天道，注定標示先天人道與義理天）。當時，隨著農業經濟的起步，人們除了一再修訂擴充禮法，還得日益關注自然界，也發明了許多應用技術和工具，如牛耕、鐵器。處在這種時空中，面對形下自然天，荀子〈天論〉一文既反映大社會脈動，也反映其理論綱要與論證手法。他認為自然天有其常道，天人各自不同，「天行有常，不為堯存，不為桀亡；……故明天人之分，則可謂至人」。豪情萬丈，他提出制天而用，「大天而思之，孰與物畜而制之？從天而頌之，孰與制

天命而用之？……故錯人而思天，則失萬物之情」。職是之故，必須
強調人的功用，「天有其時，地有其財，人有其治，夫是之謂能參」；
天地間許多事情確切需要人為的介入，由人發揮能動作用，才可達成
理想效果。

在〈禮論〉、〈性惡〉、〈正名〉諸文中，荀子專門討論經驗人
本包括其性與天道的問題。荀子對性嘗試給予正名，「生之所以然者
謂之性」，「不事而自然謂之性」（〈正名〉）。他不苟同天和善有
任何直接聯繫，更何況天生情性盡是生理本能，「若夫目好色，耳好
聲，口好味，心好利，骨體膚理好愉佚，是皆生於人之情性者也」，
順其自然不加限制，必定產生惡。所以說，「人之性惡，其善者偽
也」。偽是制天而人為，「可學而能、可事而成之在人者，謂之偽」。
性惡若使無害，只有經過人事禮義的改造，才能夠符合善的要求，
「今人之性惡，必將待聖王之治、禮義之化，然後皆出於治，合乎善
也」（〈性惡〉），此即：性偽合善。禮是人事的極致，足以化性起
偽，「禮者，人道之極也」（〈禮論〉）。藉由聖王、君子推行禮
法，建立一宏偉壯觀的人文制度，並以人道制用天道，爾後「天地以
合，日月以明，四時以序，星辰以行，江河以流，萬物以昌；好惡以
節，喜怒以當；以為下則順，以為上則明；萬變不亂，貳之則喪也，
禮豈不至哉」（〈禮論〉）。這種人文制度的擴大作用，儼然呈現又
一類的天人合一模型：

天——制度——人。

從性惡到禮法的天生人成進程中，荀子的論點隱含著制天轉仁此
一關鍵階段，使禮因此能有堅固本源。這種「制天仁」無疑可以走出
一條訴諸經驗的路線，來達成他願景中的人文制度。可惜他對此淺嚐
即止，只有簡單表示：「禮有三本」（〈禮論〉），以致後來有些學
者的立場變得甚為仰賴外在壓制，很容易就投向法家的陣營；另外有
些則一味凸顯內在壓制，演變之下反而助長性惡的氣燄。

《四庫全書提要》表示，《易》之為書乃推天道以明人事。綜覽
《易傳》說法，其要領果然陳述人道效法天道，「天地變化，聖人效

之,天垂象見吉凶,聖人象之」(〈繫辭傳〉)。《易經》(包括《易傳》)是模擬宇宙萬象而成的一闡釋人事流變吉凶的有機系統,「古者包犧之王天下也,仰則觀象於天,俯則觀法於地,觀鳥獸之文與地之宜,近取諸身,遠取諸物,於是始作八卦」,「八卦成列,象在其中矣;因而重之,爻在其中矣;剛柔相推,變在其中矣」(〈繫辭傳〉)。在法象的前提下,《易傳》作者群注定先把天看成是形下自然天,有形有象。再破象見理,天道則為形上法則天,這點和荀子的見解有些雷同。但是,他們顯然又受到孟子性善和仁義的濡染,將義理要旨與象數卦爻搭配在一起,使到形上天同時又散發濃郁的義理天韻味。他們這種說法,綜合了義理天和法則天,強化了性善的正當性;而扮演理想角色的義理,從此便成為儒家的崇高鵠的。這是《易傳》的最大貢獻,它無形中調和了孟子對於性和荀子對於天道的路線,形成了一個與他倆鼎足為三的儒學體系。不但如此,原始儒學的起承轉合過程中,《易傳》集成撮合,其所編造一個渾合天構思,遂成為二千年來儒學乃至中國文化裏面宇宙論的藍圖。

那麼,天如何既是義理天又是法則天,能使天地與人實際相參。換句話說,如何從自然法則的運作中找到義理的質性,使人能夠在正當性和合理性的支持下全心於道德的實踐。〈繫辭傳〉睿智地觀察到「天地之大德曰生」,把自然界的生以及代表義理的德給與串聯在一起,掃除了兩個領域之間的最大障礙。接著,「生生之謂易」,又指出蘊藉於天地當中的動態歷程生生不息,無非即是《易經》所要闡述的道(或天道)──它自始至終驅策著自然流變、萬物化生,「天地絪蘊,萬物化醇,男女構猜,萬物化生」。再者,此一天道生生的關鍵,又在於陰與陽兩種並立事件的交互作用。人和萬物皆是天道生生的結晶,除了含具生生不息的原理,尚且能夠彰顯化生的歷程和善德的本性。〈繫辭傳〉因此提出了一個指導性命題,那便是「一陰一陽之謂道,繼之者善也,成之者性也」,徹底解決了性與天道(或義理與法則)如何合理掛勾的難題。

仔細端詳〈繫辭傳〉所讚頌的善,它原本反映一種生生不息、性

命化育的德，描述血緣關係當中最簡單的紐帶。這和孔、孟儒學的善涵蓋仁心義路以至道德倫理，仍有一大段距離。對此不足之處，〈說卦傳〉加以補充：「昔者聖人之作易也，將以順性命之理；是以立天之道曰陰與陽，立地之道曰柔與剛，立人之道曰仁與義，兼三才而兩之。」經過這麼一道補強手續，不但天地人可以合屬同一至理，並且《易傳》人道也和儒學人道一樣，都秉執同一仁義內涵。自然而然，《易傳》包括〈繫辭傳〉一文所講的善，其涵義便急遽提升到儒家所堅持的善之層次，其主體乃是綜合先驗（義理：大德曰生）與經驗（自然：萬物化生）之綜驗人本；《易傳》因此也登為儒學體系之一，別樹一格。較之孟子由心而性，「盡其心者，知其性也；知其性，則知天矣」，標示人心仁。《易傳》則由道而性，「一陰一陽之謂道，繼之者善也，成之者性也」，所揭露的乃是天性仁；以綜驗人本，營造一個法象立德的哲學新局，以及再一類天人合一模型：

天──天性──人。

有一點要提醒讀者，就是先哲們對自然法則各有不同論述。老子所講的自然法則是針對「非人為」的「純自然」，以自然為本，然後把無為的純然自然拿來作社會意義的詮釋，故有絕聖棄智、小國寡民之主張。荀子的自然法則是一天行有常的井井，以經驗認知的社會人為本，從人事禮治的發展去掌握天有時、地有財，而毋需窮究一些心證的先天義理課題，故有制天而用的壯志。《易傳》作者群眼中的自然法則是一天道（太極）為本元而萬物化育的生成之善，也就是義理之道。「易有太極，是生兩儀，……」以至萬物化生，而天地的大德就是創造性、圓滿性的「生」。這儼然以綜驗人為本，考察天地法象來揣摩立人之精義，也才有天人相感、陰陽合德……等觀念，為漢朝儒術和宋明理學播下無窮生機的種子。

文化運動的發展與分化鳥瞰

用一張鳥瞰圖來概括融民本入法統是有必要的，請參考圖 4-4。

圖 4-4 融民本入法統的文化運動

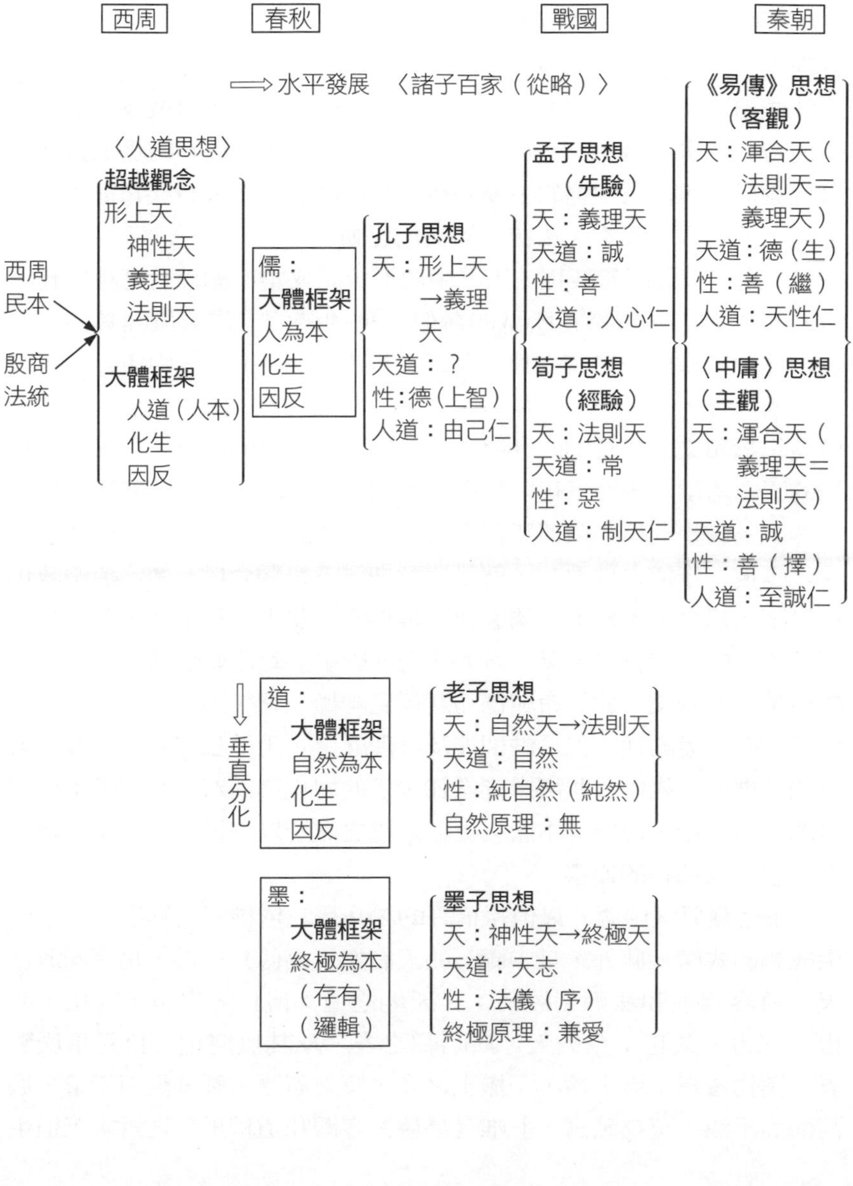

| 西周 | 春秋 | | 戰國 | 秦朝 |

⟹水平發展 〈諸子百家（從略）〉

```
《易傳》思想
    （客觀）
天：渾合天（
    法則天＝
    義理天）
天道：德（生）
性：善（繼）
人道：天性仁
```

〈人道思想〉

```
超越觀念
形上天
    神性天
    義理天
    法則天
```

```
孟子思想
  （先驗）
天：義理天
天道：誠
性：善
人道：人心仁
```

西周
民本 →

殷商
法統 →

```
儒：
大體框架
人為本
化生
因反
```

```
孔子思想
天：形上天
    →義理
    天
天道：？
性：德（上智）
人道：由己仁
```

```
大體框架
人道（人本）
化生
因反
```

```
荀子思想
  （經驗）
天：法則天
天道：常
性：惡
人道：制天仁
```

```
〈中庸〉思想
  （主觀）
天：渾合天（
    義理天＝
    法則天）
天道：誠
性：善（擇）
人道：至誠仁
```

⟱
垂直分化

```
道：
大體框架
自然為本
化生
因反
```

```
老子思想
天：自然天→法則天
天道：自然
性：純自然（純然）
自然原理：無
```

```
墨：
大體框架
終極為本
（存有）
（邏輯）
```

```
墨子思想
天：神性天→終極天
天道：天志
性：法儀（序）
終極原理：兼愛
```

　　前文已經把孔子及其後的儒學體系，包括孟子、荀子、《易傳》作者群等的學說作一梗概介紹。他們都是在儒家的大體框架內，各自提出不同定義的天、性與天道，以及不同特徵的人道與社會制度，還有嵌入不同仲介的天人合一模型。我們除了把這些見解列於表 4-1，此外並繪製彼等有關演進軌道，見圖 4-4 標示「水平發展⇨」箭頭所指地方。整張圖 4-4，包括前面講的垂直分化和剛提到的水平發展，可說囊括以儒學為中堅的主要先秦思想革命概況，大致展布從西周到秦朝一系列「融民本入法統」的文化運動。

　　此處，我們附帶要提一下《中庸》，該文重心顯然有意總括孔、孟的基本思想。雖然它所做的看似一種總結的工作，但因其特有風貌，理應被當成一套獨立思想體系（參考圖 4-4）。《中庸》主要包含三組觀念，一是中，一是命、德，一是仁、性、誠。前面兩組係源自堯、舜和文、武時期的社會共識，經過了歷史的洗滌，復又獲得孔子的匠心增損。後面一組則是孔、孟兩位聖賢繼天立極的思想精粹，油然成為儒學的核心價值所在。《中庸》劈頭一句「天命之謂性，率性之謂道，修道之謂教」，就是欲意把這三組觀念以及儒家道德教化加以銜結起來。事實上，儒家通常推崇的一些人物和事理，其實都各有其不同的時空背景。堯、舜的「允執厥中」是原始部落（公有制）的標竿，至於文、武的命與德乃關係到神權王朝（國有制）的政治法統，而孔、孟的性、仁、誠則涉及倫理社會（土地私有制）的義理人格如何塑成。內中這些觀念經過孔、孟的轉化與創新，又經過不少儒者的努力耕耘，最後《中庸》更把未盡之處予以修補以至串聯一塊，進行了一場總結的盛事。

　　筆者竊思《中庸》最值得稱許的，乃是它依稀間勾勒出一種本元生成論的式樣。此外，《中庸》的天有如《易傳》一樣，是等同渾合天，兼容義理和法則。故稱：「天地之道：博也，厚也，高也，明也，悠也，久也；今夫天，斯昭昭之多，及其無窮也，日月星辰繫焉，萬物覆焉；今夫地，一撮土之多，及其廣厚，載華嶽而不重，振河海而不洩，萬物載焉。」唯《易傳》客觀味道稍重，遂訴求天道生

生，並以「生」與「德」為接界而導衍出仁義來。《中庸》的主觀意
識比較強，斷言天道為誠；它由中和折向生育，「致中和，……萬物
育焉」，又由誠者轉入中道，「誠者，……從容中道，聖人也」，兜
個彎把「誠」和「生」扣在一起，「其為物不貳（按：誠一），則其
生物不測」。然後，立足在「誠者，天之道也，誠之者，人之道也」
之上，至誠則「知天地之化育」，「肫肫其仁，淵淵其淵，浩浩其
天」，闡發以誠為天人樞紐的一種近似本元（至誠）生成觀的議論。
這對宋朝理學有很大啟示作用，藉由《中庸》「唯天下至誠，為能盡
其性，……可以贊天地之化育，則可以與天地參矣」（其天人合一模
型為：天──至誠──人），才能夠把仁從孟子的人心仁和《易傳》
的天性仁推向理學的本體仁。

第 5 章　儒家理論一路曲進

政治的大一統，民族凝結一心，全都必須仰賴一個統一的文化。自古至今，所謂統一的文化，主要係指內中含有統一理論，不但對天（超越界）、地（自然界）、人（人界）能舉出精妙見解，尚可概括尋得一最高範疇，一以貫之；且對人們現實生活中關於政治、經濟、能源、材料等重大難關，又能提供有效解決方案。

自古以來，中國人歷經了三次以儒學為中心的文化之再造。雖說從經濟學的角度來看，每次再造等於新添加了一項生產要素，結果便是引發又一波產業革命和經濟起飛。可是，若從整個文化的角度來看，三次再造分別出現深淺不同的情景。頭二次的劇變，體用一致，各都出現一個壯麗的統一文化，引導著中國人光榮地大步向前跳躍邁進。末尾一次的改革，此即十九世紀末期到二十一世紀初期的一場現代化運動，體用不一致，卻只出現一個輸入式的工業社會，儘管在生產出口方面獲得豐收，但始終無法提出傲人的統一理論，以致中國人到頭來仍然是地球上的二等公民。

第一次再造是「融法雜入儒術」，西秦的法家與雜家匯入儒術的川流，彌補原始儒學在經世致用方面的缺陷。經過長達一世紀的政事震盪，到了漢朝董仲舒時候，才把儒術與法、雜等整合為一套統一的社會理論。寬鬆言之，儒家至此才實現內聖外王的理想。第二次是「融釋道（佛老）入儒學」，西域傳來的佛教和起而抗衡的道教，二者的思想精粹納入於中興崛起的儒學版圖，進一步深化了儒家學者對自然萬象的認知。文化統合的過程跨越中唐到北宋，然後南宋朱熹、陸九淵（按：明朝王陽明更把陸氏心學發揮極致）則以集大成姿態，各自把儒學拓展為一套統一的自然理論；以「理」為萬物的本元和規律，將儒家追求通達天人的內聖之學推進到高峰的境界。這種思想早在宋初就已油然盪漾，而其影響更促成一場耀眼的工藝文明接踵展開，睥睨亞歐，強化了注重事功的外王大業。

第三次亦即最近一次是「融西用入中體」，此乃近代中國與西方在器物領域的交流、互動所產生的結果。十九世紀後期，歐美列強悍然入侵，中國滿清王朝搖搖欲墜，舉凡軍事、政經、學問，乃至道

統、國土、民心全都蒙受重大創傷。於是,以儒學為核心的中國文化幾經掙扎後,終告崩潰。民國肇造以來,洋器西學成為人們競相求取的東西;最後,犀利的西用併入於崩潰後倖存的中體裏頭,組成一輸入式的工業體制,這便是「中體西用」。迨至二十世紀後期,中體西用的功效發揮到淋漓盡致,使到臺灣、香港、大陸沿海省分得以陸續躍為新興工業重鎮,稍拾百年來流失的民族自信。然而,趨前詳察,則發覺中體西用固然促進工業發展,卻也帶來劣質的淺碟文化,導致我民族一直無法開創高價值的絢麗文明。不能穿越中體西用的侷限,別說無從由體開用;踏入二十一世紀之後,甚至一些最早西化(Westernization)的地區,恐怕其眼前的工業盛況也會發生鈍化現象。

現在,讓我們針對以上所說儒學再造,逐一討論。

5.1　統一的社會理論

中國文化所以能夠綿延不斷、屹立至今,就在於民族利器——以儒學為代表——能夠日新又新。在一次又一次的危機當中,儒學總是能夠萃取外來學說的優點,勇於揉合各方,進而再造新的、卓越的、生機勃勃的知識體系,特別是其內能夠含具一套統一理論。

二千多年儒學一路起伏演變期間,率先登場者,乃是那因應中國的大一統而出現的統一的社會理論。

西元前三世紀(戰國後期),歷史上最浩蕩的大一統功業已經可見宏壯之雛形。「有土斯有財」,人們體認到土地尤是彌足珍貴的生產要素,而土地私有制也成為一無法回頭的走勢。非但人民處心積慮想要攫取土地,政府同樣無所不用其極地設法擴充領土版圖。可是,當一個統一的農業帝國浮現之刻,那時中國人立即遭遇到一個空前的考驗。面對這龐大國度,卻要如何推行農工等活動而不斷?如何維繫帝國政權於不墜?或者最起碼,如何建立一穩定的社會體制以不擾?但是,諸子百家不管儒、法、道……等,誰都無法獨立應付這一艱鉅任務。危機與轉機糾纏交錯,正是一次文化再造的到來。

　　諸子百家各有所長。儒術於春秋時期值國有制逐漸瓦解、人力緩步釋放之際，於血親紐帶和人本自覺的基礎上，轉化傳統禮樂，成就一堅韌、優異的倫理結構，足使民族與文化雙雙綿亙不輟。原始儒學的優點，就在它能契合中國倫理進程的軌道，讓中國人從貴族社會演進到庶民社會的當兒，猶奠定了洋溢人道思想的道德規範，並標舉仁為總綱。然而，置於空前大一統的考驗中，儒家難免有其不足。最大者，其一，儒家包括孔、孟，傾向贊同國有制尤其土地國有政策；這顯然違反經濟發展法則，不能有效發揮生產效益。其中道理有幾分類似今天國（公）營機構老是績效不彰的原因，彼等效率通常都會輸給民（私）營單位。其二，儒家傾向維繫宗法與封建，無形中等於保障了一批過時的既得利益者（指貴族階層），以致妨礙了社會前進的腳步。對此，法家路線比較能夠切中時弊。談到法，我們瞭解儒家並非反對必要的嚴明刑法，但那些究竟只是用來對付作奸犯科者的法；可是當時倘若講求富國強兵，則另還需要一些人盡其才、地盡其利的改革變法的法，而這便和孔、孟的立場有些牴觸了。

　　所以，儒家固然擁有豐饒的關於社會原理的學說，可是卻拙於政治、經濟等的實用知識。事實上，王道式微，當時也沒有任何國君願意實施儒術。而且，不尋求政治尤其經濟的革新無疑難以苟全。凡抱殘守缺，維持過時的傳統制度，不願或不知變革的諸侯國，譬如：鄭、魯、衛、宋等，也很快就趨向沒落乃至覆亡。到了趙、韓、魏、齊、秦、楚、燕等戰國七雄時代，各國更是力行變法圖強，積極改革以求富國強兵。其中尤以西秦篤行法家路線，積極變法獲致豐碩成果，使到國力蒸蒸日上，取得強權地位。一般說來，儒學雖然號稱顯學，主要還是因為它在詩、書、禮、樂等的教化上扮演一定的角色；反之在政府方面，不管是政治或經濟事務，其實一向都是借重法家之類的人才來掌舵。西秦在遵行法家路線這一政策上，更是特別徹底；由於儒、法立場互有扞格，當局還曾為了變法而對儒家採取某種抵制措施。

　　秦國地處西陲，故又稱西秦，雖然與戎狄雜居，但因先後為夏、

商、周之屬國，故受三代文化濡染頗深。因此，它蔚然為一「以詩、書、禮、樂法度為政」（《史記・秦本紀》），卻又帶有戎狄鬥強痕跡的區域文化體系。春秋時期，它由於特殊的文化面貌，很容易就走上富國強兵的路子，迅速躍為一股新興力量，並位列五霸之一。戰國時期激烈兼併才掀開序幕，很快就看到秦孝公起用商鞅實施變法；大約花了十年時間，秦國果然既富且強，成為戰國諸雄中的雄者。

法家的變法，常環繞著人盡其才、地盡其利而展開變革，其企圖無非汲汲營造一個農業強國的政經新穎架構。若要盡快達成此一目標，還真不得不「燔詩書」（《韓非・和氏》）、斥責「六虱（詩書禮樂仁義孝悌等）」（《商君書・靳令》），打破西周、春秋一脈相傳的詩書禮樂舊有框框──詩書禮樂掩蓋下的封建政經法令。這種大舉動，再配合連番的改革工作，終於造就一畫時代之功業。商鞅變法改革的要項，依《史記・商君列傳》敘述，包括：1.獎賞軍功，2.獎勵農產，3.落實土地私有制。這些措施符合國君與大部分人民的利益，不但是當時國家由弱轉強的條件，也是往後千年間攸關農業發展的成敗關鍵。這些都屬於實用知識的層次，不啻是法家的絕對優點，而且與王、霸的話題也壓根兒扯不上什麼關係。果然，十年下來，秦國因此國富民強，鄉邑大治，為日後逐鹿中原札下深厚根基。此外，法家尚有二項相對優點：一是法本觀念，一是官僚組織。法家「以道為常，以法為本」（《韓非・和氏》），透過明刑尚法，常可迅速建立霸業。法家又洞察「大臣太重，封君太眾」（《韓非・和氏》），改採中央集權，遂由國君下轄一專業官僚組織，直接推行各種政務。

上述所說絕對優點，確是後來人們無從非議之處。但所說二項相對優點，法本觀念與意識型態有關，而官僚組織一事則歸於實用知識；由於法家的失當，很快就變質淪為致命缺點。

先秦法家認為法是國家的大本，「法者，王之本也」（《韓非・心度》）。因此強調尚法甚於愛人，「不為愛人枉其法，故曰：法愛於人」（《管子・七法》）。這種「重法」的意識型態，便是法本觀念。法本觀念原無不當，可以通達法治社會；後來不幸轉為刻薄少

恩、寡廉鮮恥的惡吏行徑，反而變成一大缺點。這些缺失無疑透露出法家一貫忽略人的價值，未嘗瞭解人類天生含具利他與自我實現的情操。法家一向主張法是因循人情而訂定，「凡治天下必因人情；人情有好惡，故賞罰可用；賞罰可用，則禁令可立，而治道具矣」（《韓非·八經》）。然而，他們先是誤察天人法則，認為在天有天之道，指自然恆常的規律；在人則有人之情，指人人利己的情慾本能。法家因此把法完全繫於人的利己之上，則人又何異於一般禽獸!? 這簡直比荀子的性惡說尤為極端。荀子尚且認定人「最為天下貴」，最後可以化性起偽；但他們卻一頭鑽進利己的死胡同中，根本無視利他（乃至自我實現）的存在以及教化的功用。到頭來，法家不免自貶為一種失敗的論說——殊不知任何國家或民族，絕不可能因宣揚利己而得以長期發展。

此外，官僚組織未有制衡，竟然造成反噬。西周行使封建制度，天子以下，依序有諸侯、卿大夫、士等領主（奴隸主）。晉入春秋，大致上還依舊保持封建形式。到了戰國，七雄紛紛變法，同時厲行中央集權，俾能有效推動改革工作。西秦更廢除封建，改設直轄的郡縣行政系統，網羅民間幹才，建立一支中國最早官僚組織。由於官僚組織才剛剛起步不久，十足是一個不穩定體制。何況談到類似這種官僚組織，連現代著名社會學家韋伯（M. Weber）都對它既讚賞又畏怯，尤驚悸於人類終究反被它支配。可想而知，秦國的官僚組織雖屬原始，但一方面威力已強，是變法暨政務的工具；另一方面更因制度尚未完備，使得制衡等問題益為棘手。這樣子的組織，如果是由一批主張忠君愛民的儒者來擔任官員，也許還能把有關問題給解決大半。可是，換成是一批目無仁義的法家官僚甚至有些已淪為惡吏，那麼只有讓種種問題更形嚴重。後來，西秦統一中國，整個官僚組織固然厥功至偉，卻也無形中成為王朝的心腹之患。

總結起來，法家的最大缺點說來還是出在它的思想型態上。荀子不過是「性惡論」者，且認為人無疑可以性偽相合，經由「聖王之治」、「禮義之化」，然後「合乎善也」（《荀子·性惡》）。法家

簡直持「人惡論」與「鬥爭論」，斷定人皆為惡。人唯有鬥垮他人，自己才能生存。照這條路子走下去，徒然掉入一利己、損人、鬥爭……等的一種惡質的社會中。以法家為基本國策，則國家不管軍力多麼強盛，對外攻戰所向披靡；但內部卻深藏危機，長遠來看生命力頗為脆弱。漢初賈誼一針見血地批評，「商君遺禮義，棄仁恩，並心於進取，行之二歲，秦俗日敗」（《漢書‧賈誼傳》）。早在秦昭王時，荀子已看到秦國所欠缺者實為儒家思想，便建議由儒者介入匡救當時積弊敗俗；他說：「儒者法先王，隆禮義，謹乎臣子而致貴其上者也」，「儒者在本朝則美政，在下位則美俗」（《荀子‧儒效》）。儒家所長，恰好是法家之所短；反之法家所長，也正是儒家之短。二者苟能採長補短融合在一起，預期將可催生一卓越的社會理論，並建構一禮、法兼顧的穩定社會。

時代思潮交相雜揉

其實，最宏偉的融合方式是以儒家的形上思想為體，再以法家乃至道家、雜家等的實用知識為用，然後形成一套統一的社會理論。不過，這樣子的融合並非一下子就出現。隨著歷史的嬗遞，經過不斷的試誤，先後進行幾次不同方式的雜湊混合；最後，統一的社會理論到了漢朝董仲舒手上才告實現。

起初，先出現呂氏雜家的方式（雜道）。戰國末期，諸子思想慢慢已有融合之象。秦相呂不韋原為陽翟一位成功的商人，藉由特殊關係轉入秦國政界，親身參與官僚組織的活動，實際感受到法家的致命傷。他體認法家路線必須大幅修正，便適時提出一種雜家思想作為西秦的基本國策。非單如此，還招徠各方學者入秦，合撰《呂氏春秋》一書，成為雜家的代表作。該書反映呂不韋的雜家（雜道）理念，誠如高誘在《呂氏春秋‧序》中所表示：「此書所為，以道德為標的，以無為為綱紀。」總的來說，書中內容以道家還有陰陽家作為指導綱領，再揉合儒家、法家、名家、墨家等之長；莫怪乎班固《漢書‧藝

文志》會說，雜家者流「兼儒、墨，合名、法」。

《呂氏春秋》真是一部雜湊混合之著作。談到自然法則，它攙有道家與陰陽家的色彩。故其道（太一）接近道家的道，既代表形上本元，「道也者，至精也，不可為形，不可為名」（《呂氏・侈樂》），也代表天道「精氣……圓周複雜」、地道「萬物……不能相為」（《呂氏・似順論》）的客觀規律。談到治道法則，它硬把道家與陰陽家，以及儒家全併在一起。故在政權方面，標榜知性命（〈勿躬〉）法天地（〈情欲〉），根據陰陽五行重視天人感應；凡帝王者之將興也，「天必先有祥乎下民」（〈應用〉），君主莫若道法自然、清靜無為，「有道之主，因而不為」（〈知度〉）。在治權方面，則遵照儒家學說，貫徹人道治世的有為精神，「為者，臣道也」（〈任教〉），人臣的職責，務需忠君愛民，篤行仁義。談到這種人道法則，乃是混同儒家以及法家、墨家等的精粹。其人道之路主要效仿儒家內聖外王、道德倫理的說法。侃侃而談，不離修身治國平天下，「道之真以持身，其土苴以治天下」（〈貴生〉）；不離民本德政，「宗廟之本在于民」（〈務本〉），「為天下及國……以德行義，不賞而民勸，不罰而邪止」（〈上德〉）；不離仁義忠孝，「古之君民者，仁義以治之，愛利以安之，忠信以導之」（〈適威〉），「為人子弗使而孝矣，為人臣弗令而忠矣」（〈導師〉）。

西秦由一邊陲之國，歷經漫長又劇烈的爭霸，最後竟然達成統一大業，興建秦王朝，真不可說不是一大奇事。整個過程中，數功勳彪炳者，當推二位偉大政治人物，商鞅和呂不韋。用一簡單措詞來形容他倆，前者功在「尚法而強」，而後者功在「施德而強」。商鞅變法，實施農戰計畫，使秦國尚法而強，終為七國中之超級強權。七國的爭雄，不只是政經力量的消長，領土版圖的增減；更是看誰能致力社會建設和人文推升，使其軟性力量（Soft power）領先群倫。自商鞅變法後十年有成起算（349 B.C.）至秦昭襄王滅周之歲（256 B.C.）大約一百年期間，儘管秦國變得大富大強，多次東征皆戰果不凡。但是，談到引人羨慕的柔性力量，談到要徹底瓦解敵人鬥志、一舉併吞

六國，卻仍然不是一件容易的事。

呂不韋具有獨到之見，當政後默默調整西秦基本國策，以雜家取代法家路線，這無異又是一次變法行動。他倒不反對法家的一些實用措施，而是意欲糾正其毀詩書、斥仁義乃至人惡論所造成的弊端。因此，重新提倡忠君愛民等人道規範，企圖在明罰尚法中加入道家無為與儒家道德。不止《呂氏春秋》一書對此一再申述，呂不韋本人行政也「大赦罪人，修先王功臣，施厚德骨肉，而布惠於民」（《史記‧秦本紀》）。他擔任秦相十多年，全心於奠定一個以德行義、有容乃大的政治典制；由於貢獻非凡，使西秦得以施德而強——這在戰國末期誠令天下人耳目為之一新。他招攬大批知識分子西入秦國，有些幫他在政治上努力建構一個穩定制度；有些幫他撰寫《呂氏春秋》，成書後「布咸陽重門，懸千金其上，延諸侯遊士賓客有能增損一字者千金」（《史記‧呂不韋列傳》）。透過這些轟動一時的事蹟，更把秦國不唯尚法況且施德而強的盛景，清晰地展開在世人面前。於是，從秦王政親政算起（237 B.C.），短短不過十六載歲月（至 221 B.C.），卻能一一兼併六國，一圓疇昔百年未竟的統一夢想，這豈能不歸功於呂不韋的雜家路線？

繼之，在呂不韋之後，則出現了嬴政的路線，這倒是另一種雜家的方式（雜法）。其實，中國思想自戰國末年以至西漢初期，諸子百家雜揉，再也找不到純法，或純道，或純儒。那時候，不同學說的差異不在於彼此各屬於那一家，而在於各以何者為體又以何者為用。前面看到，呂不韋雜家乃以道家和陰陽家為體，兼含儒家、法家、墨家等為用。秦王嬴政早對呂不韋心存芥蒂，親政後改命李斯為宰相，不滿呂氏訂立的方針，遂加改換而逐漸走向雜法的方向——其體為法家、其用除法家尚參有陰陽家、道家、儒家等的另一種雜家的方式。

西元前 221 年，秦王達成統一目標，改稱始皇帝；以吏為師，以法為教，更雷厲風行地推動雜法路線。雜法的本質乃人惡論與鬥爭論的法家思想，此外再援引其他各家知識作為手段。譬如說，引用陰陽五行來宣揚以秦（水德）代周（火德）的合法性，引用儒家的政治倫

理和尊卑禮儀來提高集權統治的合理性。毋庸置疑，在這種情況下，
儒家的禮儀倫理不過空有形式而已，不可能也無法去導正人惡論與鬥
爭論所造成的惡質影響。統一之前，人惡論與鬥爭論的負面影響尚可
轉為一股對外的軍事克敵力量，反噬作用倒不嚴重。統一以後，這種
影響無處可宣洩，只得累積匯成內部的衝突，最後迫使自己和自己為
敵，引發巨大的反噬。秦始皇在位時，嚴刑重罰，苛稅苦役，使到朝
廷和百姓為敵，埋下亡秦的種子。秦朝還因此被貼上暴政的標籤，賈
誼叱為「繁刑嚴誅，吏治深刻」（〈過秦論〉）。復又加上惡吏弄
法，四維盡失，迨至秦始皇逝世後，高官傾軋，權宦篡竊，更是高官
和權宦為敵，君主和人臣為敵，搞得烏煙瘴氣。於是，短短十數年日
子，秦朝宣告覆亡，賈誼引以為鑑誡，「秦滅四維而不張，故君臣乖
亂，六親殃戮，姦人並起，萬民離叛，凡十三歲而社稷為虛」（《漢
書‧賈誼傳》）。

　　回顧有秦歷史，真可說成也法家，敗也法家。惡法造成思想敗壞，
導致心靈的墜落。李斯曾經奏請禁私學，還替秦始皇執行焚書坑儒，
爾後驚見秦二世言行全失法度，才覺醒詩書仁義的重要性，趕忙諫
說：「放棄詩書，極意聲色，祖伊所以懼也；輕積細過，恣心長夜，
紂所以亡也」（《史記‧樂書》）。奈何那時精神根基已墮，秦朝旋
踵終告傾覆。到了漢初陸賈便以此為借鏡，常常向漢高祖劉邦進言詩
書的重要性。《史記》有一段記載，堪為最佳寫照：「陸生時時前說
稱詩書。高帝罵之曰：迺公居馬上而得之，安事詩書？陸生曰：居馬
上得之，寧可以馬上治之乎？……鄉使秦已并天下，行仁義，法先
聖，陛下安得而有之？高帝不懌而有慚色。」（《史記‧陸賈列傳》）

　　再繼之，到了西漢初年，則出現黃老之術的方式，這又是一種不
同的雜家。許多人一聽到黃老之術，直接印象就是無為而治的道家思
想。事實上，細嚼爾時黃老之術的內涵，方知它不過是又一種雜家方
式罷了！若論老莊的道家思想所倡導的自然無為，其真正涵義乃以純
自然為本，拋掉所有人為的禮樂律法、典章制度、組織機構等，回歸
到最接近原始的面貌，故此才有絕聖棄智、小國寡民之說。類似這種

「純道」的見解，拿來陶冶個人性情也罷了，但拿來供作經世致用的指南，則注定會叫歷史演進的巨輪給輾得支離破碎。所以，後來凡是以道家要旨充當治國方針者，統統已經改裝變成「雜道」的方式——以道家為體，另以儒家、法家等為用。如此說來，呂不韋雜家不啻是雜道，而黃老之術儘管更傾向道家，又何嘗不是雜道！

漢初政經體制大皆依循秦朝舊有，如：中央官制、土地私有制等；有些因考慮利弊便再加增損，不過仍然保留秦朝特徵，如：屬於地方體制的郡國並行之制度。但是，在治國理念方面，鑑於秦朝奉行法家思想（雜法）而導致眾叛親離，其刑法對日常百姓尤其苛酷。漢初君臣當然不可能再採行嬴政雜法的方式，而最適宜莫如徑直仿效與之背離的呂不韋雜道的方式，甚至考慮到政權剛剛得手，一動不如一靜，尤比呂氏的「無為」更加「無為」。這種雜道治術，以無為當作核心，其外縈繞著不得不的人為的政經、禮法等，此稱為黃老之術。

漢初名相，蕭規曹隨，兩人都力求「治貴清靜而民自定」。後來，文帝（高帝庶子）在位二十三年，其子景帝在位十六年，也都遵循這種黃老之術。據《漢書》記載，文帝處事講求簡樸利民，為政寬厚溫和，曾減省租賦並大省刑罰；面對利益集團乃至外藩邊族也常讓而不爭，目睹豪門、郡國、藩屬等有越軌行為，他都盡力容忍不發。景帝雖說積極一些，還是相當節制。經過大約四十年休養生息，國力強盛，經濟繁榮，史稱「文景之治」。

那時候最能反映黃老之術這種雜道思想，要算《淮南子》一書。該書為淮南王劉安（號鴻烈）所主編，流傳至今僅有內書（又稱《鴻烈之書》）二十一篇。劉安是劉邦少子之長子，自是非常清楚朝廷的心態與行為，且個人又服膺無為而治的道家路線；他招徠道、儒、法、陰陽各家眾多學者合撰此書，有意無意間等於是為黃老之術著書立說。西元 1973 年出土的長沙馬王堆漢墓中發見《老子》帛書和附卷，也是研究黃老之術的珍貴資料，其中內容乃以無為為主，以儒、法為輔，和《淮南子》要旨幾無二樣。《淮南子》（指內書）於建元元年（或二年，140～139 B.C.）入獻朝廷，代表不少利益集團殷切期

盼漢武帝能夠沿襲漢初黃老之術。殊不知武帝正為無為而治的後遺症諸如異族窺邊、豪門亂法而煩惱，並且已經在獨尊儒術的號角聲中，開始進行一場政治與思想的改革。後來，劉安終因謀叛之罪而死於改革巨浪裏面。

又再繼之，到了漢武帝即位後（140 B.C.），為了克服極大的政經弊病，終於出現獨尊儒術的方式。實質言之，這儒術又何嘗不是一種特別型態的雜家（雜儒）！

此處，暫且回顧一下久遠的日子。猶記得當歷史列車剛一駛進春秋時期的平臺，看到充作國之柱石的天命神權逐漸坍塌倒地。社會劇變，人們不知所措，早已喪失共同的理想與一致的步調。於是，任由諸侯割據，社會分裂擾攘，接著各種不同學說也紛紛冒起。從春秋到戰國，大家總是欠缺一套統一的社會理論，它非但要展布一壯麗的世界觀與價值觀，尚且涵蓋具體可行的政經方案與辦法。無奈的是，不論純儒（指原始儒家尤其孔孟嫡系），抑或純道、純法等（按：墨家在戰國末期已逐漸消失無蹤），都有各自的盲點與限制。隨著天下一統的腳步到來，九流十家（首要為儒、道、法、陰陽）相互揉合，彼此採長補短，各自浮現一種雜湊混同的風貌：雜法、雜道、雜儒，試圖匯聚眾說提出統一的社會理論。到了西漢武帝，他所獨尊的儒術就是雜儒，可見「雜」又何止於雜家一派。傅孟真在《性命古訓辨證》中對此有所說明：「在西漢以至東漢之初，百家合流而不覺其矛盾，揉雜排合而不覺其難過；諸家皆成雜家，諸學皆成雜學，名曰尊孔，實則統於陰陽，此時可謂綜合時代。」乘此雜集之風潮，西漢儒術便在武帝和董仲舒之手成功地綜合為一套統一的社會理論，並且實際地用來打造出一個可以長治久安的政治與社會體制。

想當年掌控天下後，秦始皇是採取雜法的方式，漢初君臣則是改用雜道的方式。實施的結果，前者得以抑制貴族世家，厲行中央集權。可是由於刻薄少恩，乖戾殘酷，導致國家四維不張，政府強而暴虐。這點，我們看到賈誼曾對秦朝「鞭笞天下」、「重以無道」的行為，嚴加撻伐。後者注重清靜無為、減少干預，放手讓民間自立自足

足。然而正因為無為而治，秉持寬容態度加上又缺乏完整倫理規範，後來儘管海內殷富，可是也招致異族窺邊，以及豪門亂法、刁民犯禁的後遺症。這應該歸咎大國精神未立、國體四維未備，才造成社會富而驕縱的現象。

漢朝早在高祖甫登基時，就有儒家學者如陸賈、叔孫通等寄望政府以禮樂治天下；而當年的所有朝儀規矩乃至寬容施政方針，也的確和儒家脫離不了關係。不過，漢初民生凋敝，怎有心思去考慮精神層次的問題。猶如《史記・平準書》有一段描述：「漢興接秦之弊，丈夫從軍旅，老弱轉糧饟，作業劇而財匱，自天子不能具鈞駟，而將相或乘牛車，齊民無藏蓋。」現代心理學大師馬斯洛（A. Maslow）也指出，人類有一個由低到高、依序排列的需要層級（Needs hierarchy）：生理、安全、歸屬、自尊、認知、美、自我實現；唯有生理需要先獲致滿足，才會一層又一層去追求較高的心理方面的需要。不然，衣、食、住、行尚且自顧不暇，又如何顧及制禮作樂？《漢書・叔孫通傳》也記載另有其他儒生認為在漢初艱困條件下，真的不宜冒然興起禮樂：「今天下初定，死者未葬，傷者未起，又欲起禮樂；禮樂所由起，百年積德而後可興也。」

到了文帝在位一陣子時，國家經濟起飛，社會日富而驕縱的弊端也越為明顯。識者看出要治理一個龐大的帝國，雜法的方式固然行不通，換成雜道的方式終究還是照樣碰壁。如果不改弦易轍，而依舊一味堅持無為而治的話；則無可避免地，社會上禮義不守、廉恥不足，經濟上土地兼併、買賣壟斷，政治上王侯跋扈、豪強蠻橫。賈誼對此果有先見之明，曾經一再向文帝進勸：「今四維猶未備也，故姦人幾幸而眾心疑惑。豈如今定經制，令君君臣臣上下有差，父子六親各得其宜；姦人亡所幾幸，而群臣眾信上不疑惑。此業一定，世世常安，而後有所持循矣。」（《漢書・賈誼傳》）賈誼的建議，「改正朔，易服色，制法度，定官名，興禮樂」，無疑就是要以儒家作為朝廷之基本國策。文帝無意作為，「不問蒼生問鬼神」（李商隱〈賈生〉），當然，他的建言始終沒有被採納。爾後，景帝在位時候，這些政經與

社會弊病果然一一湧現，成為朝廷的隱憂。景帝的作風雖然略帶刑名，可是仍然堅守黃老之術奉作治國正典。所以對於富而驕縱的現象，也只能頭痛醫頭、腳痛醫腳，例如：七國之亂，朝廷終究無法就國家的體制面作一徹底改張。

剛柔並濟的儒術

近年（指二十世紀末至今），有人把軍事和政經等所呈現出來的國力稱為剛體力量，這是一種物質性的力量。與之相反的非物質性力量，則稱為柔體力量，它的影響與滲透作用尤其強大。這是一種發自優異文化的精神力量，指整個文化領域包括世界觀與價值觀、資訊的傳播流通、知識與教育、社會規範、政經制度、生活習式等等，所形成的一股征服人心的力量。

如此看來，秦朝剛體力量強而柔體力量簡直闕如，建國才十數年，竟然「一夫作難而七廟墮」。漢初文景時代，剛體力量也是很強，但柔體力量雖有卻遠遠不足，其世界觀與價值觀、知識與教育、社會規範、政經制度等，都不是那麼樣健全有力、那麼樣吸引人。儘管譽為文景之治，其實隱憂真是不少；政治上「天下之勢，方病大瘇」、「失今不治，必為錮疾」（《漢書‧賈誼傳》），經濟上「而商賈……因其富厚，交通王侯，力過吏勢……此商人所以兼併農人，農人所以流亡者也」（《漢書‧食貨志》）。後來終於發生王侯叛亂，商賈兼併與壟斷等事件。

漢武帝為景帝之子，身為太子時曾受儒家濡染（按：太傅王臧即為名儒申公之弟子），對七國之亂等也印象殊深，胸中早有一番改革之意。登上皇位後（140 B.C.），不久馬上「詔舉賢良方正、直言極諫之士」，試圖網羅儒家人才，重啟禮樂之治。董仲舒適時獻上〈天人三策〉，提出獨尊儒術的方式，指出「融法、雜入儒術」的雜儒路線。武帝依言「王霸雜之」，採取一系列以儒為體而以法、雜為用的措施。他強化剛體力量，並打造氣象恢宏的柔體力量，發揚大漢聲

威，且替昭宣之治奠定基礎。最重要，他所建造以董氏儒術為核心的柔體力量隨即演變為中國文化倫理社會的力量，此後二千年間固然多次改朝換代、政經起落，卻總能一路宛延，連綿不斷。

奉儒術為治國準繩，許多舉措最後的確可取得較圓滿結果。武帝的重要舉措二大部分：其一是關於新政經與教化活動。在政治權力上，再次施行中央集權，對內「推恩眾建」（削奪王侯權力的政策），使到王侯名存實亡，跟一般富室豪門幾無兩樣；對外拓展疆土，平定四夷。在經濟財政上，統一貨幣，限民「名田」（置田產），成立國營機構介入產銷，以防富豪兼併、壟斷。另外，在學術思想上，罷黜百家，獨尊儒術。學術思想的求同，為了維繫如此一個統一的龐大帝國，難免「有壓迫異己思想的傾向」（胡適之語）。董仲舒在〈天人三策〉結尾時說：「春秋大一統者，天地之常經，古今之通誼。今師異道，人異論，百家殊方，指意不同，是以上無以持一統。……臣愚以為諸不在六藝之科、孔子之術者，絕其道勿使其進。邪辟之說滅息，然後統紀可一。」其實這說法和李斯在禁私學的奏議中所言，並無多大差別。所不同的，秦始皇和李斯只知負面地實施惡法壓制，明令「燒之」、「棄市」、「族」等，方才釀成「焚書坑儒」等事件。而武帝、董仲舒等則採行正面的獨尊儒術的一連串作法，包括：策賢良、舉孝廉，置五經博士和博士弟子員，設立太學、明經取士等等。結果是把儒學扶上官學的寶座，並首闢士人從政之路，進一步刺激朝野的教學風氣和文化水準。

其二是關於世界觀與價值觀和社會發展。儒家是先秦百家當中唯一繼承周朝所開始孕育的天人合德和人本意識，且又對人性光明面以及對人文與倫理抱持肯定態度者。漢武帝能夠把儒學尊為官學，認同天人合德（董氏將之擴大為天人感應），推動仁為原理的道德思想與綱常規範。尊儒顯然較符合中國文化與倫理社會的長期走勢，再者也促成「士」的陸續加入營造綿互堅卓的禮教和道統。士就是指知識分子，素為中國文化的靈魂人物。士在春秋戰國期間崛起，自統治階層中分離出來。他們最早以游士面目出現，使用「口舌」作為謀生工

具，主要是傳道解惑、議論政事、游說諸侯。武帝實施中央集權以及獨尊儒術，雖然結束了游士時代，但卻也催生了士人階層。漢朝（乃至後世）的士便在政經、學術與社會中扮演關鍵角色。他們在政治上抱有入世精神，士人從政的途徑也逐漸形成，進則可以經由既定管道參與國是，退也可以處士橫議，批評時事。在學術上，他們深有學習精神，適逢儒家經典受到非常尊重與優待，更吸引士子投入心血從事研究工作，使到儒學和整個文化蓬勃滋長。在社會上，懷有弘道精神，不論在朝或在野，他們常不忘宣揚人本思想和倫理規範，甚至有者以身作則，樹立儒家道統和禮教的標竿。

獨尊儒術的目的主要還是基於政治考量，但實施之後，油然出現天人、仁義的世界觀與價值觀，以及禮教暨道統的社會結構，這一影響則是非常深遠的。我們曾經講過，儒家是順著中國倫理的軌道向前走。因此，雖然歷經春秋、戰國、秦朝的動盪與戰亂，不過日常生活一些道德規範經已在一般百姓心中形成共識，這足為儒家思想的推廣，提供一個非常有利的環境。可是，孔孟之說到底只是一套天道人學理論，並不適合直接移用到實際的政經與社會運作上。董仲舒將儒家與法、雜各家學說融合一塊，實行「融法、雜入儒術」；他博采眾長，整合出以儒為體而法、雜為用的天人感應論（簡稱感應論），成功展現一套統一的社會理論；有了它，儒家然後才能完全落實到世人生活——包括學理與應用——裏頭。

隨著龐大農業帝國的興起，終竟出現了空前的社會難題，因而各種學說匯集綜合以找出一有效的解決方案乃是必然的走向。不單在古中國是如此，既便在古代羅馬，「融倫理入哲學」，也可以看到高舉倫理主義（按：西方對倫理的定義和中國頗有差異）的斯多亞學派（Stoicism）和伊壁鳩魯學派（Epicureanism）因應社會需要而誕生。況且，西漢董氏感應論它非但可以據以擬議、推行帝國的體制與政事，還可以形塑眾人腦海中的共同理想願景，繪出一幀輝赫的天人宇宙圖。再說，經過一連試誤（Try and error），它堪稱諸多不同經驗，包括呂不韋、秦始皇、文帝與景帝，以至武帝等幾經琢磨的最佳選

擇。所以，依著董氏感應論而滋蔓的政教儒學，其所建構的天人典範就被高拱成為歷朝的社會綱領。二千年來，雖經政事分合更遞，唯該典範卻自西漢中期開始一直沿用到清朝末年方見崩裂。環顧全球所有文明，只有中國文化倫理社會具有此一特色，也造就中國歷史綿延不墜以及大一統功業永續不竭。這也證明以儒家思想為中心的統一的社會理論，是世世代代中國人的守護神，也是人類文明的一項奇蹟！

感應論主要載於董氏《春秋繁露》一書，另外也可參考《漢書·董仲舒傳》。董氏專治《春秋》，崇尚儒學並繼承儒家的大體框架：人本、化生、因反；但他的理論卻雜而非純，混入不少法家、雜家（含道家與陰陽家）的見解。他身兼官員與學者，且其宗旨又在訂定人道規範，所以他的「天」顯然具有政治與學術雙重特徵。

在政治上，基於干權的考量，他的天難免沿襲周朝主神天的觀念；將之視為宇宙萬物的主宰者、裁決者，為一有意志、有仁德、有法則之天。可是在學術上，身為一名學者，他的天乃兼有的形上渾合天（兼有義理天＆法則天），那就必須脫掉天命王權的面具而代以嚴謹的論證，唯有如此才能建立一個讓人信服的普遍化理論體系。因此，董氏強調天有仁德，但那不是神權時代的「天命有德」、「祖德配天」，而是借助儒學的先驗義理來作哲學陳述。他也標榜天有法則，顯然那不是「天敘有典」、「天秩有禮」之類，而是訴諸陰陽五行來闡釋世界規律。他還大力凸顯天有意志，不過那也不是宗教的「福善禍淫」；而是藉由融合儒、法、雜家等來合理地說明天人感應，表示天對人如何賞善罰惡。

依董氏的說辭，天是萬有之本原，也是道之所宗，「道之大原出於天」，「聖人法天而立道」。天道乃指陰陽變化的法則，「天道之常，一陰一陽」，「天道之大在陰陽」。陰陽的運轉，遂產生物質與精神事項（按：物質與精神問題要到宋明理學才有完整立論）。就物質面視之，陰陽可衍化為四時、五行，「天地之氣合而為一，分為陰陽，判為四時，列為五行」；五行相生相勝，便構成天地萬象。就精神面言之，陰陽又可轉成德與刑，「陽者天之德也，陰者天之刑也」；

並且，天是「任德不任刑」，「大德而小刑」，精神的歸原遂見「天，仁也」。若說人，人猶如天一樣皆有陰陽，故此天人彼此脗合，「此人之所以上類天也，人之形體化天數而成，人之血氣化天志而仁，人之德行化天理而義；人之好惡化天之煖清，人之喜怒化天之寒暑，人之受命化天之四時。」他對人副天數一事大力著墨：「天以終歲之數成人之身，故小節三百六十六，副日數也；大節十二分，副月數也；內有五臟，副五行數也；外有四肢，副四時數也。」理所當然，自然和人事也就彼此符契。非但道德規範是遵循天的規則，例如：「舉顯孝悌，表異孝行，所以奉天本也」，「王道之三綱，可求于天」。即使各種政經體制，也是參照天數而設計，例如：「王者制官三公、九卿、二十七大夫、八十一元士，……天之大經，三起而成，四轉而終，官制亦然者，此其儀與。」

以現代人的水平看天人感應之說，固可嗤之為無稽荒謬；但在古人心目中，它的邏輯卻是頗為嚴謹，更是映射一有機宇宙模型。它雖然觸及諸多自然現象，唯其重心不在展列一物理體系。相反的，它以陰陽、五行、天人、德刑等為支柱，一貫自然與人事，爾後建構一個發揚儒家禮教又邏輯甚嚴的社會系統。

說它邏輯甚嚴，是指在當時的科學水平上，極盡可能地採用已知的學理與知識，來論證天人感應和天對人之賞善罰惡。猶如感應論所重申，天人彼此脗合且自然與人事也彼此符契；於是，自然變化與人事行止二者必定就能相感相應。董氏曾經提出有力辯證與實例來加強其論點，譬如：關於五行與王事的符應，「王者與臣無禮貌，不肅敬，則木不曲直，而夏多暴風；……王者言不從，則金不從革，而秋多霹靂；……王者視不明，則火不炎土，而秋多電；……王者聽不聰，則水不潤下，而春夏多暴雨；……王者心不容，則稼穡不成，而秋多雷。」處在這種情況下，君王一旦言行不仁不義，無疑將會招致上天的懲戒；「國家將有失道之敗，而天迺先出災害以譴告之；不知自省，又出怪異以警懼之；尚不知變而傷敗迺至。」董氏深信天對人經由感應，當可做出賞善罰惡的舉動，他並曾彙集不少事例作為佐

證。他於是把「春秋之道」奠立在感應論上，以期匡正君王的行為，「以天之端，正王之政；以王之政，正諸侯之位。……亦欲其省天譴而畏天威，內動於心志，外見於事情，修身審己，明善心以反道者也。」

說它發揚儒家禮教，乃指其內容要求君王承天行仁，復又根據陰陽法則，肯定三綱五常的正當性。由於感應論的前驅，才能建立一套上下有別、尊卑有序且人事效果甚佳的禮教體制，使到整個帝國得以根基穩固、長治久安（按：漢朝國祚約四百一十年）。感應論對人之本性是持善惡兼有觀點，每個人都兼有善與惡，「身之名取諸天，天兩有陰陽之施，身亦兩有貪仁之性」。然而，陽尊陰卑，故貴善賤惡，「人受命於天，有善善惡惡之性」。人的善質一旦經過陶冶教化則民性（社會人性）必將為善，「性待教而為善，此之謂真天；天生民性，有善質而未能善，於是為之立王以教之，此天意也」。因此，人性進德為善，「以性為善，此皆聖人所以繼天而進也」。這注定導致董氏的人道本原含蓄人為努力，所謂「教化仁」（教化能仁），「性待漸於教訓而後能為善」，顯然有些像荀子的化性起偽，制大轉仁（「制天仁」）。當然，董氏的行為基準無疑正是孔、孟大力疾呼的仁義觀念，「天之為人性命，使行仁義而羞可恥；非若禽獸然，苟為生、苟為利而已」。董氏不單接收並綜合孔、孟、荀思想，還將傳統道論範疇予以擴大並系統化之。他把三綱五常都列為天道下貫人道的常規，借助陰陽五行的辯證，把整套倫理綱常當作顛撲不破的宇宙至理。

正因為董氏能把儒家之道的意涵合理地加以擴張，而且其說辭與證據都讓時人不得不心悅誠服，所以他的治國之道遂成為漢代的金科玉律，對歷朝禮教的影響尤非同小可。他的治國之道稱為王道，乃在「春秋大一統」的舞台上，編織一以仁為中心、以三綱五常為經緯的政治與社會制度。他提倡仁為治國之本，「霸、王之道，皆出於仁」。進一步，確立三綱五常合乎天地規律，「王道之三綱可求于天，……君臣、父子、夫婦之義，皆與諸陰陽之道」，「五行者，五行也」。

然後，再積極推動仁義禮樂和德治教化，「道者，所由適于治之路也，仁義禮樂皆其具也」，「為政而任刑，謂之逆天，非王道也」。如此一來，便構成一個非常堅實牢固復又以儒家為治國理念的帝王專政的政治與社會制度。

我們應該知道，孔、孟所提出的僅是人學理論，而董氏所提出的則是社會理論，雙方的重點與領域根本就不一樣。董氏對人學固然全無新見，但對古代社會學說卻貢獻卓著，全球首屈一指。雖然，他借助天人感應來強化君王專政，並把倫理和政經、社會作一緊密結合，延長了中國的君王專政的壽命。可是，如果缺少他那一套理論，那麼，一來，孔孟思想恐怕就難以落實到中國人的日常生活中；二來，中國在漢朝之後，很可能就會像羅馬帝國之後的歐洲，長期陷於分裂，再也不會出現大一統局面。這兩點，後世凡是要評量董氏感應論的人，豈能不稍作斟酌！

當然，就學術來講，感應論作為古代社會理論仍然有許多破綻。我們全都知道，早在漢朝就有學者對它發出質疑聲浪，其中要數王充最具代表性。由其《論衡》一書來看，王充大致也繼承儒家大體框架：人本（應為：自然與人為本）、因反、化生。不過，王充卻針對感應論而另提天人偶會——天人不感應——的理論。王充為人察實疾虛，凡事講求經驗證據，治學思路傾向兩面立論，以致他的天不像董氏乃屬強意味渾合天，而是弱意味渾合天；甚至，天人聯繫的程度直抵「偶會」的地步，也許逕用「不感應」來表述更為貼切。職是之故，《論衡》中每當觸及天道、性、人道、治道等課題，都隱約可見二端各異的手法。

在此茲將偶會論作一簡述。原則上，王充分別從兩端來看天人問題。從「自然」一端來看，天道運作自然無為，「自然無為，天之道也」；天道與人事何干，「天道自然，非人事也」。倘若自然界發生災異現象，而且它與人間變化竟然相互符應，那也僅是偶然胳合罷了！「若夫物事相遭吉凶，同時偶適相遇，非氣感也」。「自然之道，適偶之數」，我們稱之為天人偶會。順著此一看法，則人道主要

莫過於自然生理之欲，「人道所重，莫如食急」。反之，從「人為」一端來看，人事行動都在力求有為，「人道有為，故行求」。最大有為事件，莫過於禮樂教化，「人道有教訓之義」，「人道善善惡惡，施善以賞，加惡以罪」；由此刻畫出一「教告仁」的道體，順承儒家以人為本的大體框架。人皆奉行仁義，社會方能達到和樂狀態，乃至達成人為取予的積極意義，所以又說，「道德仁義，天之道也」（《論衡・辨祟》）。至於性，人的本性有者善有者惡，而惡者可經教告使其社會人性率善（率教而善），「論人之性，定有善有惡，其善者固自善矣，其惡者故可教告率勉，使之為善」。最後，談到治道，一是無為而治，民生活動方面應該順其自然之理，「無心于為而物自化，無意于生而物自成」；二是任德而治，人事政教方面則應施以德治，「治國之道當任德」，「治人不能廢德」。

　　表 5-1 裏面，我們把董氏感應論和王充偶會論作一扼要比較，二者各按不同的天人模型各自揭櫫人本（兼有觀）和自然與人為本（各有觀）的社會理論。總的來說，不管內容或論證上，偶會論看似薄弱一些。

表 5-1　感應論與偶會論的比較

理論 要項	董仲舒感應論	王充偶會論
1.大體框架	人本（兼有觀） 因反 化生	自然與人為本（各有觀） 因反 化生
2.天道 　天 　天道	渾合天（強意味） 義理（陽尊陰卑任德而不任刑）	渾合天（弱意味） i 自然：無為 ii 人為：義理
3.性 　本性 　社會人性	兼有觀：善質（善與惡兼有） 人性進善	各有觀：i 善　ii 惡（有者善有者惡） 人性率善

4. 人道 道體 行為標準 倫理規範	教化仁 仁義 三綱五常	教告仁（有為） 仁義 ——
5. 政治與社會	王道：以三綱五常、仁義禮 樂、德治教化來治理國 家 特徵：注重教育	治道： ⎰ i 民生：無為而治 ⎱ ii 人事：任德而治 特徵：重視教育
6. 天人模型	天——感應——人	天……偶會……人

5.2 統一的自然理論

　　董仲舒之後，經過了千年世事滄桑，儒術早已失去了昔日光彩。
接著轟轟烈烈登場的，乃是宋、明時際為探尋森羅萬象的體用與流
變，針對萬有理氣而建立的統一的自然理論。此一知識探尋、建構工
程，既龐大又費力費時，它自魏晉肇始，歷經南北朝、隋唐，一直到
宋明時候才告竣工。整個過程堪說目不暇給，其間有西域外來學說的
滲透與刺激，又有國人的心智再造。重要部分包括宇宙觀與方法論的
更張，以至新理論體系的集成，真是一場精彩的人文盛況。

　　一開始，我們且從漢朝末年的儒術危機談起。

　　漢代以降，歷朝的政治與社會規範原則上仍然沿襲綱常倫理的骨
架。但是，漢代儒術所表徵的知識和精神層次，尤指天人模型、世界
觀與價值觀、自然學理等，走到後來，別說歷朝，單在漢末就已腳步
蹣跚，怎麼樣也走不下去了。主要原因有三項：首先是理論內容無法
翻新，原理與立論皆跟不上世人視野的擴張。我們知道，儒學自先秦
人學理論和西漢社會理論相繼問世以來，它的對象都環繞著「社會
人」打轉，而以此為基礎所建造的學說體系迨至漢朝已達頂峰。除非
它能夠另闢新的範疇，揣摩不同的宇宙觀與方法論來改造它自己，否
則便只有繼續滯留守舊。況且，漢代獨尊之舉竟使儒學成為晉身之

階，許多儒生並非意在探求學問，而是為了功名利祿才埋頭經典；尤其，當中泰半還只知字義的注疏，有者更從天人感應折向陰陽災祥，甚至掀起讖緯迷信的風潮。

其次是政經衰敗和社會亂象帶來的負面作用。東漢末期政治紛爭不斷，士子從政的明經與察舉的管道受到破壞，加上讀書人陸續遭到宦官、軍閥等集團的打壓，不少文物典籍繼之又被漫天戰火吞噬，致令學習風氣一蹶不振。土地兼併，加上天然資源枯竭，土地生產力委靡，經濟條件走下坡，也使儒術的地位出現搖晃。儒家所提倡的禮教，既未能切中時弊，有許多更和拮据時局發生矛盾，譬如：厚葬。儒家對人事議題的關注，還真遠遠不如時人對自然事物的興趣來得更具經濟價值。

復次，是精神上的需要。眼見社會環境劇烈變化，生活動盪不已，人們必須奮力尋求新的思想意識，以便在亂世中能夠安身或安心。尤有甚者，鑑於龐大劉漢帝國到頭來終究步向幻滅，也刺激眾多知識分子企望跨越人間無常，更深邃地去探詢萬象背後的抽象命題。儒家一向偏重現世事務，漢朝政府尚在教化上投注大把心力；可是現實社會未嘗因此變成人間樂土，帝國最後依然難逃覆亡命運，連帶使到聖王大道和天人感應的可信度也跌到谷底。於是，人們不得不設法另起精神爐灶。

始自魏晉時期，便有一股修正風潮逆行捲起。知識分子非單大膽掙脫經學的束縛，還急欲跳出人間事務的拘執；此舉果然大大豐富了已往儒家設置的框架。傳統框架的深度比較不足，第一，所謂以人為本，但到漢朝之際，其「人」字乃指社會人，其認知對象也由社會人出發。這表示彼時儒學真正有效性僅涵蓋人間界，主要包括：社會人性、政治與社會體制等；易言之，其普世性在某種程度上也僅抵人的範疇。至於認知行徑則是重在考察，意即針對認知對象詳加考視觀察。第二，肯定化生世界，但更貼切地說，那時候是指一體的形有化生世界。儒家眼中所見盡是有形的、生生不息的整體萬有事物（人為主），進一步才看到有形事物所秉具的一些無形東西，譬如：稟受、

義理、規範等。第三，採取因反方法，但由於受到上述社會人本和形有化生的限制，導致古人的思路與概念常囿於現象之一隅。職是之故，其認知側重事物的表象，我們便把這樣子的古代因反方法稱為樸素因反方法。

魏晉玄學透過對「三玄」即《周易》、《老子》、《莊子》的衍釋，投入者包括當時身居學界主流的玄論派成員，譬如：何晏、王弼、向秀、郭象，試圖去開拓一個全新的領域。事實上，玄學並沒有自己獨立的一套理論體系，有關的作品資料主要是針對三玄的注疏，以及一些短論、清談。所以，魏晉大約二百年的歲月中，說起來確實找不出什麼像樣的學術巨著。然而，深一層去剖析，玄學散發出來的，卻十足是一股新思維。這股新思維的瀰漫正反映儒學古代框架的折裂，也顯示中國文化開始悄悄為下一回合的開闢，著手進行準備性工作。

其一，玄學慢慢將認知對象轉移到自然界，並企圖摸索一條師法道家以自然為本的思維通路。所以，玄學一提到「道」，主要意思是指自然之本元（本體與元由），另外還有一個意思是指自然演變之法則。王弼「道同自然」（《論語釋疑》），郭象「道在自然」（《莊子注・知北遊》；《晉書》稱此書乃向秀注釋而郭象增述），都是操持相似的態度，著眼自然。不過，這實在不是一件容易的事。相較於人事行止，常有脈絡可尋，何況從氏族到宗族、從聚落到都城，有些民族在歷史演進中尤知承啟而立下了一些倫理規則；這些規則當然可循「考察」來認知，甚至還可以予以擴充並美化成為一理想規範，就像儒家的仁義禮樂、三綱五常。可是，自然萬象有機結構錯綜複雜，常與變、正與反、強與弱、剛與柔、盈與虧、直與曲……等等，可說奧妙莫測，認知訣竅如果不求虛心「冥會」，就很難去捕捉其本元和法則。這種思想深度的躍進，最有趣的例子要數王弼《易經注》表現出來的「掃象」之舉，彰顯心眼穿過表面象數（若就自然而言，則為現象）的迷障，進而冥想象數背後的哲理意義。他在〈周易略例〉文中對此加以說明，指稱漢易拘守卦爻的筮象，徒然「存象忘意」；反

之，他採行冥思取義的竅門，結果「忘象以求其意，義斯見矣」。

其二，玄學主張「無」是自然的本元，自然化生是其最高法則，揭露一個一體的形無化生世界。《列子》（魏晉人偽作）張湛注引何晏的話，「夫道，唯無所有者也」，「有之為有，恃無以生；事而為事，由無而成……則道之全焉」；這表示天地萬有的本元為一無語、無名、無形、無聲的抽象存在，也就是「無」。王弼更以歸復反本來揭示道體就是無，「道者，無之稱也」（《論語釋疑》），「凡有皆始於無，……玄道以無形無名，始成萬物」（《老子注》）。於是，整個玄學核心都集中於「無」，並且圍著崇有與貴無、名教與自然進行討論。其實，老子未嘗直言道就是無，《老子》一書的「無」字大皆作形容或記述之用，書中的有與無，就像常與變、正與反……等一樣，全屬道的一體之兩面。筆者習慣上將老子的道視作「無為」（含「無不為」），意即純自然，也許比較接近他所稱「道之為物，唯恍唯惚」，「無狀之狀，無象之象」，「寂兮寞兮，……可以為天下母」。何晏、王弼等進一步能夠透視事物現象之後，乃一無形無名之本原，並領會自然界為一形無化生世界，這真是一偉大創見且表明魏晉人士的精神境界遠遠超過前人一大截。全憑類此深邃的抽象形上思維，才造就諸如劉徽、祖沖之的算術貢獻，遙遙領先為當時全球之冠。

其三，玄學把虛心冥會和因反方法併在一塊，從而孕育出一種抽象思辨的技巧稱為玄智（虛心冥會）因反方法。玄智可說是道家特別是莊子心齋（虛靈無欲）、坐忘（神化無我）的繼承和揚昇。莊子以其真心（真宰）玄覽自然，所以能夠洞穿物蔽、超脫物外。雖然，《莊子》裏頭有許多言辭看似荒唐不經、恣縱不拘，但這正是他真心玄覽的認知方法，才有獨樹一幟的立論。《莊子・齊物論》主張吾人應該隨任自成之真心，方能看破表象遞代，「夫隨其成心而師之，誰獨且無師乎？奚必知代而心自取者存之，愚者與有焉」。否則，單憑耳目考察，又豈能區別知與不知！「庸詎知吾所謂知之非不知邪？庸詎知吾所謂不知之非知耶？」《莊子・養生主》遂提出考察之知有其局限，但其欲攫取的關於事物之學識卻是沒有窮盡，「吾生也有涯，

而知也無涯」；唯有真心之知，能順遂自然法則以把握道之真諦，此即「緣督以為經」。郭象在《莊子注》中，把真心提鍊為虛心冥會。他認為至道「得之不由于知」，全憑「虛其心則至道集于懷也」；一旦放讓心智「獨能游外以冥內，任萬物之自然」，那麼「內不覺其一身，外不識有天地，然後曠然與變化為體而無不通也」。

　　說起玄學的最大功績，不外乎它清楚地畫分物（現象）和道（本原）；同時宣告所謂道就是無，無形無名卻又是天地萬物之本由，從而烘托一個一體的形無之化生世界。頗感遺憾的，玄學關於道和物的說明太過粗略，引發諸多懸疑，譬如：道（本原，以及法則）物、有無等的詳盡精義和彼此聯繫是如何？自然和名教的畛域、關聯又如何？還有，玄學擅長玄智思辨，則其客觀考察和主觀冥會卻是如何？林林總總，玄學家們留下不少令人費猜度的問題。而出乎意料之外，西域佛學對於眾多類此發人深省的問題，大皆備有一套應對言辭；儘管未必是正確答案，可是恰逢兵荒馬亂且資源困窘的年代，這種言辭經過翻修後正剛好可以填補中國文化的間隙。就在儒術凋敝的情況下，起於玄學的先行，跟著才順利發生西天印度佛學的大舉來華。

中國佛學的非佛化

　　面對整體世界，每一民族根據自己實現活動（Act of actualization）的需要，發展出特定的處世態度和應接措施。西方文化脫胎自古希臘羅馬哲學，相信宇宙為一靜態的存有世界，自然是與人類截然有別；於是，人和自然、心和物、主體和客體，原則上都是各別獨立存在的存有者。所以，崇拜科學的近代西方人常會陷入「世界和自我」的對立矛盾中，動輒毫無顧忌地分隔人我，宰制客體，以追求一自我中心的現世環境。中國儒學的真諦向來認同一動態的化生世界，乃是一個與人相干互動的世界。由於自古便標榜人參贊天地之化育，致令民族性較能協調整體、諧和人我，尤易喚起知識分子內聖外王的濟世胸懷。

　　至於印度佛教（「佛」Buddha，原意為覺者或智者）則認定森羅

萬象原是因緣的空假世界，事物不過是四大（地、水、火、風）的因緣假合，實際上根本不存在。世間生滅無常，一切皆苦。因此，倘要超脫鎮日遭受的苦難，莫過於節制主體，修行身心，轉向出世的路子，方能脫離苦海。這種出世思想有其論證上的說服力，仍是佛學對自然法則所作一番探索之後的智慧結晶。它對於自然現象的剖析較之古希臘羅馬哲學，堪說各有千秋，無疑領先原始儒家甚至魏晉玄學一段路程。

然而，佛教由西域傳入東土後，不久就被中國根深柢固的實現活動模式所逐漸同化了。佛學跟玄學一樣，同是以自然為本，又同是在超感官層次上探取事物之實體，二者因此比較容易產生交涉。於是，透過佛學的玄學化和非佛化（漢化），逐漸使到印度佛學搖身變為中國佛學。

早在南北朝前後，佛教開始流行。隨著其觸角從一般民眾延伸到學術領域，那種專門講求身心修鍊的小乘佛教便慢慢走下坡，反之兼顧身心修鍊和濟世胸懷的大乘佛教蔚為主流，並與玄學，還有道教、儒學緊密地互動交匯。起初是挪用玄學的詞藻來譯注佛經，還採行玄學觀點來解釋經義；後來，竟變成釋門思想的大加改造與去佛化，一步又一步遞次形塑中國佛學的特有相貌。

印度佛教係持二分論，現象（相）和本體（性）依立、物質（色）和精神（心）假合，無異斷然兩截；並且，側重表彰體性空寂，傾向一條出世的道路。反之，中國佛學譬如天台、華嚴二宗卻持性相不二、物心合一的中國一體思想；天台的三諦三千圓融相貫，以及華嚴的六相十玄相即圓融，就是以客觀一體論做為其根柢。至於後來獨盛的禪宗，乃中國佛學的一大獨有特產；更是由主觀世界心性法則導入，進而還把宇宙（客）和本心（主）徹底統合為一，此為主觀一體論。禪宗意欲於主體自性和客體萬法之間搭起一座直接橋樑，甚至說，把宇宙搬入方寸之中。禪宗把性或自性解釋為佛性，強調主體「本自具有」此一佛性；苟能明心見性，則一切皆如，大總圓融。這種將本體與現象以至主體與客體，悉數融冶一爐；使其言論不管從任

何角度來評量，無不屬主觀一體論範式，可說是典型的中國式「和」、「合」、「圓」的極致。此後，中國佛學非但講求本體論的空有不二（有別於中觀學派的方法論的不二），理事一際（故天台、華嚴為：心性本覺或心性向圓）；尚且還講求萬法在自性，本心是真如，發揮了孟子與莊子所追求的無限主觀精神（唯禪宗可稱：心性本圓）。

　　回顧禪宗的發展歷史，說穿了就是一系列如何縮短宇宙和本心之間距離的活動。這先後受到《楞伽經》（四卷本）、《起信論》、《金剛經》等不小影響，有一對應的思想演變過程。

　　禪（Dhyana）由瑜伽（Yoga）而來，原為佛教「戒、定、慧」的定。印度禪由身體的定著手，以「安般」（Aga 入息 Pana 出息，打坐調息）做為入門，始終定多於慧。禪宗的禪很早就注意心靈的定，一直設法針對「心」來下工夫，因而慧多於定。此處，我們有一點要稍加補充，一般宗派甚至天台、華嚴所說的心，幾乎傾向把它當成外在客體，是一被觀察的知性對象；唯有禪宗所說的心是代表主體內在清淨之心，自具真如法性。《楞伽師資記》中，四祖道信的入道安心法門便朝著這目標邁進；其重點就在於類似這樣的心，「依《楞伽經》諸佛語心第一，又依《文殊說般若經》一行三昧，即念佛心是佛」。顯示禪宗在道信手上便有明顯轉變，要求吾人把入道方便轉向內心的主觀世界，注意自力作用，尋求由內心的苦修而證得佛性即諸法實性。事實上《楞伽經》中「佛語心第一」的「心」字（Hrda）非關人心，原意相當於「樞要」，但是道信（其他楞伽師亦然）望文生義，將之視為人的內在之心，遂塑造了禪宗的獨特風格。

　　道信的「安心」主要是念佛念心、凝心入定，屬內心的定的功夫。這等於暗示客觀萬有和他的主觀一心，二者交涉並立；故必須耗費巨大心力，淨化自己，方能捨偽歸真。如此說來，他的心應指有情心；倘依《楞伽經》的觀點，可以勉強稱作「客塵煩惱所覆」的如來藏心。五祖弘忍向前跨進一步，開始講究內心的慧的功夫。他強調守心，首重不生妄念，住心看淨，《宗鏡錄》對此有轉述：「但守一心，即心真如門」。他所謂的心，真正意思相當於《起信論》的「眾

生心」，包含清淨和雜染二心，而他所要守的則是「自性圓滿，清淨之心」（《最上乘論》）。弘忍明顯受到《起信論》「一心二門」的「心真如門」（另有「心生滅門」）之啟發，故「守心」襯托出萬有和一心是緊密相隨。於是，只要坐攝守住心真如門，了悟萬有真相，不見煩惱妄念，便能還其清淨。這種禪法含有慧——內心的空寂與清淨——的功夫，《最上乘論》說：「攝心莫著，並皆是空，妄想而見」，《楞伽師資記》也說：「寬放身心，住佛境界；清淨法身，無有邊畔」，正是此意。

弘忍強守「心真如門」，側重住心看淨，「夜夜坐攝至晚，未曾懈倦，精至累年」（《傳法寶記》）。眾弟子中最能繼承並發揚弘忍的禪法，又能充分吸收《起信論》一心二門的精神，當數北宗神秀。神秀兼顧理論和實務的可行性，定慧合一（其實慧多於定），揭蘗還滅離念的門徑；由生滅門的不覺，採取階漸方式，通達真如門的本覺（心性本覺向圓）。這一緩步攻堅的入道程序，恰好反映他認知中的萬有和所謂的心是互為連貫的。神秀因襲道信、弘忍的心印，再加上自己的修行心得，提出五方便通經。第一是總彰佛體，此小名離念門；他把覺（「佛」原意為覺）界定為心體離念，離念就可從生滅的不覺歸返到真如的本覺。第二到第四講解有關應用步驟，說明身心不動和心識不起的要領。第五則表達徹悟之後，自然無礙的圓融境界，由定發慧，一切皆如。後來南宗神會曾對神秀作出批判，指其五方便是「凝心入定、住心看淨、起心外照、攝心內證」（胡適校，《神會和尚遺集》）。

北宗神秀是弘忍的真正繼承者，也還保留印度禪定的做法。而南宗惠能和神會卻開啟了中國禪思的獨有風格，明確加入了「性」這一特殊要素；他們反對坐禪，講求慧性合一，由慧發性——直指內心、見性成佛。到最後，竟是以性為體，以慧為用。

惠能本身不識字，二十四歲才出家；青少年時期盡受本土語言（而非佛經術語）以及傳統習俗的濡染，因此他所謂的心顯然更接近固有儒家和道家的心，帶有先驗心的味道。先驗一心就是本心，也就是自

性。本心不同於如來藏心，一心全是客塵煩惱，這依稀可見印度佛教二分論手法。它也不同於《起信論》淨、染（真、妄）二心，非一非異，這多少促成了天台與華嚴的本體現象一體論的圓融無礙。事實上，本心的說法不單標榜心性本淨，復又擷取《金剛經》的般若智慧，特別是經文「應無所住而生其心」的超絕意識，同時卻揚棄其空寂意涵，形成南禪獨有的本體現象暨主體、客體一體論的總大圓融，這便揭露心性本圓的純漢化境界。

《壇經》書中，這種一體論不但把宇宙萬有納入一心裏面，「心量廣大，猶如虛空，……能含日月星辰、大地山河、一切草木，惡人善人、惡法善法、天堂地獄，盡在空中；世人性空亦復如是，性含萬法是大，萬法盡在自性」。易言之，把佛性實在地溶於心性之中，合而為一，「我心自有佛」，「自性常清淨」。甚至，還把心性巧妙衍釋，從「清淨」義轉圜為「圓融」義；誰不知道，南宗的思想綱領：「無念為宗，無相為體，無住為本」，便是凸顯一圓融的主觀世界。苟能於念而不念，於相而離相，超脫層層縛住；則自當來去自由，自在解脫，一切皆如，這便是圓融。此外，較之北宗奉守坐禪苦行，屬於漸悟的門徑。南宗根本不重視坐禪修鍊，直接從自心本性著手，以期當下頓悟。南禪這一頓悟方法，也是建立在一體論的基礎之上，將佛搬到心中來，「佛是自性作，莫向身外求；自性迷，佛即眾生；自性悟，眾生即是佛」。

後來南禪越發成長壯大，非但躍為禪宗的正統，並且凌駕其他佛教宗派。察其之所以蓊鬱一枝獨秀，大致可以歸為以下二項原因。

一者，南禪刻意淡化印度佛教重覺偏空的色彩，又吸收儒、道精華，提出了具有中國文化特色的佛學心性說。前面曾經提過，印度佛教把心識當作迷妄的根源，同時也是真覺所在，此即真妄同源。眾生皆有佛性（注意，其性本義為「因」），可以經由正道了悟空寂。不過，若要由迷轉覺，得道成佛，需要漫長艱苦修行。反之，南禪佛理主張心性本淨（注意，其「性」指本質稟性，帶有「果」義），眾生即是佛，無疑是儒家人皆堯舜以及道家反璞歸真的翻版。而且，由於

眾生自有，一旦明心見性，就可頓悟成佛。不止如此，其所含攝的圓
融（合一）思想，在哲理上，既統一了性體與相用、萬法與一心、真
空與妙有、……；在生活上，猶統一了自然與名教、入世與出世、在
家與出家……等。不管是理論或實踐，都非常合乎中國人的一體路
線，尤其合乎社會中堅分子士大夫的俗世又超凡之品味。

　　二者，惠能弟子神會發揮了關鍵作用。神會承襲了惠能之說，進
一步肯定本心（先驗心）就是真如，統括體用主客。據此，他改良頓
悟說，完全排斥固定的修行程序，「我六代大師，一一皆言單刀直
入，直了見性，不言階漸」（胡適校，《神會和尚遺集》）。於是，
不論在寺在家，不管行、住、坐、臥，常行明心見性，就是修道，就
可頓悟成佛。這種直入修行方法，自是非常適合隋唐以來中國知識分
子的生活步調和思想型態。另外，神會的最重要貢獻，乃是他積極北
上傳道，四處宣揚南宗禪旨，公開斥責北宗妄冒神秀為第六祖，指稱
惠能才是弘忍的衣缽傳人。唐朝安祿山亂後，神會以宗教力量協助朝
廷募集軍餉，立下大功；肅宗詔他入內供養，連帶南禪也興盛風行。
再者，由於士大夫階級的支持，南禪聲勢日大。神會於760年逝世，
諡為真宗大師，三十六年後又追封為第七祖，終使南禪成為禪宗正統。

　　把禪宗的總大圓融思想發揮到淋漓盡致者，則是惠能再傳弟子馬
祖道一（709～788年）。他將惠能與神會的先驗心擴大解釋為平常
心，即圓轉如意之心，代表一統合體用兩邊且穿越主客對立的圓神實
存；它也就是道，凡隨心任意，皆屬萬有真相之顯現。所以說，「平
常心是道」，「何謂平常心？無造作，無是非，無斷常，無凡聖」
（《指月錄》卷五）。道一對此曾明白表示：「道即是心」，二者二
即一，形成了強意味的主（本心）客（萬有之道）一體論。到此，南
禪的理論基礎遂為主客不二，主體本實相，根本毋需刻意修，因而才
有「觸類是道，任心為修」的禪法。怪不得他會作如此開示，「道不
用修，……平常心是道，……只如今行住坐臥、應機接物，盡是道」
（《景德傳燈錄》卷二十八）。於是，人們一切平常的舉止言行，無
不是佛性實相的展現，「起心動念，彈指磬咳揚眉，所作所為，皆是

佛性全體之用」；放任人們圓神之心，就是修道，「但任心，即為修也」（宗密，《圓覺經大疏鈔》卷三）。

　　接下來，我們把以上從道信，到弘忍、神秀、惠能與神會，再到道一的禪宗演變過程，詳列在表 5-2 中，以供參考。讀者們可以追蹤禪宗如何由主客並立，經由漢化心性的薰陶後，一步一步蛻變成為主客同一。

表 5-2　禪宗演進要覽

禪師／禪學	道信（580~651）	弘忍（601~674）	神秀（606~706）	惠能／神會（638~713）（670~758）	馬祖（709~788）
心性	有情心（客塵覆蓋的如來藏心）	眾生心（清淨與雜染）	眾生心（心性本覺）	先驗心（心性本淨）	平常心（心即是道）
禪法	定（安心：凝心入定）	慧（守心：住心看淨）	慧─漸（離念：不動不起）	性─頓（自性：明心見性）	心─圓（任心：觸類是道）
世界觀 體（性）與用（相）	體用不二	體用不二	體用不二	體用不二	體用不二
世界觀 主（本心）與客（萬有）	主客並立	主客相隨	主客連貫	客在主中	主客同一

註：1. 由惠能／神會開始，才明確加入「心性」此一要素，成為中國佛學的獨有特色。

　　2. 就方法論而言，印度佛教常講「般若」（智慧）、「菩提」（覺悟），空宗和有空也各有中觀（辨證法）和因明（邏輯學）；跟中國文化交融後，孕育成為所謂空智（般若菩提）因反方法，包括禪宗的對法相因，還有天台、華嚴二宗的相互因反。

理學高舉一體生成的自然觀

　　佛教在世俗的神道迷信的背後，另有嚴肅的一面，那就是對宇宙萬有和人類心識所作的一番考究。誠摯地想要認識世界真相，這甚是符合科學精神。中國佛學在魏晉玄學之後嶄露頭角，到唐朝而達巔峰；它兼併中土和西天的文化精要，只要把其中涉及神道迷信的東西給予抽掉，那麼剩下部分無疑就可看作一套自然理論。其概要涵蓋：1.宇宙觀方面：傾向一體論的本無緣起生成世界，包括相對又相即的體用不二關係所形成一圓融的客觀世界，以及，體用不二暨主客合一結構所展現總大圓融的主觀世界。 2.方法論方面：由玄智（虛心冥會）因反發展為空智（般若菩提）因反。

　　理學又稱為新儒學，乃融佛（釋家）、老（道家）入儒術的全新結晶。唐朝末年，佛、道走衰。北宋年代，理學崛起，它以儒為體，以佛老為用，實乃三教密集交流後所產生的一套統一的自然理論。佛、老皆以自然為本，分別把「空」（中國佛學經已悄悄以「圓」代「空」）、「無」作為其宗旨。理學則將儒術「以社會人為本」擴大成「以自然人為本」，返身繼承儒家一貫的人本道統，所以說以儒為體；另外再消化上述由玄學以至佛學所建構的自然理論，融會貫通，因此說以佛老為用。北宋三子領先發聲，繼之名家接踵，由宋而明，標榜「理」（而非「空」或「無」）為萬有之最高範疇，並提出理氣一體生成（而非因緣和合）作為宇宙論綱領，以此為定則來闡述宇宙和人事，寫下近古中國思想最輝煌一頁。理學所催發的應用知識，更成為工藝技術和資本的源泉，進而締造了宋朝的璀璨文明，為當時全球之冠。

　　原始儒家拙於嚴謹論證，對世界模型（天道論、宇宙論）、本體與現象、心性原理等課題著墨不多，以致辯析看來比較不夠縝密，其議題也未臻周延、深入。這方面，佛學就顯得高明一籌，唐朝華嚴宗圭峰大師（宗密，780～841）嘗言，「推萬法，窮理盡性至於本源，

則佛教方為決了」（《原人論》），真是一語道盡佛教哲學之優勢。理學吸收佛教的辯析技巧與議題範疇，不過在道統上卻堅守長久以來儒家的大體框架（即：人本、化生、因反），進而建立自己的一套宏偉的理論體系。

比較理學與佛學，乃饒富趣味之舉。一者，西天佛教以自然為本，眼見萬有成、住、壞、空，故言萬象因緣和合，本體為空。空為心物之外的滅寂存在，有依空立，這也導致空有、因果、理事、性相，以至心物皆屬二截對立。中國儒學獨創一格，以人為本。原始儒家以社會人為本，社會興衰繫於每個成員是否秉持仁義之道。如果堅守以社會人為本，人學之外再難合理地開拓關於自然界之學問，充其量只能建立一套統一的社會理論，西漢儒術便是最佳實例。宋明理學大幅躍進，以自然人為本，宇宙物我均為理（心）氣（物）生成；理在人是人之理即仁體（社會之理即是仁道），理在物是物之理，人之理最高，契合天理。理是精神，為道（原理）、為本體（本元），氣是物質，生成事物器用，為現象；理氣一體化生，故理在氣中，此稱為道器不離、體用不二。以自然人為本，無疑便能建立一套統一的自然理論。莫怪乎宋明理學一經「融佛老入儒術」，便能水到渠成，並且，諸多理學名家都會談到太極陰陽之類，藉以設置一總合天地萬物之模型。

二者，西天佛教一提到心，常指人的情智之心；縱使有宗講萬法唯識、賴那（第八識）為根，那也是「析相析心以見空」（修正熊十力之言）。這心實乃扮演主體之中樞，堪稱人心本寂。中國佛教融合中西（西指西天印度），接收印度佛理，又納入儒家人心、稟性等觀念，對心性問題深切鑽究，認定心是有情之心（即染心），性是成佛稟性（即淨心）；但佛性梵文原意「Buddhata」指成佛因素。天台宗和華嚴宗主張人有客觀「二心」（染心與淨心），主體含攝本體（不管「性具」或「性起」），此為心性本覺。禪宗主張主觀「一心」（以性為心，自性清淨心），主體即本體，此為心性本圓。宋明理學更上層樓，就立論來看，原則上，心代表主體，而性映射本體（理），

遂演成兩大流派。一是程朱性理學，堅持心具理（性即理）；一是陸王心學，鼓吹心即理。物有物理，人有人理；當然，人之理是指義理仁體，是精神存在，嚴守是非黑白，受自天理，此為心性本善。綜合觀之，理學與佛學在本質（大體框架）上迥然有異，大不相同。有些人但知其表不知其裏，稱理學為「陽儒陰釋」，難免錯得有點那個了！

另外要補充一下，歐美思想以終極為本，其主流陣營更以神為本，視神造宇宙為一秩序體系，內中具有心與物二種對立實體（二元）。實體不滅不變，自然萬物係由物質合成；神代表至真至美，為萬物之第一原動（因果論），亦為萬物之最終目的（目的論）。近代科學凸顯物質世界，致力探討物質、空間、運動等自然法則。

接著，我們回頭來看理學如何從繼承與創新中脫穎而出。

一、無極而太極、立人極

《宋史・道學傳》把周敦頤列為諸傳之第一位，顯然視他為理學首倡。他的《太極圖說》和《通書》，融佛老入儒術，視為理學之造端。當中尤以《太極圖說》一文，就足足勾勒出整個宇宙人生的輪廓。該文首揭繼天道立人極，單單「無極」、「太極」、「人極」六字，非僅重回儒家的大體框架，尚把儒學推向一個全新的高明境界。

《太極圖說》要旨乃提出立人極，標舉以「人」為本，回歸儒家大川。而「人」，乃宇宙順下至人生的「自然人」，此意味中國文化的一次大創舉。至於人極或人之大本的內涵，則在於「聖人定之以中正仁義，而主靜（自注：無欲則靜）」；易言之，無欲之靜為中正仁義的中心，也就是後來《通書》「誠者聖人之本」、「誠無為也」和「寂然不動者誠也」的誠。該文一開始便照「太極圖」（圖5-1之A）順次並循《易經》思路，敘述太極化生陰陽五行，提出一個萬物生生、變化無窮的化生宇宙論。太極代表有、代表動，乃現象界的初起型態，為物質存在。化生宇宙論吐露變易的事實，主張萬有從初級到高級、從簡單到複雜、從粗陋到精美，不停演進。該文更揭示無極為本原暨本體；無極代表無，儒家至此才完全把握住了形無的精神存

在，唯獨無才能生有。無極又代表靜，儒家也終於體會精神乃寂然不動，唯獨靜方能至誠無息且具足原動潛能。再者，精神和物質，亦即無極和太極（注意！多數宋朝理學家則把太極當作精神，而陰陽當作物質），或無和有、靜和動，並不分成二截；「太極本無極」，「無極而太極」，況且，「太極圖」中二者也是同為一個圓形，可知乃是不二不離的一體關係。另外，仔細對照圖與文，又可發覺其思維方法常倚重象數因反的模式。

二、靜態（道一）世界的象數建構

　　印度佛教和西洋文明分別以自然和神（終極）為本，愕然面對自然事物流動不居，遂產生「空」、「有」二種不同思緒。佛教認為一切皆空，沒有實體，堅信萬有終歸一不可名狀之絕滅。西洋文明則認為萬有的自身（本體）為不變實體（Substance），乃至證得終極（Ultimate）的實存。無論如何，雙方皆需借用一些方法，如：因明、邏輯、幾何等，作為搜玄工具。原始儒家以社會人為本，自現世歷程中肯定「變」（易）的非假，反倒難以掌握超絕、實在、不變、不動等的精髓；他們看到的是人身具備心與性，人身為根本，心性為其所有。迨至理學發軔才徹底體察事物皆具本體，這也就是後來的「理」；理在人乃以心或性來表徵，而且，心性為根本，人身為其所生成。針對「本體」這種不變、不動的超感官存在，當時一些先鋒人物便沿用無聲、無臭、無形、無象來描繪這一靜態世界，像周敦頤還冠以「無」來稱呼它。

　　邵雍擅長先天易學，他的貢獻就是借助象數來呈現出超感官（精神）存在，使得靜態世界即本體界能夠被實際洞察。他稱靜態世界為道，即太極，「道為太極」，「太極，一也，生二，二則神也，神生數，數生象，象生器」；它無聲、無形，乃天地之大本，既生萬物，又在萬物其間。不同於周敦頤的無極是無而太極是有，邵雍的太極乃一，則是無，是不動的，能生二；二（陰陽）生象數以至器物，都是有，才是動的。他還在《皇極經世・觀物篇》中，把人也畫歸為物之

一，人因此即是自然人，「人亦物也，聖亦人也」；人以心為元由，人心便是太極，「心為太極」。他重倡以人為本的儒家路線，「人能知天地萬物之道」，故當盡人、盡民以至觀物，觀物求其能反觀，「所以謂之反觀者，不以我觀物也；不以我觀物者，以物（此即自然人之意）觀物者也」。況且，「人之至者，……其能以心代天意，口代天言，手代天工，身代天事者焉」，因此強調人心善善惡惡，「凡人之善惡，……但萌諸心，發乎慮，鬼神已得而知之矣！此君子之所以慎獨也」，務需慎守真心、本性。

　　道或太極是無，係精神存在。猶如柏拉圖透過幾何（理性圖式）的抽象，藉由不動、不變的公理（Axiom）來體察理型（共相）即實在界，邵雍無疑也是利用象數（易理算圖）的符號功能，在探究宇宙萬象原理。他透過易圖推演（見圖 5-1 之 B）親見萬物其間陰陽象數之神妙變化、以及不動不變的本元太極之抽象形式，進一步猶體會太極乃「于道一也」的靜態世界即精神存在。此外，他還援引數字推算來闡釋歷程；他以「元、會、運、世」（類似年、月、日、時的計算）配合「日、月、星、辰」（暑・寒・晝・夜），用一「元」（即129,600 年）的開合來說明宇宙人事的循環更遞。

三、動態（氣化）世界的積極意義

　　北宋三子裏面，張載的意氣和論氣最令人耳目一新。他嘗言，「為天地立心，為生民立命，為往聖繼絕學，為萬世開太平」，至今讀來，字字如火，令人感到熱血沸騰。他自《中庸》、《易傳》入門，終能在其《正蒙》等著作中宣導太和（等同於太極）是生之始、「氣能一有無」的一氣化生論，以及標舉民胞物與、「君子誠之為貴」的自然人為本之觀點，充分體現儒家現世方針。理學之初，許多議題每每環繞著太極打轉，周敦頤當它為有，邵雍當它為無；反過來，張載的太極則意指「有無通一無二」，兼具有無又有無不二（按：這應是他改用「太和」一詞的原因）。還有，單拿他和邵雍相比，邵雍採先天象數推演太極化生，難免凸顯一靜態世界。張載憑藉後天經驗揣摩

圖 5-1　宋代的易圖（二例）

之 A　太極圖

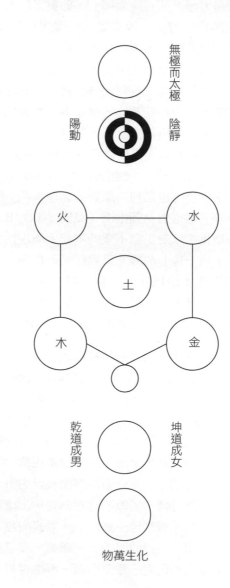

註：
1. 周敦頤此圖源自道教，但經其修正，上為「無極而太極」，心、物同為一圓圈，一體生成；下為「化生萬物」，天地萬有為一個圓圈，心在物中，能生生而無窮。他又作文解說，揭示繼天立極，「惟人也」，得其秀而最靈，……聖人定以中正仁義而主靜，立人極焉」，遂能以自然人為本，彰顯儒家道統。
2. 為求方便，筆者已將此圖略作簡化。

圖 5-1　宋代的易圖（二例）（續）

之 B　伏羲六十四卦次序圖

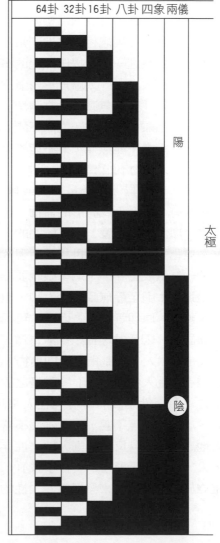

伏羲六十四卦次序

註：1. 邵雍依託伏羲、文王，繪製一系列「先天圖」與「後天圖」，作為其宇宙模型之憑藉。此處僅引其「伏羲六十四卦次序」圖，具體可見「太極既分，兩儀立焉；陽下交於陰，陰上交於陽，四象生矣……於是八卦成矣；八卦相錯，然後萬物生焉」「萬物各有太極」，經由象數建構，於是展現太極。

2. 為求方便，筆者將圖作些省略，如：卦名。

陰陽相感，得出來的反倒是一個動態世界的造型；這在當時佛教高談寂滅空無之下，甚具積極意義。

《正蒙》以太和、太虛為重點，敷陳一關於宇宙人生的氣化哲學。「太和所謂道」，它等同於太極，意為陰陽合一；「中涵浮沉、升降、動靜相感之性，是生絪縕相盪、勝負、屈伸之始」，內中包涵浮沉、升降、動靜等兩體相感之性，當是生成陰陽彼此相盪、勝負、屈伸之元始。張載進一步又提出氣化的概念，氣即是陰陽兩體，故能一有無。無就是太虛，「太虛無形，氣之本體，其聚其散，變化之客形爾」；它又是「至靜無感，性之淵源」，此不啻即是太和。反之，有就是起自「相兼相制，欲一之而不能」，於是陰陽相感利生，氣聚形成萬物，「太虛不能無氣，氣不能不聚而為萬物」。當然，有無聚散循環更遞，「萬物不能不散而為太虛，循是出入是皆不得已而然也」。由此可知，所謂無，不過是形上或無形，也就是無形體、無形跡罷了！再說有，指形下或有形的器物，也不能執著不化，注定要循常散為太虛。顯然，《正蒙》一再曉諭的，著實是一個「氣能一有無」、氣聚散變化的動態式氣化世界；用現代的眼光來看，勉強可稱為實在與現象一氣生成世界。不過，張載並非唯氣論者。他主張太和陰陽合一，是道；太虛至靜無感同於太和，也是道。至於氣呢，則只有氣的虛靜、無形、原理等抽象方面，才可稱為道。無可否認，張載對此語焉欠缺詳盡，因此曾經招來以氣為道、氣一元論的批評。

人是自然人，張載指出人同萬物，乃氣化生成，「游氣紛擾，合而成質者，生人物之散殊」。職是之故，心具虛氣為性，「合虛與氣有性之名」。性是萬有本源，在人來講性為善，這端看人能否「善反」，「性於人無不善，繫其善反不善反而已」；善反的話，則能留存天地之性，「善反之，則天地之性存焉」。甚至說，可以用誠來貫通天人，「性與天道合一，存乎誠」，直接證入天人合一之境。張載的確立於儒家道統，來發揚自然人性的光輝。

四、性即理的客觀世界

西洋文化以終極實體（主要指神）為本，對整個世界的探索，長久以來一直有兩種認知方式，即：經驗主義和唯理主義。沿著這兩種認知方式，便築成兩個不同的世界架構，包括：憑藉感覺資料為依據的經驗論世界，以及倚重心智的自明觀念為前提的理知論世界，請參考圖 5-3 之 E。該圖羅列歐美現代科學的類屬，指出十七世紀自因力學和十九世紀古典場論都屬經驗論世界的範圍，而十七世紀古典力學和二十世紀相對論則同屬於理知論世界的範圍。

中國儒家以人為本，再探究天人合一，其學說依認知方式也可畫分為兩大不同的世界架構，即：側重觀察辨識的客觀世界，以及專注心靈直覺的主觀世界。所謂客觀和主觀世界，說來乃是中國文化對宇宙人生的不同詮釋，前者是傾向客觀徵知所作的表達，後者則是倚仗主觀本心作出的闡述。從戰國末年開始，這兩大架構就明顯可見，爾後各自以《易傳》和《中庸》為表率，分別描繪一個陰陽化生的客觀世界，以及天人至誠的主觀世界。請參考圖 5-3 之 A。

玄學和佛學以自然為本，其宏旨是在離世或出世的空無真諦；唯就其對整體世界的敷陳手法來講，仍然可以察覺有客觀世界和主觀世界之分野。玄學的代表人物有王弼和郭象，先後刻畫一自然無為的客觀世界和虛心無為的主觀世界。這點，請讀者參考圖 5-3 之 B。中國佛學的代表是天台、華嚴和禪宗，天台、華嚴二宗精巧堆砌的是妙通（天台一念，華嚴一心）而圓融的客觀世界；至於禪宗明心見性渴求頓悟的，乃是清靜而圓融的主觀世界。宋明理學興起，思想主軸又恢復以人為本，遂以自然人道反諸天道。理學鼎盛時期，名家薈萃。程頤、朱熹等提出格物窮理所吐露的，是性即理的客觀理氣世界；而陸九淵和王陽明等力求萬物一心，主張心體無限，乃襯托一個心即理的主觀心識世界。本書中，理學乃一通稱，至於程、朱理學以及陸、王理學，則又稱為性理學以及心學。他們對於客觀世界和主觀世界的雕琢，均已簡化並載入圖 5-3 之 D，提供大家參考。圖 5-3 中，A 小圖到 D 小圖的遞進，尤顯示儒學的正面演化，也展現古代國人如何一路

奮發圖強。

　　接著，我們擬對二程、朱熹理學作一透析。程顥（明道）是程頤（伊川）的哥哥，兄弟並稱二程，是理學的實際首造者。程顥年長一歲，生平有許多讓人津津樂道之事。根據《明道語錄》，程顥的最大貢獻當屬把「理」提煉出來並高高掛起；以理言道，將之視為最高哲學範疇，「吾學雖有所授受，天理二字卻是自家體貼出來」。他大力表彰心作為主體的高上地位，「己之心無異聖人之心，廣大無垠，萬善皆備，欲傳聖人之道，擴充此心焉耳」，對後來性即理（心具理）和心即理都有不小影響。他還提出生、性、善、仁等如何相互牽挽，並以天理──天地大德──為引線將彼等貫穿起來；「天地之大德曰生，天地絪縕，萬物化醇；生之謂性，萬物之生意最可觀，此元者善之長也，斯所謂仁也」。

　　程顥拱出了「理」，程頤進一步以性言理。程頤在理學下的工夫既久且深，又採用察辨方式，所以他的學說非常謹密。正因為如此，他特別注重進學在致知，講求格物而窮理。一方面，他參考佛、老關於性（本體）相（現象）、心性、有無等觀念，並吸取北宋三子對天人、道氣、物我等的研究心得；重新釐定心、道、理、氣、物等的關係，勾勒出一幅客觀天地的粗略輪廓。依他鑽探所得，心與道可以通達，「夫心通乎道」（《文集》）；而道與理相類，「理便是天道也」（《遺書》），「散之在理，……統之在道」（《易序》）。陰陽同屬於氣，交感生成萬物，「陰陽，氣也」（《遺書》），「夫天地之氣不交，則萬物無生成之理」（《程氏易傳》）。另一方面，他宣揚儒學精義，套入剛剛提過的輪廓當中，綜合搭成一個自然人為本的客觀世界架構。他把道和太極、陰陽（氣）和兩儀，分別給畫上等號，並把道規定為形上，陰陽規定為形下。猶如他所說，「太極者，道也；兩儀者，陰陽也；……萬物之生，負陰而抱陽，莫不有太極」（《易序》），「形而上曰天地之道，形而下曰陰陽之功」（《程氏易傳》），「所以陰陽者，是道也」，「氣是形而下者，道是形而上者」（《遺書》）。

　　經過一番學術上的努力，程頤終於改造《易傳》一陰一陽之謂道的說法，清楚地把陰陽當作氣畫歸形下的範疇，又修正張載氣一有無的曖昧，明確視氣為有形物質，是生成萬物的素材。這一番努力吐露他理學思想核心，係著眼於自然萬物的客觀存在，同時還稱凡物（人亦物）必有理，「萬物皆是一理；至如一物一事，雖小，皆有是理」（《遺書》）。尤有甚者，他更提出「性即理也」（《程氏易傳》）的命題，建立起一個以理言道、以性為理的哲學模式：

心（心外有理）——理（在物之理即客觀精神）——氣（客觀物質）——萬物（實物存在）

　　後來，朱熹繼承並強化這一模式（按：故可稱為程朱模式），凸顯式中的理乃事物循其自家本性的在物之理（人亦物）。此處在物之理與下節陸王模式（陸九淵起頭，再由王守仁完成）的在我之理，彼此並不一樣。前者係指客觀之理即客觀精神；吾人心內固然具有人之理，心外也各有一事一物之理。後者則直指主觀之理即主觀精神；吾人本心即是此理，心生意動方有事事物物，故心外再無他理。

　　朱熹紹述二程尤其程頤學說，再加擴充與發展；此外在許多議題上，又能博采眾長。這使他穩坐宋朝最傑出思想家的位子，躍身為集大成者，成功地對性理學作出一完整性與系統性之綜羅。其實，一言以蔽之，朱熹的性理學不啻一體化生的理本體論，可分成橫貫和縱貫兩大部分。

　　橫貫的主幹是客觀的理與氣。朱熹主張理先氣後，但又同時都有，理為精神性本體，是第一存在，是形上，無聲無臭；氣是物質性素材，是第二存在，是形下。二者客觀上都是真實的東西，一體化生，理生氣，繼而生成萬物。根據他《太極圖說注》，「理生氣也」且「理復在氣之內」，氣又「生此五行之質」，然後「五行陰陽七者滾合，便是生物的材料」。理又可看作是太極或道，它與器物不曾分離，「人人有一太極，物物有一太極」（《朱子語類》），而且，「道外無物，物外無道」（《雜學辨》）。就人而言，人以心為主

宰,心的構成猶如自然事物,「以氣成形,而理亦賦焉」(《中庸章句》)。性等於理,則人性豈有不同!而情出自氣稟,遂有好壞之分;「性雖相同,氣稟或異,故不能無過不及之差」(《中庸章句》)。朱熹認為,性源於天理,是寂然不動的心,至於情則與氣有關,便是感通而動的心;「心包得已動未動,蓋心之未動則為性,已動則為情,所謂心統性情也」(《續近思錄》)。他畢生強調的,人性乃在人之理,就是仁,也就是至善、道德、義理等,推行到社會上,便表現為三綱五常等人倫規範(社會之理);「心有善惡,性無不善」(《朱子語類》),「吾之所謂道者,君臣、父子、夫婦、昆弟、朋友,當然之實理也」(《論語集註》)。

縱貫的主幹是理一分殊。朱熹所說的理,依其原意是指事物的在物之理,「蓋天下之事皆謂之物,物之所在,莫不有理」(《朱子語類》)。有一物便有一理,有萬物便有萬理,舉凡人物草木禽獸,都各有循性的在物之理,這也就是分殊之理。有時候,朱熹的理也用來專指總括天地萬物的一源之理或理一。萬物並不止於萬數,因而分殊之理也不可勝數;但是,不可勝數的分殊之理,終究全部同出一源,「天下之理萬殊,然其歸則一而已矣」(《續近思錄》)。這一,就是一源或理一之理,朱熹也常用太極或道來稱呼它,「總天地萬物之理,便是太極」,「道是統合,理是細目」(《朱子語類》)。如此說來,理一分殊非但彰顯萬物之上尚有理一之理,也稱為太極(道);並且,在萬物之中,因各有稟受,又各具分殊之理。《朱子語類》曾說,「只是此一理,萬物分之以為體;萬物之中,又各具一理」,「本只是一太極,而萬物各有稟受,又各自全具一個太極耳;如月在天,只一而已,及散在江湖,則隨處可見,不可謂月已分也」。

上述縱貫與橫貫兩條幹線,意欲交織構成一個中國式統一的自然理論,包括理象一體化生和主客一體化生。中國人喜歡站在化生高點來觀察世界,看到的是本體生成現象復又寓於現象的理象一體關係,事事物物莫不如此,擴大看還可延伸到:原始儒家的天道與人事、魏晉時期的自然與名教、唐朝禪思的妙性與世人。宋明理學由人本的角

度對此大加探究，朱熹提出道器不離、體用顯微（理體象用、象顯理微），就是把道器（理象）規定為本體與現象且對立又統一的一體化生關係。在這方面，宋明理學諸子雖然說法未盡相同，論證各有高低；但是，無論如何，大家的立場倒是一致的。

引發最大爭執卻是朱熹關於主客一體的立論。理象一體是針對任何事物的一源無間來講，其焦點當是集中在本體與現象的不二關係之上。主客一體則是針對天人物我乃至整個世界的理一萬殊來講，其課題驟然提高到自然萬物的最高範疇，亦即萬理的總頭——此乃上述理一的理，也就是太極或道。朱熹的主客一體無非反映這「宇宙之間一理而已」（《朱子文集》）的思路，而這又可以分割成兩項命題，一是天人合一，另一是物（外）我（內）合一。

天人合一久為儒家理想目標，朱熹先以人道反諸天道，復又繼天道立人極，爾後用太極（道）把天和人統合一塊。天是道德之天，天理等於太極，代表最高道德和最高客觀精神本體，「總天地萬物之理，便是太極」，「是天地人物萬善至好的表德」（《朱子語類》）。人的性稟受自天理，那麼性便是理，便是太極，其質地必然也是善，「性即理也」，「性猶太極也」，「性無不善」（《朱子語類》）。透過如此論證，把性、理、太極都當作一樣的東西，確實可以達到天人合一的鵠的。可是，他的說法中卻有一個小小矛盾。人係以心為主體，但朱熹只贊同「心具理」，不贊同「心即理」；這無異卻是表示心（人）在本質上和理（天）不全然一致。

按照朱熹的理、氣基調，理生氣且理在氣之內，兩者一為本體一為素材進而生成萬物。那麼，當朱熹另提出「心統性情」時，事實上，不單性即理（道心），縱使情、欲（人心，含私欲）落於氣稟，然而氣稟之內終究依然存蓄天理——連他自己也不禁表示「人欲便也是天理裏面做出來，雖是人欲，人欲中自有天理」（《朱子語類》）。於是，單就邏輯而言，若能標榜心與理一，心即是理，才真正落實主體同於本體。但是這種邏輯看來經已超過了朱（熹）學心具理的界定，趨向接近陸（九淵）學心即理的範圍。然而，心即理正是朱熹所

竭力反對的，「近世有一種學問（筆者按：指陸學），雖說心與理一，而不察乎氣稟物欲之私，故其發亦不合理」（《朱子語類》）。不管陸學是否合理，朱熹都不能抹殺在邏輯上心與理一的正確性；因此他只得費力地、間接地藉由修養工夫，設法「存天理，滅人欲」，「使道心常為一身之主，而人心也每聽命焉，乃善也」（《朱子語類》）。誠敬克己，逐步攀登聖人的境界，心與理一，心中純是天理，純是仁、善，便能天地萬物本吾一體，「聖人大而化之心與理一，渾然無私欲之間而然也」（《論語或問》），「唯無私然後仁，唯仁然後與天地萬物為一體」（《朱子語類》）。

由於朱學天人合一的論證表示心與理二者本質上有所不同，使到心不知不覺中被切成二截，分為道心與人心。為了力求心與理一，便又不得不另闢蹊徑，轉對修養工夫提出許多煩瑣之言。這一缺點，反過來正好給陸王模式心本體論留下了寬廣的滋長空間。

物我合一（或稱內外合一）也是儒家長期以來秉持的宗旨，揭示心之理和物之理一體貫通；《中庸》稱「能盡人之性，則能盡物之性」，就是這層意思。在朱熹眼中，心之理如同天理，是理一；而物之理不啻萬物萬理，是分殊。純就理一與分殊的貫通來看，一理對萬理，無非是一理之流行，「『萬一各正，大小有定』，言萬個是一個，一個是萬個；蓋統體是一太極，然又一物各具一太極」（《朱子語類》）。回過頭來再就心之理與物之理的貫通來看，朱熹訴諸進學工夫，主張格物致知以求物我兩合。依其說法，致知是對本心之知所作綜合性推致，格物是對事物的理進行的分析性窮究，彼此相對又統一，最後磨出一體道理；「於物之理窮得愈多，則我之知愈廣；其實只有一理，才明彼，即曉此」（《朱子語類》）。朱熹深信格物窮理以求致知盡性，只要窮至外物之理，促成吾心知識達到極致，便能照見其內天理通明，達到內外合一。《大學章句》對格物致知著墨甚深，書中特別強調，「至於用力之久，而一旦豁然貫通焉，則眾物之表裏精粗無不到，而吾心之全體大用無不明矣；此謂物格，此謂知之至也」。

奈何,一經剖析,我們立刻發覺物我合一頗有瑕疵的。朱熹所謂外在格物,係包含窮至社會之事理和自然界之物理;可是他針對物我合一方面的立論,卻只能顧得社會之事理,而涵蓋不了自然界之物理。社會諸般事理,不出於是與非,不出於三綱五常,不出於聖賢遺教;一旦窮至外在種種事理,則吾人內在仁知自當廓然貫通,從而正心誠意,見得天理至善。朱熹說,「天下之理,不過是與非兩端而已;從其是則為善,徇其非則為惡;事親須是孝,不然則非事親之道;事君須是忠,不然則非事君之道」,「隨事觀理,講求思索,沉潛反復,庶於聖賢之教,漸有默相契處,則自然見得天道性命,真不外乎此身」(《續近思錄》)。揆諸古代中國歷朝,心之理與社會之事理確實一源無間,誠然內外合一。

不過,倘若把視線移向自然界之物理上頭,卻遭遇到物我不一的困境。朱熹倒是頗具科學態度,「一草一木豈不可以格?如麻麥稻粱,甚時種甚時收,地之肥地之磽,厚薄不同,此宜植某物,亦皆有理」(《朱子語類》)。遺憾的是,在這上頭我們真看不出他如何把自然界之物理和心之理,內外一以貫之。他預設「天地萬物本吾一體」,宣揚萬理「若到貫通便是一理」。可是,他的格物致知,顯然無法從外在關於一草一木的學問,融會而貫通內在的仁義心性;甚至反過來還批評說,「不窮天理,明人倫,講聖言,通世故,乃兀然存心於一草一木一器用之間,此是何學問」(《朱子文集》)!所謂「明人倫,講聖言,通世故」,便是社會事理;而所謂「存心於一草一木一器用之間」,便是自然物理。可見,朱學力有未逮,雖說以自然人為本,卻壓根兒解決不了物我合一的問題;易言之,化生理念之外,無法進一步找出自然與人的普遍規律與貫通法則。怪不得王守仁年輕時嚮往朱學,相信一草一木都含有至理,曾拿竹子來大格特格,結果徒然格出病來(按:見《陽明年譜》),才察覺朱學「物理吾心終判為二」的矛盾(黃宗羲,《明儒學案》),從而走上去物化的心學之路。受限於大時代背景,上述矛盾一直難以解決,也讓去物「唯心」的心本體論以及「唯物」的氣本體論有萌芽茁壯的機會。

五、心即理的主觀世界

朱學沒辦法真正解決物我的問題，遂使心本體論（類似唯心論）和氣本體論（類似唯物論）能在兩端冒起，各自開拓心即理和氣即理的新畛域。走筆至此，我們要稍微離題一下，擬先瀏覽氣本體論作為新儒學旁支的概況，稍後再來介紹心本體論的始末。

宋、明新儒學因襲儒學並以自然人為本，當進行哲學化時候，其基本前提仍以人道反諸天道，而德性之「理」乃天人通達之道。其中程朱的理本體論繼天立極，主張吾人心具理，且心外又有萬理，把「理」字界定為客觀精神，故有性即理之說。另外，陸王的心本體論放言心體甚大，提出心即理，心外無理，此「理」赫然正是主觀精神。所以說，不管程朱抑或陸王，莫不肯定理通稱精神實體的第一存在。它乃邏輯存在，既是原動亦是目的，導致性理學和心學攪混了不同濃度的目的論成分。反之，氣又稱物質，乃形象存在。扮演理學的修正角色，氣本體論傾向認為精神乃物質的作用所致，唯有物質才是第一存在（較之氣論，西洋則有唯物原子論）。並且，除非承認偶然性（猶如現代量子論的機率性），不然還必須假定氣本身持具自然性或當然性的能動、化生的功能，否則就無從闡釋天地造化。

張載率先討論氣的問題，並表明氣一有無；但隱約間還是畫定道（理）在氣上，是第一存在，「太極所謂道」，「太虛無形，氣之本體」。受到道氣說辭和唯物觀點的刺激，明朝羅欽順提出了唯氣說，指氣為事物的基礎形態，「蓋通天地亙古今，無非一氣而已」，「理須就氣上認取」（《困知記》）。所以，理不是如性理學或心學所講的精神本體，而是氣化感應的規律。於是，天之理就是天道，乃萬物發育所循自然造化的法則，人之理就是人道，乃社會發展亟需的理所當然的綱常規範。毋庸置疑，人道不得違背天道，「天之道莫非自然，人之道皆是當然，凡其所當然者，皆其自然之所不可違者也」（《困知記》）。王廷相進一步揭示氣本說，稱氣是道的根本即元初形態，道是氣化生生的彰顯，「元氣為道之本」（《雅述》），「有元氣則有生，有生則道顯；故氣也者道之體也，道也者氣之具也」

（《慎言》）。一旦元氣具足，便有造化人物及其道理連袂而生，只要氣化流行，至終便有人倫名教演變而成；「有太虛之氣而后有天地，有天地而后有氣化，有氣化而后有牝牡，……而后名教立焉」（《慎言》）。顯然，理是附屬於氣。

王夫之（又稱船山，曾參與抗清）是氣本體論的總匯者，便躍為新儒家唯物主義的要角。不同於上述唯氣論（氣為基礎形態）和氣本論（氣為元初形態），王夫之的氣本體論進一步視氣為本原兼本體（體）乃元一兼物自身，而道或理則是其顯現（用）包括規律與功效，氣與理既對立又統一。他在《讀四書大全說》中指出，「天地之間只是理與氣，氣載理而理以秩序乎氣」。二者之間可說理氣不離，體用不二，「理即氣之理，氣當得如此便是理，理不先而氣不後」，「凡言體用，初非二致，有是體則必有是用，有是用必固有是體」。甚至，他還刻意講出「互相為體」來凸顯二者的一體關係，提升了氣，連帶地強化了理的真實性與客觀性；「理與氣互相為體，而氣外無理，理外亦不成其氣」。王夫之認為天氣流行，因而「無」只是相對於「有」所生的說辭，實際上根本沒有「無」即「虛空」的存在，妄談本體為空無更屬無稽之言。氣化生萬物，宇宙間一切事物皆賴氣而存在，氣不單是第一存在，尚是客觀上占積可感的真實東西，故又稱之為「實有」。並且，「誠」也是「實有」，它與理異名而同實，故謂「誠因天人之道也」（《尚書引義》）。於是，氣、理、誠三者一貫實有，「蓋陰陽合散實有其氣，……則必實有其理，實有其理者誠也」（《四書訓義》），這可看作是王夫之唯物儒學的基石。

有一點頗具趣味，乃唯物思想竟有兩條路線。一是西洋唯物論屬無神論，不管古希臘原子學說或現代量子跳躍之哲學詮釋，終究皆指向虛空的存在；只要虛空真正存在，則神——超越、無限、絕對的精神實存——就喪失立足之地。王夫之唯物主義大力主張天地兩間布滿氣與理，乃至標舉儒家道統，喊出至誠實有，則根本完全排斥虛空的可能性；猶如他自己所說，「至誠實有，天道之謂，大者充實于內，化之本也」（《張子正蒙注》），至誠充塞天地，其間怎可能還有虛

空呢？

言歸正傳，我們現在回頭來談一談心本體論。氣本體論終究只屬旁支，而真能和理本體論分庭抗禮者唯有心本體論，兩家相互輝映成為宋明理學兩大主流。心本體論或心學的代表人物為陸九淵和王守仁，前者一般公認首開理學唯心論之先河，後者則是把心學體系予以完成又再加發揚的巨擘。陸王學說內中嵌有一以心言道的哲學模式：

$$心\binom{心外}{無理}——理\binom{在我之理（即主觀精神）}{乃理念存在}——氣\binom{主觀物（質乃意）}{念流行}——萬物\binom{觀念}{存在}$$

此可稱為陸王模式，透露我心即理的獨特信念。

宋明理學的心或思官係指靈明之心，乃表示人之主宰，用哲學的眼光來檢視，約莫等於主體的意思。朱熹雖然講過「心與理一」（《朱子語類》），但朱學的心（主體）和理（本體）始終未嘗完全一致。基本上，他還是站在「心具理」而非「心即理」的立場來講話，這點前節已經有所討論。固然，「心雖主乎一身，而其體之虛靈足以管乎天下之理」（《大學或問》），不過，「靈處只是心，不是性——性只是理」（《朱子語類》）。況且，他承認心外有理、心外有物，理是客觀精神，則又如何心與理一？不同的，陸九淵完全是從另一立場來看待心與理，他強調心（主體）和理（本體）、還有心（主體）和宇宙（客體）的同一性。於是，理不外乎心，無疑是主觀精神；萬象心生，所講理與宇宙根本可以看成心中理念存在與觀念世界。那麼，萬有事物豈不都在吾人心中？而整心布滿能動揮發，乃至充塞整個宇宙的，莫不是所說的理亦即主觀精神；「萬物森然於方寸之間，滿心而發，充塞宇宙，無非此理」（《象山全集·語錄》）。

心體甚大且無形，唯有此心，才有理和宇宙。陸九淵因此提出心即理、心即宇宙的想法；「人皆有是心，心皆具是理，心即理也」（《全集·與李宰》），「四方上下曰宇，古往今來曰宙；宇宙便是吾心，吾心即是宇宙」（《全集·雜說》）。所謂宇宙或天地，依陸氏之言可分二種解讀。一是心外形下世界或器世界，天覆地載，萬物

生成，莫不有理，「自形而上者言之謂之道，自形而下者言之謂之器；天地亦是器，其生覆形載必有理」（《全集・語錄》）。另一是心中觀念世界，乃形下世界的抽象化。心外形下世界如果缺少主體的靈明之心，則完全失去意義；它無從被界定，無從被認知，也無從被把握，它是沒有意義的！人們必須憑藉在我的主觀精神，順理而動，將它抽象轉化成為自己心中的觀念世界，「宇宙內事是己分內事，己分內事是宇宙內事」（《全集・雜說》）；只有這種世界，才能夠被界定、被認知、被把握，也才有意義。心，是裝滿理的地方，又是安置觀念世界──指主觀宇宙也就是主觀萬有事物──的地方。依此類推，理和觀念世界也應統合為一，互不分離，「此理充塞宇宙，所謂道外無事，事外無道」（《全集・語錄》）。理或道，遍布整個宇宙，煥然彰顯為萬有之根本，這在天而言是陰與陽，在地而言是剛與柔，在人而言是仁與義；「道塞宇宙，非有所隱遁，在天曰陰陽，在地曰剛柔，在人曰仁義」（《全集・與越監》）。注意，陸氏以心為大本，並援引《易傳》「一陰一陽之謂道」，把陰陽之氣當成形而上者。

拿朱熹來和陸九淵作比較，雙方對心與性、理與氣、物（客）與我（主）、形上與形下……等，都持不同看法；非但對宇宙本體有歧見，連方法論──概分為道問學和尊德性──也大不一樣。今天看來，二人最大分野乃在於朱熹承認客觀存在，即客觀的理和客觀的物；不止外界是如此，人心乃至人身也是由客觀的理與氣所生成。陸九淵則大力強調在我的主觀存在，即主觀的理和主觀的物，主觀存在是唯一具有意義的存在，我心便是主觀存在的倚仗。當然，要等到後來王守仁再加努力墾殖，才把心學體系完整建立起來。

王守仁除了在唯心觀念獲得大幅躍進之外，尤能採取嚴謹思辨以落實一套影響久遠的哲學理論，含有縱橫兩條貫軸，一是橫貫：主觀的心，另一是縱貫：體用一源。

首先，要討論的是橫貫的重點，也就是心。王學的心十足展露出唯心特徵，非但完全異於朱學，也跟陸學略有差別。前節曾經提過，

朱熹所說的心是客觀的理與氣滾合一起；於是乎，心具理：心統性情，性便是理，而情則是與氣有關。然而，人卻如何能識得理？又如何能曉得心具理？這實乃心的知覺所致。朱熹嘗言，「所覺者心之理也，能覺者氣之靈也」（《朱子語類》）；後者指心官具知覺功用，能覺能知，前者指本心知覺之理，到頭來等同本心的當然知識（按：本心之所知就是理），知理不離。因此，從知覺的角度來檢視，人不單有本心之所知，還具備認識萬事萬理之能耐，「蓋人心之靈，莫不有知」（《大學章句》），「心者虛靈不昧，具眾理而應萬事者也」（《孟子集注》）。朱熹大力鼓吹致知格物，便是以知覺為基礎，方得推極內在本心之所知，同時又窮至外在萬物之理；並且，這種本心之所知若是缺少萬物之理來融會貫通，人心將無法真正達到全體大用的境界。

身為心學的先行者，陸九淵所倡的心儘是主觀的理（主觀精神）；主觀的理「根於人心」（《象山全集・雜說》），又「滿心而發」（《全集・語錄》），以致「此心此理，實不容有二」（《全集・與曾宅之》）。這種說法顯示心中布滿著理，心與理二而為一，此謂心即理。更進一步去剖析，人為萬物之靈，心又扮演知覺的重責大任，實乃主體意識的樞紐，「人非草木，安得無心，心於五官最尊大」（《全集・與李宰》）。人心只須「反而思之」（《全集・拾遺》），主體意識藉由反思從而領悟天賦的主觀精神，這便可直達所謂知本或明理的最高標的。陸九淵所稱知本是直接內省本心，先立其大者；他曾引用孟子之言作為參照，「盡其心者知其性，知其性則知天矣」。如果不從內在根本著手，而只一味注重外索恐落得徒勞無功，他對此特別提醒：「學苟知本，則六經皆我注腳」（《全集・語錄》）。心靈反思，把「能覺」與「所覺」統一起來，那麼理就判然而明，「人心至靈，此理至明」（《全集・雜說》）。他不在意事物的現象，認為心最重要，「不專論事論末，專就心上說」（《全集・語錄》）；萬有萬事其實都在我心中，但需反求諸己去辨明箇中之理，「萬物皆備於我，只要明理」（《全集・語錄》）。

　　由此可知，朱熹的性理學是講客觀的理與氣，都是實地存在的東西。只不過，前者無形看不見，後者有形看得見；「陰陽，氣也，形而下者也；所以陰陽者，理也，形而上者也」（《周子全書》）。反之，心學講的是主觀的理與氣，統統屬於概念存在，沒有什麼看不見和看得見的區分，也就不適合再用「形上」和「形下」來作描述。陸九淵對此似乎並未十分參透，在《與朱元晦》中，他把理（道）當作一陰一陽，乃事物演進的本質，在人心中形成理念存在，「《易》之為道，一陰一陽而已，先後、始終、動靜、晦明、上下、進退……，何適而非一陰一陽哉？」可是，他卻錯誤套用形上的陳述，「一陰一陽，即是形而上者」；那麼，不啻等於承認另有形下者！這果然惹來朱熹的窮追猛打，緊緊追問形下的東西又是什麼？「若以陰陽為形而上者，形而下者是何物？」（《朱熹答陸九淵書》）。由於陸九淵始終無法一舉拋棄形上和形下的桎梏，落得只能無奈接受形下世界的實際存在，「自形而上者言之，謂之道，自形而下者言之，謂之器」（《全集・語錄》，又隱含形上之理，「天地亦是器，其生覆形載必有理」）。雖說他堅持心即理、心即宇宙，又進一步倡言「道外無事，事外無道」（《全集・語錄》）；唯因心外形下世界（和隱含的形上之理）帶來的矛盾，導致他的唯心思想有欠精純。而且，他將陰陽（按：一般視之為氣）當作道來解釋，也影響後來部分學者走上「認氣作理」的歧途。

　　心學到了明代王守仁，方才顯著大備。王守仁對「心」給予清楚、恰當的詮釋，並克服了物的難題——從而解決了心外形下世界的矛盾。同時，還對理與氣、道與事（物）、知與意等範疇，作出詳細說明。陸九淵的心充塞主觀的理與事（物），故而喊出心即理、心即宇宙。相較之下，王守仁提出的心則是主觀的心與氣交融形成，可說心體是理，心用是氣——這從本質上揭示心與理一，把主體和本體徹底合而為一。王氏所講的心，的確，「不專是那一團血肉」，乃是主體中樞即「身之靈明主宰之謂也」。尤其，心的本體便是天理，「心之本體即是天理」（《啟問道通書》），我們也稱此為主觀精神，亦為

世界本體。王氏故把主觀精神說成「精一」，或直接喚作「理」，它與命、性相通，是吾人稟承的不動本元和至理。還有，王氏又把主觀精神的發動運用，說成是所謂的「精神」或「氣」；它不是以形上形下來判斷，而是一種心動之際所產生的一陰一陽、因反推敲之意念。在《答陸原靜書》中，他對此曾經詳加探討，「精一之精以理言，精神之精以氣言；理者氣之條理，氣者理之適用」。於是，王氏所稱心的體用即指心與理氣，非單心與理一，尚且心與物一（氣化生物），把主體和本體、以至主體和客體都統合為一。於是，心外無理，心外無物，達成天人合一以及物我合一的渾然境界。

被推崇為心學的完成者，王守仁確是明朝無出其右的鴻儒兼宗師。他把理與氣、道與事（物）等，都當成概念存在，歸於主觀一心。於是，王學的心遂為萬有之大本，非但沒有什麼形上、形下的考量，也不受時間、空間的侷限；主觀之心亙古亙今、無始無終，含蓄天地萬物、眾理萬事。我們若從知覺的角度去索解，當可洞悉萬事萬物如何憑仗此心而存在，「身之主宰便是心，心之所發便是意，意之本體便是知，意之所在便是物」（《全書・與王純甫》）。換句話說，心體也就是知（良知——不慮而知或不思之知），「知是心之本體」（《傳習錄上》），「良知者，……吾心之本體」（《大學問》）；心意或意念所發（心用）就是事物，「物者，事也；凡意之所發，必有其事，意所在之事，謂之物」（《大學問》）。於是，理也好，性也好，都是心體泰然常定的不待思慮之知（良知）；致於心靈意念的發放變化，運用不息，自當形成主觀的事事物物。由此可見，王守仁的貢獻頗鉅，他在陸氏「心即理」和「反而思之」的基礎上，更深一層楬櫫「心體即理」和「不思而知」的精妙立論。他是從主觀的角度去講心與理一，指出心體良知即天理、即至善之性，展現天人合一的直通途徑。而且，他還掙脫陸氏「心即宇宙」和「形下謂之器」的牴觸，解開了心與物的矛盾，倡言主觀的理和主觀的事物；把事物明白地界定為心用，斷定人心以外寂然無知，「所以某說無心外之理，無心外之物」（《傳習錄上》）。

　　到此猛然發覺，王守仁所宣示的，不單一體之心，「人心與天地一體，故上下與天地同流」（《傳習錄下》）；尚有一體之仁的崇高思想，「大人之能以天地萬物為一體也，非意之也，其心之仁本若是；……是其一體之仁者，雖小人之心亦必有之，是乃根於天命之性而自然靈昭不昧者也，是故謂之明德」（《全書‧大學問》）。終於，真正建立了儒學心一體論。

　　其次，要討論的是縱貫的主題，也就是體與用。王守仁說：「庶幾器道本末一致」（《禮記纂言序》），把所有東西統於主觀之心。他以心體為理，心用用為氣，既展現「體用不二」，指出理與氣乃心的不同意識狀態；尤其又凸顯「體用一源」，指出本體與運用只是心的不同思慮境況。當他提出「事即道，道即事」（《傳習錄》），抱持道事相即，其著眼點便是基於體與用一本同源。王守仁主張心有體用，這和陸九淵不講體用是不大相同。王守仁還把體用統合於一心，彼此互依共存，這又和朱熹表面上把體用湊合為一，其實卻各自獨立的論點，也完全不一樣。

　　首開心學先河，陸九淵最早暢談心即性、心即宇宙。他把理與宇宙都看成人心思慮的產物，並認為「心只是一個心」，不應分什麼上下本末。易言之，心自身就是心，心的意識活動形成主觀的理，也形成一主觀的宇宙。因此，他不講心有體用、動靜，也勿需去區分主觀的理與氣；他甚至把一陰一陽因反變易直接當作理（道，或太極），乃自然界對立又統一的狀況，「太極判而為陰陽，陰陽即太極也」（《大學春秋講義》）。陸學的重點，主要是闡明心與理一，試圖把主體意識和主觀精神合而為一。除此之外，倒未曾全力去做好物質之抽象化的工作，導致他對宇宙（天地）的說辭自相矛盾，才會發生又高舉觀念世界復又被逼承認形下世界的窘境。陸氏既然無從對主觀物質作一清楚界說，當然壓根兒就沒有一體又並存的理與氣、體與用等想法，更甭提會「體用一源」此命題。

　　凡是把理與氣看作不一樣的東西（或狀況）的學者，例如朱熹和王守仁，都是主張心有體用。朱熹雖曾表示「理生氣」，但揆諸理氣

甚有不同，則單只有純然精神之理應不可能生出物質之氣。合乎邏輯
的解釋是理和某種渾淪未判的純然物質之氣互相作用，迤邐生成陰陽
兩分之氣；「太極只是一個氣，迤邐分做兩個氣，裏面動者是陽，靜
者是陰」，「方渾淪未判，陰陽之氣混合幽暗，及其既分，中間放得
寬闊光朗而兩儀始立」（《朱子語類》）。天地萬物莫不是理與氣化
生而成，其中理是客觀精神形式，是形上本體；而氣則是客觀物質材
料，是萬有現象的形下基礎。心亦復如此，「以氣成形，而理亦賦
焉」（《中庸首章注》）。換言之，心也由理與氣構成，一來固然有
所賦之理，也就是性，二來尚有氣稟導致的情欲等。所以，理是心之
體，氣稟現象是心之用。因此，朱熹不但提出心有體用，依形上和形
下來畫分，把未動（如性）與已動（如情）、未發與已發、道心與人
心當作體與用；還進一步強調「體用一源」，以烘托不二的關係。

　　關於「體用一源」，若由萬物化生來看，朱熹表示體中有用，什
麼樣的本體便展現什麼樣的流行運用；「蓋自理而言，則即體而用在
其中，所謂一源也」（《朱子文集・答汪尚書》）。或者稱為理中有
象，什麼樣的原理當有什麼樣的事物現象；「自理而觀，則理為體，
象為用，而理中有象」（《文集・答何叔京》）。反之，象（用）中
有理（體），什麼樣的物用涵攝什麼樣的理體；朱熹因此強調隨事觀
理、即物窮理，既是明理的方法，也凸露「顯（象）微（理）無間」
的一體關係。當然，最重要乃是藉由「心兼體用」，把體用二而為
一。朱熹對此著墨甚力，譬如：「心包得已動未動，蓋心之未動則為
性，已動則為情，所謂心統性情也」（《續近思錄》），「心有體
用，未發之前是心之體，已發之際是心之用」，「此心之靈，其覺於
理道心也，其覺於欲者人心也」（《朱子語類》）。更進一步，不啻
披露一心貫穿眾理萬事，「明德者，人之所得乎天，而虛靈不昧，以
具眾理而應萬事者也」（《朱子語類》），大大發揚了以「仁」和
「天地萬物本吾一體」為宗旨的新儒學精義。

　　可是，朱熹「體用一源」的論證有許多破綻，徒然暴露他把形上
為體和形下為用分隔二截的缺點。後來，不少心學論者對之常表不

滿，其中王守仁更是從心本體論立場嚴加駁斥。拿道心與人心為例，王氏認為二者完完全全歸於一心，「心，一也；未雜於人謂之道心，雜以人偽謂之人心；人心之得其正者即道心，道心之失其正者即人心，初非有二心也」。對於朱熹認定道心生於義理，人心生於血氣，且道心又可以支配人心；王守仁則是火力十足地大聲批判，「今曰道心為主而人心聽命，是二心也；天理人欲不並立，安有天理為主，人欲又從而聽命者？」（《傳習錄上》），嚴格言之，朱熹理本體論本就無從導出「體用一源」的決斷。理本體論指心並非最終存在，若把心分解到最後，真正最終存在者是理與氣，一體又各異。所以，說穿了，理本體論其實暗指理氣並立，理是形上是體、而氣是形下是用，那麼體用當然便分成二截了！

唯有王學能更貼切證得「體用一源」，解除了形上與形下的針鋒相對，使到既無道心與人心的斷裂，也無未動與已動、未發與已發……等的隔離；「若論大中至正之道，徹上徹下，只是一貫，更有甚上一截下一截？」（《傳習錄上》）。粗看之下，王學以心體為理而心用為氣，這好像和朱學講理為體而氣（象）為用沒有多少差別。但一仔細端詳，雙方差別可大了！前面曾經提過，理本體論探索的對象乃一客觀世界，其最終存在是客觀並立的理（客觀精神，係第一存在）與氣（客觀物質，係第二存在）。然而，心本體論呈現出來的卻是一主觀世界，其最終存在是一主觀的心，心之本體是理（性或良知，即主觀精神），心之運用是氣（意念或思慮，即主觀物質）。因此，心與理一，氣是心意活動的產物；理氣一心，體用一源，乃一體不異、不可分割的本末關係，「蓋體用一源，有是體即有是用」（《傳習錄上》）。再就性與情欲來說，不像朱學把二者看作截然不同，王學則視二者為體立而用生的一體關係，「性一而已，仁義禮智性之性也，聰明睿知性之質也，喜怒哀樂性之情也，私欲客氣性之蔽也；……非二物也」（《傳習錄中》）。

以自然人為本，理學——作為近古中國思想中堅——建構一個以精神為最高範疇的統一的自然理論，也打造宋明治世為當時世界之超

強。當然，理學仍有其甚大缺陷。先不談天人、體用這些更深邃的哲理，單就物我來講，朱熹依舊無法把萬物與我心整合為一，因而一直未能有效克服自然物理之窘態。王學固然把萬物搬入我心中，卻不懂得再把我心搬出到萬物化生之間；所謂「宇宙便是吾心，吾心即是宇宙」，實際上只是做了前一半！故仍未能深入洞察自然法則之奧秘。儘管清末民初以來，西潮壓境，導致中國人一窩蜂採西學、製洋器，更有學者出國深造，業者技術移轉，積極西化（現代化）的路上，尤奮力追求賽先生（Science）。但是，當前兩岸，一方面西洋自然科學在華夏泥土中始終不能深紮生根，另一方面國人還是不知該如何從傳統文化中去開通物我的隔閡。於是，徒然只有工程技術，而沒有驚人的宏偉理論，頂多僅是在西洋物理大架構下從事一些瑣碎研究、實驗、計算等常態工作；中國人的偉大心靈不見了，中國科學也就一直難有巨大的突破和躍進。

5.3　檢討和展望

今天，許多國學大師造詣精湛，對歷朝儒家學說素有研究，對古代諸子一言一行曾經爬梳與考據。這些，筆者自嘆弗如。對照起來，筆者毋寧採取概括方式，針對具有代表性的人物、學說，掏摸其理論軸心，然後套入於中西思想長期演變走勢中，再予以適當定位並說明。

經過如此解析重建和概括處理，我們不禁驚訝地發覺中國儒學演進竟循一條合乎規律的文化軌道。大家要知道，任何古代大哲、名儒，在學問上誰都難免會有盲點或不足之處，後人本就不必太過計較其個人言行某些混淆的地方。何況，任何個人思想之所以引起迴響景從，全因在某一階段文化軌道上早有空位預留給一個像他這樣的人士。我們可以看到，北宋二程之後，儒家早就在等待一個像朱熹這樣的人物出現；倘若沒有朱熹出來，終必會有其他人代替朱熹而起，去填補文化軌道上的空位，去揭示性即理的命題。因此，我們勿需太過重視個別先儒的一些枝枝節節，否則難免只囿於零零碎碎，而忽略了

圖 5-2　漢、宋明、到現代的文化運動

非心性：氣論或物論	心性：儒學（心性論）
基本框架	**基本框架**
自然與人為本	人本（自然人本）
氣物為第一存在	理為第一存在
化生	化生
因反	因反

- -

東周：　　西秦：
儒術　　　法、雜

偶會論（物質） 王充：適偶之數	感應論（精神） 董仲舒：天人感應	漢朝：政教儒學 融法雜入儒術 統一的社會理論 （獨尊儒術）

漢唐：　　西域／魏晉：
儒學　　　佛／道

物質論 陳亮、葉適： 　物即道 羅欽順、王廷相： 　氣即道	**精神論** 程朱：性即理 　　　格物致知 　　　理為客觀精神 陸王：心即理 　　　致良知 　　　理為主觀精神	宋明：哲學儒學 融佛道入儒學 統一的自然理論 （儒學復興）

宋明：　　西洋：
中體　　　西用

社會主義傾向 　唯物思想；以及工業生 　產、計劃經濟（國有制）	**資本主義傾向** 　倫理（心性）與民主、科 　學；以及，工業生產、市 　場經濟（私有制）	現代：西用儒學 融西用入中體 二分的工業體制 （儒學斷層）註

註：讀者也可把儒學斷層解讀為當前所見的體用不一致的中國文化

文化發展的宏觀法則。

前面圖 4-4 便是展列先秦儒學「融民本入法統」的走勢。此處圖 5-2 則進一步展列漢朝政教儒學「融法雜入儒術」，和宋明哲學儒學「融佛道入儒學」，還有清末民初以來「融西用入中體」的整條文化軌道。讀者無妨把二圖一起參考，作一整體綜覽。

陽明之後，儒學墨守成規，民族心智也急轉直下。滿清將近二百七十年，儒學更是毫無創見進展；眼看歐美列強一一崛起，相較之下，中國已淪為一隻紙老虎。迨至十九世紀中葉，西洋文化軟硬力量長驅直入，帶來慘烈撞擊。神州大地固然傷痕累累，儒學和依附而生的人文體系也相繼瓦解。倉卒之際，國人遂併裝「中體西用」以為因應。我們知道，西用的卓越成效，包括工業產品、議會制度、科技知識等，的確讓中國人萬分汗顏，不敢不甘拜下風。只是想不到，「中體西用」竟成唯一選項，從清末「中學為體，西學為用」，到民初發起的現代新儒家，全都不知不覺走上這條路。踏入二十一世紀，我們看出「中體西用」大不了只能建立一個併裝的輸入式工業社會，充其量促成兩岸的加工代工型態的產業經濟。但是，單只訴諸傳統倫理為憑仗，再吸納西洋科學和民主作為事功之利器，此舉卻造成二分的矛盾體用關係。體用不一致，緊接著，又會導致文化斷層和儒學陷空危機。長期發展來看，未來中國那怕避得開工業生產的反撲，又豈有足夠條件躋身一流強國之林！如真要徹底解決隱藏的儒學陷空和文化斷層，矢志開創新頁，就必需一腳踢開「中體西用」。再走回儒學，深切檢討天人、體用、物我……等問題；進而立足中西文化軌道上，並懷抱「為往聖繼絕學，為萬世開太平」之志氣，再造儒學恢宏壯觀，推動儒學的科學化，把握機會為宇宙物我重新立言！

再次回顧漢朝董仲舒等融法雜入儒術，在天人感應的構思裏頭，營造以儒家道統為核心的統一的社會理論。當把這種理論拿來實際應用，果然可以降低許多社會摩擦，使到不少政經措施能夠獲得較為圓滿結果，也促成一堅韌且綿密的綱常倫理，的確映照出人性的光明面。儒家學說終於由樸素的天道人學仁義箴言，經過整合成為一龐雜

又足可支撐大一統帝國的社會理論與應用體制，我們把這過程看作是儒術的社會化暨政教化。所以，漢朝儒術在本書中不但視之為一套統一的社會理論，也稱之為政教儒學。

政教儒學的內容不能說不夠廣闊，舉凡天道、人性、倫理、政經等，莫不包括在內。但是，除了社會與政教功用外，多數議題的思唯層次著實不夠深刻，言論也不夠精闢。而且，其論點純粹從社會規範構成的社會人（人作為社會產物）出發，再專門探究人生現象和人的問題。宋明儒學亦即理學可就奧妙得多了，它是儒學經過一番自然哲學化的結晶，就其內容乃一套統一的自然理論，故又稱哲學儒學。由於魏晉、隋唐許多思想家的深耕，才得以融佛老入儒學，把哲學議題與形態引入儒學當中，先後催生了影響近古中國至巨的性理學和心學。二者既維持儒家的精粹與廣度，又吸取佛學和玄道的格式與深度，終於陸續綻放性即理和心即理的傲世奇葩，請參考圖 5-3 中國文化自然理論演進概要圖之 D：宋明儒學自然理論。本書雖然把宋明儒學推崇為統一的自然理論，不過它卻分割為性理學和心學兩個不同陣營，雙方都以自然素材──理（精神）與氣（物質）──生成的自然人當作出發點，並奠基在儒家框架之上所展現涵蓋宇宙與人生的自然理論。該理論之於超越與人界（天與人）、精神與物質（理與氣）、本體與現象（道與器，理與象，體與用）、人心與天性（心與性）、主體與客體（我與物）⋯⋯等，都曾詳加剖析論證。因此，不管是思想的廣度與深度，乃至邏輯義理，宋明自然儒學切實遠遠超過漢朝政教儒學。

如果拿中國儒學和西洋哲學作一比較，尚可發現不少值得注意之處（見圖 5-3 之 A 至 D 和之 E）。簡單言之，西洋哲學刻畫出一個外動的存有世界。古希臘羅馬哲學主要是追索自然萬物作為存有者的運動基本即終極實體，這是「為何」（Why）──為何會運動──的問題，精神論者答案是第一原動者（First unmoved mover）或謂之為神（God），物質論者則認為是至小原子（Atom）。近代西洋自然哲學試圖擯棄「為何」而轉向「如何」（How），探討自然物體如何運

圖 5-3　中國文化自然理論演進概要

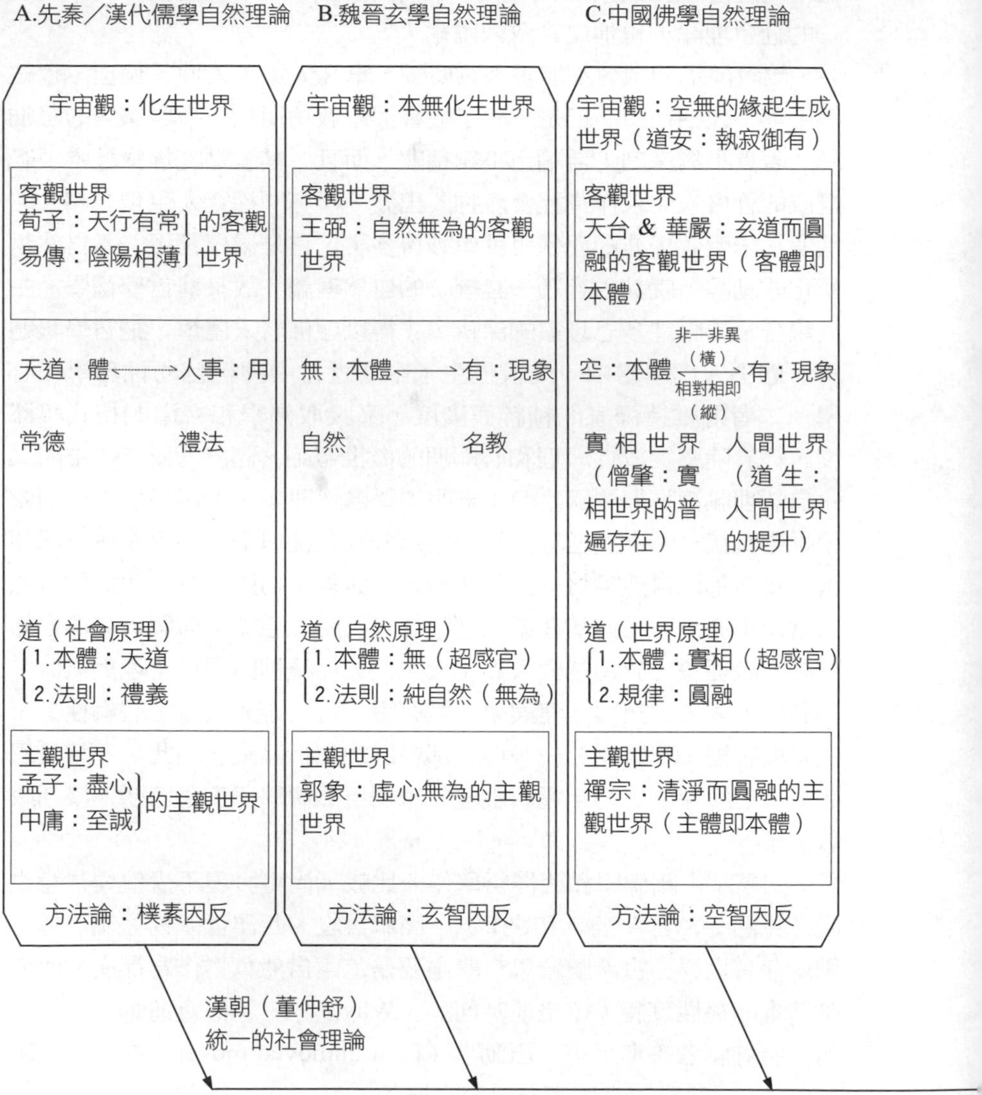

A.先秦／漢代儒學自然理論　　B.魏晉玄學自然理論　　　　C.中國佛學自然理論

A.先秦／漢代儒學自然理論	B.魏晉玄學自然理論	C.中國佛學自然理論
宇宙觀：化生世界	宇宙觀：本無化生世界	宇宙觀：空無的緣起生成世界（道安：執寂御有）
客觀世界 荀子：天行有常 ⎤ 的客觀 易傳：陰陽相薄 ⎦ 世界	客觀世界 王弼：自然無為的客觀世界	客觀世界 天台 & 華嚴：玄道而圓融的客觀世界（客體即本體）
天道：體 ⟷ 人事：用	無：本體 ⟷ 有：現象	空：本體 非一非異（橫）⟷ 有：現象 相對相即（縱）
常德　　　　禮法	自然　　　　名教	實相世界　人間世界 （僧肇：實相世界的普遍存在）（道生：人間世界的提升）
道（社會原理） ⎰ 1.本體：天道 ⎱ 2.法則：禮義	道（自然原理） ⎰ 1.本體：無（超感官） ⎱ 2.法則：純自然（無為）	道（世界原理） ⎰ 1.本體：實相（超感官） ⎱ 2.規律：圓融
主觀世界 孟子：盡心 ⎤ 的主觀世界 中庸：至誠 ⎦	主觀世界 郭象：虛心無為的主觀世界	主觀世界 禪宗：清淨而圓融的主觀世界（主體即本體）
方法論：樸素因反	方法論：玄智因反	方法論：空智因反

漢朝（董仲舒）
統一的社會理論

D.宋明儒學自然理論
（內動的化生世界）

E.近代西方哲學自然理論
（外動的存有世界）

宇宙觀：理氣一體的生成世
界（周敦頤：無極而太極）

客觀世界（客觀的理 & 氣）
程朱性理學：性即理的客觀
世界

道：本體　　一體生成　　器：現象
（理）　←————→　（氣）

精神世界　　　物質世界
（邵雍：不動　（張載：氣化
精神世界的象　物質世界的積
數結構）　　　極意義）

道（宇宙原理）
⎰1.本體（本原）：理（心性）
⎱2.規律：生成（理則）

主觀世界（主觀的理 & 氣）
陸王心學：心即理的主觀世界

方法論：象數因反

宇宙觀：心物二元的實存世界

經驗論世界
培氏原型（自因力學）
洛氏原型（古典場論）

　　　　　　　理象對立
實體：本體　←————→　物體：現象
　　　　　　　心物二元

精神世界　　　　物質世界
（理性思維）　　（秩序運動）

真理
⎰1.本體：單純
⎱2.原理：和諧

理知論世界
笛氏原型（古典力學）
斯氏原型（廣義相對論）

方法論：命題式思考

宋明（程朱 & 陸王）
統一的自然理論
（尚未充分完成）

動。這到後來便促成了動力學的研究，致力揣摩運動規則；隨後竄起的西洋科學就是札根在動力學才能迅速萌芽茁壯，以求一清二楚索解「如何」——如何做運動——的問題。現代物理學豐功偉業，歸結起來有四大壯舉：地域力學（與量子論）、古典力學、古典電磁學、相對論，全都不離神本或者終極為本的動力學的領域。反過來，中國儒學旨在闡明一個內動的化生世界，並認為從人到社會以至天地萬物，無一不是如同這樣的有機系統。先秦和漢朝儒學致力尋求的，乃是社會所以化生；它所說的道，主要指社會歷程的本由與法則。宋明儒學以理言道，把理或道擴大解釋為整個自然歷程的本原與規律，代表自然與人所以演進生成。綜合觀之，儒家的道係指進化原理，兼含為何與如何生生兩種意涵。

西洋哲學於十七世紀帶動了科學的旋風，掀開了現代文明的序幕。科學的成功在於現代西洋人能夠把運動規則轉換為幾何圖式，再予以代數化、微分化，從而逐漸掌控動力、重力、電磁力，以至核力之奧祕，終於造就當前歐美列強的盛大軍事與政經力量。相反的，中國在宋明之後至今三百多年間，思想無法再突破，創新能力也跌到谷底。民初以來又一直未能將儒學加以科學化，徒然畫地自限，多處充斥空疏、陳舊之言，其宇宙模型更淪為虛言自然的文字堆砌，以致中國科學始終無法誕生。今日國人每每認為儒學僅是人學，而儒學與科學互為衝突，彼此不能共存。其實，正是因為儒學未能科學化，宋明自然理論根本無從過渡到現代社會；才會導致不管如何努力，但兩岸卻頂多只是劣質的輸入式工業社會、而難以孕育出傑出科學理論（尤指理論物理）以及博大精深文化體系。展望二十一世紀，儒學必須注入新生命。將來，再造後的儒學，就是一種更尖端、更先進的科學；將來中國科學，就是經過千錘百鍊所再造出來一種重寫天人奧義的科學化之儒學。

現在，且讓我們用二十一世紀目光，重新來認識一下宋明儒學。最重要，對它進行一次科學的檢視；站在科學的立場去闡發其精義，以及去剖析其矛盾與瑕疵。由此產生一些關於理學的新看法，茲概分

為幾項重點（按：專注於「如何」How 的層次）加以簡述如下：

第一，它是關於內變的化生世界的統一的自然理論，涵蓋宇宙與人生。雖然，天人尤其物我的立論破綻甚多，說服力不夠。不過，其觀點仍可看出並非把宇宙和人生一刀兩斷，再分頭搜求片面的原理；而是個別對象之外，更把天、萬物和人合成一塊，看作一個巨大的有機體系。於是，萬有流動不居，形態固然不一卻關係密切，還秉持一貫的進化原理。其中，天和人的原理一樣，更列為宇宙最高、最完善的範疇。這種觀點反映古今中國人特有的文化本質，使它和西洋哲理基礎完全不同。近代西洋哲學所闡述的則是一個外動的存有世界，暗示化生是短暫的、流變的，時間是虛幻的；表彰唯有存有者及其存有是不變的、永恆的，而空間廣延才是真實的。自然和人分屬各自獨立又近乎平行的領域，自然的特色是物質和運動定律，人的特色是思維和心智模式。哲學而後科學，幾位偉大物理學家，諸如：伽利略、牛頓、法拉第（與馬克斯威爾）、愛因斯坦，便是走上培根、笛卡爾、洛克、史賓諾莎的不同的自然哲學路線，方才提出的不同的物質和運動定律。

第二，它一般稱為理學，是一以理言道的學說，揭櫫理氣或道器一體思想。宇宙萬有係由理與氣所形成，理乃精神存在，是本體；先有理體隨後再生出氣用（講是有先有後，其實理氣是一時都有），氣乃物質存在，是現象運用的素材。總括一句，理生氣，繼之陰陽交感，萬物生生。由此可知，理學宣揚化生方為至理，其內容所載不折不扣是一宇宙生成論。持相反的立場，西洋哲學認為宇宙是一秩序的、必然的、不變的靜態系統，反之宇宙生成的觀點簡直匪夷所思。不管怎麼樣子，中國人自古堅持化生並認定化生世界為「變化無窮」的複雜結構，理氣一體，「未有無理之氣，亦未有無氣之理」（《朱子語類》）。至於分立的理與氣（二截，指本體與現象斷然對立），也只有西洋的存有世界裏頭才會出現，這又是中西思想的差別之處。所以，理學特別強調本體和現象的統一性，朱熹說：「道亦器，器亦道，有分別而不相離也」（《語類》），王陽明也說：「事即道，道

即事；……其事同，其道同，安有所謂異」（《傳習錄》）？從這點看來，理學無疑又是一套宇宙生成論另加上體用一致論。

　　第三，它以自然人為本，繼天道立人極復又以人道反諸天道，捕捉宇宙的最高範疇，稱為理或道。單從人文的一隅切入，理的涵義不啻正是儒家道統的「仁」（或善），為社會機體求其更好的根基。倘若從自然哲學的深廣層次去擴大探索，則被界定為仁的「理」遂提升為萬有進化的大總原理，為化生世界的最高範疇、至上目標。儒學的滋長背景不外乎中國土地上興衰分合的歷變嬗遞，人的問題和社會的問題常是歷代先哲殫智竭力窮加應付的挑戰。於是，儒學的自然哲學化過程中，便老是出現重人事而輕物則、重人理而輕物理的情形，以致後來窮究形下或意動器物遂被貶為逐末小技。宋、明以降，理學就逐漸狹隘化竟變成一套人本道德體系；到最後只得扮演民族存亡的守護神，消極地透過建構複雜的倫理網絡把中國人堅忍地凝聚在一起。雖說，人界本質的課題，及其內中所隱含主體稟承本體作為化生原理的哲思，亦即心性等的課題，確是理學的焦點。由體而用，理學思想在社會領域的推廣運用，又訂成了中國歷朝特有的典章制度。然而，理學的精義當是整個世界包括自然與人的化生原理，絕非狹隘地僅止於人學甚至價值判斷的閫微。世人現在硬硬將之規定為道德哲學，此乃肇因部分儒者的畫地自限以及後學的誤解，更是由於理學的心性、物我、主客等立論尚未最終完成，才造成數百年來大家對它的偏見、誤解。

第 6 章　科學困境轉出儒學生機

儒學科學化有兩條進路。第一條是儒學之進路。筆者揭櫫之科學儒學乃繼承儒學框架，古今貫穿，再銜宋明理學，彌縫性即理以及心即理的割裂；設法在事理之上強渡物理關山，衝高追尋人與自然的總大範疇。可是，此事單憑儒學本身恐怕無法竟成，明末以來數百年思想空窗期，迄今亟需仰賴第二條即科學之進路的引導。借助西方文化翻開不同的宇宙畫冊，吸收絕對與相對、宏觀與微觀、確決與機率等。隨之探求中外交匯，設法融存有入化生、融理性入心性，就有辦法重新繼天立極，然後建制科學儒學。

目前，正是歐美科學最最興旺之刻，無異日正當中；同時，也是儒學奄奄一息，似乎已屆行將就木之際。出乎意料之外的是，科學盛極卻落得變成科學高原期。眼看技術依然仗勢挺進，唯理論竟陷入竭蹶困境，相對論和量子論之後，科學數十年來已經沒有什麼實質的進步。更不可思議的是，在科學理論糾纏又對立的困境中，隱隱約約卻能瞥見儒學一縷生機。大家發覺存有之說舉步艱難的地方，中國化生觀點驀然絕處逢生。

宇宙宏觀何其浩瀚壯觀，超乎任何民族理解之外；若非中西文化互補，豈能獲得圓滿答案。西學確是失之偏執，本章將先廣泛引用證據力陳科學的窘況。不能認清科學的真實面目，那有辦法站在西方巨人的肩膀上，找出融科學入儒學之訣竅。接著，還要批判相對論和量子論，剖析現代物理這兩大支柱某些論點何以似是而非。剖析過程中，清楚揭露其缺失並保留其不菲創見。然後，趁著機率逐漸躍為當今一切問題的問題，審慎查勘其哲學意義。西方物理偉業舉凡地域力學、古典力學、古典電磁學，和相對論等，莫不是秩序玄思的產物；唯有量子論獨為機率行徑出自切身觀測的結果，竟成今日顯學。苟能解開機率的疑惑，等於找到現代物理再出發的一把關鍵門鑰。

6.1 科學到了終站

截至目前為止，大家公認西方科學最能逼真地描繪整個世界。然

而，依照第二章與第三章的辯析，西方科學不外乎是延續其千年知識原型，再根據存有觀念與實證推理來詮釋自然界。於是，現代科學所建構的，無非是一個偏重存有而欠缺化生（Being without becoming）的宇宙。一些西方學者，也已對現代物理忽視化生意涵，有所抨擊。

　　無疑的，西方科學列車確已抵達終站。雖然，不少人也曾對科學終站一事發出警訊，總還是難以引起共鳴。一者，在科學光芒四射下，終站論者苦於無法提出具足說服力的論點與證據，自是不能產生廣大迴響。二者，儘管科學理論的確停滯不前，可是那些與大眾日常生活休戚相關的產業技術，照樣持續進步，因而維繫住了人們的信心。三者，時下固然有人對科學進步滋生疑慮，但顯然也找不到其他更好的替代，從而更合理地說明自然萬象。

　　當然，我們會以非常惶恐的態度和周延的考量來看待科學。縱使我們擲地有聲講出「科學終站」的話，仍對科學一點也不敢稍加菲薄，妄指科學是錯的或沒有價值的。相反的，我們極其肯定科學的功業，並認為儒學唯有站上科學肩膀方能開創新局，面對浩瀚壯觀的宇宙時空，才有辦法看得更高更遠。

　　拙作《挑戰西方科學》曾對科學予以縷解，該書有些地方和此處立論誠可互為印證。不過，此處主要還是針對科學的成熟性、侷限性、與矛盾性糾纏形成的死結，詳加列舉敷陳；讓大家看清，單僅西方科學根本無法刻畫世界的全貌。

科學已達高度成熟

　　科學因鼎盛而成熟以至腳步放緩。回顧它過去幾百年精益求精，現在無疑是發展到巔峰狀態，其速率正逐漸遞減。追想疇昔它一波又一波突飛猛進，對照當今它宛若強弩之末，科學業已注定永不可能再大幅往前衝。這一瓶頸，乃因科學達臻高度成熟性所造成。

　　揭開科學進步之謎，說穿了還不是理性思維的發酵。因為理性，才有歷經千載淬礪的四大知識原型，隨後落成充作物理基礎。因為理

性,當中世紀(The Middle Ages)所鼓吹的神之國度漸次縹緲,歐洲人的目光便不期而然轉向有秩的大自然上頭。於是,從十六至二十世紀,在大家熱衷追問自然是如何的聲音中,沿著「物理幾何化,幾何數量化」的操作,伽氏的自因力學、牛頓的古典力學、法拉第的古典電磁場理論和愛因斯坦的相對論接踵而起。一路走來,科學發展的軌道上既有四大原型替代的痕跡,當然也有物理理論由簡單而複雜、由粗略而精微的進步特徵。

伽氏的地域力學是近代科學的肇端,他試圖在感觀世界中歸納出自因運動的規律。此舉雖然尚未足以建構一個恢宏理論,卻已為物理疆土奪得一個灘頭陣地。牛頓與伽氏走不一樣的路線,但由於不同的時代背景與條件,使得他在採用不一樣的原型之際,尚能在物理領域中築起一座雄偉的殿堂。這真是一次科學躍進,他的運動三大定律和萬有引力定律足可詮釋直觀世界平坦空間的物體運動,堪稱一套統一力學理論,遂成為古典物理的典範。法拉第的電磁場理論不啻又是一次物理觀念的革命。他發現經驗世界電磁作用乃是曲面空間的傳播運動,這毋寧是符合洛克原型的規定。電磁場論點顯然和牛頓力學互為衝突,不過由於它畫地自限,倒讓牛頓力學還能勉強在電磁以外的物理天地繼續扮演主導的角色。

愛因斯坦在二十世紀開始十數年間,推出聞名遐邇的相對論。就科學進步來講,這固然是再一回合的勝利;唯就西方思想演變來看,不過只是另一次知識原型的轉折。因此,廣義相對論在其層層的科學衣裝——高妙推理(黎曼幾何)與實證模擬(思想實驗,Tought Experiment)——之下,依稀可見斯氏原型的輪廓。果然,相對論所描繪的,不折不扣正是一個本質為單純和諧(絕對)而外顯為四維曲面空間與質能運動的物理模態(相對);這種論點在宏觀世界尺度上,尤取得甚為耀眼的成績。於是,牛頓典範徹底崩潰。在此同時,更有許多物理新見如量子論等紛紛冒出,科學於是推進到盛極階段,最後卻因舉步維艱而不得不趨近停滯。

所謂科學,具體言之,乃西方理性思維配合近代務實流風,並且

把聚焦從上帝移向自然，進而闡釋事物如何機械式地運動的一套理論體系。科學晉入高度成熟，這表示理性思維，即：四大知識原型和「物理幾何化，幾何數量化」方法，經已竭盡發揮以至耗光了民族潛能。到最後，當幾何（純粹）由歐氏、曲面、到黎曼幾何一路攀越登高，當四大知識原型相繼現身替代完畢；前無去路，赫然已是理性的盡頭。在這種情況下，大家想一想，科學怎能侈言進步。

何況，近幾十年來，技術雖說持續成長，並且令人為之目眩。但各種奇巧商品訴求：輕、薄、短、小的背後，不難發覺其規格早因理論停滯而不再跳躍式邅進，只能憑藉經驗嬗遞、工具改良、材料與組件更新、參數調整等因素而直線累積式緩步修訂。環視周遭，那些傲人的機電、電訊、電子、核能、航太等技術，就是最好的寫照。這些技術，大皆源自十九世紀後期的電磁學，而一部分則得利於二十世紀前期的粒子物理（以相對論和量子論為支柱）。二十世紀後期偉大科學家宣告死亡，真正有價值的物理新說完全闕如，雖有夸克與超弦頗引人注目，唯其意涵終究走不出相對論與量子論的框框。晚近五十餘年來，物理學等於交了白卷；技術（Technology）因此多往輕、薄、短、小去下工夫，以致科學幾乎變成工技（Know how）或工藝（Craft）的同義詞！

舉電腦為例子。今天人們看到全球資訊產工蓬勃旺盛締造了新經濟時代；尤其看到電腦產品日新月異，似乎向大家炫耀它背後技術進步一日千里。以上看法並不完全正確。電腦產品固然日新月異，但真正電腦技術——以馮紐曼電腦結構（von Neumann computer architect）當作衡量標準——在二十世紀後半期間，卻沒有什麼驚人的變化。

大家要知道電腦來自計算工具（實質言之符號處理工具）的機械化、自動化。1945 年 6 月 30 日，美國普林斯頓大學馮紐曼（John von Neumann）提出一份電腦結構設計草圖，主張資料與程式均內貯於電腦裏，賦與了電腦「擬思維」的功能。這便是聞名的馮紐曼電腦結構，為其未來好幾代電腦產品結構設計訂定一基本規格。

1950 年代開始，電腦進入實用時期，投身化為商品。依其關鍵零

件的更迭，它約可分為四個世代：第一代電腦（採用真空管，1952
～1957）、第二代電腦（採用電晶體，1958～1963 年）、第三代電
腦（採用小型積體電路，1963～1970 年）、第四代電腦主要指大型電
腦和個人電腦（採用中、大型以至超大型積體電路以及微處理器，
1971 年至今）。整個實用時期的電腦商品，皆遵循馮紐曼結構，其基
本規格五十多年來未曾稍變。今天，廣受讚揚的電腦進步其實僅是表
面的，不過是經驗的累積與材料（零件）的改進所促成，特別是積體
電路的聚集化允許一單位體積中可以容納更多的電路元件。這才使到
電腦在更快更強的同時，又能朝更輕、薄、短、小方向開發出益為精
密的商品。將來，要等到世人能夠突破馮紐曼結構，推出全新基本規
格的電腦（第五代電腦也許是個創新想法），到那時才能說電腦技術
再次邅長。

宇宙觀與方法論的限制

　　科學因囿於存有宇宙觀與方法論而受到侷限。前面第二章與第三
章告訴我們，現代物理乃西方特定宇宙觀與方法論的產物。當今所謂
客觀知識，處處充斥存有考量；乃西方民族循其認知類型的規定，再
進行「物理幾何化，幾何數符化」，以求其人為詮釋符應「真實境
況」（反映特定宇宙觀與方法論）。存有是一專屬西方民族的認識模
式；四大物理理論都是札根存有的奇花異卉，儘管無比豔麗，終究不
夠周延。

　　西方的宇宙觀所羅列四大原型，無不具有兩項特徵，即：突出存
有理念與強調外在世界（External world）。歐美人士在琢磨事情時，
其思緒往往側重存有而忽略化生。他們認為存有實體不生不滅，永恆
不變；蔑視化生係一幻影，短暫又多變。一旦把這種意識投射到自然
界，便有實在與現象之分野，截然為二。實在乃存有之標誌，泛指實
際存在的東西（存有者）及其存在活動（存有者存有）；反之，現象
展布生滅流變萬種風情，卻是悉數欺誆，全為非實際存在。物理原稱

自然哲學，便是闡述自然物界的實在範疇，藉由「物界（理）幾何化，幾何數符（量）化」，捕捉雜杳殊多瞬間萬變背後之普遍規律。現代物理孜孜建立的普遍規律皆屬確決法則，西方人常自詡為真正知識，誇稱符應宇宙至理。

還有，歐美人士在觀看事物時，其視線往往投向外在世界。所謂外在世界，係指事物──不管主體或客體──身外的世界，包括周遭環境以至綿延廣袤。有鑑於此，整個自然界便可看作是萬般交錯的外在（事物身外）運動構成的總大物理體系。其間任何各別物理體系皆可視為特定體系，展現某一（或，以上）事物置身於空間復因力的作用而產生特定外在運動狀況。於是，現代物理動力學不啻是衝著一理想物理體系作出確決法則之表述。故此，現代動力學應改稱為外在動力學或外動力學，這是由於它專門描述事物的外在世界和外在運動。設若此一事物尚有內部結構，則現代動力學的慣用手法乃是將之分割為更小單元（亦為一事物），然後再把目光聚焦在該單元身外的世界，進而再探究其外在運動。依此類推，一直到至小無內的基本粒子為止。

以西方宇宙觀為鏡頭，除了四大原型的規範，尤憑它專門凸顯存有理念與強調外在世界。幾百年來，西方人爭相透過這種方式獵取自然規律，才有現代物理偏執確決法則與外部運動的問世。這一狀況，請讀者參閱圖 6-1 現代物理範疇示意圖之左半。至於該圖之右半，披露儒學科學化著墨的地方，指出科學儒學之範疇；其中心課題應在內在世界與內在運動，可催生內在動力學（內動力學）之類的學科。有關科學儒學，我們稍後將另作討論。

針對存有宇宙觀，西方的方法論相應地便發展出一套嚴謹法式。在科學上，其認知方法隱隱約約雖有純理與經驗兩種立場，但雙方都堅持「實證推理」的必要性，並徇守分割化約步驟（Framentation & Reduction）且曲從理性邏輯程序（Reson & Logics）。唯有滿足這種要求，才屬真正知識，才稱得上符應真理。大家應該清楚，推理是藉由溯源探理以求正確性，包括對自然活動係援引理性邏輯程序來索解，

圖 6-1　現代物理範疇示意圖

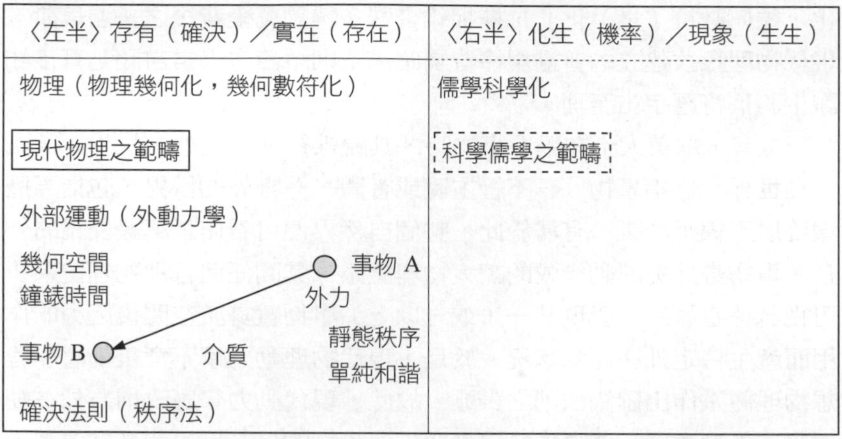

〈左半〉存有（確決）／實在（存在）	〈右半〉化生（機率）／現象（生生）
物理（物理幾何化，幾何數符化）	儒學科學化
現代物理之範疇	科學儒學之範疇
外部運動（外動力學）	
幾何空間 鐘錶時間　　　　　　　　　○ 事物 A 　　　　　　　　　　　　　外力 　　　　　　　　　　　　　靜態秩序 事物 B ○　　　介質　　　單純和諧 確決法則（秩序法）	

註：1. 存有＝存有者＋秩序（永久法 Eternal law）＋外動力
　　2. 物理存有＝自然事物＋運動規律（自然法）＋外動力

對自然事物則遵照分割化約步驟來偵查其存在形態。實證則是進行實地檢驗以求確實性，乃對物理事件採取試驗或觀察為手段。

　　習慣上，每當西方人要探究一件事情，往往會採取理性邏輯程序，先萃取（抽象）事情變動型式，再從中依邏輯論理導出普遍規律。數學系統本身就有理性邏輯的功能，尤其幾何與代數總是相輔相成。通常，科學家可由物理事件的幾何解析或物理定理的代數表述，衍生有關算式即函數。當然，既有算式還可推演出新算式，新算式同樣也能貼切地描繪相關物理事件，符契自然法則。再者，歐美語系字母語言（英文、法文等皆屬之）獨有的文法格式蘊涵理性邏輯的性質，如：主（Subject）謂（Predicate）句子即為判斷論證的基本語彙。科學家一旦用以論事，又豈能不染上理性邏輯的色澤，儘管語言不像數學擁有非同凡響的特色，只適合用作科學論說，然而它卻是大家腦海思想的必備工具，其影響恐有過之而無不及。

　　觀念上，理性邏輯程序儼然對應著一確決有序的圖式，無疑可用

一組命題來敷陳。所謂一組命題，乃指一系列算式函數或主謂句子的集合，同時又具有某種論理結構，幾何證明、三段論法（Syllogism）等皆屬之。因此，吾人不管檢視其單一命題乃至整個結構，都可發覺無處不在暗示由命題映照出來的外部世界宛若一架精準機械，一個個零件各有其位置與順序，一項項動作各有其先後與順次；機械運轉開來時，樣樣絲絲入扣、般般循規蹈矩，一切都是精準可測。這赫然揭發自然界裏面有一因果鏈的作用，顯示相關事物之間有一必然聯繫；它們在時空上相毗鄰又有前後，且為一種確定性與決定性的關聯。

另外，西方人對於事物的存在問題，屢屢喜歡窮追不捨，一味深入鑽究其實體存在的真相。他們往往遵循切割化約步驟，一步又一步把事物細加分解，以資找出其不生不滅、永恆不變、沒有內部組織的至小實存。這若從演繹幾何或字母語言作為認知工具的角度來檢視，則可察覺彼等非但屬性相近，且全皆流露分割化約的特徵。看看幾何的形數構造，自然萬象都可轉換為諸多幾何圖式，繼之尚可拆卸為點、線、面，最終更可簡約為至小質點（Particle，質點非點 Point）。再來看字母語言的文法組織，宇宙百態儘可落筆為哲學文章，尚可分解為論證命題，復又拆散為句子以至詞彙，最後皆可歸結為單純的字母。讀者也許已知道，時下許多電腦編繹器（Compiler），便是根據類似的化約法則來處理電腦高階語言撰寫的程式。先是勘校其詞彙、句法，乃至語意的錯誤，然後將之轉換為低階語言或機器符碼（Machine code）。

毋庸置疑，分割化約步驟才撐起了一個靜態的外部世界。這個世界的特點之一是獨駐實體（Isolated substance）永存不變、占積不入，等於意味物理對象為固定一致，膺服不矛盾規律；並且，空間被視為是真實的，反之時間注定是虛妄的。西方這種專屬的方法締造了專屬的理論，莫怪乎自古希臘以降的形上學領域中，哲學家們費勁討論的通常是最普遍、純粹、簡單的存在，即存有者。迨至現代科學發軔以來，科學家們衝著萬有事物尋尋又覓覓，還不就是要找出那最原始、最基礎、最根本的基本粒子與基本力！

存有式認知以推理為要務，苟能掌握訣竅，就可窺覬宇宙秩序之奧秘。自然科學裏頭，因推理的廣泛善用而使到物體與運動的研究，都獲得豐碩成果，奈何的是，卻也都被絆在「秩序」即靜態與獨駐的嚴整中。此處，尚請讀者仔細咀嚼圖 6-2 推理為探理溯源之手段，自當不言可喻。

科學理論相互扞格

科學理論因形上立場迥異而出現扞格，正悄悄引爆了一場思想危機。科學不能匯成統一理論，西方文化許多精義便難以整合，甚至因

圖 6-2　推理為探理溯源之手段

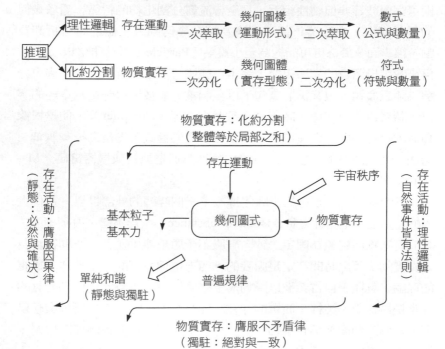

分裂而衝突；長期來講，還會造成民族力量的式微。大家怎可忘卻，科學（知識）的進步原本應指吾人對宇宙、自然、人等的最終問題，能獲得更逼近實相的真知灼見。但是，當今一般人所謂科學進步，不知怎搞地竟變成拿來形容產業工藝的改良、更張罷了。吾人務需認清，真正的科學進步乃是思想進步。這非但會帶動民族文化的全面激升，跟著勢必也會帶動工藝的大幅奮進，猶如過去數百年間西方國家的科學與工業革命。相反的，科學基礎一旦龜裂，理論旋踵出現矛盾，就像時下相對論、量子論等彼此扞格不合。這就代表思想開始困頓，知識腳步逐漸放慢，跋前疐後。顧影之際，西方民族朝氣一點一滴持續流失，雖說工藝仍會因經驗累積而進步，但常是一種舊有規格（Specifications）的修正、提升！

　　幾經琢磨，得以管窺四大物理理論立場分歧。回顧大約 1550～1950 年間，科學進步神速，遙想西方民族自刻板中世破繭而出的卓越心智，十足睥睨全球。然而，現代盛景斑斕文明裏頭，在產業工藝與自然知識日益求精的背後，卻也不難瞅見四大原型興衰與嬗遞的痕跡。果然，古希臘羅馬的哲學爭勝，又搬到今日舞台上重新換裝再演一回。哲學改為物理，一個又一個的代表性理論，依次為：伽利略地域力學、牛頓力學、法拉第電磁學和愛因斯坦相對論，風騷代出。表面上，它們有的是後者修正前者，有的是後者較之前者更能正確說明物界現象，以致現代物理看似一波銜接一波，一脈貫穿。但實際上，由於原型的相互牴觸，這些前後接力而至的理論真正說來多不相容。這四個代表性理論固然由於時代背景的遠近不同而有粗精高低之差，不過，最大歧異則在於彼此要旨齟齬不合。它們雖同出一源，同為一多有別、心物犄立的二分思想，同為終極為本、存有暨演繹的形上框架；可是，由於各懷不同的終極意向，四者各自涵蓄的世界預設與自然概述，不少地方大相逕庭。

　　茲將有關重點彙總列表如下（見表 6-1），供讀者參考。

　　不止四大理論分歧，我們也察覺到動力學與熱力學理論尖銳對峙。依標的物、運動、力的形迹來畫分，四大物理理論乃至尾隨的量子論

表 6-1　四大理論的本義各有不同

宇宙觀與方法論 / 客觀知識	世界預設		自然動況	
	終極為本	絕對世界	幾何圖式（點、線、面）	物理世界（數符表達）
伽利略自因力學之引伸	終極影射物質原子，是物質之基本單元，也是不變實體與恆在存有者。它還是事物的原動與究因，本身具有自因能動之作用力。	絕對和物理實在含意相同，皆指物質原子（實在），可憑經驗認識。原子聚散形成萬有無常（現象）。原子與原子之間是真空，平曠虛空，完全沒有任何東西。	採用歐氏幾何為工具。傾向贊同靜態與獨駐之平曠天體，承認有一平曠空間（真空），內有實存原子；將物體運動藉由觀測化成幾何構圖，再轉為數學算式。	堅持實驗觀測的結果為客觀或物理實在，此外皆為信仰存在。針對天地萬物，彰顯物質為第一存在（唯物），具自動和磁吸性能，揭露物體運動的自因規律，如落體運動。
牛頓之古典力學	終極指無所不在之上帝，是最高實體與至上存有者。祂創造宇宙，充作究因與原動，還是宇宙的第一推動並維繫萬物運轉。	絕對是指自明的上帝，祂建構物理實在，包括撐開一全在之絕對空間，布滿固定以太，為萬有引力之仲介，更有物質與動力；這些再形成諸多物體與運動，是為現象。	採用歐氏幾何為工具。主張靜態與獨駐之平坦、無限宇宙，平坦空間（真空）布滿不動以太，內有萬有引力和物體運動。依理知假說，將物理幾何化，再將幾何代數化。	深信假說與證明可以把握自然法則。針對絕對空間中的物界，凸顯物質為相對實體，具有被動、微粒、質量等特徵，物體一經受力，則循理性圖式進行運動，如運動定律。

法拉第（與馬克斯威爾）之古典電磁學	終極反映為外在之上帝，是最高實體與至上存有者。祂創造宇宙，充當究因與原動；惟第一推動後，便不再干預萬物運轉。	絕對指經驗以外的上帝，祂締造一外在絕對空間，和物質宇宙含電磁等物理實在；真空佈滿彈性以太，看似物質。電磁可使以太呈現曲線感應現象，藉以傳遞電磁力。	採用曲面幾何為工具。顯示一靜態與獨駐之經驗、非平坦宇宙，非平坦空間（真空）充斥彈性以太適合電磁傳導。實驗證實可將電磁彎曲力線（場）換成曲面模型，再變為基本方程。	重視實驗，發覺電磁效應通達經驗的物質宇宙，物外絕對空間則屬論證的間接存在。針對電磁為直接、相對的物質實體，披露力線傳遞為彎曲、耗時的近距作用，如電磁場方程。
愛因斯坦之相對論	終極指內在之上帝，是唯一實體與至一存有者。祂便是宇宙，為宇宙之因，即內在的單純與和諧，乃外在宇宙萬象最後依憑。	絕對指直觀上帝，乃宇宙內含的單純與和諧，沒有獨立的絕對空間，其物質屬性擴展為物理實在：連續時空、質能與場域，再分化出外顯的事件包括物體與運動。	採用黎曼幾何為工具。強調靜態與獨駐之四維、有限宇宙。沒有獨立的絕對空間，只有連續曲面時空和質能運動互為一體，所形成相對世界，可用微分幾何來抽象，再作數學解析。	標榜理知思想，絕對內於相對而存在。針對物質屬性分化的模態萬象，揭示其本質為單純和諧。四維連續性曲面時空和事物（質能）相對性運動互為一體之表裏，襯托一相對世界，如相對性原理。

（唯量子論又跟四大理論不同，回頭將揀選相對論與量子論另作說明），都屬動力學的範圍。動力學乃闡述標的物即客體在空間中於外力作用下的運動狀況，承襲古希臘羅馬力學精華並開啟歐美機械論之文明，遂躋身為現代物理學的首座。至於熱力學，向來是探索一標的物即系統（指一特定區域）的熱量與功，故視為巨觀科學，其知識多用於內燃機、渦輪機、發電機、冷凍空調、燃燒系統等工程上。若從較為理論性的角度來考量，熱力學真義乃闡述整個特定系統的能量狀

態及其轉變過程，指出自然活動不得逾越熱力學定律。當然，統計熱力學和不可逆熱力學的興起，更擴大了熱力學的陣地，使它成為現代物理中非常活躍的一支。

熱力學定律都是許多學者密切觀察自然現象，埋首研究一畫定邊界範圍稱為「系統」的性質（如溫度、壓力等）以及系統跟外界環境的交互作用，經過再三斟酌所歸納出來。熱力學第一定律就是能量守恆定律，由於梅爾（J. R. Mayer）、赫姆霍茲（von Helmholtz），尤其克勞修斯（R. Clausius）的努力耕耘，終於確認能量可以變換樣式，但不能被創造或毀滅。熱力學第二定律牽涉到熵值增加原理。克勞修斯和凱爾文是兩個指標人物，前者稱熱量總是由高溫向低溫傳遞，後者稱熱機的循環中總有部分熱量會被耗損。換言之，能量的自發性變化為不可逆，以至熵值（失秩之程度或隨機之程度，Degree of random）注定增加。熱力學第三定律亦可看作是尼斯特定理（Nernst heart theorem）的進一步解釋。尼斯特在二十世紀初提出該定理，稱溫度趨於絕對零度（$0°K$）時，熵值增加也趨於零。由此，便可導出絕對零度不可達到原理，為第三定律的另外一種措辭。

綜合上述熱力學定律，吾人不難畫出一個熱力學世界的素描。仔細一瞧，猶可從中瞧見幾點特徵。要點如下：(1)熱力學世界的奠基是根據論者對自然現象的實地觀測，此即所謂以自然為本。這種認知門徑，完全有別於西方傳統概以終極為本，是起於理性或原型預設。(2)熱力學世界的相貌是凸顯自然萬象大化流轉，這種構圖接近流變一元論體系。整個世界也好像沒有一與多之分，且自然狀態又是萬有遷變；既無原動，也缺乏究因，各種動況於是乎只得訴諸隨機行徑。(3)當然，熱力學關於標的物、運動，與力的表述，更是跟動力學迥然有異。不像動力學緊盯著的是奉守因果律的個別物體（按：大至恆星、小至粒子），由於受到外力作用而引發運動。這種運動基本上是可逆的，其運動方程式對「將來」與「過去」是不加區別的，運動物體的世界線母論「正」時間方向（t）或「負」時間方向（$-t$）都是一樣的。時間如同鐘錶時間所示，可以加減來回。相反的，熱力學聚焦所

在乃大量獨立單元（如氣體分子）構成的一個系統，單元的集體行為誠可迴避因果律並展現統計平均的巨觀性質。系統中一切跟熱量有關的自發性運動均為不可逆的，熵值便沿著單向過程而增加，遂有一不可倒回的歷史時間。

總之，動力學眼中的宇宙不啻處於萬古恆常的穩靜狀態，任何物體運轉無不有條有序；而且，有一來自究因的力道在推動、維繫著萬物正常作業。反之，熱力學卻把宇宙定位為一熵值增加的孤立系統，熱量持續盲動、轉變，最後難逃熱死的厄運；儼然暗示宇宙之中隱隱有一遍布的斥力，在牢牢地支配一切。所以說，動力學與熱力學根本就是兩套互拒、對峙的論說，完全不能相容。

許多人不喜歡把動力學和熱力學拿來比較。因為，一來，動力學橫跨微觀與宏觀情境，而熱力學卻擺明描述巨觀現象（按：本書中巨觀與宏觀略有差別，巨觀常是指有邊界的感官領域，而宏觀則被看成是感官甚至感官弗屆的沒有邊界的廣大時空），兩者不易並列評量。二來，熱力學關於熵值增加導致熱死一事，違反西方固有思想與習俗，以致不少學者常會由衷漠視或者厭惡其含攝的意涵，也不甚積極去把它和動力學作一對照。

殊不知，宇宙本是統一的，自然法則不該因微觀、宏觀、巨觀等的人為畫分而有任何不同，強要硬說熱力學和動力學不宜互比是行不通的。何況，當把熵值變動一事提高到宇宙論的層次來考量，咸信其過程與狀況一定含蓄最根本、最基礎的物理規律；然後，再將之和動力學併攏一塊，逐項端詳，則預料對真理之窮究，必有很大裨益！

非唯熱力學與動力學互為不容，審度相對論與量子論要義，也會發見這號稱當代物理的二大支柱，雙方原理竟然同樣針鋒相對。粗看之下，相對論和量子論同屬動力學，咸為闡述客體（指個別物體）在空間中於外力作用下的運動狀況。經過再三推敲，恍然才曉得雙方立論各執一詞，呈現勃豀對壘的跡象。大家知道，相對論走的是一條儘管挑釁仍舊順乎傳承的理性之路，還可以體味其一 vs.多、心 vs.物的二分二元格式；它以終極為本，懷抱斯氏原型，再量身縫紉一套科學

華服。選擇不一樣的方向,量子論油然展現傾向一元流變的架式,它是走一條以自然為本的非理性之路;並著眼於微觀領域,且與動力學、數學等密切交錯所發展出來。大家務請銘記,近世凡以自然為本的學說,皆對宇宙不做事先預設,對萬象也不進行引伸衍釋,而直接以經驗約定遂作表述。於是,任何運動規律的制訂,莫不依循實況的感官資料,再引入特定數符工具。

不單量子論奉守經驗約定,現代熱力學觀察巨觀系統的集體行為,多少也是採用這一手法。古希臘赫拉克利圖(Heraclitus)的「萬物流轉」(Pānta rhei)之說,乃以哲學思辨來談個別事物的流變不輟。

量子論的運動規律是遵照微觀量子的試驗數值,繼之,實務地引入統計方法和不定概念來建立;至於所展列的質能形態也是憑著試驗證據,復又挪用化約分割(按:模仿動力學的方法)和正反互補(按:套用辯證法的邏輯)等技巧。結果,量子論者提出了一些令人意外又不感意外的論點,顯示世界實相流動不居,自然動況乃以量子化狀態為基礎。總括言之,量子論開展的是一個斷續與機率世界,這和相對論強調連續與因果暨認定宇宙即是一理性宇宙,二者明顯不同。相對論主張世界實相單純和諧,自然動況無論氳氤時空抑或森羅萬象,悉依相對性原理進行運動。

此處,為了讓讀者更容易一目了然,特將相對論與量子論的歧異地方整理出來,置於表 6-2。表中還順便列入有關熱力學定律的比較,以資作一攏總之對照。

稍微瀏覽表 6-2,便可發覺雙方不一樣的宇宙簡要,一經敷陳成為物理理論,就顯得更為南轅北轍。事實上,直接訴諸彼此的原理特徵,馬上便可鑑裁二者立論是何其格格不入。相對論和量子論固然同為物理理論,但仍舊潛藏某種程度的形上特徵——將之稱為原理特徵或許更為妥貼(就相對論而言則為原型特徵)。以這為量尺,相對論遂為一張揚理性秩序、存有、因果為物理實在之本質,同時吾人觸景莫若一虛幻的相對現象,其特徵完全順乎實在與現象二分的傳統。量子論恰好相反,暗指真實世界總是時空悾傯、萬有飄候;在科學家們

表 6-2　相對論與量子論之比較表

理論類別 ＼ 宇宙簡要	世界實相	自然動況
相對論	終極為本的確決世界 終極為本：斯氏原型（預設） 確決世界：必然不變 物理實在：連續時空 　　　　　質能＆場域	幾何秩序（個體行為）的物理世界 闡述個別物體（小至粒子、大至星球）的運動符應相對性原理，並凸顯秩序、存有、因果等特質；揭示宇宙為有邊無界，繽紛萬象總歸于單純和諧。
	原理特徵：標榜秩序、存有、因果，且為一多、心物二分二元論	
量子論	自然為本（微觀個體）的機率世界 自然為本：經驗約定（微觀） 機率世界：流動不居 物理實在：量子真空（零點起伏） 　　　　　量子化＆波粒	蓋然不定（個體行為）的物理世界 闡述微觀個體（主要為波粒）的運動，契合量子跳躍和不確定原理，並凸顯無序、流動、機率等特質；揭露宇宙基礎為量子化，暗示量子具有零點能。
	原理特徵：標榜無序、流動、機率，且近似自然流動一元論	
熱力學 （註）	自然為本（巨觀集體）的統計系統 自然為本：經驗約定（巨觀） 統計系統：隨機流化 物理實在：熱平衡狀態 　　　　　熵值增加	不可逆過程（集體行為）的物理世界 闡述熱力系統（大量單元集體行為）的能量及其轉換，皆不得逾越熱力學定律，並凸顯無序、流化、統計平均等特質，還透露宇宙為一孤立系統，衍化到最後熵增為零，陷於熱死。
	原理特徵：標榜無序、流化、統計平均，且為自然流化一元論	

註：有關熱力學的比較也附帶列入，以資參考。

經驗約定裏頭，得窺類似赫拉克利圖所言「一切皆動，無一物固定不移」的萬有流轉之境況，猶令人倘佯於一流動不居的唯物宇宙。誠然，量子論隱約認定大自然的最高範疇就是無序、流動、機率，無形中擯棄了實在與現象的舊調，轉而試演自然流動一元論的節拍。

6.2　相對論與量子論的煩惱

　　科學迄今仍然睥睨不可一世，傲為人類知識的無上權威；榮耀為世界之尊，其光芒照樣火熱灼人。此處，科學被說成到了終站，只是要點出它不復昔日自詡為真理化身，也不像昔日英姿可以一波接一波乘風破浪。所以，若就其成熟性、局限性、扞格性等加以析疑，則可瞧見科學果然發出了再衰三竭的警訊。縱使那些遠遠尾隨科學腳步的工業技藝時有改良與創新，唯對宇宙、自然、人的最高精義的尋訪，卻因存有意識的重圍而無法再接再厲。紛紜聲中，吾人益敢肯定，現代物理決不可能匯總拱出一個最終的統一理論。

　　環視現今物理理論諸如相對論、量子論、不可逆熱力學……等等，似乎各都只是片面的、局部的、特殊的，偏執一隅之詞，不能對整體世界浩瀚時空——起碼吾人安身立命的現世——提供一完善拼圖。尤其，相對論和量子論帶來的無數煩惱，著實令當代很多科學家、哲學家絞盡腦汁白了頭髮。前文曾經對這二者作過一些介紹與比較，想來讀者已有印象。並且，二者除了各吹各的調之外，本身說來也有不少未盡合理之處，以下將會提供讀者一些重點辯難。

　　目睹相對論與量子論譽為現代物理二大支柱，卻有顯著矛盾和缺陷；不言而喻，那有可能憑以建立典範。筆者斗膽，在眾人競相膜拜讚揚中，獨持一己之見，針對二者論點提出非常中國人的批判，希望透過如此反思，能夠為儒學科學化鑿通一攻錯的竅門。

相對論豈能自圓其說

　毋庸置疑，相對論顯然未盡周延。

　誇張一點講，廣義相對論乃是猶太大哲斯賓諾莎泛神論裏上一層科學的包裝。愛因斯坦的科學信念不折不扣正是他不渝的宗教信奉，而他的宇宙信仰（Cosmic religion）還不就是反映「上帝即宇宙」的信條。這從他於 1929 年 4 月間向紐約猶太教堂牧師葛斯坦（H. Goldstein）作的表白，「我是信仰斯賓諾莎那在事物內的秩序與和諧所彰顯的上帝，而不是信仰那對人們命運與行徑有宰制的上帝」，可見一斑。至於「而不是信仰那對人們命運與行徑有宰制的上帝」便是指基督教的上帝，也就是牛頓全心隨侍的上帝。

　若非牛頓和愛因斯坦二人之於上帝定位的歧異，豈會造成彼此在宇宙、時空、運動等的論點截然有別。然而，諾諾千夫的眼中，古典力學與相對論之差，前者應是比較粗陋，後者則是比較精確、縝密，且後者猶是前者經由演進得來的結果。其實，只有全盤瞭解物理精髓之士，才洞識這二種學說的脈絡涇渭分明。當然，若就整個西方文化來講，這二種學說系出同源，都屬一多二分、心物二元思想；莫不刻意貶低相對諸象，如短暫、可變、能分、偶然等，繼而大力追求絕對至理的非凡價值，如永恆、不變、不分、必然等。相對論的出現，不可以說是古典力學的進步所致，而是不同理論原型的替代方能促成，可視為一項轉折創舉。不過，相對論標立的創舉終究只是一場西方茶壺中的風暴。它揭櫫相對是現世摹態（Mode），絕對是宇宙自身，乃萬象倚仗的終極實存，此即事物之內顯露的單純和諧。大體上，它仍不離西方文化的存有窠臼。

　無可否認，相對論是以科學的裝扮來出現在眾人面前。它在現代社會裏的確是轟轟烈烈，已經到了家喻戶曉的地步。這完全拜愛氏點慧的手法所賜。他不再仿傚前人一味設想自己（按：作為一理想化觀測者）處於靜止參照系（Frame of reference）來測量與之相對的空間、

時間、質量、運動等；甚至，他還因此剔除了絕對運動。簡言之，不再立足於絕對來考量萬有變動。反之，他務實地立足於相對（指某一慣性系乃至加速系）然卻心繫絕對理念來計量物界萬象。由此，他揭露置身的相對世界終是虛構幻相，而在相對中產生的錯覺，所謂單向的歷程時間、看去宛若獨立的平坦空間，也都不是真實的東西。

此處，就讓筆者用圖解的技巧，把愛氏相對論以及牛頓古典力學繪成圖 6-3 之 1 與之 2。為了方便讀者，順道也把古典電磁學的要素拿來作成圖 6-3 之 3，讓大家得以相互對照，並默察科學重心正從絕對逐漸轉向相對領域。

在圖 6-3 之 1 相對論圖解中，大家可以目睹相對世界外在摹態是依附於相對時空的四維曲面場域上，而這整個又是由一深沈隱藏的絕對宇宙秩序物則、甚至可說由一內在究因（即內在上帝）作為唯一實存的物質屬性所分殊產生。若從愛氏的科學信念來下斷言，此內在究因或內在上帝無異等同絕對物則的最終本質，也就是他念念不已的單純和諧。圖中，大家還可以瞧見當觀測者立足於相對世界（縱然不同時地，如 x、y）並丈測與之相對的事物（如物 A、物 B），便知萬有熙攘無定又彼此互動，一切事件無疑都是相對性的。而且，各種相對事件所連帶展現的流變無常（如機率），也都是客觀存在的，但唯獨這點卻是愛氏所極力駁斥的。對愛氏而言，相對之內仍然是絕對。他心懷絕對，個人理知深切認同內在的絕對形式；以致相對論真義，說穿了，正是彰顯絕對物則，包括：因果律（必然）、時空連續體與場域（不分，基本粒子和基本力亦屬純一不分之形態）、光速不變（不變）等，再歸於內在究因單純和諧。許多學者不明乎此，未察覺愛氏依舊支持一多二分、心物二元論述，反誤以為他只高唱相對而揚棄絕對（注意，他僅排拒牛頓等所指獨立存在的絕對，卻標舉內在的絕對），難免叫人啼笑皆非。

若拿牛頓論點來作一比較，在圖 6-3 之 2 古典力學之圖解中，便可發覺整個背景是一由全在究因即全在上帝（不動的原動者）所維繫的絕對時空無限宇宙。絕對空間是 3D 歐氏幾何的平坦空間，無邊無

圖 6-3 之 1　相對論宇宙觀圖解

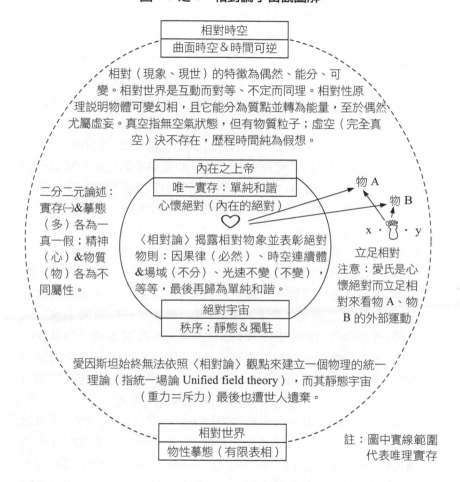

相對（現象、現世）的特徵為偶然、能分、可變。相對世界是互動而對等、不定而同理。相對性原理說明物體可變幻相，且它能分為質點並轉為能量，至於偶然尤屬虛妄。真空指無空氣狀態，但有物質粒子；虛空（完全真空）決不存在，歷程時間純為假想。

相對時空
曲面時空＆時間可逆

二分二元論述：實存㈠＆摹態（多）各為一真一假；精神（心）＆物質（物）各為不同屬性。

內在之上帝
唯一實存：單純和諧
心懷絕對（內在的絕對）

〈相對論〉揭露相對物象並表彰絕對物則：因果律（必然）、時空連續體＆場域（不分）、光速不變（不變），等等，最後再歸為單純和諧。

絕對宇宙
秩序：靜態＆獨駐

物 A
物 B
x · y
立足相對
注意：愛氏是心懷絕對而立足相對來看物 A、物 B 的外部運動

愛因斯坦始終無法依照〈相對論〉觀點來建立一個物理的統一理論（指統一場論 Unified field theory），而其靜態宇宙（重力＝斥力）最後也遭世人遺棄。

相對世界
物性摹態（有限表相）

註：圖中實線範圍代表唯理實存

垠，布滿靜止以太；絕對時間則是算術表達的真實時間，均勻地流逝著，與他物無關（即：無時間性，Timeless，或超恆性）。相對時間只是關於相對運動期間的量測，暫且用來代替絕對時間；相對空間不過是絕對空間裡面的可動區域，為物質雲集萬般風情的地方。無疑，

整個世界最終應以絕對時空為基準，理性觀測者大可設想自身立足於絕對（不管是點 x 或 y）來忖度各種事物（如物 A 與物 B）及其運動。於是，萬有引力定律講的就是以太壓力造成二個物體相互之間的一種立時即至的引力作用（絕對時間為無時間性的）；而運動三大定律講的則是絕對靜止系裏頭的可動區域（相對時間會起量測效用），物體受到外力作用而引發的相對運動狀況，三大定律對「正」和「負」時間方向（t 和 − t）是不加區別（把時間當成可逆的）。

　　牛頓早就知道有相對世界與相對性原理（縱使他和伽利略所知道的相對性原理僅限於力學範圍）。不過，他重視絕對存在而輕視相對存在，儘管二者各自存在，卻主張相對萬象悉數置身於絕對中。他還設想自己作為觀察者，也是立足於絕對來探索運動乃至捕捉物理規律，此為牛頓力學之基石。反之，愛因斯坦深信萬有事物包括他本人作為觀測者全皆處於相對現世，此即慣被輕蔑的雲間萬變之無定摹態，終非存在。處在相對世界，物體運動倚仗相對性原理（經愛氏潤飾已從力學擴大至所有物理規律）以資說明，至於歷程與偶然則屬虛妄。相對的內在方得稱作絕對，此為唯一存在，一向廣受重視。誠然，絕對確是萬有內在彰顯的單純和諧所昭示的宇宙自身，為具有必然、不分、不變諸特性的永恆實存。由此可知，相對論主要不是標舉相對而是絕對，其精義諸如：必然的因果律、不分的時空連續體與場域、不變的光速……等等，在在都是闡述絕對本質。

　　比起前人，愛氏似乎顯得更加看穿現世，窮目真理。他非常瞭解萬象即為相對，猶能清晰描繪相對摹態的不定動況，遂有相對性的深耕，捕獲諸種現象，包括：時間膨脹（Time dilation）與時間的相對性、羅倫茲—費茲吉勒收縮（Lorentz-Fitzgerald contration）或長度收縮、質量隨速率增加……等等。萬有流轉盪漾，若要指出固定一處，其難度不亞刻舟求劍。愛氏獨具慧眼，透視事物「互動而對等」的關係，提出「不定而同理」的精闢說辭，還真令人拍案叫好。但是，就像牛頓耗盡巧思想要雕塑一個獨立存在的絕對空間，愛氏何嘗不是用盡心力意欲藉由廣義相對論去襯托萬象之內，涵蓄必然、不分、不變

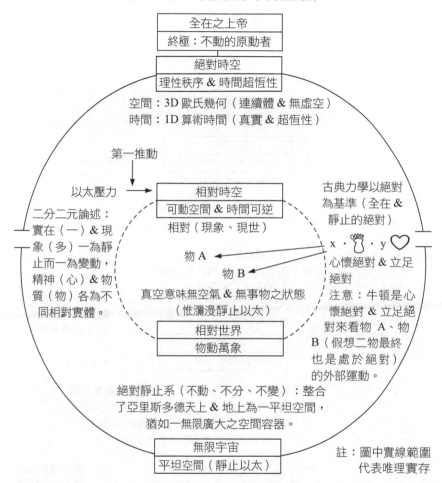

圖 6-3 之 2　古典力學宇宙觀圖解

的絕對實存！

　　可是，愛因斯坦的工作一直未竟全功。到頭來，儘管他能把相對現世說得頭頭是道，但一些關於絕對的預設總是破綻畢露。由此看來，他對物理的貢獻頂多是「功在互動」（牛頓只看到反作用），而非如一般人所想近乎空前絕後。所以，吾人擬就其預設作一檢視，看

圖 6-3 之 3　古典電磁學宇宙觀圖解

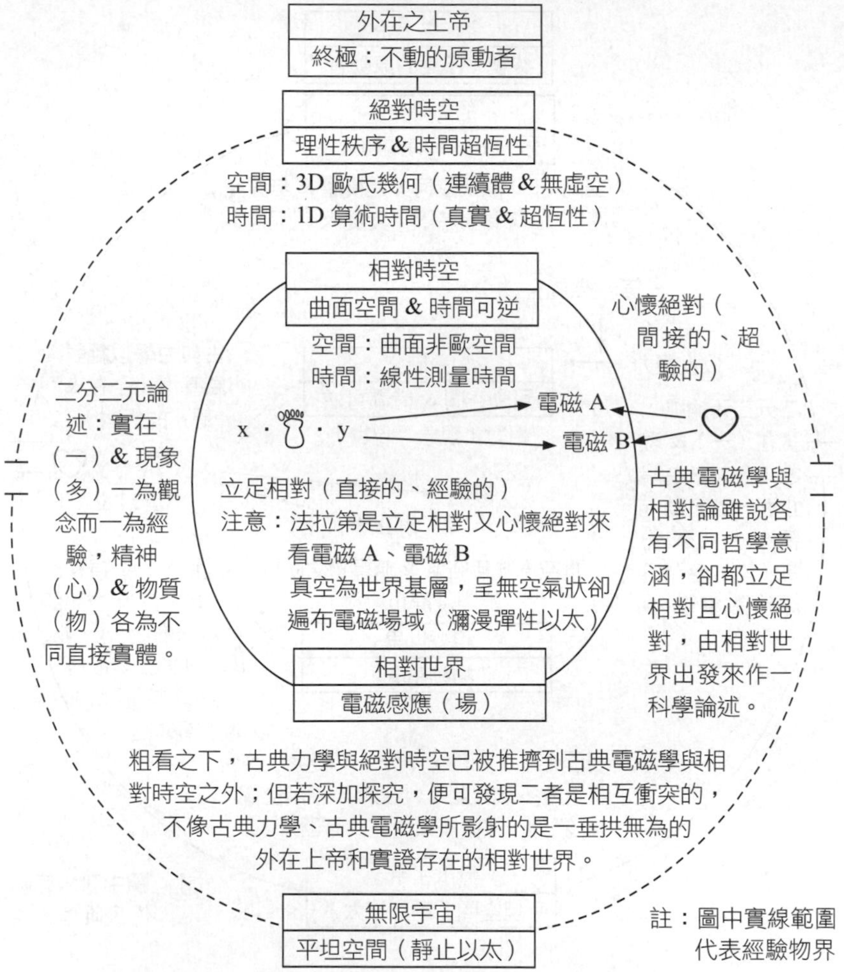

看有些什麼問題。

　　先來檢視必然的因果關係。

　　愛氏堅信自然萬有儘管流轉互動，卻並非飄突難料。受到這一形上意識的影響，使他由衷支持因果律，主張任何事件在曲面時空上均

有一因果鏈：凡有一特定結果必可回溯找到一特定原因，同樣，凡有一特定原因必可引發一特定結果。如此一來，物界猶若一架根據某種幾何原理而設計的機械裝置，井然有序；每一個動作，都可確切預測且充分掌握。易言之，世間豈有「無常」之事，「統計」苟難避免也只是用來描繪集體行為的權宜之計，「偶然」則是由於某些隱藏參數（Hiden parameters）不夠透明之故。毋庸置疑，宇宙極其秩序，熙熙攘攘的背後，終究還是確決分明，只要人類知識持續提升，當能洞察必然即為普世準則。愛氏果真處處不忘強調因果特性，不單相對論運動方程是據此安排，甚至不時脫口一句他那感性名言「上帝不玩骰子」，以試圖抗衡機率之說。

總之，撇開愛氏和牛頓之間的信念差異，即愛氏秉持內在絕對論而牛頓秉持獨立與全在絕對論，導致前者將後者的平坦空間推展為反映外在模態的曲面空間。此外，若就理性的層面來判斷，二人眼中的物理世界同樣皆為確定性和決定性的體系，並且，完全可以數量化與精準化。這正是一個機械論宇宙所展現的端莊風采，就像十七世紀法國數學家拉普勒斯（P.S. de Laplace）曾說，如果有人能知宇宙現在每顆原子的位置，速度、與力，那就能知宇宙過去和未來的全貌。這種有條不紊、井然有序的宇宙，便是愛氏的宇宙，也是牛頓的宇宙；更深邃地講，無非就是西方傳統的存有宇宙── 一個標榜因果暨實存的「絕對、秩序、確決、一致」的機械論宇宙。

諷刺的是，這一必然的因果關係卻讓接踵而至的物理證據給摧折了。曾有少數人誤認某些相對性現象，譬如：同時性的相對性，恰巧破壞了因果順次。這點，他們都錯了。按照相對論，不同的觀測者眼中的同時性確是相對的，但被測客體的物理過程則絕無因果倒置之可能。事實上，能夠科學地擊破因果矛盾，乃是現代量子論那一支機率長矛。哲學家休謨（D. Hume）很早就提醒大家要嚴肅省思因果是否真有其事，還判定許多因果觀念，不過是靠人的經驗、習慣、類比等才會引發。但愛氏顯然認定因果是先驗的，並將之預設為相對論的不渝信條。後來，隨著人類明察秋毫的技能日益竄升，現代量子論終於

得以一路挺進，順利在微觀領域推翻了因果規律，揭開了偶然性的主宰年代。一連串新見包括：丹麥波耳（N. Bohr）等提出的哥本哈根詮釋（Copenhagen interpretation），德國海森堡提出的矩陣力學和不確定原理、奧地利薛丁格的波動力學……等等，還有數以千計關於光、電子、次原子粒子的實驗結果，無不狠狠剪斷了必然的因果鏈，從而提出宇宙的基本法則為機率性。

再來檢視不分的時空連續體。

愛氏於 1905 年建立狹義相對論，揭示時間與空間是交織在一起，合成一個四維的幾何體系。對此，閔科夫斯基（H. Minkowski）於 1908 年寫下時空連續體（Space-time continuum），非常貼切、清晰說出早期愛氏的時空觀。爾後，愛氏於 1915 年完成廣義相對論，在平面時空的基礎上，為因應加速與重力的效用，開展一個採納黎曼幾何的曲面時空。對愛氏來講，不論早期的平面時空乃至後期的曲面時空，都是物界內層的一種不分間架，充作物體及其運動的依憑。

時空常因不同的意識型態故有不同看法。照古典力學說辭，認定有一好像巨大容器的獨立之絕對空間，它到處布滿靜止以太，萬物則置身於其中；此為歐幾三維空間，是平坦（空間曲率為零）暨連續性的。還認定有一獨立之絕對時間，為歐幾一維時間，是無時間性暨連續性的。反之，在狹義相對論當中，三維空間與一維時間皆非獨立存在。於是，不止空間是連續性的，時間也是連續性的，甚至空間與時間之間還聯繫一起變成連續性的，此即所謂時空連續體。不過，這個合一的幾何體系，固然因時空互涉而形成四維結構，卻仍舊保留「平坦」的容貌。注意，狹義相對論固然摒除了獨立存在的絕對空間，卻猶未拋棄平坦空間的想法。

殊不知，時空（Space-time）與事件（Event）實乃互為表裏，依物理觀點言之，就是後者動向一定影響到前者的曲率。放眼宇宙，總有萬千事件此起彼落，若說時空連續體還能維持其平坦狀態，則豈非矛盾橫生？幸好狹義相對論專注於光速不變，還有物體運動引發物象（如，長度、質量）的相對性、以及相對觀測（如距離）引發同時性

的相對性，不必直接碰觸時空本身的問題，大可將之擱置一旁，繞過不談。至於廣義相對論研究對象涵蓋時空本身，讓人目睹物體運動尤其是加速度或重力的作用，無不處處影響到時空結構。到了這個地步，維持平坦時空誠屬不可能；而由於表裏互動，使到事件起伏之內，遂有一萬殊倚仗的曲面時空——當然也是連續性的。

物理適宜數學化。事實上，現代物理的豐富成果，全憑「物理幾何化，幾何代數化」（乃至「微分化」）的科學發現之鑰。倒過來，數學未必都合物理化。最簡單的例子就像數量尺度的比率，1：4、3：12、0.007：0.028、……等等，就數學言之，彼等意義是同等的。但若從物理去考量，就會看到不同狀況。試想一下，你能用 1：4 的非金屬與金屬材料去製造一具時鐘，或許也能用大上二倍且同等比率的同款材料去打造一座二倍大的同型時鐘，但卻不能造出縮小千千萬萬倍的同類時鐘。當材料縮小到只有幾顆原子，即使同等比率，恐怕早已造不出什麼像樣的物品，更遑論是時鐘了！

連續性也是一數學名目，直至近代才有合理定義。拜牛頓和萊布尼茲發現微分所賜，人們獲知由無窮過程或無窮小量，可以形成連續的線、面、以至體，大大強化了連續性概念。可是，卻要等到十九世紀實數理論全面建立之後，連續性完整內涵才告底定。如此看來，連續性僅是一數學範疇，加以它一直無法被實際驗證，儼然又是一個數學不能物理化的典型實例。一眼就看出，狹義相對論中的四維時空連續體只是一項數學名目的人工設計。所謂連續性的四維時空，不管是空間本身也好、時間本身也好、或者空間與時間之間也好，既未曾也難以獲致科學實證。這方面，狹義相對論和古典力學倒有共通之處，都有意無意把時空看作非物質性存在的理想化（甚至形上化）平坦時空；若有數學憑據便已足夠，毋需再行檢驗其物理實證是否符應。

另外，廣義相對論的時空卻摻雜了濃厚的物質與互動的成分。大家都知道，當愛氏進一步去解析相對世界，竟察覺時空與事件相互依存，領悟加速或重力效應（二者等效）勢必左右時空曲率。循此巧思，他在 1915 年 11 月導出著名的場域方程式，次年 3 月接著發表顛

覆傳統的廣義相對論一文。廣義相對論主要便是凸顯重力效應即時空曲率，從而把平直時空推往彎曲時空。隱隱約約，該文還釋放若干重要訊息（想非愛氏真正認知），暗示時空與事件乃一體之兩面，且曲面空間已化為物質存在。不知不覺，相對論所謂創舉闡述，最後竟是專門展布一由物質性、互動性的時空與事件構成的非歐幾何之相對世界。此一物性世界，自是注定受到現代量子論的層層約束，有關連續性問題，當然也就必須受到經驗法則的嚴格檢驗。這點，量子力學已科學地證明物性現世的根柢屬於不連續性即量子跳躍（Quantum jump），空間是量子起落（Quantum fluctuation）。的確，站在深達物理的量子至小之處，相對論採用數學操作標榜連續性之舉，徒然遺留一個錯誤的示範。

最後來檢視不變的光速。

實際上，整個外在浩瀚世界乃借助相對（互動）與機率（偶會）充作機制，復於起伏跳躍的基礎上化生萬殊。對此，當代物理兩大柱石即相對論和量子論，各自頂多只講對了一些。猶如量子論講對是世界的機率情況，相對論講對的則是世界的相對狀態，兩者因此都有其合理與偏差的地方。前文剛剛檢視的，是相對論裏一些像必然的因果律、不分的時空構體等；這些都有明顯偏差，並違背了量子論精髓，指：不確定性與不連續性。至於相對論主張不同參考系物理事件具有相對性，這確是愛氏卓見；不過他卻硬拗唯單光速絕對不變（具絕對性），定值 C 即真空中每秒三十萬公里，徒然留下了恍惚迷思的痕跡。

愛氏在 1905 年 5 月（次月便推出狹義相對論）與摯友貝索（M. Besso）探討時空問題。經過一番折騰，領悟出擔任絕對角色者不是空間（故無絕對運動），也不是時間（故無絕對同時），而是光速。光速為定值 C，又不受觀測者或光源運動所影響，不啻表示光速是一以內在平坦時空為介質的絕對事件。誠然，愛氏在狹義相對論中幾乎不把光速當作一普通物理事件，簡直把它看成是一特別、甚至不同凡響的東西。但是，這純屬愛氏個人的迷思，讓他掉入一個論理的陷阱。大家也許心中已經懷疑，除非真空平直可供光子飛奔其上，否則

愛氏所想絕對的光速不變一事可真異想天開；執意要在相對之中撈摸絕對，那是不可能之任務。

粗看之下，光速好像真能絕對不變。仔細端詳，光速畢竟還是一椿物理事件，而非什麼特別或不同凡響的東西，所謂光速不變也只是相對性的。現在，我們暫且將光速不變的命題開列成為二條子題：

㈠任何參考系真空中（無空氣狀態）光速為定值 C。

㈡光速不受光源運動、也不受觀察者運動所影響。

第一條子題，任何參考系真空中光速為定值 C。伽利略、牛頓，以至現今國中學生都認識相對性，不同慣性系力學規律不變。在地面上，一顆蘋果由手掌筆直上拋，很快又會垂直掉回手掌中。在一架等速飛機上，同樣事況不變。愛氏把相對性原理從力學擴大到整個物理範疇，甚至從慣性系擴大到非慣性系，表示物理定律都具相同形式，都不變。但是，所謂不變都是相對不變，一旦將不同參考系互相對照，就會發現彼此還是有變；最簡單像質量、長度、時刻等，都起變化，所以才有同時的相對性之類。比較容易引起混淆的是速度，尤其是光速，乃是從空間長度和時間刻度計算出來；卻由於物理時空同體連動，儘管不同參考系各自的時空有變，但光速計算結果仍然一成不變。愛氏便認定其他物理定律「相對不變」，獨有光速「絕對不變」──光速不變是絕對性的。

根據狹義相對論，設有一「靜止」慣性系 A（如：地球）和「移動」慣性系 B（如：飛機）。兩慣性系皆為等價，故 A、B 中的觀察者（稱之a，b）都會親見各自的物理情境完全同等，且光速同為定值 C，再者其他各種物體運動也維持其同樣速度。但一經兩相比較，卻發覺B中竟然有質量增加、長度收縮、時間膨脹（變慢）等效應。不過，依各自的度量，速度為距離與時間之比，以致光速倒依然為定值 C，再者其他物體運動速度也不見異常。

還有，根據廣義相對論，重力場如：太陽重力場對光線路徑確有影響。遠方（遠離重力場的地方）如：地球的觀察者可按相關試驗設計，分別測得光線行經場域會發生光線偏折和時間延遲的效應。光線

偏折是愛氏本人依理論推算並於 1919 年由英國艾丁頓等人實地觀察到，至於時間延遲則於 1964 年由美國夏畢若（I. Shapiro）等人發現，故又稱夏畢若時間延遲（Shapiro time delay）。若從遠方來測量，是可發現光線行經場域其速度稍微變慢。當然，真正詳情並非如此。這都是光線在場域中的路徑因偏折而「變相拉長」，使得全程距離跟著增大，才讓光線行進時間在遠方觀察者計時器上隨之延遲。如果換另外一種算法，完全考量到增大的距離，再除以延遲的時間，仍可無誤算出光速為定值 C。事實上，現場能在同步試驗，便知光速在任何地方皆為定值 C。即使在場域中，雖然時刻較慢（地球 1 秒為太陽 0.999998 秒），但尺寸也較短（同理），現場觀察者照樣算出光速為定值 C。同樣，只要是現場試驗，則任何穿經場域而過的其他運動物體，彼等速度也都維持不變。值得一提的，遠方觀測者可以直接測量到光在場域中「變相拉長」的那一部分的路徑長度（注意，針對感官經驗而非重力場域）。這有點像光速在水中的情形。外頭觀察者發現水中光速因折射而減慢，約為每秒二十二點六萬公里。但水中（現場）觀察者，假設他備有一套與水壓密度充分作用的試驗器材包括量尺與計時工具，那麼他一定也會算出水中光速不變，為定值 C。

　　正因為任何參考系中光速皆為定值 C，而且物理定律皆具相同形式。這不啻凸顯光速不變也和物理定律全都一樣具有相同形式（包括一般運動速度），全都一樣是相對性的。另外，揆諸宇宙大爆炸以來，光速倒是古今有別。前幾年，一些英、美、澳籍物理學家提出光速在幾十億年以前應該較快。這看來頗有趣，也算合理。大家要知道，宇宙演化早期溫度非常高，能量也非常強，光速估計比定值 C 要快得多。同理，未來宇宙熵值增加，溫度降低，能量減少，光速預期比 C 要慢。但是吾人勿忘，時空一體連動，以前或未來光速得由當場時間測量（注意！以前、現在、未來的運動時間快慢不一）。苟能如此，則任何時期光速仍然皆為定值 C。這一答案跟上述物理學家提出的結果表面上看是有異，實質上卻是沒什麼差別，反而恰好說明光速不變是相對性的。

其實，真正能支持光速絕對不變的說法，是愛氏一開始（狹義相對論）把真空假想為平直空間，不論在任何參考系中其曲率皆為零；而光子便是在平直空間運動，光速當然絕對不變（絕對性的）。後來廣義相對論推出，刻畫真實空間為彎曲空間。況且量子論進一步證實真空不空，能量起伏（曲率不為零），而重力場之處甚至騰不出真空供光子往返。總之，光子從來都在彎曲空間運動，所以說，光速不變猶如物理定律全都具有相同形式（包括一般運動速度），全都是相對不變。

第二條子題，光速不受光源或觀察者的運動所影響。古典物理長久被綁在傳統認知方法中，硬把運動視一理想的機械樣式，就像圖 6-4 物體運動圖解之 1：理想運動；並以歐氏幾何為知識工具，來展布大自然之奧秘。舉一個簡單例子，施力於一塊方木使之沿著地面自右向左滑動。古典物理看到這情景，一方面，馬上套入理想運動的圖樣，把方木當作一理想方形物體，經受力後，在平滑地面上進行機械運動。毋庸置疑，其運動係循確決與一致的行徑，且不會反過來影響物體本身暨所處時空。另一方面，立即援引歐氏幾何（按：物理幾何化），把整個事件簡化為有一方形沿著水平線自左至右直線運動。運動過程中，任何另一波的力的加減作用，預期都會造成加（減）速度；速度充分反映動量，堪稱運動的量，可為運動的衡量標竿，由距離除以時刻算出。如此情況下，速度相加公式便行得通，而伽利略變換也可以成立。

理想終歸理想，實際現世盡是悾傯交錯，事物舉止全屬關聯樣式，請參考圖 6-4 物理運動圖解之 2：實際運動。相對論許多說辭的確從實際角度來切入，可是有一部分構想尚保留傳統的理想運動格式。單以光速和光源（或觀察者）運動一事，若由實際運動角度查勘，整個過程輕易便可一目了然；奈何相對論硬要背馳理想格式，才把光速說得似是而非。大家必需知道，實際世界中的物體運動比較複雜。客體作為一實際物體，已不限於一感官對象，更擴至感官以外，如星系（或更大）、原子（或更小）等；也不該是一靜態個體，竟允許恆常

圖6-4　物體運動的圖解

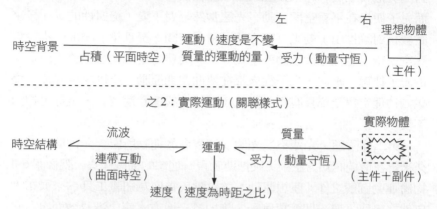

之1：理想運動（機械樣式）

時空背景 —— 占積（平面時空） —— 運動（速度是不變 質量的運動的量） 受力（動量守恆） 理想物體 （主件）

之2：實際運動（關聯樣式）

時空結構 —— 流波 連帶互動（曲面時空） —— 運動 —— 速度（速度為時距之比） 質量 受力（動量守恆） 實際物體 （主件＋副件）

不變的不可能物理狀態。而且，時空是曲面時空，客體與它互為表裏顯隱、互動連帶；尤其高速運動事件越發具足關聯特徵，既會影響時空，又會影響客體本身。傳統的速度數值不復反映運動客體的動量，只能說是曲面時空中一項關於距離除以時刻的計算。

處在實際世界裡頭，前面例子提到的方木進一步被看成是一動態物體。縱使單憑眼睛，仍能看出它的大體組織（主件）無非一塊由木分子細粒聚集的構體；詳加觀察，表面凹凸不平，周遭流轉（副件）乃主件所分解出來的飄浮雜碎和所產生的力能場域（按：大如太陽遂有重力場域與太陽能輻射等）。無疑，經過幾年或幾十年或更久，方木終將分解化為塊粒狀木屑，乃至消逝殆盡。反之，理想運動則是預設大自然為萬古恆常、歷久猶新，一塊方木不論何時何地永遠都是一塊方木，一絲一毫不容增損。不過，低速運動的情況下，不管把客體當作動態物件或靜態物體，把事件當作關聯樣式或機械樣式，不同世界觀點雙方對運動過程的看法並無顯著差異。譬如，方木以每秒5公分的速度滑動，假設其前端有一隻小昆蟲，恰好向前以每秒2公分速度展翅飛起。雙方看法大致一樣，由於方木和昆蟲二者的力的合成作

用，導致昆蟲起飛速度依照相加公式答案是每秒 7 公分。

　　然而，高速運動的情況下，若依實際角度觀點，就有不一樣解讀。何況，高速面臨的豈止動力和摩擦力，尚有空氣壓力。所以，為了迎合速度急遽增加，原先例子的主角方木和昆蟲就得功成身退——昆蟲根本難以佇足在方木上且方木也會受到極大外力導致綻裂。現在，為求適切新的處境，茲把主角換成飛機及其飛行時發生的聲波。按一般說法，這種聲波是一機械波，乃飛機與空氣起作用造成疏密相間的波動；它向四周傳播，只傳送能量，並不傳送物質。實際上，能量也是一物質形態，聲波由於飛機的力的擾動作用，自其絡繹不絕的作用點（波源）而形成，並透過空氣分子的振動向周遭傳輸。空氣中聲波的傳播速率（音速）主要取決於空氣溫度而非飛機速度，通常在 0℃時為每秒 331 公尺，每升高 1℃則每秒略增 0.6 公尺。當飛機以次音速（Subsonic）飛行時，其所發送的聲波是沿著飛機飛行的「前方」逕向遠處傳播，傳到地面即為連續性飛機聲音。改以超音速（Supersonic）飛行時，飛機趕上空氣振動分子，因此在飛機「後面」產生一圈又一圈的強烈震波，呈現一個逐漸擴展的錐形體（馬赫錐）；一旦錐形體的拋物線邊緣與地面某點交切時，便會發生斷續性霹靂巨響稱為音爆（Sonic boom）。

　　所以說，理想樣式揭示合力以致速度相加的計算方法，只能適用於感官可達、低速運動的二個客體彼此主件——即主件對主件——的衝撞事件。就像前述方木和昆蟲的例子，有效作用適值雙方主件直接撞擊；二者相切之處可以察覺力的集中現象，遂產生合力和速度相加效應。為了讓讀者們能真實體驗，特地再把例子改成在一個水深及胸的游泳池，水波盪漾，有一個大人和一個抱著橡皮浮囊划水的小孩。在此情景下，儘管兩者（主件）周遭可見碎波流轉（副件），但是當大人從小孩背後用手出力一推時，便可目睹二者肢體（主件對主件）的推撞作用，以致產生合力和速度相加。另外，縱使不明顯，浮囊前方的池水會出現類似擾動激波，且浮囊前緣也會微微壓縮。有關主件對主件直接衝撞一事，請參考圖 6-5 各種施力者（如人、光源等）運

動的圖解之 1。

　　不過，許多物界行徑其有效作用常僅憑一物之主件和另一物之流轉副件發生碰觸震盪，彼此交接之處展列力的離散現象。這點，那些在感官以外、高速運動的事件更加屢見不鮮。誠然，二物主件不會真正追撞，施力物體之副件將推擠著受力者沿力的方向移動；還造成相對效應，如介質擾動、時空曲率會增加，且物體質量、形狀也會受影響。現在，茲將上述例子中大人和小孩改為大人和一片小小浮葉。大家泰半曾經親身遭遇，當人（主件）往浮葉方向移動時，連帶的流轉波紋（副件）會先碰上浮葉，使之隨波一陣搖晃。一旦把手掌豎起（半置水中）往浮葉推去，浮葉也會先碰上流轉波紋而稍微向外蕩開。誠然，這雖非感官以外、高速運動的情形；卻可透過這樣的例子，讓大家領略某一物主件和另一物副件發生碰觸震盪的情景（按：人的反向舉措其流轉波紋必將曳引浮葉做出對應動作）。大家腦海苟能秉持此一概念，再回頭想像飛機與聲波在次音速以至超音速下的狀況，必有更深的洞識。順道還要提醒一下，聲波速率係取決於空氣的溫度、濕度等，而非飛機的速度；可是，飛機作為施力者的動向猶可影響聽者所收到的聲波頻率，從而出現都卜勒效應（Doppler effect）。有關一物副件和另一物主件因碰觸起震盪，且二物主件不會直接追撞，對此，請參考圖 6-5 之 2。

　　走筆至此，當能理解光與光源的力的作用，大致如同圖 6-5 之 2 所載一物副件和另一物主件的關係。說得徹底一點，無非就是光線之主件跟光源之流轉副件經過碰觸震盪進而萌發的關聯格式，請參考圖 6-5 之 3（該圖是筆者援用愛氏思想實驗，摸擬光與光源的運動；此外尚有一種境況，就是光源的運動造成重力場和時空結構的改變而導致。不管那一種，得賴實際實驗才能證明）。

　　無疑，光速一事有其特點；其一是小之又小到感官經驗以外，其二是超快的高速運動，其三是光線與光源永不會直接撞擊。儘管，光源運動藉由其連帶流轉對光線有所作用，引發一連串彷彿重力的效應，使到光源向觀察者運動時（猶如趨向重力場），觀察者接收到光

圖 6-5　各種施力者（如人、光源等）運動的圖解

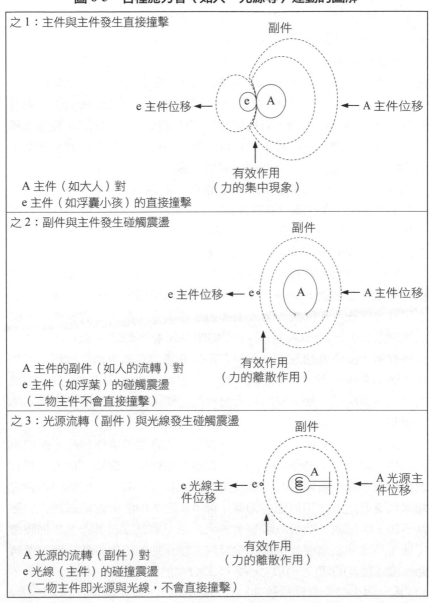

之 1：主件與主件發生直接撞擊

副件

e 主件位移　←　　　←　A 主件位移

有效作用
（力的集中現象）

A 主件（如大人）對
e 主件（如浮囊小孩）的直接撞擊

之 2：副件與主件發生碰觸震盪

副件

e 主件位移　←　e　　　←　A 主件位移

有效作用
（力的離散作用）

A 主件的副件（如人的流轉）對
e 主件（如浮葉）的碰觸震盪
（二物主件不會直接撞擊）

之 3：光源流轉（副件）與光線發生碰觸震盪

副件

e 光線主件位移　←　e　　　←　A 光源主件位移

有效作用
（力的離散作用）

A 光源的流轉（副件）對
e 光線（主件）的碰撞震盪
（二物主件即光源與光線，不會直接撞擊）

的頻率出現藍位移（高頻部位），反之（猶如離開重力場）則出現紅位移（低頻部位），此即都卜勒效應。但是光速卻依然恆速傳播，似乎和光源運動無關。這道理很清楚，概述如下。第一，光的頻率位移顯示光的能量實際上是有變化的，唯因傳統速度算式（即 $v = d／t$）在此顯然無法反映能量增減，而毋寧只是特定時空曲率（或介質結構）下的距離與時刻之比。第二，光線與光源，一為超快光子（或電磁波），一為機械事物，只見前者之主件和後者之流轉副件發生碰觸震盪，至於二物主件始終未曾直接撞擊；彼此根本沒有合力和速度相加的機會，則光源運動又如何能影響光速？

　　剛剛談的是施力者諸如人、光源等（圖 6-5 中凡標示 A 者）的動作引發什麼境況的問題，回頭接著要談的則是觀察者（圖 6-6 中凡標示 B 者）的行止將導致什麼場景的問題。透過關聯性思路，分別剖析光源運動和觀察者運動為何不會影響光速。

　　此處一開始，設有一觀察者（站在水中）與一浮葉互動，請參考圖 6-6 觀察者運動的圖解之 1。該圖中，試驗場所仍是一個水池，池水正隨風逐波。B 代表一個大人面對水流站立不動（身體當然一定處在微動狀態），e 代表一片小小浮葉順風朝著 B 飄流。俟 e 抵達 B 的流轉範圍，便會減緩速度，甚至在貼近 B 流轉處還會稍作盤桓。用物理的頭腦來作思考，此係匯流（會同）現象，使 e 得以納入 B 的坐標系；更精確地講，使 e 能夠身入迥異的坐標系中，卻又能遵守共同的力學規律。

　　繼之，為了量化（定量）此一現象，茲將例子再作修改，換成電動履帶（輸送帶）充作流轉副件。讀者們在機場、賣場等地方，都會看到地板上或樓層間裝有電動履帶，人或物直立其上，借助傳動將之輸送到特定地方，用以節省力氣。圖 6.6 之 2 中曲折線段即是代表電動履帶，B 代表一個扮演觀察者的大人正不動站立於其上。B 把履帶（按：長度非關緊要故不需特別設定）當作他的流轉副件，而履帶傳動速度遂為 B 的速度，正以每秒 15 公分向前（或向後）移動。另外，e 代表一個小孩一直以每秒 20 公分速度步行，並朝履帶走過來。當 e

圖 6-6 觀測者運動的圖解

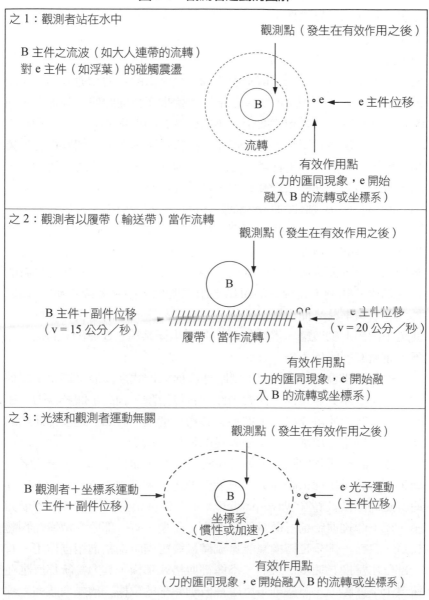

之 1：觀測者站在水中

B 主件之流波（如大人連帶的流轉）
對 e 主件（如浮葉）的碰觸震盪

觀測點（發生在有效作用之後）

B

流轉

○ e ← e 主件位移

有效作用點
（力的匯同現象，e 開始
融入 B 的流轉或坐標系）

之 2：觀測者以履帶（輸送帶）當作流轉

觀測點（發生在有效作用之後）

B

B 主件＋副件位移
（v＝15 公分／秒）

履帶（當作流轉）

○ e
e 主件位移
（v＝20 公分／秒）

有效作用點
（力的匯同現象，e 開始融
入 B 的流轉或坐標系）

之 3：光速和觀測者運動無關

觀測點（發生在有效作用之後）

B 觀測者＋坐標系運動
（主件＋副件位移）

B
坐標系
（慣性或加速）

○ e ← e 光子運動
（主件位移）

有效作用點
（力的匯同現象，e 開始融入 B 的流轉或坐標系）

一腳「踏上」履帶那一霎間，立刻出現力的匯同現象（按：能量會有
強弱，招徠都卜勒效應），e 就開始融入 B 的坐標系。此時，對履帶
上（記住，履帶一直以每秒 15 公分速率移動）亦即 B 坐標系中的 B
和 e 而言，e 的速度依舊是每秒 20 公分，並遵循統一的力學規律。但
是，對坐標系以外的任何觀察者來講，就會目睹合力和速度相加（或
相減）的格式。再說，e 如果不踏上履帶來而打從履帶一側走過，則
B 看 e 同樣也有合力和速度相加（或相減）的現象。

　　同理，觀察者運動也對光線速度不起絲毫影響。在圖 6-6 之 3 裏
面，B 為一觀察者，不管是立足於靜止地面上，或於等速奔馳的火車
內，或於強力加速的太空載具中，其周遭都有一個相關的副件體系，
猶如圖裏頭把 B 圍住的圓形虛線，此即 B 的坐標系。讀者若對這一
說法不甚了然，大可乾脆逕用圖 6-6 之 2 電動履帶來代替，兩圖意涵
其實是一樣的。再看圖 6-6 之 3，e 是光線以光速運動，當一觸及 B
坐標系之際，便會發生力的匯同現象，使 e 得以迅速融入 B 坐標系的
時空結構。此刻，光線的能量馬上出現變化。觀察者倘若朝向 e 運
動，光波頻率移高而出現藍位移，逆向則頻率向低而出現紅位移，這
就是所謂都卜勒效應。縱使如此，在 B 坐標系裏，B 算出 e 的速率照
舊是定值 C，維持不變。

　　經典的理想運動論者把絕對時空與機械樣式奉作最高綱領，其探
討重心又多為低速運動主件對主件的直接撞擊。因此，關於合力、速
度等傳統算式才僥倖成立，並各有其物理意義，譬如，速度乃運動的
量，其快慢十足反映受力以至動量的增加或減少。

　　實際情況卻非如此，運動乃在相對時空與關聯樣式中，參與者皆
屬動態物體（主件＋副件），或大至遨遊宏觀領域的星辰、或小至高
速奔馳的微觀波粒（Wave-particle）。在這種情況下，物體一經受力
後，就不像經典所稱悉數轉換為速度；而是，有一部分會轉換為物體
質量，另有一部分遂轉換為能量流轉最終再與時空結構相互作用，有
一部分才轉換為速度。果然，不像經典格式那樣，其力統統都反應在
速度上；實際上，有些則是反應在波動頻率的位移，猶如聲波與光線

的都卜勒效應，就是很好例子。動量增減壓根兒不能充分驅使速度相應調整，受力者的質量已非固定不變，故動量（質量乘以速度）增加已不再表示速度一定對應地加快；譬如：當受力物體趨近光速時，繼續施力也只導致質量一直擴大而速度則上升有限。

尤其，速度出自經典算式指距離除以時刻（$v = d ／ t$），而時刻的測量如果又以觀察者所在地時間為標準，並認定運動物體出發地與到達地鐘錶都跟觀察者鐘錶同步。那麼，相較於運動物體的距離空間，所謂時刻卻是依觀察者時間，那僅是一種與物體運動無涉的時間，才有可能發覺速度是相對的。相對論問世以來，大家（包括愛氏本人）幾乎已認定時間是相對的，總與空間連續一體的。但一談到速度，就要謹慎明察四維時空連體雙動，是要把與物體運動無涉的觀察者時間拿來套入算式？還是要拿其他？大家無妨想想看，若有一架高速飛機在指定航道快速飛行。機上的鐘錶會變得稍慢（暫不考慮高空的因地心吸力變小而時間較快這碼事），機上各種儀錶與事件也都會起相對效應。對此，機師不但早已設定飛行速度為每小時 x 公里，還用機上鐘錶等再行檢測無誤。但是，一個地面觀察者運用地面時間測出的速度卻較 x 為小，從而認定飛機速度減緩。所以說，速度也是相對的。近乎等同效應，當一縷光線由地面出發，射向幽遠穹蒼再反射回來，重回地球上；地球上的觀察者單用地面時間可測得光速經過不同時空曲率處會光速不一，遂有光線偏折、時間延遲等實例。但如有一觀察者能夠分身有術，還讓這些分身事先散布到光線路徑沿途許多觀測點；則當光線通過時，「他們」採用各自時空的度量都可測得光速始終恆定如一。

因此，愛氏大談光速不變，若指相對不變，那幾乎多此一舉。不過，他顯然是把光速不變看作絕對，這無疑更是一項錯誤（除非光子穿透彎曲空間，奔馳於平直空間）！總之，愛氏對光速的想法，正凸顯他自陷一種迷思。

量子論又矛盾重重

物理概念（如原型）不外乎哲學信條，它配上算式和實驗才稱為物理。中外許多研究物理的人士（尤其中國人）只知專攻算式和實驗，卻輕忽物理概念的重要性。因此，他們大不了只能做個物理學匠，日復一日做一些計算、量測等瑣碎工作，完全不識物理的崇高目標是要索解自然實相。若將物理概念拿來加以推演暨論證，其合理結果就可看作是一種理論物理。

科學發軔全因人類知性扶搖直上，而經驗實證的態度更使得從地域力學、牛頓力學、古典電磁學、到相對論，能夠對物質運動一層又一層愈加深邃的著墨。儘管如此，這些物理學說所含攝的概念，還是不脫一＆多分立的二分論格局。於是，現代物理學的研究課題，固然由絕對逐步轉向相對，由能產的自然逐步轉向所產的自然；但絕對與相對，能產與所產，都還是二截不一。絕對或能產，乃一切事物所倚仗，為真正實存，是原動也是究因；相對或所產，係從屬依存，任何行止事出有因並受外力推動。

可是，這一堅固立場逐漸被腐蝕了！到了熱力學特別是後起之秀的量子論，其物理概念就完全不一樣了。熱力學尤其量子論顯然只能觸及經驗的自然，根本無從認知另有一個分立的究因、原動。於是，現代物理新興思潮陸續斬斷前後因果的鏈鎖，進而掩映豎起唯物自然和「近」一元流變的旗幟。

依一般哲學觀點，所謂一元、二元是單就實體論事，指萬有最終組成可由一種或二種原理來闡釋，說的主要是其基礎質料；前者例如主張唯心或唯物，後者例如主張心與物並存。若就實在與現象論事，則本書有所謂一體、二分，指萬有理象當由渾一或二截來表達，說的是一 vs.多的形相及關係。於是，古希臘的原子論既是唯物一元論，又是一多分立的二分論——別忘記西方傳統四大原型全為二分論。

古希臘原子論認為物質原子在虛空中的聚散，構成萬物萬象。萬

圖6-7　古希臘原子論宇宙觀圖解

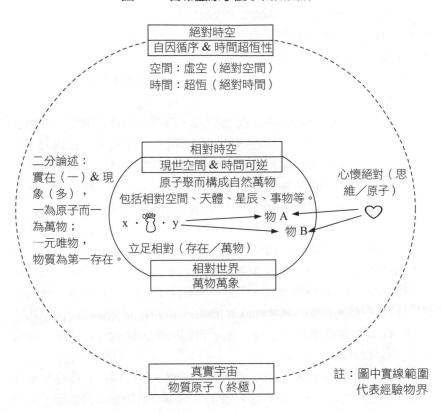

有的基礎當屬原子，它們自發而循序（自因），此正凸顯物質為第一性。古希臘原子論依舊堅持西人一 vs.多分立的理想，有原子則無萬物、有萬物則無原子，揭示絕對與相對為二不一的宇宙觀，請參考圖6-7 古希臘原子論宇宙觀圖解。物質原子是宇宙萬物的終極實相，亦既一。原子占積，原子與原子之間是為虛空；原子不生不滅，故時間為超恆性，這些形成一個絕對世界。原子聚為事物，來去出沒亦為宇宙萬象，此為多。相對空間（空氣）當是一種物質存在，相對時間該是關於物體運動的久暫。這些，則形成一個相對世界（相對世界是筆

者依原子論思路加以補全）。

西學二分論主張一與多截斷。這是站在理性頂峰來揣摩外在世界，先預設其基礎為存有實體，恆久永在、不分不滅；並推測其動況為秩序，最好借諸幾何圖式尋溯內中條理。認識之訣竅，莫如經由繽紛現象（多）覓得秩序法則，接著再窮追其終極原理或本體（一），亦即萬有之原動或究因。

究因若非出自事物本身，此為他因，乃是有神論之肇端。神也有諸種形式：全在、外在、內在，造成了不同的宇宙特徵。古典力學揭示全在上帝 vs.受造萬象的動力構圖，萬有引力（絕對運動）與運動三大定律（相對運動）都立足絕對來假想的運動模式，相對僅是現象罷了。古典電磁學揭示超驗的外在上帝 vs.經驗的實證宇宙，此實證宇宙乃電磁場域四處流布所在，至於大家目睹的電磁傳動均為相對現象。相對論主旨則揭示上帝即宇宙 vs.分殊模態的自然物象，其相對性原理等都是在說明相對現象瞬間模態無不有其秩序的一面，進而彰顯單純和諧的內在終極實存。反之，究因若是出自事物本身，此為自因，衍為一種無神論（唯物論）的概念。古希臘原子論據此揭示物質原子 vs.自然萬殊的無神宇宙，原子自因而動，同類一定同則，故萬殊之中必有秩序。

到了二十世紀前期，西學明顯分裂求變。那時候，異端觀點參差冒出，多數是在大抵完成的熱力學尤其剛剛問世的量子論裏頭。熱力學和量子論是眾多物理學家面對自然風情，根據實際觀測與試驗然後建立的經驗科學，主要是一些原理、定律、方程式等。大體上，這二門科學除了忠於事實以外，既沒有預設也不具嬗遞的原型，更不作任何非經驗的詮釋。當然，本書此處仍要硬從其物理概念切入，對二者作一形上剖析。於是乎，就本體論而言，遂發覺二者如同古希臘原子論，皆屬唯物一元主義。不過，若再探詢其實在與現象之關係，又看到二者近乎趨向一體論路子，無奈和西方傳統二分論漸行漸遠。然而時下多數西方物理學家仍要二分地去找實在性質的基本粒子（與基本力），還真無奈！

　　熱力學係巨觀科學，是一門針對巨觀範疇的知識。它探討物質系統的能量及其轉換，專門研究物質系統（即系統，內含眾多物質分子，其能量的數學陳述常取其統計平均）的熱力參量之變化；而不像一般動力學只專攻物質個體（小至粒子、大至星系）處在外界環境中的受力運動，以致有關陳述多為膺服因果律的機械論模型。只要順著熱力學的思路不懈搜尋，自當悟知所稱系統約莫等同於相對世界；而且，宇宙向被認定為一孤立系統，則不啻便是一龐大獨立的相對宇宙。不只如此，若單就熱力學觀點來論斷，這個宇宙還是接近一體的形態；熱象流布，渾然氤氳，森羅萬象莫非實際存在。換句話說，熱力學的宇宙不需絕對與相對各自分立，那怕像相對論的一為真實一為幻相；熱力學所隱約展現的，相對流布某種程度上即是絕對實存，一多不分，接近一體渾然。

　　深諳物理概念的人不難看出，熱力學定律在表達熱象法則之餘，猶能同步刻畫出一個反傳統的自然容貌，披露有別於那嵌入存有原型的宇宙觀，請看圖 6-8 熱力學的「近」一體宇宙熱象圖解。內中有熱力學第一定律（能量守恆）指系統的物質具有能量，其形式可以轉換但卻不得創造或隳滅。按照這種說法，物質若「有」就不可能變「無」，若「無」也不可能變「有」。故此，宇宙作為一龐大、獨立的唯物世界，能量熱象流布氤氳；其底層即是空間，似空非空，起伏盪漾；其中有關熱力之性質固然可以變換，但卻不許化有為無。

　　熱力學第二定律也可借由熵增原理來表達，指系統的熵增等於或大於零。於是，宇宙的熵注定不斷增加，以時間不可逆的方向進行，直至熱平衡或稱熱死（Heat dealth）為止；晚近天文學也傾向支持類似看法。宇宙熱死顯然是一個非常震撼人心的夢魘，嚴重威脅到西方理性的信譽並把人類未來推入黑暗深淵。其實，這種見解稍嫌粗疏，苟能想入精微之處，當知「熱死」亦屬「熱有」而不會是「熱無」（根據第一定律，「有」不能變「無」），則所謂熱平衡亦非絕對平衡而僅是相對平衡（唯有「熱無」即 0°K 才出現絕對平衡）。一旦處在最逼近 0°K（絕對零度）的狀態，物與物之間斥力最小且重力也最

圖 6-8　熱力學的「近」一體宇宙熱象圖解

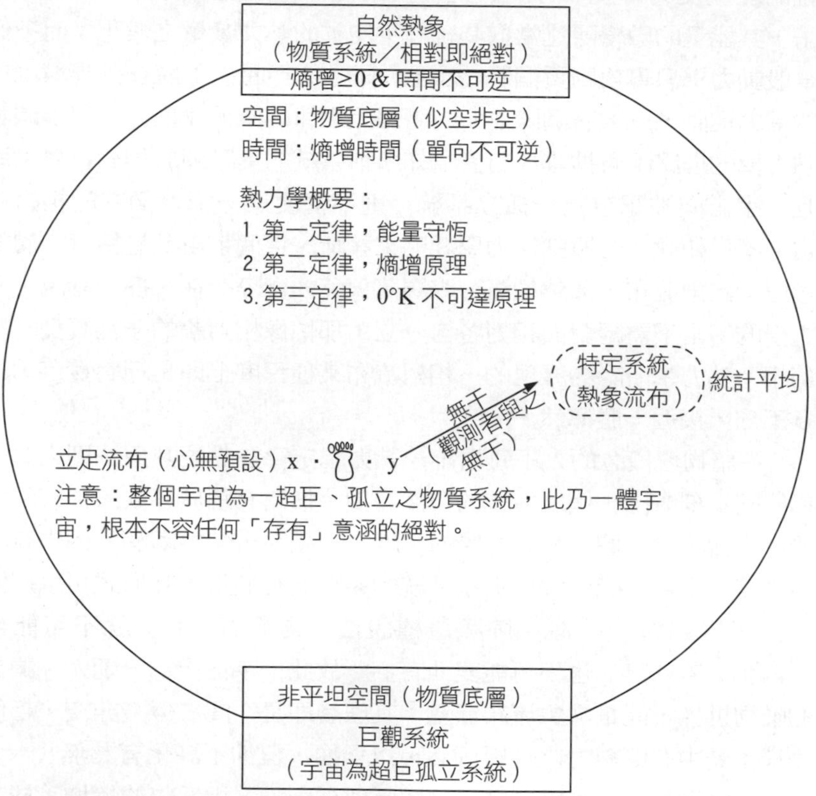

自然熱象
（物質系統／相對即絕對）
熵增≥0 & 時間不可逆

空間：物質底層（似空非空）
時間：熵增時間（單向不可逆）

熱力學概要：
1. 第一定律，能量守恆
2. 第二定律，熵增原理
3. 第三定律，0°K 不可達原理

特定系統
（熱象流布）　統計平均

無干
（觀測者與之
無干）

立足流布（心無預設）x · 👣 · y
注意：整個宇宙為一超巨、孤立之物質系統，此乃一體宇宙，根本不容任何「存有」意涵的絕對。

非平坦空間（物質底層）
巨觀系統
（宇宙為超巨孤立系統）

小，再說物質本身起碼仍具有零點能（以下第三定律便是闡述 0°K 可逼近卻不可達）。所以，儘管套用熱力學來說明事物變動，宇宙最終大不了是相對平衡；這較之宇宙大爆炸前後宛如一團灼熱火球，誰能咬定相對平衡絕不適合某些吾人至今尚無法想像的生命型態？

就像上面曾經點出，第三定律可導出絕對零度（0°K）不可達原理，指系統的溫度要完全降低到絕對零度誠為不可能之事。第三定律斷言任何系統包括宇宙都無法達到 0°K、且斥力與重力雙雙為零（壓

力為零又熵增為零）的狀態。大家應已知道，物質至少具有零點能；除非物質可以由「有」變「無」進而導致能量絕滅（熱無，即絕對平衡），不然的話，焉有物質系統其溫度可以降到 0°K！拉高到宇宙論的層次來看，第三定律藉由 0°K 不可達原理無疑宣示二則意涵。其一，若真是物質為第一性，它便在烘托一個一元一體成型暨流布即實存（相對即絕對）的宇宙模型。其二，若還要強行一多分立，它則也披露無法自相對之中實際捕捉絕對，同樣無法自不確定之中實際把握確定。

唯物的旗幟下，前文次第談到一多分立的原子論以及「近」一體流布的熱力學。以這二者為引子，接著擬將主題拉回到影響當今甚巨且同屬唯物路線的量子論上頭。

量子論和古希臘物質原子論的路線近似。它又跟當前熱力學有某些脗合，雙方同樣採行經驗約定的路徑，又同屬異於西方的二分論的「近」一體模型框架。但是，量子論對現代科學的衝擊特別劇烈，徹底摧毀了數百年來許多高高在上的不渝信條。這大半因為動力學一向是物理陣營的中堅，而量子論恰好是動力學，使它很快就成為影響至巨的熱門科目，並與相對論躋身為當代物理的兩大支柱。況且，切割（Fragmentation）以精研，習慣上是物理學的主要認知手法，許多著名理論因此常會碰觸到微觀領域，量子論尤其聚焦在物質世界的至小基礎，遂於眾人愕然之中躍為一時顯學。更重要是量子論憑著試驗證據，把看似荒謬的事實加以實證包裝；面對粒子運動極易受其周遭環境干擾，不得不引入機率等技巧，以致硬生生撕裂了從牛頓到愛因斯坦等共同供奉的絕對與秩序圖騰進而脫穎列為微觀的法度。

作為一門後起的力學新秀，量子論完全強調機率，以及斷續、蛻變的想法。這對西方理性來講真箇是耳邊霹靂，不輸一記痛擊。還讓人萬分驚訝的，循著它的特徵勵加窮究，無疑可以察覺量子論竟屬接近一體論模型，根本不需一與多之分，也就是說不需本體與現象、或絕對與相對的兩立。量子世界為一元又接近一體的自然流轉，自然流轉既是相對又是絕對；若要強用二分的術語，套一句不算精確的話，

那就是：相對即絕對。

　　普朗克的能量子公式暴露能量分布為非連續性，萬有基柢物質細末之處係繼續狀態或稱量子化。由此推知，宇宙無處不是物質，包括空間和事物。空間非虛無，是量子起伏（Quantum fluctuation >4D），事物不管大小，莫不是量子流轉（Quantum flow >>4D）；前者為廣延，後者為占積，放眼望去二者各是不同密度的物質廬集。續處有物、斷處非無（漲落），誠為斷而相續、分而不離，暗喻唯物宇宙也是量子宇宙。

　　現代物理的探賾索隱中，量子奇思常以次原子粒子──如光子或電子等──作為案例得到印證。這些微觀粒子秉具諸多特性，十足反映宇宙的流動本色。海森堡的不確定原理截獲粒子的共軛關係特性，告訴觀察者在任一時刻越要精準地測知某粒子的位置，則該粒子的動量會因受到干擾而越發測不準，反之亦然。並且，不止囿於主客等的相干以致無法同時準確得知粒子的位置與動量；甚至，根據玻恩之於波函數的統計詮釋，連粒子自己都無從同時準確得知本身的位置與動量。誠然，自然流轉中，任何一種粒子都是不確定的；其行蹤全無因果可言，只能以統計分布來表示。所以，量子宇宙還可以更名為無神宇宙或機率宇宙（按：毋需外在究因）。

　　時間在量子力學裏面，儘管重要卻未嘗刻意渲染。它雖然用數學來裝扮，但從那獨立的規律步伐中，多少可以體會出它幾可解釋為「近」不可逆的。觀測經驗顯示，量子論者不得不轉而從「物理系統」（譬如：客體、主體和試驗設備構成一個動況）來考量，時間於是在某些狀況中已非標準運動時間。何況，觀察者還能看到微觀世界的粒子每有衰變過程（Decay process），且量子力學也以非常貼切方式來描述此一自發性的動態行徑。許多證據顯示，粒子有生有滅，都具壽命；近似背負單向時間的壓力（其實，單向時間得由內在世界來定義，請參閱本書第七章），彼等經過一段生存週期後便會自發地分裂成其他粒子，此即粒子衰變。在已發現約八百種粒子，絕大部分是不穩定粒子，壽命大都相當短，甚至小於 10^{-20} S；光子壽命倒是很

長，依現有理論應為無限。明乎此，當知量子宇宙潛藏「近」不可逆的時間觀念，縱使不可直接將之改稱為可（衰）變宇宙或甚至歷程宇宙，但似乎總有這麼一層意思。

更令人不勝詫異，要數海森堡矩陣力學以及薛丁格波動力學的異同。雙方雖然各持力學量（可觀測的）和波動性的歧異立場，卻竟然等效並同聲合理說明微觀現象，凸顯彼此物理意義完全一致。大家諒已知道，不論統計矩陣或波函數的形式其實都隱含量子實體兼具波、粒特徵。波耳（Niels Bohr）對此曾提出互補原理或二象性，表示既非波動也非粒子，而是波粒共為互補的雙重特性。習慣上，即便仍把這種微小之物喚作粒子，唯識者早已承認「波粒」（Wave-particle）的稱呼尤為合適。甚至，再加通盤思慮之後，毋寧強調量子實體非波非粒亦非波粒，而是諸種面相的統一，由此彰顯一體暨流轉的獨特。

可是，這所謂「一體流轉」到底是什麼東西，仍有待釐清！大家若能回到矩陣力學與波動力學去求取答案，便可目睹二者的最大共同點乃雙雙蘊含統計機率的機制。循此，往裏頭探視將發覺統計機率又是出於物質的自然流轉萬象非序；往外推展，則發覺宇宙萬有從微觀到宏觀全因機率才會一體多面（如波動與粒子）以及一源多樣（如：粒子類別）。所以，物質自然流轉既是現象，同時又是本體本源；宇宙因而也晉為唯物一體流轉的宇宙，請看圖 6-9 量子論的唯物一體宇宙自然流轉圖解。如果改採大家耳熟能詳的辭彙，則整個宇宙不啻是一相對即絕對的宇宙。觸目自然萬象，概為相對；絕對則與相對雜然一體，為一生滅動況而非存有意涵的絕對；故曰：相對即絕對。

經過約略爬梳，發現巨觀的熱力學（圖 6-8）和微觀的量子力學（圖 6-9）在概念上——只有在概念上——可以嘗試進行某種程度的整合。整合出來的宇宙模型，其特點包括：一元唯物、一體渾成、自然流轉（機率、斷續、可變）。稍有物理常識的人輕易可從量子力學或熱力學分別看到一個類似輪廓。前文剛剛一番敘述便是針對如此輪廓所作一席介紹。大致言之，量子行縱所勾勒的輪廓確是接近上述宇宙模型，而熱力徵象所烘托的輪廓也是非常接近到恰好佐證該模型的

圖 6-9　量子論的唯物一體宇宙自然流轉圖解

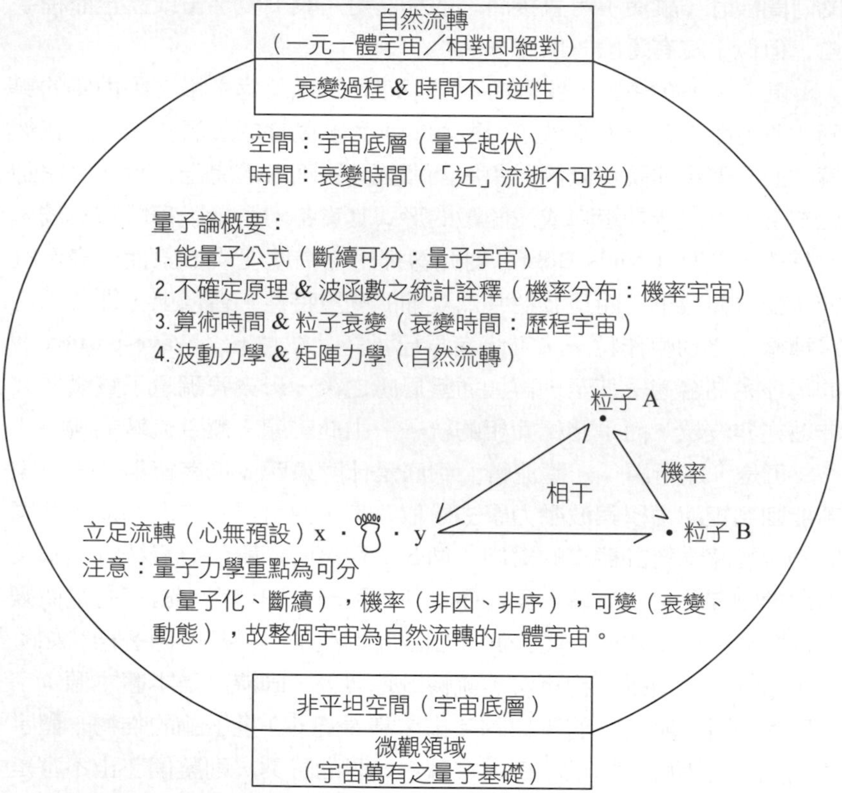

自然流轉
（一元一體宇宙／相對即絕對）

衰變過程 & 時間不可逆性

空間：宇宙底層（量子起伏）
時間：衰變時間（「近」流逝不可逆）

量子論概要：
1.能量子公式（斷續可分：量子宇宙）
2.不確定原理 & 波函數之統計詮釋（機率分布：機率宇宙）
3.算術時間 & 粒子衰變（衰變時間：歷程宇宙）
4.波動力學 & 矩陣力學（自然流轉）

粒子 A

機率

相干

立足流轉（心無預設）x · 🐾 · y ←——————→ • 粒子 B
注意：量子力學重點為可分
　　　（量子化、斷續），機率（非因、非序），可變（衰變、
　　　動態），故整個宇宙為自然流轉的一體宇宙。

非平坦空間（宇宙底層）

微觀領域
（宇宙萬有之量子基礎）

註：量子論是由經驗約定而非知識原型去著手。它雖歸類為動力學，但因觀測結
　　果疑似「一體」流轉，更因試驗認定客體常與環境相干而不由有「系統」
　　（System）設想。故此，量子論介於一種「曖昧」處境，以致本節的討論或
　　圖解，都用上「近」的字眼！

可信度。

　　此處，吾人擬就新整合出來的宇宙模型的幾項特點，再加整理
（按：連帶凸顯當代物理一些矛盾、謬誤）如下：

　　(1)宇宙本質乃唯物、一體的自然流轉。物質為第一存在，這點，

當今物理學家大皆贊同。但量子論標記的二象性和自然流轉，卻真叫許多人感到困擾矛盾，不好接受。西方傳統疏於一體流轉的觀點，每每由二分論來看待事物，自是堅信相對與絕對各自分立，遂認定相對現象的幕後必有絕對實存。那麼，即便標舉唯物旗幟，物理研究的最後仍要窮溯各種絕對要素，例如：確定的基本粒子、確定的位置與動量、確定的基本力……等等。反之，若由一體論的觀點來論事，世界就沒有相對與絕對之切割，物質的自然流傳既是現象也是本體實存。那麼，量子力學標榜的學理才不致費解，也才能輕易洞察所謂大自然物質基礎為量子化其實不外乎微觀層次的物質的自然流轉。對此，熱力學在巨觀上尚可予以佐證。前面也說過，那就是，對任何一個系統（如，宇宙）而言，物質既已「有」，便不可能化為「無」（即，虛空）。儘管熵的規律讓物質自發地特定行事，唯絕對零度不可達，最後，系統中物質終究自擁零點能，足以策使整個系統維持量子起伏與自然流轉。

倘若如此，方今物理學家矢志要找基本粒子與基本力之舉，恐怕將會大失所望。因為，此舉等於要在一體結構之中硬去搜尋存有形式的絕對，根本是水中撈月；縱使二分架構，吾人也是無法在相對之中實際地找到絕對。另外，絃論想把十維時空和一維超絃當作解救物理困局的藥方，反顯得朝向一體論邁進。

(2)宇宙基層為斷續躍遷狀。二分架構下，實在與現象分立，空間與事物是二種不同的東西。古典物理的空間乃三維絕對空間，為一抽象容器，獨立且可容，平直又連續，內中布滿靜止以太，為自然萬有基層即實在界。萬有引力是一真正絕對運動，藉由以太相向擠壓而傳遞。相對空間是可動區域，為現象界，可由運動三大定律表述。狹義相對論的空間是四維空間為一抽象平台，平直連續，但非獨立可容，扮演自然萬有基層；空間中光速絕對不變，作為實在界的區隔。廣義相對論的空間是四維曲面空間，為一抽象場景，連續但非平直，是自然萬有基層，重力場域摺折浮現相對摹態的現象界區域，重力在彎曲空間中循捷徑而作用。愛氏晚年想把電磁場與重力場整合起來，可惜

未能成功。量子論的空間真空不空,經由狄拉克(P. Dirac)裝飾之後,油然出現真空極化,量子起伏;世人目睹此自然萬有基層,既非平直也非連續。那麼,量子重力是什麼?自然萬有基層又是什麼?

　　一體的自然流轉架構下,實在與現象不離,空間與事物何嘗不可看成同屬一種東西。對魚兒來講,水便是它們的空間;對人來講,大氣當是他們的空間;對光子來講,微觀真空乃至宏觀場域都是它們的空間。一體兩面,水是物體(物質),也是空間;空氣是空間,又是物體(物質);同樣,真空(或場域)固然是空間,卻何嘗不是物質!?所以,空間和事物同出一轍,最後都可導出物質流轉,斷續躍遷,以至分而不分的一體唯物實相,此即自然萬有基層。的確,量子真空依然不空,照樣布滿物質,唯型態更微小,而運動流轉更具互動關聯,大概就是這原因,促成了非局域性(Non-locality,亦即一體流轉性)作用。

　　(3)宇宙萬物咸具動態歷程。歐美二分思想裏面,不存在著真實、單向的歷程時間,也未能給「時間」下個正確定義。近代物理興起,雖說有比較明確的界說,總還覺得未臻完整。西人以終極實存為本,牛頓認定絕對時間雖為均勻流逝但又超恆於物外,它固然具有數學形式卻和外界沒有絲毫瓜葛;所以才有立時即至的絕對運動,以及超然永恆的絕對存在。動力學的時間係指相對時間,或稱運動時間,宇宙天體運行彰顯自然運動時間。環顧周遭世界,物體循蹈動力法則而運動,就在某物體初動之際馬上也就萌生該物體的運動時間。運動時間藉由運動來計量,乃物體運動距離與速率之比。愛因斯坦看得更為透澈,他的相對時間常用鐘錶時間(天文時或原子時)來表示,不但是相對的,是時空連動的,當然也是可逆的。還有一種就是歷程時間,動力學一般對它是加以排拒,只能在熵值原理與粒子衰變中找到一些相關跡象;它反映事物的歷史軌跡和動態演進,是單向的,是不可逆的。

　　長久以來,人們習慣以感性態度來面對時間,難免帶來混淆。西學強調存有以致相信實在恆常,又歷經中世漫長宗教浸濡,故有牛頓

的絕對時間之說。然而在物理世界當中，真能講得比較清楚只有相對時間。許多人確是相信短暫現世的歷程時間不是真實的，大家素來借助天體運行（本質為相對時間）來標誌社會的時間刻度，即：分秒、時刻、年月日；這又使相對時間乍看之下好像可以充作不可逆的歷程時間。二十世紀初，相對論試圖出面一舉廓清關於時間的混淆，斷定人們立足的相對世界所能把握的皆屬相對時間。相對時間是物體運動的產物，它是可逆的、不獨立的、並且是相對的，以致同時性也是相對的，連帶與時間有關的度量像速度等無不都是相對的。

然而，相對論卻造成了另外一種迷惑，誤認一向借諸時間刻度（以相對時間為憑藉）當作計時工具的歷程時間也是相對的、可逆的。坊間許多科幻電影據此大發利市，演出人類可以往返過去與未來的故事。此事不可能為真，大家必需認清相對時間和歷程時間本是二種不同的時間存在。由於愛因斯坦一度錯覺，竟稱單向的歷程時間僅是幻相，甚至提出「孿生佯謬」的詭辯。事實上，不可逆的歷程時間是真實的，是存在的，量子論的粒子衰變尤其熱力學的熵增原理多少可以佐證流變歷程確有其事。在一體宇宙自然流轉中，時間更是直指那有去無回的流水歲月、似箭光陰。第七章中，筆者將對「時間」詳細交代。

(4)宇宙萬象每每機率莫測。量子論採用統計機率來調協微觀的難題，引發了一波又一波的激烈衝擊。機率觀念挾藏巨大破壞力量，直撲西方文明理性核心。許多新見相繼提出進而強化機率在當代物理的優異地位，包括較早的哥本哈根詮釋到晚近的愛斯別克檢定貝爾不等式之實驗。何況，統計方法非常有效，不止用在物理界（微觀與巨觀），也推廣到別的領域，甚至拿來處理生物乃至政經、社會的問題，一時有口皆碑。機率能夠廣泛適用，多少暗示世界本質為統計機率與一體流轉。

自古以來，西人便以理性文明雄踞地球的一方。西方文化素以終極為事物及其動靜之究因，世界不管怎麼樣複雜到頭還是一個備受因果規律約制的秩序體系。前面幾章多次提過，自古希臘開始便已發展

出四個終極為本的原型，以資說明世界運行之道。其中唯物原子論視物質原子為終極，主張物質為第一性，曾經流傳一陣子。或許不易叫人全盤接受，單憑區區渺小的原子竟能構成多姿多彩的繁複世界；果真不敵世人疑竇，原子論在羅馬帝國後期終告式微。反之，其他則推崇終極為萬能上帝，以祂為最完美存有、超越目的、與究因原動，然後才有萬物眾生。這種想法果然更能貼切地說明世界的出現和運轉，也比較容易讓人心悅誠服，在帝國之後風行歐洲。大家早就發覺，宣揚這樣子想法的知識（形上學、哲學）和宗教（基督教）的確緊緊地伴隨西方的歷史腳步超過千年。於是，知信雙管齊下，便如影隨形深入西人生活起居，使到這樣子的想法長久以來能與社會脈息緊密連結。迨至近代科學一枝獨秀，表面上鬼神之說日漸失聲，殊不知牛頓乃至愛因斯坦等提出的定律與原理之中，照樣看得到因果秩序和萬能上帝的形迹。

可是就在二十世紀前期，物理的劇變導致思想掀起了洶湧波濤，理性終告崩裂。由於量子力學肇創，世人才發現不需因果鏈，也不需目的論；單單只靠物質再加機率，就可完全打造宇宙萬象。難道不是嗎？縱使星空如此浩瀚，縱使山河如此秀麗多嬌，縱使事物如此千巧百妙；然而，再怎麼樣子無非都是物質的不同排列組合。因此，按照量子力學說法，單憑物質本身加上藉由機率作為機制，便可不斷造成如此物質的各種排列組合。尤令人目瞪口呆的，別說星空山河或萬般事物，那怕更勝造化之神妙，也足可一一循此造出。舉個例子，莎士比亞全集不愧為一偉大文藝結晶，決不是隨便一個人，尤其更不是一隻猴子可以寫出。但假設我們把莎翁全集悉數轉換為電腦符碼（即：「0」或「1」），則任何猴子都可以在一特製「0」與「1」鍵盤上敲打（即「寫」）出整套全集。機率論已經證明，只要猴子能一直一直不停敲打，則何止可以敲打出，甚至可以不時地敲打出莎士比亞全集。所以，笨如猴子仍然可以借助機率寫出莎翁全集，同理，物質何嘗不可以透過機率打造錯綜複雜的宇宙！

迄今，因果鏈已告徹底斬斷，無神論與唯物論崛起（不管是實證

存在或代以數學形式）成為學術界的中堅。科學至此方可說真正掙脫
了上帝的桎梏，不過卻也弱化了西方長久奮力追求完美、存有、和諧
的一貫理性。這確實給西方思想狠狠一擊，使到整個主流價值開始龜
裂。但是，如果說量子力學因接納了機率論才成為真正科學，那麼，
西方千年來標榜理性，擁抱完美、存有、和諧則豈非大錯特錯 !? 而
且，現近西方文明氣勢磅礴，在機械工業時代之末，又建立電子、核
子科學世紀；眼看歐美列強相繼興起主宰全球，種種盛況，難道僅是
一齣假戲 !?

6.3　機率是問題中的問題

　　一切爭議焦點無非是機率。愛因斯坦大聲斥責機率，哥本哈根學
派人士又盡力擁戴機率；於是，機率儼然成為當代物理所有問題中的
問題。職是之故，實有必要針對機率作一哲學意義的尋味。

秩序之下的自然動況

　　先談一談幾何。幾何是源自古埃及的測地術（按：丈量田地的方
法），並在古希臘匯合時人哲學思慮奠定一套絕對（平面）空間中關
於理性圖式（Rational scheme）的演繹法則，藉以窺探宇宙秩序的永
恆真理。爾後歐氏幾何蒐集各家偉見，蔚為大成（幾何：測地術→絕
對空間／理性圖式→歐氏幾何）。十九世紀非歐幾何誕生，從哲學上
考量，不過是將歐氏幾何的絕對空間轉換為相對（曲面）空間，接著
再進行邏輯的演繹（相對空間／理性圖式→非歐幾何）。非歐幾何毋
寧是更逼近現實世界，吾人置身自然流轉亦即流動不居的狀況中，別
說同一平面上二條平行線一事完全站不住腳，就連一條直線這種想法
都遭受質疑。事實上，大家應已知道，相對世界起伏斷續，根本沒有
所謂平坦空間甚至連續體這些東西。
　　至於機率，不像演繹幾何（歐幾所載）很早就揉合了某種哲學思

量，它一直是實用重於玄想。今天，若非量子論者套用機率之餘，又倉卒回頭由本體論來逕行詮釋機率；不然的話，一般都把它視為大數法則（聰明如愛因斯坦也持這般見解，乃由方法論來定義），根本無意要去追究其形上意涵。

照其歷史演進而言，機率論確是數學的一條分支，出自博弈之盤算（引用 Laplace 說法）。約在十七至十八世紀，開始有直觀的機率論。到十九世紀，方有經驗的機率論，試圖強化其實用性特別是數理性。屆至二十世紀三〇年代，柯莫格洛夫（A.N. Kolmogorov）提出測度的機率論，整個數理格式才較為嚴謹縝密。從此以後，機率方才有清晰的數學定義，用文字說：機率就是樣本空間（Sample space，指一隨機實驗產生的所有可能結果之集合）中某一事件的可能性之估算。數百年一路走來，機率論可概括為：博弈→樣本空間／隨機事件→現代機率。由此看出，機率仍舊欠缺相輔的哲學說明。晚近雖有藉由量子衍義來填補其形上空白，但想那量子力學連自己都搞不清自己是什麼，又豈能強給機率提供任何哲學借鏡！

不像歐氏幾何彰映存有形式，機率則扮演生滅以至化生的機制；透過機率，有效促成了大自然的變易活動。從機率的數學定義去考慮，就能解讀出有一迥然不同——指化生勝於存有——的物理世界，顯示什麼樣子的自然動況可以導引什麼樣子的隨機事件。這是一個物理攸關的問題，也是一個數學哲學的問題。無論怎樣，卻始終未見有人作一說明。

檢視物理的深層，發覺贊同愛因斯坦「上帝不玩骰子」的人士盡列存有思想陣營，咸信機率是幻景，迷陣背後仍舊是因果律支配下的一個井然有序的世界。內中，事件的初始狀況（原因）若是相同的話，則最終狀況（結果）一定相同。倘有相同原因造成不同的結果，那只是吾人難以全面洞悉並掌控事件之初始狀況。所謂不確定、機率等偶發事件，純屬方法論或技術性難題而已（機率：博弈→井然有序（Absolute order）／隨機事件→現代機率）。傾向贊同哥本哈根詮釋的量子論者根本不作此想，寧願相信機率背後為因果鏈斷裂（非因

果）的一個不定非序的世界。宇宙的微觀基礎是偶然而非必然的，遂把不確定、機率等隨機行徑看成是本體論的展布（機率：博弈→不定非序（Disorder、uncertainty）／隨機事件→現代機率）。值得玩味的是，在感官的巨大尺度，也就是量子數（n）足夠大的範圍，量子論者照樣還把世界當作必然因果的，顯然尚未澈悟物理天機。

無疑，兩方人馬都犯了偏頗之錯。愛因斯坦陣營錯把大自然嚴加秩序化，他們從理念中那一單純秩序充作內在本質往外看，認為機率境遇乃是由於一些未知因素（Unknown factors）沒有被尋獲。不然的話，只要能夠清楚知道自然活動，包括每一原子的精確行止，則所謂隨機必有特定起因可尋。反之，哥本哈根學派則錯把大自然竭力去因果化，而幾乎把機率當作共同特色來往裏看，輕易便認定世界是矗立在一非因果的無序之上。此說一出，理性殿堂幾近坍塌。依其論點，唯機率能開物；再怎麼樣複雜的景觀，無非是物質的某一排列組合，再怎麼樣驚為文藝瑰寶如莎翁全集，那怕一隻猴子還不是可以寫出。機率於是挺起擔綱作為宇宙基石，扮演萬有化生的機制。

若能避開雙方之偏頗並兼顧實務與數理，方可進一步把握機率所具的含意。首先要做的，係將樣品空間所透露之自然動況，以及某一事件的可能性估算也就是隨機事件之值，一併拿來同步考量。此外，還要盤算量子論與哥本哈根詮釋提出的論證，肯定現實世界乃是流動不居，因而毋需預設其為秩序或非秩序。何況，尤要考量愛因斯坦陣營的立場，指統計機率不是不可以接受，之所以硬硬反對是衝著有人認為正可藉此推斷大自然為因果或非因果。經過這般整合，就能得到一個兼容並蓄且更逼近實相的哲學意涵，請看圖 6-10 機率的哲學探詢。

圖6-10整齊地畫了好幾個長方形（圖形內有文字注記），並用虛線隔成三個區域。第一區域代表「自然動況 A ⤳ 隨機事件 A_x 與統計模式 A_x」（注：$x = 1 \cdots n$），曲線箭頭等同「產生」的意思。自然動況 A 係標示為「A」的特定物理體系，包括特定的觀測者、事物（對象）以及其活動、實驗設置和周遭環境等。任何自然動況（簡稱

圖 6-10　機率的哲學探詢

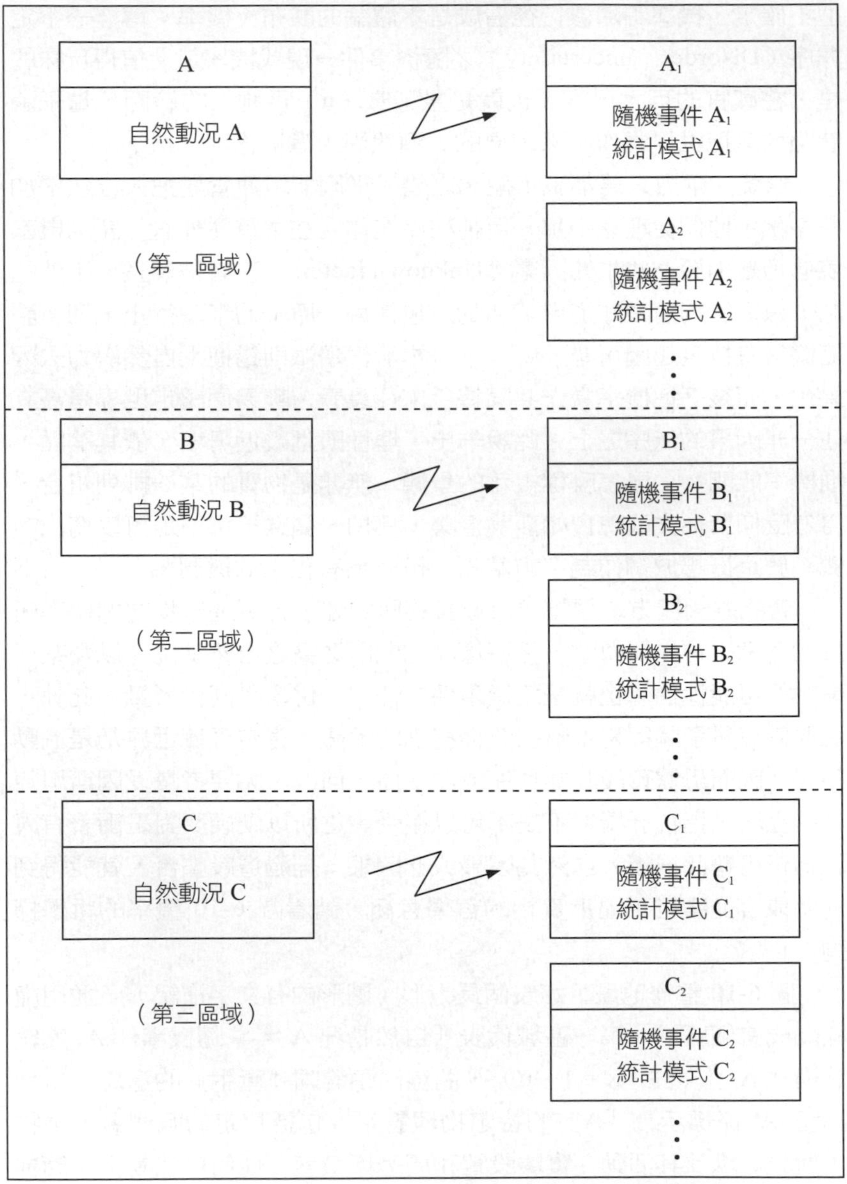

動況）都不是一個獨立單體，而是一個錯綜複雜的動態體系。動況 A 原本當是流動不居，因應觀測者而顯現有一人為界定的隨機事件 A_1，（包含一或多種結果，Outcomes），並且尚有伴隨隨機事件 A_1 的實驗行為而蒐羅以至建構的統計模式 A_1。當然，動況 A 還可以產生其他人為界定的隨機事件 A_2 與統計模式 A_2、隨機事件 A_3 與統計模式 A_3……等等。

舉個例子，設有動況 A 乃在桌上同時丟擲一大一小兩顆公正六面骰子，二者點數各為 1、2、3、4、5、6。另設事件 A_1 乃丟擲後兩顆骰子其和為 2（只含一種結果，即大小骰子皆為 1），機率僅僅是 1／36。觀測者可以設計一隨機實驗，便能獲得一相關的統計模式 A_1。大家都知道，骰子點數隨機不定，如果單只丟擲三十六次，是不太可

圖 6-11　丟擲骰子其和為 2 的假想統計模式

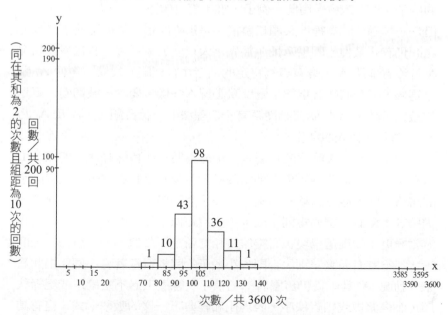

（每回擲出其和為 2 的次數，以 10 次為組距）

能剛巧出現一次其和為 2 的結果。但如果丟擲很多次，姑且說三千六百次，就會瞧見有一統計規律，顯示其和為 2 的機率逼近 1 ／ 36。再如果，假想丟擲二百回，每回計三千六百次，然後記錄其和為 2 的次數，並以十次為組距，計算其和為 2 的次數及回數，遂可建立一統計模式展現機率分布情況，請參閱圖 6-11。至於事件 A_2 可以是丟擲兩顆骰子其和為 11，這含有 2 種結果（即大小骰子為 6 ＋ 5 及 5 ＋ 6），機率是 2 ／ 36；而事件 A_3 則可以是丟擲兩顆骰子點數相同且為奇數，這含有三種結果（即大小骰子為 5 & 5、3 & 3、1 & 1），機率是 3 ／ 36……等等。當進行實驗時，也都能夠獲得相互契合的統計模式 A_2、統計模式 A_3……等等。

不管怎樣，動況 A 及其產生的事件 A_1（為求簡約，模式 A_1 暫且省略），任誰一看都曉得雙方絕非一般所稱因果關係。動況 A 是流動不居的（不定的），未必動輒產生事件 A_1，從機率函數估算，依骰子的例子（以下還會借用此一例子，唯不再另作標注），僅為 1 ／ 36。但是，經過一陣拿捏，又領略事情不是那麼簡單，依稀還能感受雙方之間仍有「某種」因果牽扯。首先，大尺度上來考查，發覺沒有動況 A 就沒有事件 A_1，唯有專屬特定的前者才有相關的後者。事件 A_1 雖是隨機，卻有其統計規律；既反映動況 A 多樣多變的一截切面，更是間接顯示動況 A 整個流動體系有一合理法則。綜合觀之，A 及 A_1 乃不定的因產生隨機的果。

其次，動況 A 雖然流動不居，卻得遵循一些特殊條件。譬如：(1)所有事物（包括觀測對象與輔助設備等）及其活動必需秉持相對固定的規格，好比觀測對象——指一大一小兩顆骰子——的材質、尺寸、構造等，還有丟擲的規則（至少不能用類似「放」的方式），都不容過當變更；(2)周遭場境也必需維持相對穩定，就像場地、重力、溫度等，都不許有顯著差別，否則大小骰子的隨機行徑就有不同。由此看來，動況 A 其本質仍舊屬於一種秩序狀態；不過不是簡單或絕對秩序，而是繁複或相對秩序，表現出和經典不一樣的數學形式，自有其統計規律。於是，前一段提到「不定的因產生隨機的果」，就可改作

更清晰的陳述：「相對秩序的因產生統計規律的果」。誠然，機率確不能直接解讀為秩序，卻也不意味是混亂（Chaos），乃是秩序大架構下多變多樣的一隅，其出沒都遵照特定的統計規律。無疑，人為理想實驗設計中，力求面面俱到，固可宣稱：「相對秩序的因『必然』產生所有隨機事件的果」，強使起始與最後狀態有一必然因果聯繫。就大小骰子的例子來講，此即：A 的因必然產生所有 A_n 的果（36 種排列組合），故其和必然為 2 至 12。只是，自然動況原本流動不居，其多變多樣終究無法全面知曉或掌握。難道不是嗎？真實世界中，大小骰子之和也有可能是 1（一種情況乃某一骰子為 1 而另一骰子剛巧斜靠其側而成無點數狀態）。

復次，既然動況 A 產生事件 A_1 且彼此又靠某種弱的因果來聯繫，則只要將 A 的特殊條件作一實質改變，就有動況 B 及其產生的事件 B_1（或 B_2……等）。請看圖 6-10 的第二區域「自然動況 B ⇌ 隨時事件 B_1 與統計模式 B_x」。同一道理，動況 B 及事件 B_1 等之間也都有某種弱的因果關係。舉個例子，假設動況 B 是在桌上連續三次丟擲一枚公正硬幣，其正反兩面各為頭面（H）與花面（T）。隨之可設事件 B_1 為連續三次去擲硬幣皆出現頭面，機率不太大，算來是 1／8。同樣，觀測者可以著手安排一隨機實驗，進而建立一相關統計模式。的確，唯動況 B 能產生事件 B_1 且彼此關係正好套用那一句話「相對秩序的因產生統計規律的果」。再者，若把第一和第二區域拿來比較，尚有一饒具趣味的情形甚是引人注意，大家發現動況 A 和 B 由於條件差異以致形成不同的相對秩序。故此，動況 A 篤定不會產生事件 B_1 或 B_2 等，反之動況 B 也無從產生事件 A_1 或 A_2 等。機率一事越來越清楚，它披露特定的自然動況產生因應的隨機事件，揭示彼此關係乃必然中的偶然。回顧二十世紀的物理紛擾，完全要怪機率把大家搞得一頭霧水。其實，機率原本不該給時人帶來什麼太大震撼，頂多算是秩序茶杯中的一起不定風波。

最後，為了強調每一相對秩序——秩序之下的自然動況——各具相對固定的條件，此處擬引入動況 C 及事件 C_1 等，作為補充。請看

圖 6-10 的第三區域「自然動況 C ⇄→ 隨機事件 C_x 與統計模式 C_x」，C 及 C_i 等之間當然也是「相對秩序的因產生統計規律的果」。由於動況 A、B、C 各為不同的相對秩序，各有各的條件，因而只能各自產生事件 A_x、B_x、C_x 等；此外，任何跨越區域的（弱）因果關係，好比 A 產生 B_x、C_x，B 產生 A_x、C_x，C 產生 A_x、B_x，都是不被允許的。前面提到動況 A 因條件變更而換成動況 B，所舉的例子是把觀測對象由兩顆骰子換成一枚硬幣，還有丟擲方式也會稍作改變；如此一來，動況 B 受到新的條件限制就只會產生事件 B_x。此處，又將動況 B 的條件再作更改使之換成動況 C，要舉的例子則是對其輔助設備或周遭場境作一更動，接著便可循此產生因應的隨機事件 C_x。

現在沿用前例，設動況 C 是在桌上連續三次丟擲一枚公正硬幣；再者，事件 C_i 也是連續三次丟擲硬幣皆出現頭面。然而，此處稍有變化的是對 C 的設備或場景作出調整，使形成與動況 B 明顯不同的相對秩序。一種調整是桌子中央有一漏斗狀裂縫，裂縫下端為一小隙剛好可容硬幣垂直。於是，事件 C_i 勢必深受擲幣方位的影響，只要是擲向裂縫，結果硬幣總是垂直站立，正（頭）反（花）面機率皆為零。另一種調整是桌子下方湧現極大吸力，擲幣時硬幣一離手便立刻快速筆直下墜，朝下一面隨即緊緊貼在桌上。無疑，事件 C_i 料將受到持幣方式的掣肘，凡是持幣正面朝上，一擲結果通常都是出現正面。由這二種調整不難知道，機率反映相對秩序的「因」產生統計規律的「果」，彼此依舊是因果聯繫，無妨稱為繁複因果。這情形就像從廟中一筒卜籤內漫不經心抽取一支籤詩，此係不定的因產生隨機的果。但是，因果之間仍有一條細鍊遙遙拴住，主要端憑所有籤支全都放置同一籤筒，再說每次問卜行徑也都視為同一動況。故此，難以猜度的有時恐不是隨機的果，而是本質上流轉不定的因。

至於愛氏陣營和古典物理所表彰的，純是絕對秩序的因產生必然確決的果，此可稱為簡單因果。

走筆至此，吾人可以清楚看到機率的功用。大自然以機率為機制，借助繁複因果，遂能多變多樣，進而成就森羅萬象的化生活動（機

率：博弈→相對秩序＆隨機事件→現代機率）。

人類理解力的釐正

不論是生活需要或認知索解，人類眼中的世界說來是一個可以言詮的世界。但是，一落言詮尤其一落影像，則顯露在面前的不外乎是一個藉由人為符號、觀念、習慣等所堆疊起來的人造世界。既然是人造世界，它所展現的每每便是一個具有固定格式的片面寫照。如此一來，不幸又很容易讓人誤解整個世界也是固定的、完全如同該寫照所片面刻畫的。

機率的迷惑恰好就是因為大家對於人造世界的誤解，以及對於機率原委的一時失察。還好經過前文層層抽絲剝繭，人類理解力得以再次釐正，機率的哲學真諦終於逐漸明朗。

談到世界本質，不出「機率」、「混亂」和「秩序」等幾種論調。混亂當然是毫無秩序可言，忽動忽靜、驟來驟去；不具任何模式，甚至應該說沒有辦法加以描述，也絕不可能構成可落言詮的今日世界。秩序本義乃單純和諧，開展為一非關時間的靜態、條理世界，它恆定不紊、均衡一致，且因果確決。物理四大理論都是沿襲秩序造型，其自然法則恰似理想化的機械結構，凸顯規律、必然、不變的特質；依此孕育的觀點，猶傾向否定歷程（Process），漠視化生（Be-coming），忽略不可逆時間（Irrecoverable time）。古典力學與相對論都是最佳範例，披露一個條理分明的理性世界，凡事一板一眼，一絲不苟又一成不變。事物作為獨立個體，總是遵循嚴謹法則於空間中運動，清清楚楚無所遁形；甚至它的過去與未來，也可十足燭照。談到事物本身，其整體等於局部之和，故有分裂（分割）、合併、複製等現象；物之至小（不能再加分割），是為基本粒子。

機率既非混亂，也不完全等同秩序。以機率為要旨的世界是指秩序之下的自然動況，釀成一個非理性形式的現實世界。盱衡四方上下，事物乃至空間皆以流轉的形態呈露。空間竟然不空，至少是大於

四維（＞ 4D）的物質廣延；事物多樣多變又與周遭相干，故其運動注定是一趟繁複的行程。事物本身也不再墨守簡單、刻板的規範，而是採取有機方式，展示整體機能大於局部之和，且變異圖強更優於分裂、合併或複製等。總括一句，機率是現實世界事物生成與演進的機制，也是吾人對事物流變作一數學評量的工具。事物如生物的生發得靠機率，可以見諸歷史嬗遞和基因遺傳。對此，秩序是沒有多大助益的！再者，吾人對事物如物理客體的流轉苟要確切捕捉把握，也仰賴機率，才能逼真描繪其多樣多變的面貌，量子力學的運動方程便是實例之一。這方面，單憑秩序肯定無法奏功！

萬物流轉，舉凡事物皆為不定動況：一體多樣且一霎多變。意思是說，任何事物無不多樣多變，一項名實而多端模樣，一閃剎那而多般變化。凝視端詳，丟擲一枚硬幣通常是有頭面或花面，此外不排除另有豎立情況，甚至還要考慮有不同姿態角度，真箇是萬般姿態。擲幣之際固然無數變化，縱使平擺在桌上，也頻與環境等相干以致屢屢生變，如溫度變化。同一道理，丟擲一顆骰子固然不脫 1 至 6 點，此外也可能有其他模樣，如某一稜角或稜線向上，並在或動或靜之際尚有大小幅度的各種變化。可是，吾人每回觀看事物，只是把眼睛當作照相機鏡頭，每回所看到也就是所拍攝到，充其量乃流轉事物在某一時空切點的瞬間快照；它只是鏡頭「卡察」一下的固定影像（定像），為事物的諸多面相（多樣多變）之一。更進一步看，吾人又察覺每一面相（按：在事物則稱「面相」，拍攝下來後則稱「快照」或「定像」）的出現都有其統計規律（包括出現在任何空間位置的機率），此一規律原則上是由整個自然動況——事物及其運動、周遭環境、觀測者等——所決定。

時人（尤其現代物理學家）不能面對此一道理，竟不自覺地採取矛盾態度來看待事物。矛盾的態度導致相同一個人，卻有兩種不同的觀物方式，直接引發自我衝突的尷尬，請參考圖 6-12。第一種方式是繞由數學計量，觀察者應用測度機率（數理機率）；這先要追蹤事物的統計規律，再援引機率資料與互補描述，便能建立接近事物真相的

圖 6-12　同一個人卻有兩種不同的觀物方式

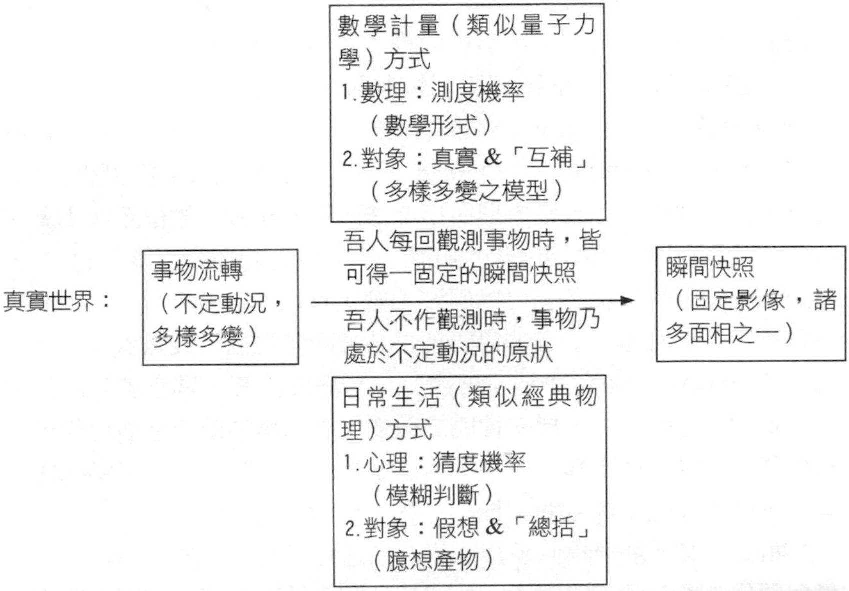

数學計量（類似量子力
學）方式
1.數理：測度機率
　（數學形式）
2.對象：真實 &「互補」
　（多樣多變之模型）

真實世界：

事物流轉
（不定動況，
多樣多變）

吾人每回觀測事物時，皆
可得一固定的瞬間快照

吾人不作觀測時，事物乃
處於不定動況的原狀

瞬間快照
（固定影像，諸
多面相之一）

日常生活（類似經典物
理）方式
1.心理：猜度機率
　（模糊判斷）
2.對象：假想 &「總括」
　（臆想產物）

註：1.越是在感官可及的領域，則越是耽於日常生活習性；反之，越是在感官不
　　　可及的領域，則越是仰賴儀器並審慎使用數學計量。
　　2.若把諸多瞬間快照綜合一起，便可互補描述對象事物的梗概全貌；事實上
　　　「總括」便是一種寬鬆的類似互補的描述。

數理模型。第二種方式常是發生在感觀領域，觀察者耽於日常生活習
性，每每沿用猜度機率（心理機率）；這使到知性屢被腐蝕而形成模
糊判斷，眼前事物經過心理的折射後卻轉為一臆想產物。

　　環顧現代物理，唯有量子力學藉由測度機率，採用計量方法，遂
能捕獲一尤為逼近真實世界的圖像。毫無疑問，量子力學所描摹的微
觀領域稱得上最為翔實；儘管其論點和人們日常共識互為杆格，但最
後總是被證明為真。日常共識乃大家在日常世界中的切身體驗，親耳
所聞、親眼所見、親手所觸摸等。然而，若依量子力學，這些經驗累
積卻未必牢靠，真是叫人不知如何才好。

　　量子力學究竟透露了些什麼？是有一些「詮釋」企圖闡明量子力學的旨趣；內中「多世界詮釋」（Many-worlds interpretation）聲勢後來居上，但筆者認為「哥本哈根詮釋」（Copanhagen interpretation）仍可扮演量子力學的正統解說。按其說法，粒子具有二象性（duality），時而為粒子、時而為波動，波耳（N. Bohr）將之冠以互補屬性（Complementary property）。這一點都不意外，海森堡也因此才能發現（早九個月）不確定原理，指無法同時測知粒子的位置與動量。那麼，凡是不被吾人所實際觀測的粒子（仰賴偵測器來「觀看」），自當處在不定動況狀態，可以用波函數（Wave function）——該波為機率波——來表述。不過，只要粒子一被觀測之刻，波函數馬上「定縮」（Collapse，有人譯為「坍縮」、「坍併」等，其意義等同於前面提到的「定像」），機率性隨之改變，立即轉為確定性並以粒子形式在某一位置清楚顯露。可是，當它不被觀測的時候，粒子遂回復其本來，照樣又呈現其流變與機率性的不定動況的原狀。

　　如此一來，量子論似乎塑造了一個違背日常共識的奇異世界，著實令現代科學家們深陷荒唐，始終無法解惑進而找到一個圓滿答案。有心凸顯哥本哈根詮釋的光怪陸離，薛丁格於 1935 年提出了盒中之貓的構思，很快廣為流傳成為「薛丁格貓悖論」，專門調侃微觀與宏觀的矛盾。

　　薛丁格設想把一小塊放射性物質和一隻貓放在一個密閉的盒中，另外還放置一架儀器和一瓶毒藥。在一段期間內，放射性衰變與不衰變的發機率正好是一半一半即 50：50（％）。只要發生衰變，儀器立刻偵察到並釋出毒氣，貓就頓時中毒喪生；反之，原子不衰變，毒氣瓶子將原封不動，貓也就安然無恙。於是，死貓與活貓的機率同樣是 50：50。若照哥本哈根詮釋，除非有人打開盒子實際觀測，否則在這之前，放射性衰變可用波函數描述，其狀態處於「衰變」和「不衰變」混合共存的疊加態（Superposition state）；而貓也同樣進入疊加態，形成既死又活或者不死不活的貓（疊加態，即死和活）。直到有人打開盒子去觀測的那一剎那，疊加態才迅速定縮，出現吾人所看見

的是否衰變以及是死或是活的貓（定縮，即死或活）。這種講法匪夷所思，難以令人完全接受。照人們日常共識，即使在無人觀測之時，貓不是死的就是活的（日常皆屬假想的選定態，即死或活）。如果發生衰變的話，貓就是死的；如果不發生衰變的話，那麼貓就是活的。死或活，兩者之中只許其一。

愛因斯坦一向看待哥本哈根詮釋就像異端，也從不相信量子力學是完備的。同樣於 1935 年，他和二同伴發表了 EPR 悖論，表示由於不能排除局域隱變數（Local hidden variable），量子力學自是不足以對物理實在（Physical reality）提供完備描述。愛因斯坦無疑秉持實在的想法，卻要挑戰哥本哈根學派波爾等人只注重觀測（按：海森堡強調觀察而波爾則強調測量）的優先地位。經典實在與量子觀測，雙方立場壓根兒南轅北轍，物理的對白上簡直就像各說各話。莫怪乎針對「定縮」一事，不管是測量其物理量（波爾的主張）或是觀察者介入其流轉間（海森堡的主張）所引起，愛因斯坦都用他很不以為然的口腦反問：「月亮是否在那兒當無人注視時（Is the moon there when nobody looks）？」難道不算荒唐嗎？因為，倘依哥本哈根詮釋的思想脈絡，當無人注視時，月亮是既不在又在那兒（本書對此還會再行討論，指出愛氏的疏忽及量子論者的不足）！

跟隨美國旅英教授（D. Bohm）的腳印，愛爾蘭貝爾（J. Bell）分析 EPR 悖論並在 1964 年將之轉述為貝爾不等式。1982 年法國亞斯伯克（A. Aspect）和同僚的一系列實驗結果顯然破壞了貝爾不等式，從而證明量子力學排斥局域隱變數是對的。此後，質疑的聲音逐漸消散，非局域性（Non-locality）無形中被列為微觀世界的成分之一，而量子力學所提關於粒子的創見儘管離奇終歸被認定是完備的。遺憾的是，量子力學固然大致完備卻未盡融貫；何況經典物理所衍生的基本粒子概念，更硬生生阻塞了量子力學的進階管道。哥本哈根詮釋畢竟很難把微觀和宏觀統合一塊，主要應該歸咎西方文化已經走到了盡頭。時下芸芸學者居然不能洞悉機率的哲學界說，也未嘗深一層探索物理實在與實證觀測各自在認識論的新義，尤其大家腦海中完全無法

面對萬物本為多變多樣此一事實。

　　換從不同文化角度去探索，將可領悟實在與觀測二者可以建立一種融貫性的聯繫。如此一來，哥本哈根詮釋遂得以擴大其解釋範圍，微觀與宏觀的矛盾可獲解決，定縮問題便能清楚交代。

　　若由這種不同的角度來看自然萬有，頓時驚見經典物理傾心的一致性、確定性純屬虛構。真實世界確是流動不居，但日常生活中，不必太過精算，人類對此自有一套策略來因應。這便是，憑藉猜度機率，借重模糊判斷，把原本不確定狀況「權且」虛設為確定或相對確定（請參考圖 6-12）。

　　舉個例子，主人邀約一些客人參加酒會。每個客人的答覆要嘛說會去，要嘛說不會去（確定的說法），再不然說大半會去或不會去（相對確定的說法）。我們相信沒有客人擺出一幅數學家臉孔，回答說參加機率是 0.75 或 0.48 等之類（儘管真實情形是機率性的）。此外，不管主人（或其他觀測者）是否物理學人士，不禁都會對客人們處事行徑拼出一綜合圖像，以便估算出席人數。這圖像是平日主人對客人從各個場合、層面獲得種種印象的「總括」，不啻相當於微觀的「互補」效應。

　　計量是比較牢靠，用來對客人們最後是否真會參加酒會的行為模式詳加分析，便可得到一統計性質的函數；它不但要考量客人們的主觀因素如記憶、信用、心情等，還要考量客觀因素如天時、人事、交通等。嚴格講起來，連每個客人自己都無法百分之百確定本身的未來動向。無疑，最後仍需等到酒會現場，當客人相繼現身（此即為客觀性定縮），主人逐一接見方能確定客人真會參加（此為主觀性定縮）。否則，主人只有採取一種日常慣用的假設語法（Subjunctive mood），亦即「假想陳述」（Supposition expression）的選定態來表示：客人若非會就是不會參加（即會或不會）。當然，最合乎科學且順乎邏輯的措詞莫過於採用量子力學方式的直說語法（Indicative mood），亦即「事實陳述」（Fact expression）的疊加態來描摹：客人既會又不會參加（即會和不會）。

　　誠然，西方人基於生活需要特別是意識型態，才把日常世界假想成理性的確定世界。一般起居坐息，沒有人會提到測度機率；只會憑藉概略猜度的心理建構，去假想事物的確定或相對確定的面目。每天生活中，當人們一講到某種事物時，譬如：骰子、硬幣……等，浮現於眼簾悉是其普遍概念，一下子竟忘了這一「概念」原是諸多表象材料的總括（即互補）而來。就像量子領域的粒子是波粒互補，日常世界感官所及之處亦復如此，骰子是點數 1 到點數 6 的六象互補、硬幣是頭面與花面的二象互補。

　　然後，一旦論及事物運動，經典物理的機械形式儼然成為最佳範式。以牛頓第二運動定律（$F = ma$）為例，事物在時空中作為獨駐與靜態的確定客體，依其起始條件便可斷定其終了狀況。這麼一來，事物運動的結果在一開始時就被決定了，因而勿需考量其中間過程。於是，當結果尚未揭露之前，人們自可用「假想陳述」來進行描繪。這種描述大致如此：假如是條件甲則產生狀況甲，反之假如是條件乙則產生狀況乙。等於是說：不是狀況甲就是狀況乙；狀況甲或狀況乙，二者選一。這便是選定態（Selection state）的陳述，茲就所有不同的狀況，選定其一。這說法完全符合大家對薛丁格的密閉盒中之貓的日常共識，認定內中若非一隻死貓就是一隻活貓。

　　事實上，選定態犯了錯誤。選定態堅信只要一出現某種條件則注定將會產生某種關聯的狀況，從而拒卻有一不定動況的中間階段。目睹粒子錯落，量子論轉而揭露真實世界屬於機率世界。機率世界顯示事物運動由起始到終了之間，尚有一段統計性質的流變過程；並且，由於人們的觀測行止，預期將會出現「客觀定縮」和「主觀定縮」，讓事物在認知鏡頭內展現其確定影像。這邊要補充一下，所謂主觀或客觀定縮，是指事物如何轉換為一感官材料（Sense data）。大致言之，客觀定縮指受測事物從不定動況轉為客觀（經由科學方法、儀器設備、眾人鑑裁而認知）的確定狀態，而主觀定縮則指受測事物從客觀定縮轉為主觀（經由個人驗證而認知）的確定狀態，回頭將會酌舉一些實例。二種定縮的出場順序也許是同時，也許有先後；若有先

後，則先發生客觀定縮，隨後導致一或多起的主觀定縮。

　　話說回來，眼見微觀領域違背經典格式，因果鏈不得不宣告斷裂。故此，西方科學家只好引入「事實陳述」來記敘事物變動包括其中間過程，把所有可能狀況及其機率一併展布。於是，前面「狀況甲或狀況乙二者選一」的選定態說法，顯然不足反映動況過程。科學家被迫改以事實陳述的疊加態口脗，設若甲、乙機率各為一半一半，則可作如是說：既是狀況甲又是狀況乙。

　　涉及不定動況中間過程的描繪，係屬疊加態的陳述。這點，如果缺少東西方文化或中外哲學方面的博聞，單只從量子世界去看就會感到非常奇異，更何況是站在日常世界匆忙顧盼，則疊加態簡直豈止荒誕不經了得！怪不得薛丁格之貓的悖論中，那一隻既生又死的貓頓時成為眾人夢魘。哥本哈根詮釋算是背負了某種原罪，雖然逼近真相卻陷入離經叛道的責難（對西方理性而言）。二十一世紀伊始，它在雜聲中已逐漸被多世界詮釋所取代。相較於哥本哈根詮釋表示量子波函數因觀測而定縮為確定、實在形態，再迅速併成宏觀的經典世界。多世界詮釋則侈言量子疊加態因觀測而分裂為多個的確定、實在之分支，而各個分支之間的相干關係遭到破壞去除（去相干，Decoherence），隨即形成並存分立、互不相知的多個世界包括吾人置身的經典世界。不過，當 1980 年代多世界詮釋首獲注目時候，有關量子力學的修正工作，像是對自然定縮的研究也在積極進行，所提出 GRW 理論刻畫的動態定縮模型就是一個例子，它指稱宏觀的事物（如貓）的波函數可剎那間（自然地）定縮。

　　西方學者真是越走越偏離了，這只是認識論（而非本體論）的課題。從認識論來看，吾人發覺選定態係反映事物的因果長鏈，依條件遂可預想有個猶待揭曉的終了狀況；改以語言表白心聲，就稱為「假想陳述」。疊加態則是反映事物的變動過程即中間階段，故需涵蓋所有可能狀況；用語言來摹臨，即為「事實陳述」。照東方文化的觀物情懷，事實陳述不止適用於微觀，也同樣適用於日常世界。不意數十年來，量子力學竟帶來了迷亂，撞擊到宏觀經驗，哥本哈根詮釋採用

事實陳述尤其引發激烈爭議。這固然受制於微觀領域尚難一窺全貌，主要還得歸咎歐美物理學家無力打開心鎖，衝破西方文化的囚籠。

不容否認，今日物理困境最大原因是卡在認知的瓶頸，才導致理論的嚴重分裂。量子力學始終囿於一隅，雖然大致完備卻難掩其粗糙內容，幾經折騰最後還是很難和相對論等整合為統一理論。哥本哈根詮釋一方面固然有顛撲不破的價值，另一方面卻也難免帶有瑕疵。就在吾人視野奔向毫末之域並迅速拓墾的當下，物理學關於實在陳述（普遍規律的申論）以及觀測陳述（個別物體或現象的記敘），確實面臨峻酷挑戰。哥本哈根詮釋醞釀的突破終究是新酒舊瓶，徒有新觀念卻承襲舊日認知方法；毛躁地把二種陳述糾纏一團，才造成不小困惑。量子物證的陸續問世，的確驅使物理學家改採哥本哈根詮釋的事實陳述來描繪微觀世界，無形中接納了一個近乎流變的宇宙模型。然而，大家腦海深處總是講求確定、遵循因果的宇宙觀，動輒以此為指南；尤其拉回到眼見為憑的日常世界，更不禁要沿用經典物理的假想陳述來作描繪。於是，不同物理陣營彼此驟起勃谿，也讓哥本哈根詮釋在日常世界裏顯得何其荒謬絕倫。

物理園地因此驚爆危機，微觀世界與宏觀世界頓見分裂。可是，真實世界自始至終何曾分裂，分裂的只是物理理論罷了！筆者甚至敢作嗆聲：這分裂更是物理背後的認知方法以至理性思維的分裂！這點，單從不同物理陣營各自如何去鑑識與描繪事物，便可見一斑，請參考圖 6-13。況且，看到現代物理步伐蹣跚，筆者無妨大膽再作斷言：這不是物理的問題，而是物理認知與西方理性的問題！苟要真正突破困境，吾人亟需掀起一場物理的思想革命；二十一世紀的物理，必須回頭從哲學（或物理概念）開始。

現在，吾人試著懷抱另外一種哲思來看一些最簡單的事物運動——物體運動，看看是否會因此產生什麼不同見解。下面擬先探討五種境況，並佐以日常世界中某人丟擲或搖動骰子為例來作說明。筆者眼中，微觀、日常（感觀）、宏觀等，都是一以貫之！

第一種境況是，某人丟擲一顆骰子，骰子落在桌上一陣滾動展布

圖 6-13　實在陳述與觀測陳述的解析

實在陳述	
真實世界：係一流變的機率世界，吾人對此得用「事實陳述」	日常世界：係一假想的確定世界，吾人對此常用「假想陳述」
量子論者眼中的微觀世界或真實世界應為不定動況（確定中的不定），任一不定動況當可藉由對其集體現象的陳述來表彰。所謂不定動況或集體現象，茲解析其要義如下： 1. 為一機率模式：統計性質的函數，在高能粒子則為波函數； 2. 正視中間過程（中間階段），整個動況係分布在某一時空範疇中：故用「疊加態」（連言，and）措詞。	經典論者口中確定的日常世界常是一個假定狀況（虛擬的確定），任一虛擬的確定當可藉由對其一致現象的陳述來表彰。所謂確定（狀況）或一致現象，茲解析其要義如下： 1. 為一臆造的機械模式：經典物理的解幾函數； 2. 直接針對終了狀況（不考慮中間過程），並假設該狀況處於時空中某一點：故用「選定態」（選言，or）措詞。
每一受測客體的動況，僅是契合整個集體現象之部分。所以，同樣的實驗，其結果（終了狀況）未必相同，但都會落在同一預期的範疇之內。易言之，相同原因可以得到同一集合之結果。	每一受測客體的狀況，都能完全契合確定的一致現象。因此，同樣的實驗必可獲得相同的結果（終了狀況），而機率事件恰好顯示物界尚有未知隱藏變數。總之，同因必定同果。

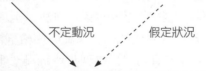

不定動況　　　　假定狀況

觀測陳述
融貫之後，本書觀測陳述係針對特定受測客體，截取其某一面相（客觀定縮）所作之實際觀測（主觀定縮）之陳述。此為已定狀況，茲解析其要義如下： 1. 在一固定的時空點（坐標），有此一可觀測的「人為」確定物像； 2. 對觀測者而言，反映一項霎時快照； 3. 對受測客體而言，則展布其多變多樣的某一面相。 有關以上已定狀況經驗資料可顯現為圖表、數字、模型等。

一系列中間階段。放眼整個過程動況，他可如此說：那是滾動中的骰子，點數快速閃過，看去點數為 1、2、3……和 6 點。易言之，所有點數都同在其上，那是既為 1 又為 2 又為 3……又為 6 點的骰子。注意，這句話是針對中間過程的事實陳述，所有點數藉由連言「和」（and）串成一塊，呈露滾動期間的疊加態。同理，某人若是丟擲一枚公正硬幣，雙眼凝視硬幣不停旋轉，頭面花面快速閃過，他當然也可出口說：那是旋轉中的硬幣，看去並為頭面和花面。也就是說，頭花兩面都同在其上，那是既頭面又花面的硬幣。由此可知，事物運動確有中間階段，乃以疊加態來表現事物之形態，復以統計性質的函數來表示事物之動向。注意，要再提醒讀者們一下，本書所講「事物」遠非一獨駐暨靜態個體，它實際上是包含事物主件與副件，並和實驗設置、周遭環境，以及觀測者構成相干關係的整個自然動況。

　　第二種境況是，某人把一顆特定骰子放進一個密閉的紙盒子裏，再加以蓋緊。骰子的八個稜角事先早被磨得較為圓滑，使具轉動性能。他接著把盒子連同內中骰子拿起一併搖動，繼之放在桌上約莫十秒，然後打開盒子檢視骰子點數。如此重複操作，進行十數次試驗。通常，盒子打開的時候，骰子已經停止不動，但偶爾有一、二次仍在轉動之中。

　　若把第二種境況拿來和第一種境況作一比較，將會有助瞭解關於客觀定縮及主觀定縮的一些情形。依第一種境況，客觀定縮表示骰子由滾動變為停住不動，主觀定縮是表示某人看到了骰子停止不動（客觀定縮）的現象。主客觀定縮幾乎同時發生，其差幅極小，為主客體距離除以光速。依第二種境況則不然。摒除偶爾一、二次骰子能夠超過十秒時間繼續轉動以外，其他的次數中，客觀定縮的發生通常乃以某種機率分布落在一至十秒之間；而主觀定縮的發生則是十秒後盒子打開剎那，他一眼看到骰子停住不動之刻，主客觀定縮發生時間差幅較大。當然，不管依何種境況，主客觀定縮都是人為觀測產生的效應；其結果毋寧是流變瞬間的不變影像，並不足代表物理實在，且以圖文、符號、模型等來表述。差別的是，前者乃個人感官的主觀認

定，為一項霎時快照；後者則是人人可依一共同約定的途徑獲得的客觀認知，顯示客體的某一面相。這點，哥本哈根詮釋倒和本書觀點相左。它主張定縮純是主體觀測所引發客體的瞬間變動，指波函數瞬間折成一可被觀測的物理實在確定形式（按：GRW 更主張動態定縮 Dynamical collapse）。

第三種境況是——至少在意義上——來自第一種和第二種境況的結合。茲有某甲和某乙，某甲把一顆磨得較為圓滑的骰子放進紙盒子裡再蓋緊，一併拿起搖動，隨即放在桌上。不過，這次盒子經過少許改裝，正面換成一塊透明玻璃，至於背面、兩側，及蓋子（上面）倒都維持不變。某甲站在盒子正面，視線穿過透明玻璃，自始至終都看得到骰子的轉動情形即轉動疊加態，就連骰子什麼時候停住不動也看得一清二楚（小心，「停住不動」係一理性觀測的用語）。這是第一種境況的翻版。另外，某乙站在盒子背面，雙眼視線肯定無法穿入紙盒，根本看不到骰子轉動與否。等到十秒鐘後，某乙打開盒子，才看到骰子停住不動。否則在此之前，某乙主觀上一直認定骰子持續處在轉動疊加態。

同一客觀定縮，因不同觀測者而各有各的主觀定縮。這並不違背科學精神。就某乙而言，除非改採假想陳述，否則在主觀定縮之前，個人仍得在主觀上以事實陳述來描繪客體處於疊加態。一俟主觀定縮後，再向客觀回溯，當可算出發生時間的差距。某乙和某甲的分別，重點便在彼此的主、客觀定縮的時間差幅不一。不過，需要強調的，不同觀測者的時空坐標縱使不同卻必須相容，不然對於骰子的動靜就有不一樣的解釋，也會失去所謂「同一客觀定縮」的共識了。想一想，一位面對骰子而維持不動的觀測者跟一位環繞骰子而相對轉動的觀測者，兩人要如何界定「同一客觀定縮」？更加需要強調的，大家應不忘本書所講「事物」非指單一個體，而是以受測客體（經典逕稱為事物）為聚焦的一個自然動況，包括它的主件與副件，以及關係作用，共同構成一個相干體系。因此，每一自然動況無不秉具一特定範疇與界說，並開顯一獨有運動規律。

　　第四種境況是，某人丟擲一顆公正骰子經過一陣翻轉之後，終於停住不動，擱在桌上。依西方觀點，此時這一以骰子為主角的畫面就像是被凍結。骰子即刻靜止不動，停頓在時空坐標上一個固定位置；它與任何人的觀測沒有瓜葛，也不受周遭環境任何干擾，還認定其他關係事物全皆保持原狀照常不變（Other things are held constant）。若說骰子開始丟擲時是起始狀況，一陣翻滾時是中間過程即疊加態；那最後停頓時便是終了狀況，也意味一確定狀態，猶如剛剛談到的凍結畫面。然而，筆者不禁要問，真實世界真是這樣子嗎？果真允許將之凍結成一如此理想畫面？

　　顯然，答案是否定的！

　　真實世界中，骰子滾動時固然是一疊加態，停頓之後擱在桌上照樣還是一疊加態。只不過，描繪翻滾狀況的統計性質函數以及描繪停頓狀況的統計性質函數，彼此不太一樣，以致雙方的疊加態也不盡相同（按：骰子丟擲前倘非擱在桌上同一位置則又是另外一種疊加態）。骰子停放在桌上，不論在量子以至分子的層次，它時時刻刻都與外物，譬如：光子、電磁、輻射、溫度、空氣、塵埃等等，密切相互動；絕不可能一絲不動，一點不變。它的變動再怎麼細小，都足以構成一疊加態。縱使在感觀環境中，它仍會遭遇到風吹、地動（如，地震、施工）、動物碰過（如，寵物）、有人動到（如，家人），乃至其他意外事件。那麼，當骰子停放在桌上且觀測者不予注視時，這段期間也許幾分鐘、幾小時、甚至幾天幾夜或更久；骰子確有可能位移，點數也有可能變換，形成了多種可能形態加總起來的疊加態，並開展某種統計性質的函數（按：無疑有異於量子的波函數）。

　　所以，作為一個二十一世紀科學家或哲學家，當不凝眸注視桌上的骰子的時候，可千萬別說骰子確定還在那兒或者確定還是某一點數！實際上，骰子當下正處在疊加態。姑且言之，骰子既 6 ％不在又 94 ％在那兒，或者，骰子既 97.5 ％是某一點又 2.5 ％是其他點。骰子無時無地不處在疊加態，這才是真實世界的容貌。別提小小一顆骰子，就算龐然大物像臺北 101 大樓，尤其想到紐約世貿雙塔（WTC,

Twin Towers）驟然倒塌，還真沒人可說：當不凝視這一臺北新地 標時，它確定還矗立在那兒！

第五種境況是，有四位觀測者和一宗以貓為要角的自然動況。當序幕拉開，已有一隻小貓被放入一個透明玻璃箱中，蓋子緊閉，擺在地上。箱子用普通玻璃製成，一有硬物撞擊就會破裂，底部和四周鑿穿許多通風氣孔，讓貓在裏面不致悶死。箱子的四側大約二公尺距離的地方，各有一位觀測者，分別為某甲、某乙、某丙和某丁。每位觀測者各給與一張凳子和小桌子，方便他們坐在一側進行觀測和試驗工作。

甲坐在玻璃箱前方，他的工作純是觀測。根據可靠訊息，他知道乙和丙將依某種可能結果而去射殺箱中之貓（不同於薛丁格之貓是被毒殺），就很想瞧瞧過程中間，若循生死切線掠影的話，那隻小貓既生又死的疊加態是什麼樣子。因此，甲眼中的整個自然動況便包括玻璃箱子和其中小貓、某甲自己、某乙及其試驗設備、某丙及其試驗設備。

乙則坐在箱子右側，本身還攜帶了一顆骰子和一把裝滿子彈的短鎗。他的工作是先在小桌上丟擲骰子，一俟結果出現單數（即1、3、5，單雙機率各為50：50），立刻用短鎗射殺箱中之貓。乙倒不知道他人也有類似的企圖，所以眼中的自然動況除了玻璃箱子和貓之外，就是乙自己、骰子和短鎗。按乙規定的範疇和界說，當骰子一經轉動便馬上呈現既是單數又是雙數的疊加態，他本身也隨著進入既射擊又不射擊的疊加態即待射狀態（也許是舉起鎗瞄準小貓），小貓自是迅速進入既生又死（1／2和1／2）的疊加態，或可稱為待斃狀態。可是，站在小貓的立場，牠不具備足夠智慧與知識，未能理解牠和乙，還有骰子、短鎗等構成的整個自然動況；更貼切地說，牠眼中的「自然動況」只有箱中牠自己，此外沒有其他事件足以影響到牠。牠自在活動，依然故態（姑且喚作箱貓疊加態）。

丙早就坐在箱子左側，同樣備有一顆骰子和一把短鎗。他的工作雖然也是先在小桌上丟擲骰子，卻是等結果適值出現點數6（機率為

1 ／ 6），才飛快用短鎗射殺箱中小貓。丙根本不知道乙也會做出類
似的行為，以致他眼中的整個自然動況只涵蓋玻璃箱子和貓，還有丙
自己、骰子與短鎗。按丙的規約，骰子一離手翻滾就處在既 1 ／ 6 是
六點又 5 ／ 6 是其他點的疊加態；同理，人也相應進入既 1 ／ 6 是射
擊又 5 ／ 6 是不射擊的疊加態，顯然另一種待射狀態（因射擊機會較
小，也許就不必舉著鎗瞄準小貓）；視為同步發生，小貓則進入既 1
／ 6 是死又 5 ／ 6 是活的疊加態，不啻一種存活機會較濃的待斃狀
態。毋庸置疑，對小貓本身來講，牠此時仍舊活動如故（箱貓疊加
態），不受丙或乙的影響。

　　同樣一隻貓，同樣時空中，但由於不一樣的觀測者，及其所規約
不一樣的自然動況，小貓因此可以被描繪為處於不一樣的關係作用。

　　對某乙而言，小貓是一隻處於既半（3 ／ 6）生又半（3 ／ 6）死
的疊加態的貓。唯對某丙而言，小貓卻是一隻處於既 83.3 ％（5 ／
6）生又 16.6 ％（1 ／ 6）死的疊加態的貓。還有，剛才筆者有意忽略
而現在正可提起，即對某甲而言，因他把丙和乙都羅列在其規約內，
故眼中小貓乃是一隻處於既 66.6 ％（4 ／ 6）生又 33.3 ％（2 ／ 6）
死的疊加態的貓。事情猶未落幕，別忘了尚有坐在箱子後方的某丁。
丁的工作類似甲同是觀測，只不過他一無資訊二無興趣，壓根兒不知
道也無心理會乙和丙做些什麼事。非常單純地，丁眼中的整個自然動
況就只包含丁自己和箱中之貓。他仔細考察小貓的活動，發現牠一會
兒躺躺、一會兒坐坐、一會兒又站站、一會兒又走走，於是，遂斷定
小貓為一隻處於既躺又坐、既站又走的疊加態的貓——此為箱貓疊加
態，不考慮箱外等因素。若換從另種角度來考察，苟用生死切線作為
界尺，他眼中小貓則是一隻，姑且說，處於既 99.99 ％生又 0.01 ％死
的疊加態的貓；「0.01 ％」是指任何突發狀況的機率（先前甲、乙、
丙其實應該也把這數字算進去）。無疑，倘真一顆子彈擊破玻璃突然
射死小貓，或者小貓因健康問題突然暴斃……等等，對某乙而言，就
是一場突發狀況。

　　顯然，這個到處——微觀與宏觀一貫——充斥各種疊加態的世界

正是吾人安身立命的現實世界，所有事物動靜無不訴諸機率法則。確定性純屬虛構，別說一顆粒子無從確定地知道自己的下一步動向，那怕一個擁有自由意志（Free will）的人，也無法百分之百（100 %）確定知道自己的下一步行蹤。中國古人最為睿智，老早就懂得天有不測風雲，人有旦夕禍福。世事難料，人算不如天算，肇因萬有流轉，一切都是疊加態。唯有目睹剎那，當下為真，所保留下的資料，或腦海印象、或人文符號，才算是確定！

　　若對上述五種境況深有領悟，又能參考圖 6-13 實在陳述與觀測陳述的要義，就不難看出哥本哈根詮釋固然點出了疊加態，也碰觸到事實陳述，可是終究未嘗洞悉中間過程是無所不在的常態。因此，它所提出的立論只適合微觀領域，完全無法用在日常世界，否則就顯得非常離奇。相反，上述五種境況把整個世界（包括微觀和宏觀）看成流轉不定，事物常為中間過程即疊加態，隨著又引入事實陳述供作描繪之需，展現世事何止繁複錯綜，並吐露萬有透過機率將可達成日新又新的願景。果然，默察現世萬象，機率誠為本質之所繫，確定性徵狀只是工具考量。難道不是嗎？上述五種境況所刻畫的感觀（可擴為宏觀）世界哪有什麼荒誕不經？將之和量子的微觀世界相互對照，兩者怎會不是一貫且同理！筆者尤要指出，哥本哈根詮釋因不解中間過程而有幾許破綻，歐美學人更在量子迷團與宏微觀矛盾之處坐困愁城；這些，全該歸咎西方欠缺一個張揚流轉不息的博大哲學體系。缺少哲學作為前導，任憑再優異的物理人才、再精良的試驗設備，充其量也只管窺蠡測，又豈能併成真實世界的完整圖樣。莫怪乎，現代物理刻正陷落分裂的絕地，不論是誰都沒辦法建立一套囊括整體世界的統一理論。

　　不止如此，吾人親炙的現實世界，決非一至真至實的世界即真實世界，而僅是人與真實世界的交生結構，再經由人為活動而浮現出來。從人的立場審度，筆者又稱之為文化世界，純是人們面對真實世界而打造的人文體系。隨著人類的進步，文化世界也會與時更新。事實陳述是針對現實世界流變不居的一種描繪方式，把事物視為自然動

況多變多樣，總是處在中間過程疊加態。對此，吾人乃就一規定的自然動況（以經典的事物為主件），秉持一條觀測切線來窺探其特定面相，譬如：骰子點數、硬幣正反面、小貓生死……等。倘改採數理的術語，一言以蔽之，事實陳述看待浩蕩乾坤為一機率世界。這種方式非常重視事物運動的兩個認識層次，即個別動向和普遍規律。吾人觀察特定事物某一面相遂可獲得其個別動向（單獨行徑），一起又一起的個別動向透過融貫還可獲得事物的集合行徑（經典則憑藉歸納以獲得共同行徑），再由此建立普遍規律。不同於假想陳述暗論凡個別動向必須等於相應的普遍規律，事實陳述強調任何個別動向不過是隸屬於相應的普遍規律為其之局部，易言之，僅是普遍規律的子集。

　　有些名詞用法，此處的確需要再加釐清。事物的普遍規律類似哲學共相，於經典物理中表現為機械形式的方程；但本書中，這在日常世界為一統計性質的函數或模型，而在量子力學則是波函數（其波為機率波）。職是之故，事物恆處中間過程，多變多樣、流轉不息。微觀世界固然如此，宏觀世界又何嘗不是這樣！宏觀世界裏面，經典論者所謂運動當然是運動，如：骰子翻滾、硬幣旋轉；而所謂不動顯然還是運動，如骰子擺在桌上、硬幣放在桌上，彼等照樣與外界相干互動，只不過卻是不同型態的動況而已！事物恆動，它給人的印象全憑眾多霎間現象互補造成。霎間現象乃事物多變多樣的某一面相和吾人的觀測切線彼此相交，其交界之處時空一點便是霎間現象；雖說電光石火，卻成為觀物的基礎。

　　反過來，個別動向猶如哲學殊相，經典視之為單個客體；但本書中，在日常世界是指特定事物的單一動況，就像一顆骰子及其某一動況、一枚硬幣及其某一動況。切莫忘記，這邊說的動況涵蓋經典所稱的運動與不動，以骰子為例，涵蓋翻滾與不翻滾，以硬幣為例，涵蓋旋轉與不旋轉。事物倘若極端細小且置身於微觀世界，則其真相乃一波粒狀的物質流轉（為一物質波），苟要追索其蹤跡當可藉機率來預測（屬一機率波）。故此，疊加態恆為個別事物之常態，不管宏觀或微觀、不管何時與何地，總是以疊加態來呈現。疊加態更因特定事物

所受物理作用的不同，自會展布不同的型態並依此畫分不同的階段。
如只截取當中某一階段作為觀測標的，從觀測者言之，非唯有客觀和
主觀的分野，尚有起始和終了狀態的區別。另外，本書「定縮」一詞
跟哥本哈根詮釋所講「坍縮」有點不太一樣，定縮是個別事物霎間現
象的人為處理，彙為帶有客觀及主觀色澤的人為影像，遂將本質性的
流動不居轉化為工具性的確定狀態，以方便吾人日常生活的種種應接。

終於，愛因斯坦的反問關於月亮是否在那兒，以及薛丁格的悖論
提出一隻既生又死的貓，就不再令人感到費解甚至不知所措。

無疑，前面第五種境況中某乙與箱貓的事例，正好可以給薛氏所
設想的某人（觀測者）與盒中之貓一案作為借鏡。由該境況推斷，某
人眼中的整個自然動況主要包括某人本身、盒中之貓和有關放射性衰
變與釋放毒氣之設備等。而這隻貓，直至某人開啟盒子進行觀測之
前，主觀上是一隻待斃狀態──既生又死或者不生又不死──的貓，
唯客觀上端視試驗設備是否開啟並具自動偵察與釋毒等功能來決定其
公認的疊加態何時定縮。誠然，只有在某人實地觀測之刻，目睹剎
那，當下為真，才有人文影像的一隻確定是生或是死的貓。至於真實
世界的貓，觀測之後隨即又進入另一階段的疊加態，譬如，若是死貓
則可轉為會又不會被救活的疊加態，若是活貓則可轉為會又不會因其
他原由而遭逢死亡的疊加態。

還有，前面第四種境況所表彰的事例，也正可以提供愛氏口中的
月亮一案當作參考。真實世界中，萬有流轉，經典物理所謂運動肯定
是運動，是處在某一種疊加態；反之所謂不動照樣是運動，只是處在
另一種疊加態。即便一顆靜止的骰子，抑或一棟猶如臺北 101 的大
樓，甚至任何一個星體就像月亮，都是恁地流轉不息。不過若按經典
物理的觀點卻強調秩序，愛氏顯然也持如出一轍的想法，認為確定之
天文星空，月亮是地球衛星，自轉之外復又環繞地球公轉，有其不變
的運動路線。於是，月亮無論何時何地無不精準可期，那怕一粒原子
大小的錯謬都不被接受，苟有差池純屬人為估算失誤。這種想法太過
理想化，端的是一大錯誤。真實世界處處皆是自然動況，縱使月亮運

行亦為一統計的機率行徑。愛氏曾經詰問無人注視時，月亮是否在那兒。「在那兒」究竟是指涉什麼呢？該詞語意甚為籠統，連帶使到整條問句（「月亮是否在那兒當無人注視時」）未盡縝密，難以拿來用作科學辯證。但從最寬鬆到最嚴格的定義逐一檢閱，無論該詞是指涉空間座標還是物理實在，不管當下有沒有人注視，經典口脗一律咬定必有一確定對象，且其狀態必須採行選定態予以描繪，此即：月亮是在那一位置或不在那一位置，還有，月亮是存在或不存在。終於，依一般常識以及愛氏想法，當無人注視時，任誰都百分之百確定，月亮是在那一位置，乃至，月亮是存在。

實際絕非如此。長空馳騁，月球運行係屬一機率事件，時時無不展現各個面相與諸多位置的交加並列的疊加態。

大家應已知道，天體運轉主要因素之一是星球質量與熱量的起落，影響到星球之間重力的吸引。地球上看，月球以橢圓軌道繞著地球打轉；遠方星空來看，它又以波浪狀伴隨地球繞行太陽；另外，太陽還以曼波舞步遙繞銀河系盤旋，整個形成一幅非常複雜的關係圖。無疑，對月球影響最大要數地球，次之輪到太陽，復次方為由近而遠的星體和氣體、塵埃、顆粒等。單單地月系（地球與月亮）的運動就夠眼花撩亂了。梗概言之，月亮與地球基本上是環繞公共質心（於地球內離地心約 4,671 公里處）旋轉。細加端詳的話，月球運轉固然有經典物理的所謂「軌道」，唯尚有長期性與週期性變化，此外更有不規則與不可預期的行止。這乃由於地、月二者常因氣體、塵埃、輻射、隕石撞擊、潮汐現象、時空架構（Frame）等，造成彼等質量、熱量、結構、形態以及運動（包括：進動、振動）時有變遷，進而導致雙方乃至與其他星球間的重力增增減減，交織成一極其錯綜的互動網絡。職是之故，月球雖說循著一條由公式計算出來的路徑而轉動（自轉加公轉），但實地探詢的話，卻不難發覺它——姑且以月心為基準——在空間座標上的位置始終是流轉不定，那怕只是一顆原子或次原子大小之差的不確定結果。

再一次強調，這種不確定性並非公式或計算的缺失，而是處於恁

樣錯綜複雜的星空，沒有人、也沒有辦法可以百分之百預見月球的動向與遭遇，甚至連月球本身都無法完全掌控自己下一步的確切蹤跡。除非，一來，吾人能夠精準獲知此時的地、月二者在空間中的位置與動量；二來，整個宇宙時空和星體包括恆星、行星等的質量、熱量、速度、距離等也都一直保持此刻模樣，成為一確定體系且對地、月二者沒有絲毫增減作用。唯有如此，才有可能知道另一時刻月球的精切位置。

顯然，浩蕩乾坤本為一不定的自然動況，別說粒子出沒起落、輻射流竄紛焱、隕石飛揚撞擊，更加時空屢次扭曲、星球頻仍生滅、天體常見變更。最根本的，連宇宙也由爆炸生成，再奔向熱平衡的未來。所以，當無人注視時，別妄自認定月球是在或不在某一位置；頂多只能根據一項統計性質的月球運行函數來作表示，指月球是多少機率在又多少機率不在某一位置（兩個機率相加為 1）。同樣，也正因為如此，當無人注視時，務請別亂認定月球是存在或不存在。合理答案應該是根據一項統計性質的月球存續函數，指月球是多少機率存在又多少機率不存在（兩個機率相加亦為 1）。讀者也許狐疑，尤其是月球不存在一事，端的令人費解。豈不聞天有不測風雲，雖說機率極低極低，但只要月球遭遇大隕石、星體的撞擊，或者大質量天體如黑洞的作用，也許其他一些劇烈變動，則難保它不會脫離軌道甚至變形、毀滅！縱使月球能夠逃過各種外來災禍，充其量也只能再存續四十多億年；之後，它還是不免偕同地球步向衰亡，不復存在（按：一般估計太陽系壽命約尚餘四十億年）。

至此，大家應該充分領悟自然動況和機率的精義，明白薛丁格貓悖論不盡然是悖論，且愛因斯坦之於月亮是在那兒的揶揄恰巧暴露他對世界本質猶有曲解。吾人只有把視野從秩序提升到流轉的層次，方可深諳哥本哈根詮釋的優劣。優點在於，哥本哈根學人跳脫傳統僵硬思維，慧眼獨具，一口緊咬微觀基礎為機率性而非決定性。至於缺點則在於，哥本哈根學派缺少一套流變哲學作為支撐，終究未能洞察疊加態（自然動況）才是萬有本相；一旦把視線從微觀拉到宏觀尺度，

馬上就掉入自相矛盾的陷阱，以致未能透視宏觀世界亦非確定狀態！並且，不同的事物種類抑或不同的觀測切線，通常需要藉諸不同的統計性質的函數來表述；像骰子、硬幣、大樓、星球等的動況（可參考前文）、政經的動況（如計量經濟模型）、粒子的動況（指波函數），也都各不相同。

機率的限制

本章臨了，吾人猶想一探機率的限制何在。

誠然，機率咸以事物即物理客體作為對象。自然萬殊，事物不管其大小或形狀、不管有機或無機、不管有生命或無生命，都得接受機率的擺布。直截了當地說，機率徹頭徹尾操控整個現實世界。現實世界類似西方物理中相對運動的世界，也相當於西方哲學中常被提起的所產的自然。闡微終可一以貫之，吾人遂敢斷言，機率乃是世界進化的機制。世界之所以會發展，明天會更好，完全拜機率所賜。不可逆時間具有實際效用，萬物故能多變多樣，持續維新，由簡單而複雜、由低等而高等、由粗疏而精密。不然的話，現實世界要是真如西方觀點看作秩序體系，那麼，一切事件自當有條不紊，任何運動勢必一絲不苟；不可逆時間純屬虛幻，歲月也顯得毫無意義，所有事物一經受造後在流光中從來注定一成不變。當然，眼前的現實世界絕非如此。相反的，面對萬有流動不居，其形態與蹤跡無不秉具不確定性，甚至可以進一步講，現實世界的本質原是機率。

世界真的多變多樣，但物質現象的裏層，也就是每一模樣每一變化賴以生成的源頭，深深包藏與物象相互呼應的邏輯形式。大自然縱使倏忽無常，但世界之所以成為世界，皆因亂中有序，莫測之中隱約有某種法則。自然事物不論是形態或行迹方面，其內無疑含攝著條理分明的算術或幾何形式，此為簡單邏輯。至於人類身為萬物之靈，在簡單邏輯之上更秉執智慧與真善美的形式，這毋寧屬於複雜邏輯，有一部分已可透過聯立的算術或幾何模型加以闡述。

　　無疑，機率扮演機制大力促成熙攘的物質現象。筆者對此經已重複說明，何況這本是量子力學隱含的哲學意旨，指世界紛紜且多嬌可由最原始的物質粒子一次又一次憑藉機率而建構創生。但是，務請讀者明辨，那就是機率再怎麼神通，也沒有辦法助成任何邏輯形式。這一點，假如吾人能夠證明，切實證實機率果真無法導出即便最簡單的邏輯形式；並且，就像先前本書再三強調，機率乃確定中的不定，表示秩序中的所有可能性，反之唯有確定或秩序才足以釀成邏輯形式。那麼，筆者此處便可認定：世界的本質是機率，唯機率的母體（Matrix）乃是邏輯。世界誠是倚仗機率所打造出來，然而機率活動若是逾越其邏輯母體，則根本很難構成任何像樣的世界。況且，機率一旦缺少邏輯的節制，世界終將淪為混亂。

　　接著，吾人便要證明機率的確無法導出邏輯形式。

　　茲從簡單邏輯著手，看看是否可用骰子擲出的點數來排組內含邏輯形式的數字序列。先設有一公正骰子，點數次第為 1 至 6，且每種點數機率皆為 1 ／ 6。根據機率論，只要時間足夠，一定可以擲出任何特定數字序列。譬如，吾人可以擲出連續五個 1 點即「1、1、1、1、1」的數字序列，或者，連續十個 1 點即「1、1、1、1、1、1、1、1、1、1」的數字序列；彼等機率各為 $(1 ／ 6)^5$ 和 $(1 ／ 6)^{10}$，也就是分別在大約 7,776 回（每回五次）以及大約 60,466,176 回（每回十次）的丟擲活動中，預期可以達成目的。但是，不管連續五個「1」或連續十個「1」的數字序列，都不算秉具真正邏輯形式。具有真正邏輯形式的數字序列──有常法的算術序列──反映確決與一致，且這確決與一致的格式乃是恆常永續的。五個「1」點或十個「1」點只能說是偶然現象，何況接踵而來（第六或第十一次）的點數未必依舊為「1」。所以，具備真正邏輯形式的「1」點的數字序列必須符合三項條件：①一開始丟擲時便需擲出「1」點，②隨後每次丟擲時全數仍需擲出「1」點，③丟擲次數（每次丟擲皆為「1」點）可臻無窮。按照這三項條件的內容，則擲出「1」點的數字序列的機率當為 $(1 ／ 6)^\infty$，計算結果等於零（0），可見單憑機率還真無法產生「1」

的數字序列。

機率尚且無從催生簡單邏輯，就更甭談較之精緻奧妙千萬倍的複雜邏輯，人類智慧即為其中一種。為了對此作出證明，吾人還要重提本書關於「猴子懂得敲打出莎士比亞全集」一事，再加探討。前面提到，茲把莎翁全集轉換為長長一串由二進位（Binary）電腦符碼（「0」與「1」）組成的有限序列，另還裝置一架特製的「0」與「1」數字鍵盤連帶打字機器，供一隻不具人類智慧的猴子隨機敲打。這種情形下，只要牠一直不停地隨機敲打以致產生無窮序列的電腦符碼，那麼莎翁全集——已轉換為有限序列的電腦符碼——自會不時地出現。然而，筆者敢斬釘截鐵表示，這肯定不是智慧。這僅僅是藉由隨機，甚至無窮多的隨機——無窮多的偶然與變動——來建構「所有可能性」；莎翁全集列屬其中一種可能性，自會不時地出現，相反的，智慧意味「完全確決性」，理論上係透過無窮多的必然與不變來展現。就像某一小朋友倘若具備「九九乘法表」邏輯能力，那麼每回——理論上係無窮多回——問他時，他都要能答對（按：完全確決性）。難道不是嗎？總不能每回任他在 1 至 81 數目中隨機選答，錯則重來，一直到答對為止。最蠢莫如逐一試遍所有可能性，果真如此則又有誰會說他懂得九九乘法？

職是之故，苟要探詢猴子是否真的能夠敲打出莎翁全集，就應該像吾人判斷那位小朋友是否懂得九九乘法一樣，必須站在「完全確定性」的角度來評估，而非耽於「所有可能性」的迷思。「完全確定性」和「所有可能性」的深意，讀者自己可要好好想一想。

再來，可用數學來檢視。莎翁全集依前面所言轉換為一串儘是電腦符碼的有限序列，假設其長度為 n，亦即有 n 個電腦符碼。那麼，猴子敲打出莎翁全集的機率應為 $1 / 2^n$（分子為 1，分母為 2 的 n 次方）。大家都知道，一個英文字母轉為符碼如 ASCII 就有 8 位數，好比 A 即為「0100 0001」；一個英文單字平均又含有好幾個字母，則一旦轉換為符碼應不少於數十位數。還有，莎翁全集主要為無韻體的詩劇共三十七部，每部洋洋灑灑多有萬字。籠統一算，上述 n 當為千

萬（即 10,000,000）之多，而 2^n 遂成一天文數字，恐比恆河沙數多上好多好多倍。換言之，機率 $1 / 2^n$ 是非常非常小。縱使如此，吾人仍可假想那一隻猴子性命萬壽無疆，或者，運氣億萬分好，到頭來仍有辦法敲打出莎翁全集。萬幸莎翁式的智慧絕非機率可以隨機成事，其高度複雜的邏輯形式顯示尚需符合三項條件：①每遍（回）皆得敲打出一串莎翁全集且遍數可臻無窮多，②每遍一開始敲打時得為特定「1」或「0」符碼，③每遍隨後任何一下敲打時皆得為特定「1」或「0」符碼。若要符合這三項條件，其機率就只能以 $(1 / 2^n)^\infty$ 來表示，計算結果不折不扣正是等於零（0），足以證明機率肯定不能導出複雜邏輯。

　　機率挾其擅長「所有可能性」的犀利，讓一些人撩起過度期待。此處，吾人終於揭發機率絕非量子論者所想那麼萬能，也清楚畫下它的局限。第一，機率不得橫跨秩序的界線，它搜羅秩序範疇中的所有可能性，足以扮演事物多變多樣的（化生）機制，但卻難越秩序雷池一步。第二，機率絕無可能導出邏輯，邏輯形式標榜「完全確決性」，其不變、必然的格律端賴邏輯自身的作用；機率因此非獨無法催生邏輯，顛倒過來還受到邏輯的節制，才使世界免於混亂並展現有物有則的自然萬象。

第 7 章 結論：科學儒學——統一宇宙理論

當代物理的最大志願,便是要在諸多歧異的學理之間找到共識的基石,再在此基石上建立一套理想的統一宇宙理論。這是眾所周知的事,也是許多大師級人物的希望。從愛因斯坦的統一場理論(Unified field theory)到現今試圖結合四種基本力的大統一理論(Grand unified theory)以至所謂萬有理論(Theory of everything),都可以看到大家孜孜不倦的痕跡。然而,結果總是事與願違,最後暴露出來無非是物理學進退維谷的窘相。

筆者認為(讀者若能詳悉本書前面各章諒必同意),現代物理的窘態皆因偏執一偶,受到西方「存有」哲思的束縛。由此益可佐證一個真正普遍性、周延性的統一宇宙理論,必須從更廣泛的文化背景中去收羅(因這主要是認識論的問題)。目前看來,中國儒學(宋明理學簡稱宋理為代表)與西方科學(物理為代表)的交加並提煉,本書稱之為科學儒學(簡稱科儒),才有辦法提供這樣子的宇宙模型。讀者心思如果足夠細膩,也許已從前面各章關於儒學科學化的奠基論證裏頭,自行勾勒出一個合乎宏願的宇宙藍圖。

若單由一般所講的經驗實證來觀測,一個統一宇宙理論要能詮釋萬有的實際行徑。若再加上由中西方文化角度來檢視,那麼,首先,它還必須充分消化儒學一門的表率傑作亦即宋理,填平程、朱性理學和陸、王心學之間的溝壑。這一工作能夠順利的話,就可稱得上宋理的一個突破,也是理學的初步完成——朱、王的勃谿披露理學從未實質完成。繼之,它尚需清除科學之師即物理學的糾葛,特別是相對論和量子論的衝突,然後再針對自然法則提出全面且合理的解釋,以資更為正確地說明空間與時間、秩序與機率、物質與邏輯……等範疇。這就必須溯至物理的源頭著手,讓二十一世紀的物理回頭再從自然哲學開始。真能走到這一步驟,才算是正式吹起了科學儒學蒞臨的號角,也可說是理學的總完成。

統一宇宙理論的建構,當前西方學者多偏向數學著手,這恐怕落得本末倒置。科學儒學認為應該兼顧概念的融貫,先要整合各方之於自然的立場,才是正本清源之途。循這條路子,科學儒學預料將是非

常博大細密。在此，筆者僅能以結論的形式，提出一套初期構想，主要包括指出一個方向並列出一個綱要。

7.1　理學的完成

　　由體開用，統一的知識屢屢造出一番民族的豐功偉業。西周時統一的民本政治論點成就了都城文明（凸顯勞力）之後，儒學在漢朝早期發展為一套統一的社會理論（政教儒學），接著在宋明時候更轉折為一套統一的自然理論（理學或稱哲學儒學）。在中國人歷史上，後來的二次的統一的理論果然締造了璀璨的漢朝農業文明（凸顯土地）以及宋明工藝文明（凸顯資本）。宋明以降，一方面由於理學仍有破綻，性即理和心即理的歧異日益加劇；一方面時人的創意漸趨枯竭，使到主觀的明心見性和客觀的窮理盡性二條路線愈發對立；加上西學東漸，影響到儒學關於自然（物）和人（我）亦即物之理和人之理的矛盾越來越深。於是，始自清末，以儒學為核心的文化體系急遽瓦解，而以一體因反、人本化生為基柢的知識理論更是分崩離析。最後，思想割斷，理體（或稱中體）奄奄一息，中國人遂淪為世界次等公民。面對挑戰，中國人已經沒辦法提出一個絢爛的新願景。民初至今，雖然奮力輸入西方科技，科學理論老是無法落地生根，只能投身實驗、計算、工程等領域；如果不能再造「中體」，只圖吞棗「西用」，到頭來頂多堆架一個加工式、淺碟式、斷層式的工業社會。

　　若想重新營造卓越中體，跟著由體開用，創立出無比宏偉又處處散發中國人智慧的文化世界。那麼，一定先要解決朱子性即理和陽明心即理的爭執。以今天的時代背景回頭探看，那些爭執乃起於宋明諸子對事物不夠瞭解，尤其對主體與本體、人欲與天理、事理與物理……等問題未盡詳悉。朱子講心統性情，認定主體包涵天理和人欲；本擬尋求客觀窮理以至通達，誰知終究難解主體與本體、人欲與天理等兼存並立的困惑，也找不到跨越事理銜接物理的甬道。陽明提倡心無私欲之蔽，主體本質即是天理，捷足走出一條主觀自覺的路子，直

接整合了主體與本體；可是這又怎能摒除人欲與天理、特別是事理與物理的矛盾，更甭談影響到後進重主觀輕客觀以致流於空疏的弊病。

理學所以有上述問題，主要關鍵在於古人們都沒有發覺自己的觀物視線總是投向事物的內在範圍，使到理學成為一門探討內在世界（Internal world）的學問而不知。理學（以至整個儒學）有點像系統科學（System science），其研究對象可說成是專注於特定範圍內的組織體系，觀察其間各次系統（Sub-system）如何互動以達成一最高目標。傳統西學則目光向外，不管是哲學或科學無非皆是闡明外在世界（External world）的學問。西學一談到自然，只管注重「標的」事物（可一再加以分割並視分割後之更小特定事物為「標的」事物），在其外在環境（自然界）中如何循自然法則而運動。一談到社會等，則專門注重「人」（人便是標的事物）於其外在環境（社會體系如社會、政治、經濟等）中如何循有關人間法則而活動。

採內在世界論者——譬如儒家或道家——就完全相反，一談到自然，便把標的事物（可擴大至整個自然界）看作一有機體，再詳察其內在組織變動原理。一談到社會等，便把標的（可由家擴大至鄉、國、天下）看作一機體結構，再探尋其內在組織變異原理。揆諸理學，正是一著眼內在世界的理論。萬有生生不息，理學家口中「理」的本旨即理之體——類似最高目標——無疑求全達善（全善），為遂致本旨而發生「理」的操作即理之用——類似全善活動——便是生成進化的落實。「理」多指理體，但也有指內在的結構法則。這不管標的是什麼，是粒子或星球、是有機或無機、是人類或物類、是社會或自然，皆應遵循此一道理。在這觀念下，宋明理學重點是以人為範本（人本），並稱人性為善，主張社會倫理繫於忠孝仁義；雖然認定大自然為天地物我一體、民胞物與，倒不曾大力窮盡物之理。

更遺憾的是，宋明理學家絲毫不知本身屬於內在論者，精研人學事理之外，難免留下許多缺失，此即：主體與本體、人欲與天理、事理與物理的割裂。況且，理學是以人為範本來建構整個知識體系，那麼隨著不同時代關於不同的人之界定，就該知道人其實是有不同的範

疇和內在結構組織。這點，理學諸公也無從體認。

隨著時代的演變，人可以有不同的層級：生理人→樸素人→社會人→自然人→宇宙人。人以生理人和樸素人為初始形態。生理人是由人體系統來看，各個器官與次系統互相協調，以達成生理上求全達善的目標。樸素人是把人偕同簡單生態系統一起來看，像魯濱遜（英國小說《*Robinson Crusoe*》的主角）在荒島上，或者像新石器時代人類及其蠻荒世界，人與周遭良性互動，達成生存上求全達善的目標。

人是群居動物，跟隨文明腳步聚眾而形成社會，其性質從氏族擴充為民族（或國族）。基於人類情智急遽增進，社會也就日益複雜，交易行為出現，公私漸形分開，連帶使到貧富貴賤有別、且貨品與勞動日新月異。社會人便是由人類社會來看，凸顯人與社會積極互動，致力達成生活上求全達善的目標。社會人又可分為唯我者、小我者和大我者。唯我者放縱情欲，看是受制於官能，卻仍然不違背他求全達善的本質；唯「全」是當下解壓，「善」不過剎那燦爛。猶如外人視吸毒為墮落之舉，但就吸毒者唯我內在而言，確可獲得一時大好。小我者獨善其身，看是汲汲為己，其行徑甚至被外人斥為不忠不義、師心自用；但就他的小我內在而言，何嘗不是奮力求全達善，期使小我系統的利益達到最高。並且，從小我內在去評論，這種私心百分之百是合理的、正當的。大我者兼善整個社會，一旦以整個大我——譬如中國倫理社會——為考量，為使大我利益最大化，就會要求其內每一成員遵守道德規制，妥適調和利己利他。從大我內在而言，每一個人貫徹仁義忠孝，奉此為典範，將是整個社會求全達善、永續發展的不二法門。

宋、明諸公當時若能認清「人」隨演進而有不同的層級和界定、且理學又以內在世界觀點來看事物，那麼就不會發生像人欲與天理的對立。誠然，只要逕往內在領域去探詢，不管是什麼樣子的人，其理之體必定是求全達善，亦即儒家所講仁或善。難道不是嗎？豈有對己不仁不善者！於是，唯我者有唯我者的善，只不過其他社會人都會嗤之以鼻，視為人欲。同理，小我者有小我者的善，但大我者肯定會斥

之為不仁不義。換句話說，內在視之為天理，外在常視之為人欲；甚至，今日視之為天理，明日又會視之則為人欲。不明白這一因由，莫怪朱、王等人就像丈二金剛摸不著頭腦，始終無法解決人欲與天理的對立。其實，理之體一貫，無論什麼樣子的人，本質皆為同一且一致；之所以看似對立，全因觀測者關於人之層次界定及其時空間立足點的不同所導致。

自然人的範圍更大了，乃是由自然萬有一體的層面來看。所以，不但人是這樣，其理為一；並且，萬物也都是這樣，內在而言，所有事物的理之體皆為求全達善。何止粒子、原子、分子是這樣，星球也是這樣；植物固然是這樣，動物也還是這樣，特別是高等動物尤其人類更是這樣。顯然，大家的最高目標完全一樣，競相求全達善。不同的是，大家的理之用——生成進化的落實——千千萬萬種，各有各的化生活動模樣，彼此不一。原子、分子、星球等，各有各的變動狀況，植物、動物、人類等也各有各的運作形狀。因此，人與萬物其理體雖同一，然而其理用卻是萬殊。反過來，這千千萬萬種不同的化生情形，其結果不外乎是要滿足求全達善的最高目標。由此可知，物我合一，非只人性是同一的，況且人理（或事理）與物理也是統一的。不幸的是，在宋理的論證缺失與陰霾之下，物我終歸還是對立的。

由於宋理的缺陷，中國人視野大受限制。當時，非但主體與本體、人欲與天理、事理與物理的詮釋帶有瑕疵，補強的統一社會理論也未盡完美。縱使如此，渾厚的性善思想仍然足夠支撐一個龐大的倫理社會。可是，物我鴻溝無論如何就是跨越不過，自然知識因此無法巨幅成長，只堪用來守護一個手工業（工藝）經濟體系。回首宋、明之際，數學、天文學、農學、醫學等確有顯著進步，印刷、火藥、光與磁的應用等也有良好成績。但是，這些僅夠充作工藝知識與技術；物我的分立，讓時人根本無法針對自然界實際地提出一套精闢的統一理論體系。宋明黃金歲月之後，知識發展停滯不前，中國人從此踏上有史以來一段最漫長的黑夜險途。

一定要鑿通物我分隔的難關。至少要懂得把人當作自然人來看，

並採取「內在」目光來橫貫整個人暨自然界，洞察萬有求全達善、生生不息的道理。到了這地步，理學才算可以覓得一個新的立足點；不單統一了主體與本體、人欲與天理，復又統一了人理與物理。筆者斗膽，理學至此終於稱得上初步完成。

緊接下來，中國人若想再起而跨步急速前進，就要全靠理學能否再飛躍升級；而這就必須把宋明理學和西方物理學作一匯合，然後孕育出一套統一的宇宙理論。宇宙人便是由現實宇宙的高度來看，秉持萬有一體，把理學中的主觀與客觀，近乎物理學背後的唯理主義（Rationalism）與經驗主義（Empiricism），加以整合為一。

事實上，朱熹、陽明等之於性即理與心即理的分歧，便隱含主觀與客觀的衝突，以致影響到時人對宇宙一直難有共同看法。吾人應該知道，凡以事物的內在世界為焦點，自可明察體用不二昭然若揭；宋理不管什麼學派當然都是內在論者（本書科學儒學亦持相同立場），無疑也都是闡揚心物渾一的學說。西方物理反之是以外在世界為題，遂悄悄因襲自然哲學心物二元的格式；而相對於宋理的主觀與客觀的爭執，物理學背後隱隱約約則有唯理與經驗的對峙。其實，就認識面而言，主觀與客觀約莫等同於唯理與經驗。假如能把主觀與客觀整合一塊，不管表示唯理與經驗亦可二而為一（按：本書第六章經已藉由秩序與機率的討論，間接把唯理與經驗串連一起）。尤有甚者，某種程度上，這又意味宋理與物理的匯合。為什麼呢？理由很簡單，不管是主觀與客觀的整合或是唯理與經驗的整合，整合之後都是指涉同一所謂現實宇宙；它是人心和實相的交集，為一文化實境。當然，就知識面而言，現實宇宙乃是藉融存有入化生而開展的一個不排除外在秩序作用下的有機體系。

接著，吾人將探討主觀與客觀，某種程度上類似唯理與經驗，是如何進行整合。

朱子從本體論指稱「心統性情」，心具理，且心外有理、心外有物。又從認識論稱「人心之靈莫不有知，而天下之物莫不有理」，強調格物致知、窮理盡性，走一條客觀物證的路。斥之「心與理為二」，

陽明本體論認為「心之本體即是天理」，心即理，心外無理、心外無物。更從認識論稱「良知者心之本體」，在孟子「不慮而知」的涵義上，積極凸顯人心，把良知說成「造化精靈」，表示「若草木無人的良知，不可以為草木瓦石矣；豈唯草木瓦石為然，天地無人的良知，亦不可為天地矣」，揭櫫致良知，走一條明心見性即主觀心證的路。

通常，朱子的客觀之路較易為大眾所接受，也更符合大家在日常世界中的習慣。無疑，大部分人都傾向相信經驗實物或眾口共識所呈現出來的東西；此係藉由感官材料、客觀審察以資認識事物。因此，面對陽明訴諸唯理觀念或個人獨斷，亦即透過玄思預設、主觀忖度的認識活動形成的東西，一般就顯得難以適應。陽明曾用「花不在心外」一例說明其主觀認知，「先生遊南鎮，一友指岩中花樹問曰：天下無心外之物，如此花樹在深山中自開自落，於我心亦何相關？先生曰：你未看此花時，此花與汝心同歸於寂；你來看此花時，則此花顏色一時明白起來，便知此花不在爾的心外」（《傳習錄》）。這一番對白，恐怕當時他的門生未必全部參透，甚至連許多現代人也未必都能得窺堂奧。怪不得陽明之後，不少學子走入空疏不實，理學繼之陷落絕境。

宋理中主觀與客觀的峙立，大概相當於物理學中依稀可見的唯理與經驗的對壘，確是一道難解的問題。但是，值此現代物理不同立論爭鳴的關鍵年代，相對論及量子論像是探險勁旅，長驅直入宇宙最廣闊和最細微之境。中外對照，吾人靈光苟能融貫而穿梭其間，則在幽冥掩映之處，上述峙立、對壘，竟不意逐漸模糊了。說「逐漸模糊」其實是一粗糙的表述，正確的說法應該是有一個所謂現實宇宙緩緩浮現。而在這個宇宙上頭，主觀與客觀以及唯理與經驗等看似不同的認知方式，竟都可以整合為單一共同注釋。

回想第六章重點，當知量子論就是循客觀物證經驗約定而歸納出來的理論。可是，哥本哈根詮釋的精神卻是反客觀的，揭發量子之域竟繫於人的思維設想與觀念意識。因此，粒子是粒子狀抑或波狀，端賴吾人心中預設它是粒子並以粒子的驗證方式去觀測它，還是預設它

是波並以波的驗證方式去觀測它。甚至，以薛丁格貓的生死為例來說，主要還是在繫於人心的觀念認定，在未加觀測定縮前，牠是既生又死，或曰不生不死；直到觀測定縮後，牠才轉為非生即死。量子境況，不排除觀測者的主觀因素。相反的，相對論是循主觀心證（愛因斯坦美其名為思想實驗，Thought experiment）極致推理所導出，純然是愛氏心中之理、心中之物。誠令時人驚訝萬分，整個浩蕩乾坤有物有理卻竟然一一符應，並能契合確定性與決定性的考驗，相對論顯然是合乎客觀的。檢閱愛氏提出的個人獨斷，像光速不變、相對運動、尤其時空特質等，不唯令人耳目一新、大大突破經典的感官限制；最重要的是，果真燭照自然之奧秘，井然映演客觀規律，成為眾人共識。

　　愛氏演繹獨成的相對論，其醞釀、產生過程恰似陽明的立本自覺，悉力倚重主觀心證（唯理）。可是，愛氏又強調不變的自然法則以及必然的普遍規律，認為任何人在任何時空不論進行多少次的實驗，都可取得相同結果，這無疑又轉回朱子的客觀察知（經驗）。同樣道理，歸納集成的量子論貼近朱子的格物，訴諸客觀物證（經驗）。然而，哥本哈根詮釋宣揚不確定原理與統計機率，暗示觀測主體知行常會凌駕受測客體以至實驗結果，這又不知不覺移步貼近陽明的主觀度知（唯理）。總括一句，相對論是主觀唯理的作品，卻要在眾人面前展現一個客觀境況；相較之下，量子論倒是客觀察知的產物，不意卻締造一個主觀——合理主觀——境況。所以，主觀與客觀、唯理與經驗，在吾人認識功能的極盡，已經難以分辨彼此了。

　　經過這麼樣一番分析，吾人認識功能遂能再次提升，並因此闢開一條全新的認知蹊徑。

　　的確，無論主觀或客觀、唯理或經驗，都是主體的思維活動；再者，還要有客體實相與之實際交集，才具意義。職是之故，主觀（唯理）雖是主體思維的發揚，但必需是合理主觀（合理唯理），得有物理客體充作其思維對象，才不致淪為胡思亂想、空想或幻想。陽明將主體思維即「心」又喚作「靈明」，還說「天地鬼神萬物離卻我的靈明，便沒有天地鬼神萬物了；我的靈明離卻天地鬼神萬物，亦沒有我

的靈明」（《傳習錄》），就是這一道理。那麼這種合理主觀、合理
唯理，既然是「合理」，難道不就是客觀？不就是經驗嗎？故稱主觀
即客觀、唯理即經驗。另外，客觀（經驗）固然是指有實物作為認知
對象，不過終究仍是必須依附於人心思維，無論如何都不能自外於人
心。凡是依附於人的思維，在前提上來看就是主觀、就是唯理，故稱
客觀即主觀、經驗即唯理。

　　猶記得海森堡一句睿智之言，「研究的對象已不再是自然自身而
是對自然的人為調查（The object of research is no longer nature itself
but man's investigation of nature）」；不但主觀與客觀、唯理與經驗等
還原到最後無非攸關主體思維，尚可發覺吾人所直接面對乃主體思維
與客體實相有效交集而成的人文實境，請參考圖 7-1。該圖中，左邊

圖 7-1　主體思維與客體實相交集而成文化世界

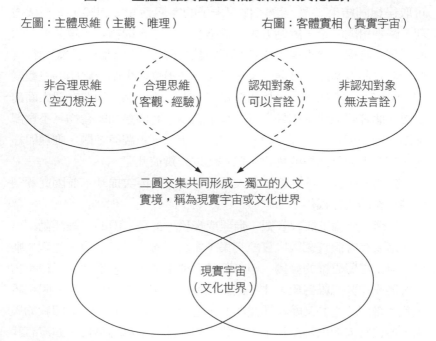

左圖：主體思維（主觀、唯理）　　　　　右圖：客體實相（真實宇宙）

非合理思維（空幻想法）　合理思維（客觀、經驗）　認知對象（可以言詮）　非認知對象（無法言詮）

二圓交集共同形成一獨立的人文
實境，稱為現實宇宙或文化世界

現實宇宙（文化世界）

橢圓形代表主體思維，不管稱之為主觀或唯理都好；右邊橢圓形代表客體實相，也就是海森堡所講自然自身（Nature itself）即真實宇宙。左右二個橢圓形交集的地方，便是合理主觀（客觀）——或合理唯理（經驗，依海森堡則為研究，Research）——以及認知客體（Object，指實際交集之對象）共同形成一獨立的人文實境，也就是海森堡所講人為調查（Man's investigation）。但海森堡對所謂「人為調查」並不十足瞭解，不知這人文實境就是現實宇宙，筆者習慣將之稱為文化世界。非「客觀」（經驗）的思維意念，沒有實物與之相交，概為空幻想法。非認知客體的範圍，處於人心思維以外，硬是無法言詮。這部分屬不可言狀，套用陽明和量子論措詞，可分別用「寂」和「不知的疊加態」來敘述；倘照朱子和愛因斯坦的觀點，則逕自看作是遠在「已達」、「已知」之外的「未達」、「未知」。

　　讀者諒未忘記，陽明指稱：「你未看此花時，此花與汝心同歸於寂」，以及愛因斯坦詰問：「月亮是否在那兒當無人注視時」。兩相比較，陽明的思路確是清晰多了。就心學（或量子論）立場，當未睹認知對象時，「汝心」（或「人心」）與「花」（或「月亮」）本是同歸於「寂」（或「不知的疊加態」）。即使相對論觀點，理應「不知」而非「已知」，愛氏等人（包括量子論諸公）硬要區隔微觀宏觀，也忘記科學家身分反用日常人士口脗，才會認為是「已知」而非「不知」！然而，先儒的優秀已成過去式。現代中國人更加要冶鍊身心化為宇宙人，方能攀登現實宇宙進而建立一套真正的統一宇宙理論。此即為科學儒學進路，不只得以現實中國宋理和西方物理的匯合，也代表理學一門的總完成。

7.2　宋理與物理的匯合

　　本書第一至第六章裏面一系列有關中外思想發展過程的剖解與重建，無非為儒學科學化奠定基礎。然後，宋理與物理的合攏工程便能在此基礎上積極進行。

前節「理學的完成」提到，當人類再度攻頂，攀登認識功能的又一新高峰，此一境界，依理學的觀點視為主觀即客觀，而物理學的認知則是唯理即經驗。於是，吾人將可窮目一個「人與實相」有效交集的現實宇宙，偕同你我一起實際顯現。它既非純粹人心思維的產物，亦非純粹真實宇宙的模樣，乃二者互動形成一個獨立的人工實境（Artificial reality）。簡單言之，這和海森堡所稱「人的調查」某些契合，字面解釋有點接近。人類對這人工實境所作表述，也絕不可能是真理；不管如何翔實，也僅僅是逼近真理罷了！

終於，大家猛然醒悟，你我所直接面對的──甚至科學研究所嚴謹針對的──本非萬有實相，不過是人與實相的互動形成的一個人造境況。其中一些人為製造、人為勞作、人為加工等事物（貨品或勞務），固然是人工造物。另一些原以為是實相卻僅是關於實相的探索而獲得的東西，乃由吾人感官和思維所捕捉，並可借助模型、語文、圖表、數理……等展露出來；這些一向誤以為符應真理的東西，最後竟被發覺也都是人為現象。其實，萬有化生，任何實相莫非起伏不定、飄忽難料，不易言詮。對此認知客體，當人一要確切去把握它，以期攝取一符應至理的真相、真知。但是，就在「把握」（譬如：觀測）那一瞬間，它已轉為人工實境中的「它」，不管怎麼精密，不管怎麼寫實，再也不是實相中本來的它。

再舉月亮的作為例子來說明何謂人工實境。歷史上，不同民族抬頭看月亮，各自看到不同的人工實境。古代中國人稱高空皓月為廣寒宮，是神仙住處；除了有奔月嫦娥之外，鑒於月表明暗圖形，總認為尚有伐桂吳剛和搗藥玉兔。這是古代中國人關於月亮的人工實境，現在國人當然不會笨到相信這就是月亮！那麼，月亮究竟是什麼呢？文人墨客仰望夜空，月盈時，它恰似飛天玉盤；月虧時，它猶如暗夜銀鈎；還有歌者輕唱，「月兒像檸檬，高高的掛天上」。然而，所謂飛天玉盤、暗夜銀鈎或高掛檸檬，還不都是對於人工實境的形容，不能真正代表月亮。當代太空科技精進，人類已於1964年成功登上月球，再佐以天文、物理等領域提供的資料，科學家早就充分掌握月亮是何

等模樣！不單看到它是地球衛星，平均半徑 1,737.4 公里（km），質量約 0.07348×10^{24} 公斤（kg），離地約 384,400 公里，繞地周期大致為 27.32166 天，尚且能清晰目見（按：借助儀器）它表面狀況與內層結構，洞察其演變歷史與運動。無奈的是，現今科學家所把握到的月亮模樣，終究不離人工實境。它也絕非月亮的真實面目，而是科學探究和月亮可以言詮部分的相互作用所形成的一個人造境況。

注意，稱之為人工實境也好，或稱之為人造境況也好，凡此皆表示它不是月亮本身，不過是人對於月亮實相（其中可以言詮部分）的人為描摹而已。請讀者深入想想，假設人的感官發生變異，譬如：眼睛變得像 X 光或熱感應一般，毋庸置疑，吾人所看到的月亮就不一樣，其人工實境隨之當然也不一樣。況且，科學歷史已經告訴我們，人的認識水準一旦增進，人們所看到的月亮也就跟著起變化，遂有更逼真的認知。再說，一落入言詮，這人工實境——特別是在日常世界中——大皆會以局部性與確定性的某種當下容貌來呈現。愛因斯坦的確迷惑了，才會如此出言反問「月亮是否在那兒當無人注視時」。事實上，愛氏口中的月亮早已不是真正月亮，只是注視（或思量）當下的一個人工實境，以其局部性與確定性的人為現象浮現吾人眼前（或腦海）。當人不去注視（或思量）它時，月亮又回到其自身真正面目，即為不知的疊加態，沒有人百分之百知道它真正容貌、位置和動況為何，甚至存在或不存在！

物理與宋理的匯合讓人徹悟人類本是立於現實宇宙（文化世界），請參考圖 7-2。這才是物理層次探賾索隱的領域，也是科學儒學苦心孤詣的研究對象。不過，還請千萬別忘了，現實宇宙展現於眾人面前者，終究還是一人工實境。人的認知水平各有不同，一般人看到的是人類感官及猜度機率所湊成的日常生活中之物理客體。現代物理學家慧眼獨具，採取科學調查及測度機率，直逼高度理知的量子論所敷陳的奇幻不定。但是，唯有訴諸科學儒學的睿知，重複一次！唯有訴諸科學儒學的睿知，才可領會現實宇宙的虛實；察覺到客體已非事物實相，且不論微觀或宏觀都呈現秩序下的不定，進而還把注意力轉向客

圖 7-2　物理與宋理的匯合導出現實宇宙

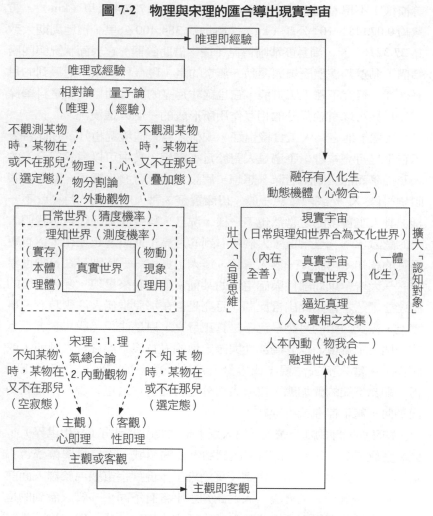

體內部的動態物則。同時，循序漸進壯大「合理思維」，以及擴大「認知對象」。

談到內在運動，為了使大家易於明白，吾人無妨權且把實現宇宙視同真實宇宙。在這種情形下，客體直接被當作一個不排除外在秩序

作用下的有機體系，而研究重心顯然改為——針對西方科學外在秩序而言——捕捉其內在錯綜結構和流轉規律。

在圖 7-2 中，科學儒學的確揭發吾人研究對象純屬人為的現實宇宙，且由此產生的知識頂多只能達到逼近真理的地步。更重要一件事，科學儒學不僅掙脫舊有認知束縛，完全秉持主觀即客觀、唯理即經驗；並以「人」為本，披露內在運動，復又訴求動態歷程，凸出有機構體。於是，科學儒學的宇宙觀，仍然含有歷代儒家三大特徵，此即：內在全善、一體化生、民胞物與。

堅持內在全善。中國儒學崇尚仁義，堅信內在全善。可是，按照第四章的論析，儒家先賢從來不知自己是內在論者。彼等治學，並非直接由內在全善著手，而是循人本覺醒，經過曲折探索才尋獲社會、人生的仁義之理。

先秦儒家以社會人為本，把大我者（大人）立為參照範本和學理基石，遂能洞見道德規範是社會強盛的不可或缺之條件。再者，不止人道為仁德，以人道反諸天道，天道亦為仁德。於是，在進行天道義理化的同時，也設置了忠敬信義的人道典制。為了支撐此一人本思想體系，面臨神權分崩離析的當兒，孔子將社會人先予以抽象再奉為典範，遂有一理想人（君子）的誕生，而君子內持的人道本義便是由己仁。

無疑，仁充作社會的內在本質或社會原理倒是說得通的。若非如此，社會內部凝聚力不夠，很容易就會陷入分裂危機。可是，如果要把仁視為人人持具，來自人的內在本質（性），則豈非揭示吾人天生就是君子，這又和人間凶險明顯不符。再者，標榜「天生德於予」的說辭也太過個人，無法讓一般大眾普遍折服。怪不得後來會出現孟子性善說跟荀子性惡說的紛爭，甚至到宋明時期以自然人為本，仍有人欲（人心）與天理（道心）的熙攘。中國文化主流思想確是主張仁義至善之說，但由於缺少完整有力論證，反使這種想法流於高調，不切實際。難道不是嗎？縱使今天，又有多少國人相信這種道理，更甭談全心全意去履行、實現。

其實，如果像科學儒學十分清楚自己係秉持內在論觀點來論事，由內在全善著手探究萬物。那麼，一眼看出，內在全善正是人或事物的必然暨合理之內在本質。剛剛曾經解釋過，內在論者習慣把認知客體——任何人或事物——看成機體，再鑽究其內部法則。客體的內在本質（按：最高目標）必定是求全達善也稱為內在全善；不管人或自然，動物或植物，有機或無機，莫不如此。客體的內部互動方式，肯定是為滿足求全達善（內在全善）而力行種種流變生成。以人體系統（生理人）為例，可以發覺人體各部分（系統、器官……）協同運作，或攝取食物能源、或養分輸送、或新陳代謝……，都是要滿足生理上求全達善的目標。由此得知，人體天生賦有生理之仁，亦即生理的內在全善，是人體得以生機勃勃的核心。同樣道理，一隻螻蟻、一株小草、一個細胞、一顆原子……等等，也各都稟具內在之仁德或內在全善；故能驅策自身日新又新，生生不息。

人為萬物之靈，其初始型態有人體器官的協作以遂生機的全善，還有人身與環境的良性互動以達生存的全善。隨著時代的進步，人類渴望高層次的需要，故有人之言行與社會的積極作用以促進生活的全善。之所以會產生大人（大我者）與小人（小我者）的差別，不在於理之體；理之體是同一的，皆俱為內在全善。會有大、小我的產生，係在於理之用——社會共識、教育培訓、禮法作業等——的分殊（如：功效不同）所導致。尤有甚者，吾人因科學昌明而發見人的理化基礎與自然界大致相同，遂懂得藉由知識以加強生成進化的全善，包括但不限於大幅改進生機、生存和生成的條件，凸顯人在自然界中的同而不同的優異，從而獲得主控的地位。未來，展望人由於認知方法的更新，察覺到科學研究的對象是人心與宇宙實相的交集，人便登峰為宇宙人；遂能突破知識瓶頸以勵行生面別開（完美）的全善。這突破即是一場儒學科學化的革命，預期將開闢出嶄新且廣闊的知識沃野。

以上是人類由生理人、樸素人、社會人、自然人、宇宙人一路發展的奮鬥。他們各在不同範疇中傾力追求內在全善，使得在人類歷史上因此能夠留下不同又耀眼的文明記錄，請參考圖 7-3。

圖 7-3　人的本質（性）乃是追求內在全善

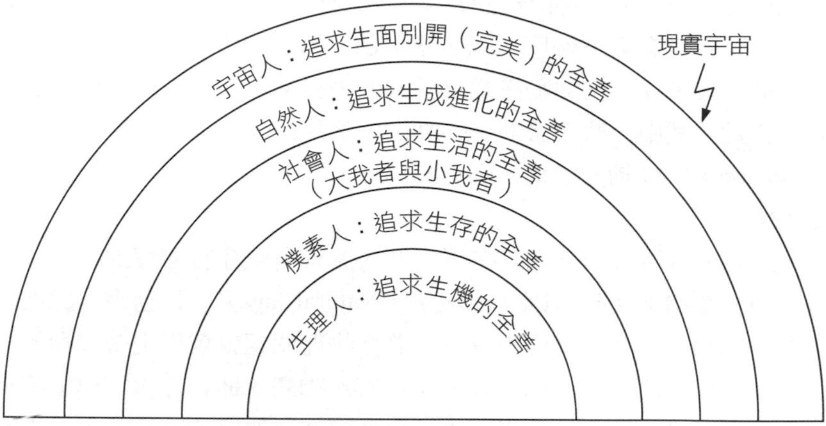

宇宙人：追求生面別開（完美）的全善

現實宇宙

自然人：追求生成進化的全善

社會人：追求生活的全善
（大我者與小我者）

樸素人：追求生存的全善

生理人：追求生機的全善

註：人與萬物的本質皆是追求內在全善。

　　主張一體化生。遠自古希臘時代，西方哲學便走向分割路線，一直懷抱終極為本及外在秩序為理念來看待世界。近代笛卡兒原型、洛克原型、斯賓諾莎原型均明確主張精神（心）與物質（物）二元，各自存在。於是，談自然只見物質而不見精神，談人身便把精神單獨抽離（按：故主張心物二元者大都相信獨存的靈魂不滅），剩下生理部分也好，心理部分也好（也先還原為腦─神經、腺體等），統統都化約為物質。至於培根原型雖屬物質主義，卻仍承認精神的存在；唯精神係源自物質作用，故視為第二存在。縱使如此，第一存在及第二存在常是對立的。而且，不管什麼原型都認為本體與現象二截，互為虛實。本體指事物自身即存有者，為實在、恆存、不變，反映真理。現象是事物的聚散與運動屬性（Attributes）所導致，為虛幻、短暫、多變多樣，全是假相。人想要瞭解自然，得先穿透虛假萬象，方能把握實在並捕捉真知原理。近代物理尤其嚴謹，必須重複切割、解析物象，再借助實證推理從而獲取抽象知識。這就是為什麼，不論以上那一種原型，一旦談到物質世界的結論，到頭來不脫（外動）空間、基

本粒子與基本力。

依此，吾人可以寫出終極為本及外在秩序為理念的存有方程式如下：存有＝存有者＋秩序法則（永久法，Eternal law）＋外動力。存有者是不變實存，它的動主要是受到外力驅遣並依循秩序法則所作的空間運動。式中「秩序法則＋外動力」稱為存有原理，秩序映照理性（Reason），外動力簡稱外力，其施力者追溯到最後最後就是原動者（終極）。

假如把自然事物當成存有者，吾人遂有自然存有方程式如下：存有＝自然事物＋運動法則（自然法，Natural law）＋外動力。此乃現代物理的綱領，有了這條方程式，許多物理問題就變得出奇清晰。牛頓力學可以據此改寫成簡單式子：存有＝物體＋運動三大定律＋萬有引力。相對論和量子論的爭議便可以通過依此改寫的物質式子，更能讓大家一目了然。站在相對論的立場，物質存有方程式彰顯科學上帝存在的預設：存有＝基本粒子＋因果規律＋基本力，其中基本力追溯到最後是來自上帝（終極）。依量子論的觀點，物質存有方程式透露唯物主義的思想：存有＝基本粒子＋機率分布＋基本力，基本力最後係出於基本粒子（終極）的自發自動。

若以主流的傳統社會人扮演存有者，則可獲得社會存有方程式：存有＝社會人（按：社會為其外動空間）＋公理法紀（人間法，Human law）＋公平之力量。這就是為什麼西方民眾一向崇尚民主法治的緣故。民主法治的背後，乃西方人長久所深信上帝面前人人平等，社會公義（Social justice）不容違抗，任何公民言行必須遵守上帝旨意即至上理性（永久法和自然法）之下所訂的人間法。

繼承儒家原型，循蹈一體總合論，理學堅守以人為本及內在結構為聚焦，主張邏輯（理）與物質（氣）渾然滾合、一體化生。邏輯在人便是精神，但為了更具普遍性，也為了避免跟靈魂這類稱謂沾上邊，故用邏輯一詞，況且尤能凸顯它包含幾何形式、數理關係、矩陣格律……等多種意義。

講得透澈一點，理學標榜人與萬物皆是理氣一體，性形不分；由

理產生氣，理先氣後但又一時都有。人物的邏輯和形體是同時俱存，任何一樣都不能單獨抽離，「人物之生，必稟此理然後有性，必稟此氣然後有形」。當人物死亡敗壞，形體機能停頓，其邏輯亦隨之渙散（按：故儒家無靈魂不滅之說）。人間界（社會）也不例外，其社會典制（理）和社會機構（氣）何嘗不是「氣之成形，理亦賦焉」。典制擴張，社會機構隨之發展；社會衰亡，典制亦告毀壞。除了理氣一體，理學因此還強調體用一源，道器不離。目睹體用相涵，朱子曾經舉例表示，「耳便是體，聽便是用；目是體，見是用」（《朱子語類》），更援引道器相即來作說明，「道器一也，示人以器，則道在其中」（《雜學辨》）。洞察本體與器用（現象）是一源不二，理學此外尚藉由觀察物象而體貼意象，採取因反覆變、實鑑推敲，終於建立起闡述內在結構一體化生的推演知識。

依樣以人為本及內在結構為聚焦，依樣是一體總合論，科學儒學雖說進一步把客體看作秩序之下的有機體系，卻仍強調一體化生。揭示一個完全異於存有的科學方向，科學儒學遂敢斗膽寫出迥不相同的化生方程式：化生＝化生者（變易事物）＋結構（不易規格）＋內善力（簡易本元）。

化生，是中國文化的精粹，也是《周易》的重心。《易傳》最早揭櫫化生兼涵變易與簡易。化生者即變易者，人與物皆屬之，宇宙亦屬之。彼等變動無常，生生不已，沿著維新（即不可逆歷程，Irreversible process）挺進。《易·繫辭》說，「變動不居」，「生生之謂易」，正是此意。結構指人物的不易之規格，不易是漢朝《易緯·乾鑿度》添加的意會，表示變易者具有不變的特定結構布置（注意，特定結構內在規格通常不變，但人物的族群種類卻可能因化生而突變，變成不同的特定結構）。《易緯·乾鑿度》用「位」的觀點來申述，「不變者，其位也。天在上，地在下，君南面，臣北面，父坐子伏，此其不易也」。結構布局多呈錯綜狀態，唯有採行因反方法才足以把握。內善力來自化生者求全達善的內在能動本元，它的道理簡易明白，不外乎追求內在完美，好之更好，善之更善。《易·繫辭》有

云：「易簡而天下之理得矣，天下之理得而成位乎其中矣。」至於
「結構＋內動力（或內善力）」，可視為化生原理，亦即道（理），
是歷代學者深研不休的焦點。

宋明理學家（甚至先秦及秦漢儒生）每每把宇宙物我看成是生氣
勃勃的機體。其間萬殊各異，機體繁多與不定，著實令人眼花撩亂，
難以對它們作出明確詮釋，更甭談用科學方法把它們清楚刻畫。值得
慶幸的，經過儒學科學化，使得吾人能夠概括不同的機體組織，歸納
出一體化生的共同點，並成功萃取其化生方程式。

從先秦到宋明，先賢的表述僅是一種模糊的人本化生想法：化生
＝「人」＋道；「人」可解釋為人或人間界（社會），那麼，道在人
為善德，在社會為仁義倫理。放諸宇宙，無處不見天地交感而萬物化
生：化生＝天地＋道，此處天地為宇宙，道為大德。可是，這種想法
毋寧太過粗糙，道論精微無從闡發，導致天人合德涵義被狹隘化，徒
令國人坐困內聖不達外王的愁城。現今，吾人終於能把一體化生的方
程式具體列出：化生＝化生者＋結構＋內善力（內動力），科學地襯
托一體流變、生生不息的有機式現實宇宙。循此指南，二十一世紀國
人必可進一步開拓出具有中國特色的物理知識。

藉由化生方程式，吾人更能瞭解萬有物則。只要把自然事物當作
化生者，代入後便有：化生＝自然事物＋物象系統＋內動力。凡是研
究事物的系統結構及其內動力者便可稱為系統力學，它與動力學大相
逕庭。經典物理、相對論、量子論皆屬動力學，乃存有物理（Physics
of being），係研究有關事物包括小至粒子、大至星球等，在外部空間
中因受力而產生運動。系統力學認定有關事物（或物象系統）皆具結
構，一體化生，有特定範疇，會生成流變，故研究重點旨在發掘其內
部結構及有關單元因受力而產生變動，此為生成物理（Physics of be-
coming）。這也表示自然界任何東西皆非固定不變，特定時間中，常
可由無到有或由有到無（「無」是更微細的「有」）。改以自然生物
代入化生方程式，就可進一步索解造化奧秘：化生＝生物＋生理組織
＋內動力。專攻生物的組織結構及其內動力者無妨稱為組織力學，它

與生物學觀念迥然有異。生物學經已打破長久以來物種（Species）不變的桎梏，採納演化論主張，肯定遺傳基因（Genes）的變異導致新物種。近來更在理化的基準上去考量，進而發展出了分子階層不變的遺傳學說為基礎的現代生物學思想。反之，生機力學的基本立場與之甚有出入，它主張一體化生，具有內動力以及 1＋1＞2 的特效。由此推測，不僅物種可以變異，既有屬性與體質也可以改變；只要內動力夠強或週期時間夠長，甚至連分子階層未嘗不可以起變更。

再以中國傳統社會來充當化生者，代入後可以發覺社會就像是有機構體：化生＝社會（按：社會人為其內部單元）＋倫理綱紀（按：綱常典制）＋內仁力（按：忠孝仁義等非公平力）。傳統中國儒學以世俗眼光來看實乃一門探尋社會的綱紀結構及其內仁力的學問。它所描繪的社會與西方理想中的社會南轅北轍。不像西方有序社會標榜人人守法、人人平等，中國有機社會強調一體化生，揭示尊卑、長幼、親疏等非公平關係，並注重名位與人倫。職是之故，展現於大家面前是一個錯綜複雜的緊密人事網絡；亟需訂定諸多強力制衡措施，才能確保社會公義、民主法治的推行。

進一步還展現民胞物與的精神。科學儒學講求內在全善和一體化生，終竟養成「合一」胸襟迎向宇宙萬物。正因為講求內在全善和一體化生，必然把人（或物）及其環境看作是同一系統中的相關子系統，相互密切協作以達成共同全善目標。儒家念念在茲的社會願景就是這樣子，忠孝仁義為核心，全民等同一家，四海之內猶如兄弟，還不忘老其老、幼其幼。整個社會由不同層次（倫常）、不同親疏（親等）的人事圈子構成，相套又相錯、相疊又相連，社會因此是無數圈子的總集合。理學更把結構範疇（或者說，研究對象）從社會擴大到整個大自然，遂能洞察萬有無非由理生氣而來。於是，樹木花草、蟲魚鳥獸、天地人王……等，俱為一源同宗又相干互動。朱子稱天地萬物本吾一體，陽明也說天地萬物為一體，無不大大跨越了秦漢儒學的藩籬。現代物理似乎也是如此告訴大家，任何事物皆由基本粒子形成，宇宙萬有竟然出自一顆熱火球的爆炸、膨脹。

　　理學諸公裏頭，先行者張載氣勢最盛：一言一行最為感人肺腑。
他在〈西銘〉一文中鏗鏘表示：

　　「乾稱父，坤稱母，予茲藐焉，乃渾然中處。故天地之塞，吾其
體，天地之帥，吾其性。民吾同胞，物吾與也。大君者，吾父母宗
子，其大臣，宗子之家相也。尊高年所以長其長，慈孤弱所以幼其
幼。聖其合德，賢其秀也。凡天下疲癃殘疾、惸獨鰥寡，皆吾兄子之
顛連而無告者也。」短短百來字，就把民胞物與，天地人物合一的思
想發揮得淋漓盡致。〈西銘〉不單為理學下一極佳注腳，尚為科學儒
學現實宇宙即是物質宇宙（注意，此處物質中涵邏輯）作出千年的前
導預告。

　　上面簡單介紹內在全善、一體化生和民胞物與三種特徵。這些一
向是中國文化的獨創資產，常以不同的敷陳在歷代思潮中一再出現。
然而，科學儒學是從融存有入化生的角度揭發上述特徵，並假設萬物
最終處於各向同性、一致均勻的大秩序體系。固然，物界萬千，形形
色色。雖說自然流變，總是理一分殊。理體雖一，卻有等級的高低進
退，或本能求存、或追求卓越、或自我實現……等等。此外，尚有機
制的巧拙精粗，譬如，是什麼樣子的生存機制？這在植物有趨光之稟
性，在動物更有學習等機能，不一而足。然後，才會造成器用的萬
殊，主要在於事物內在領域的不同結構（與運作），以及其對應的外
在功用。所以，科學儒學特別還從融理性入心性的角度，專門去探索
事物──任何被觀測客體──的內部原理和內動規律。這種內在領域
的研究，誠是未來中國科學的研究重心之一。

　　最後要提醒讀者一下，讀者若因長期沈浸西學，養成切割與外動
的習慣。一談到基礎物質，難免帶著存有觀點，存有＝基本粒子＋外
動規律（如機率分布）＋基本力。這時，讀者腦海應該馬上發出警覺
訊號，無妨折返從一個較大的範疇──姑且稱物理機體──來看基本
粒子等，化生＝物理機體（小至所謂基本粒子）＋機體系統＋內動
力。那麼，談到單一基本粒子的運動，不只本身有內在結構生滅現
象，而且逐次外推還會與其他基本粒子以及周遭環境共同互動，以達

成高一層物理機體的目標。由此可知，我們在現實世界中所找到的任何基本粒子，都不太可能是真正的基本粒子！

7.3 現實宇宙的化生精義

至此，吾人已對直接身處的現實宇宙有一清晰輪廓；它還可被看成是思維與實相兩者交加之處，也稱為文化世界。

現實宇宙自熱爆炸伊始，由一纖芥迅速向外膨脹，氤氳滾成秩序的不定；其間邏輯與物質沒有先後之分，正負迭運合為化育萬物的材料。對此融存有入化生，中西文化終於可以攜手激盪出一大哉時空風貌。人類知識將可以再推陳而出新，先是有新的認識論凌駕騰起，這就是：主觀即客觀、唯理即經驗，遂能開展心性合一、主體本體不二的化生本原。復又有實存論的蹊徑，張揚理一分殊，天地萬物主客說到底仍歸理一，這充分揭露物我合一、物理事理一貫的本質。前文（7.2）於是從內在全善、一體化生、民胞物與等觀點加以闡述，探求宋理與物理的匯合從而催發科學儒學的萌芽。

不止如此，此處（7.3）猶要力行「融理性入心性」（這邊「心性」不是講主體本體，而是講儒家關於心性學說的思維型式），創立一套運思推演法則，稱之新性思維。只有登上這樣子的視野高頂，方足以一覽化生精義，擷取流變物象（有機現象）深邃意涵，進一步揭開事物的動況結構和不可逆歷程。

新性是什麼

要瞭解新性是什麼，就要先瞭解思維型式它是怎麼形成。概括言之，它是主體的先天思維範疇加上後天文化建構所建造層疊起來。

中國從儒學的奠定到理學的發揚，其所展現便是一種側重內在結構，觀想化生以及心（主體）性（本體）的所謂心性思維。這完全受到文化的束縛，還常借重圖符作為思考工具。西學當然是歐美社會孕

育出來的碩果，涵蓋一系列從古代哲學到現代科學的知識寶藏。歐美學者的彪炳功績顯示他們的腦—神經操作無疑是另一種型式，是一以外在秩序為設想來觀測存有與實體的所謂理性思維。

合二為一，科學儒學的方法是融理性入心性，塑造一種稱為「新性思維」的邏輯型式。只有這種動態性、機變性的思維意念，才足以解析現實宇宙如何多姿多彩。

根據新性思維的界定，主體的目標是客體內部所顯現秩序之不定，客體不管是指整個現實宇宙或內中任何萬有事物。有關型式概略，見圖 7-4 新性思維簡圖，若有不明也請參考圖 7-1。

讀者千萬別忘了，現實宇宙乃是文化世界，是人心與實有共同創設的人文實境。而且，不論對象是什麼，吾人旨趣是探索其內在疆域動況與一體流行化生。因此，若以粒子為對象，吾人所要觀測的便是粒子的內在結構和內中變動等。現代高能物理乃是專門研究微觀粒子外在運動現象，那麼站在新性思維角度來看，對此，一併要考慮就不單是粒子、動力、空間（科儒視空間為內空間），還包括實驗設施、觀測者和其他粒子等構成的一個更大範圍的內動體系以及歷程時間。這樣子的認知方式，吾人也稱為內動認識法。

思維型式一旦彼此不同，認識法便不同，最後雙方所獲得知識就不太一樣了。西方傳統認為吾人可以倒溯去把握實相，實相為存有形式。儘管歷經古典物理的傾塌以及信仰的挫折，但時下眾多西方人潛

圖 7-4　新性思維簡圖

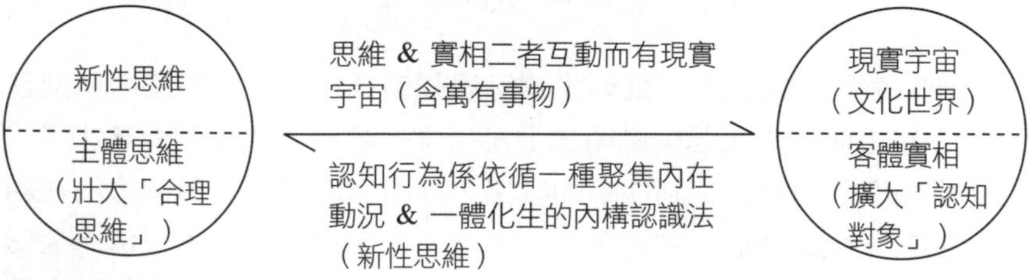

新性思維
主體思維
（壯大「合理思維」）

思維 & 實相二者互動而有現實宇宙（含萬有事物）

認知行為係依循一種聚焦內在動況 & 一體化生的內構認識法（新性思維）

現實宇宙
（文化世界）
客體實相
（擴大「認知對象」）

意識依然如此認定，以存有為真諦。只不過，也有不少人做了一些修正，改為逼近實相或逼近真理，似乎這樣子才能符合科學持續進步的說法。

談到科學特別是自然科學，從它理論涵義來講，其代表現代物理學並沒有超出古代自然哲學的水準多高。量子論也只是從有神論、唯心論的思潮，又盪回無神論、唯物論的歷史鐘擺另一邊。因果觀念遭到抨擊，同時則有一種論點正悄然從「他因」（最後是究因，Final cause）轉為類似「自因」的粒子零點能（Zero point energy）上，視之為運動起源。量子論更加高舉機率的旗幟，機率乃本書所稱「秩序之不定」的主要成分，但不少歐美學者硬將機率誤認為「無因」。殊不知「無因」導致的結局卻是徹底混亂（Totally chaos），較之機率幾乎是兩碼子事。

機率映照的是流動不居又錯綜對應的內動現象，也彰顯現實宇宙的相對屬性。可惜現代物理納入量子論標榜機率，也吸收相對論強調相對性，卻不該又有意無意沿襲秉持存有色彩的古代原子論立場，執意硬要搜尋隱含絕對性質的基本粒子（跟基本力）。因此，現代物理學說徒然陷於自我矛盾！難道不是嗎？相對性之間怎麼可能有絕對性呢!? 縱使古代原子論是正確的，基本粒子是實有其事；然而人力豈是天工，怎麼可能轟開相對性宇宙的一隙，去捕捉到絕對性一質點？技術上很難，這恐怕不是任何對撞機和實驗設備（這些也都是相對性器具）可以圓此幻夢！

科學儒學認為吾人難以完全洞悉實相。那怕實相只是指現實宇宙的原形，也就是那流動不居（不知的疊加態）──依量子論說詞是疊加態──的真正面目。而且，本書把現實宇宙的最小物質單元稱為基礎粒子。它不是基本粒子，也不同於基本粒子。它是相對性存在（甚至概念性存在），是具有內部結構的最最細小質粒，有變有樣（> 0 維）當然也是邏輯（理）生物質（氣）一體流行。

同樣重要，「天道遠，人道近」。古代儒學曾經以人道反諸天道，架設一個義理之天作為人的言行經緯。適時把目光投注在人間現世，

致力追求人性與社會的全善,以達成天人合一。繼承以人為本,以全善為最高目標,科學儒學的焦點更擴大至現實宇宙自然萬物,徹徹底底拆除了物我的障礙,切切把握住自然的動況歷程跟化生要義。換言之,筆者旨趣不在「天」而在「道」之開展,不單在「人」更在「物」的洞見。科學儒學糾正了傳統儒家主客物我的無奈割裂,和受困於道德學問偏重一隅的局限;尤以不屈不撓精神格致自然萬物之道,窮盡小至粒子到大至宇宙,如何生成進化!?如何內動變異以致破舊立新!?於是,「能盡人之性,則能盡物之性;能盡物之性,則可贊天地之化育;可以贊天地之化育,則可以與天地參矣。」循科學儒學之路,中國文化將可真正達成天地人三而合一,未來新出學說,其理論及應用預期將可開創中國人又一波文明高峰。

　　許久以來,思維型式主要有二種。一種是西方的理性思維,另一種是中國儒學的心性思維。以上兩者經過融合,形成了第三種型式此即科學儒學的新性思維,見圖 7-5 融合而成新性思維。該圖主要是對於新性思維作一扼要表列。在主體意識中,思想對象不折不扣已轉向一個思維和實相交疊的「仿真客體」;這完完全全是文化落成,並非真正客體本來樣子。

　　照新性思維行事,主體係依循著一體化生、動態結構的認識門徑。觀想時,主體邏輯法式屬一全新的融貫式思考,當下非真亦非假,堪稱主觀即客觀、唯理即經驗。因此,主體所面對的乃是不一樣特質的文化形塑下的現實宇宙。整個宇宙和自然萬象不論是星系、星球、礦物、生物,還是分子、原子、核子、粒子等,無一不屬文化世界的不定動況;所截獲到的模樣狀態,則不過僅是臨寫其多變多樣的某一時空某一面相的特定符號。同時,主體的辨識意向是堅持秩序下之化生的人本情懷(以物觀物);再者,其索解思路則是專為忖度內在結構的實摹深唯。

　　著眼海峽兩岸工商發展盛況,有人說二十一世紀是中國人的世紀。但這不可能成真,除非中國文化能夠從傳統中奮起,勵行一場科學革命,那麼中國人方有可能真的開創此一光華世紀,再度成為人類的導

圖 7-5　融合而成新性思維

心性思維　　　　　　　　　　　　　　　理性思維

邏輯法式：主觀或客觀
（合算的因反式思考）
宇宙特質：變易、相干 & 歷程
（無窮 & 關聯的預設）
辨識意向：
　　　　意念：化生
　　　　心向：人本（以人觀物）
索解思路：
　　　　認定：綜合（如字詞式）
　　　　證實：實鑑推敲

邏輯法式：唯理或經驗
（合理的命題式思考）
宇宙特質：絕對、獨駐 & 靜態
（終極 & 秩序的預設）
辨識意向：
　　　　意念：存有
　　　　心向：神本
索解思路：
　　　　認定：分析（如字母式）
　　　　證實：實證推理

新性思維（科儒的思維意念）

邏輯法式：主觀即客觀／唯理即經驗
（融貫式思考）
宇宙特質：多變多樣的現實宇宙
（文化世界的預設）
辨識意向：
　　　　意念：秩序下之化生
　　　　心向：人本（以物觀物）
索解思路：
　　　　認定：意境結構（如智慧字詞）
　　　　證實：實摹深惟

航者。1980 年代，日本曾經是全球經濟巨人，1960 年代的前蘇聯也曾經是全球軍事強權。然而，兩國卻因缺少既深厚又創新、不分國內外同聲景仰的浩然文化；時至今日，日本經過失落十年仍揮不去陰霾，而前蘇聯甚至崩潰了。同理，中國人如不能建制一套新性思維，進一步開啟更新更壯闊的自然知識，那麼你我炎黃子孫始終都是地球的二等公民。

　　此處新性思維僅僅指出中國人面臨新世紀挑戰時，腦力運思的新方向之一。有興趣的讀者還請共襄盛舉，一定可以找到其他可行方案

以至實際操作方法。不怕先行的孤寂，希望志者敢挑民族思想的沈重，尤盼四海同道彼此砥礪琢磨。許多年以後，中國人有一天終會形成某一共識，發展出一條公認的大路；主要乃創建一套共同的方案方法，也許是一種新型數學，含符號、格式、公理，也許是另一種圖符工具（甚至電腦輔助），包括另類圖誌、規範、通則。這些展現新世紀中國人心智運轉的型式，也作為思考的工具。

筆者個人而言，圖 7-5 的「新性思維」長方格中索解思路的實摹深唯，乃代表一項極其重要的圖符腦力之活動。它是新性智識科學儒學的認識訣竅，請參考圖 7-6 實摹深唯締造新性智識（科儒）。實摹深唯映照事物流變，遂能把握動況精義。致知在格物，首先是觀測事物以獲得物象，再經圖繪轉為數象（西方則是抽象之）。圖繪得考慮內在變易的不同等級之目的（最高等級之目的為「完美」），相關組件及彼此關聯，還有所涵蓋的區間（事物整體範圍）。

古代儒者常憑虛畫的數象，或者在草底上實際畫出數象，進而推敲事物道理並落筆鋪陳。《周易‧易傳》當然是一系列由卦爻而文辭的著作，縱使《論語》也四處可見數象痕跡的措詞。《論語》有許多許多章句，譬如：「吾日三省吾身」、「道千乘之國」、「弟子入則孝，出則弟」……等，其中「三」、「千」、「出」、「入」都是以特定數象來表示非特定狀況。宋初周敦頤是理學先鋒人士，他的《太極圖說》由圖而文，論述宇宙生成，萬物化育。他的圖形便含陰陽五行數象，類似圖形更早也可見陳搏「太極圖」。另一位理學先驅張載，其傑作《西銘》闡述宇宙一體，也是引用特定數象如：乾父、坤母、天地、塞帥……等來描述非特定哲思。回歸到源頭來看，數千年的中國文明，某種程度上確是依賴這種非常中國心性的思考方式和工具。

不同風情，西方自然哲學以至物理學則是疾走一條理性的路。嘗言「物理幾何化」，任何物理時空物體運動都可轉為抽象推理的幾何圖式，十六世紀哥白尼「地動說」的星球和軌道都用正圓形來呈展就是一個例子。科學革命在十七世紀更因解析幾何與微積分的發見益為

圖 7-6 實摹深惟締造新性智識（科儒）

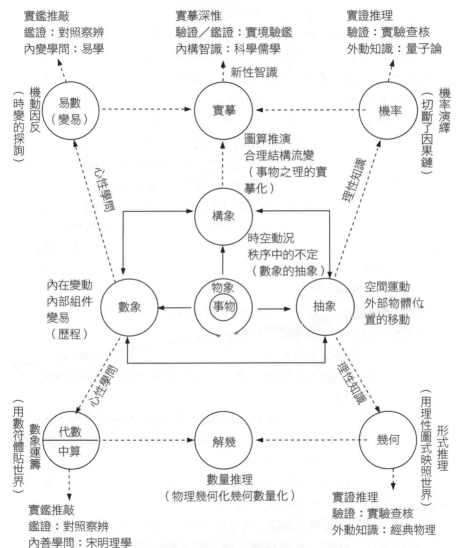

註：1.物象→圖繪（目的，組件 & 關聯，區間）→數象
　　2.實摹深惟重點為實境驗鑑、深造實境（組構、解構、機動），再輔以實驗或
　　　實鑑

風起雲湧，做到「幾何數量化」，致使物理問題最後都可用數量來詮釋。牛頓運動三大定律和萬有引力定律的成功計算，遂被奉為古典物理的圭臬，也開啟了歐美數百年科學文明。隨著西哲心靈的躍遷，看透平面空間迷離之下竟是曲面空間，非歐幾何便站在歐氏幾何肩膀上迅速成長。大致走著相同的認知路線，法拉第電磁學和馬克斯威爾方程式以至愛因斯坦相對論在驚豔中陸續面世，勇創歐美科學文明新高。

中國儒者向有圖紋腦力，自古專走一條數象的心性思維之路。西方哲人擁具命題腦力，方有抽象的理性思維，作為科學的推手。現代中國人一定要能提升自身腦─神經能力，可以把數象予以抽象化。科學儒學就是在融理性入心性的嘗試中，劇烈震盪產生。筆者自己就把數象視為構象胚型，再加以抽象便成為構象。析物象入數象（構象胚型），不但要捕捉事物的內部組件和互動關聯，還得捕捉其主要面相。事物具有不同主要面相，譬如：骰子可以分為 1 點至 6 點六個主要面相，蘋果也可以區分為，譬如：上、下、左、右、前、後六個主要面相。這些相關面相可以繪成事物的靜態圖畫，來代表其動態數象以映照不定動況。然後，再以實摹構圖來展現，實摹構圖簡稱實摹，乃是數象的抽象化或流程化。

實摹又可分為二大步驟：

第一步：融動況入機變（機率與因反合稱機變，動況由機變得
　　　　解）

說明：(1)機率顯示組件（或事物）各個面相的可能性或遞更
　　　　分量，因反則顯示面的對應特質。（設法將統計與
　　　　對應合併考量）

(2)將所有機變資料納入為動況集合凸出秩序之不定。
　　（數象的逐步抽象化或流程化）

第二步：融機變入實摹（實摹構圖簡稱實摹，機變由實摹得解）

說明：(1)製作實摹構圖充份映照事物內部動況。（實摹的深
　　　　唯，繪製構圖並定義有關圖誌、規範，與通則）

(2)強化實摹構圖以模塑事物並推演流變。（此乃實摹

的智慧化和電子化，以仿效其多變多面型態與歷程）

事物視為秩序之不定，本身是一有機構體，其內組件分處合理部位，互為關聯。因此，事物構象既含機率的樣本空間（Sample space）所有可能結果之集合，也含對應的樣本空間所有可能面相之集合，凡有關面相其機率相等便成對應關係。簡言之，所謂可能結果（Outcome），等同是指事件（Event），以另一個立場看也可當作面相（Phase）。換句話說，機率（P）是樣本空間有關事件的可能性之測度（0≤P≤1），對應（∩）則是指樣本空間有關面相的關聯性之檢定（∩：對應面相）。於是，機率便可捕捉不定動況之貌樣，對應則可捕捉有機結構的關聯（含因反）。由此可知，機率與對應分別扮演多變（一霎多變）和多面（一體多面）的樞紐角色。

舉一個例子，一顆骰子的構象便可由機率與對應來聯合呈現。從機率（P）的立場來看，樣本空間Ω＝{1, 2, 3, 4, 5, 6}，其中任何事件（點數）的機率均為 1／6。再從對應（∩）立場來看，其樣本空間同上，其中任何面相若機率相等就具有對應關係。經過檢定，發覺 1與 6 點的機率各為 1／6，2 與 5 點的機率也各為 1／6，3 與 4 點的機率同樣為 1／6，可知這三組的點數（代表的面相）確實各具對應關係。更因上述三組的對應機率都是 1／6，還可得知這些面相和機率所呈現（構象）為一公正的正方體骰子。如果 1 與 6 點的機率各為0.5／6，2 與 5 點以及 3 與 4 點的機率分別各為 1.25／6；那麼，這三組的面相與機率便聯合呈現一個長方體的骰子。如果 1 與 6 點的機率照舊，分別還是 0.5／6，可是 2 與 5 點的機率降低，分別是 1／6，3 與 4 點的機率提高，分別是 1.5／6；此一狀況下，這三組的面相與機率則聯合呈現一個扁長方體的骰子。

揭開事物的理氣謎團

現代中國人走失自己，轉向全盤接受西學之於物質的觀點。科學儒學懷疑西學過度簡化的看法，另外提出有關事物的界說和釐清。

　　觀物格物，中西學說的事物論點一向殊異。西學的存有與分割偏向，必然導致邏輯（理或精神）和物質（氣）是二元分立。唯心論主張精神與物質依序為第一、第二存在，而唯物論者則倒過來稱物質為第一存在，甚至說精神只是物質的作用。今天，唯物論無形中已穿上量子力學的新裝，儼然成為當前物理學的主要支柱。物理領域的研究重心，乃探索事物在其外在空間中因外力影響而順向運動。而且，不管什麼事物都可以一直切割，一分再分到不具內在結構的基本粒子與其外受的基本力。真正空間依古典物理是三維的絕對空間，時間是一維的絕對時間。但依相對論的觀點則可說是四維時空連續體，其外曲面空間可視為重力場域。晚近弦論為了可以彌補量子力學和相對論重整化（Renomalization）的缺失，更以弦（String）為至小物質單元，至於空間乃是十維，超弦則是一維。

　　古典物理的絕對時空循科學方法已經證實非真，當代物理理論如相對論、量子力學、弦論等無不默認吾人直接面對的是一個相對時空（註：但不是「連續體」）為根柢的世界。那麼，時下物理學家一心想要在「相對」的動況中，去苦心搜尋「絕對」性質的基本粒子與基本力，這全然是自相矛盾！任何人決不可能在相對的物質現象中，去實際捕捉到絕對的物質自身——最基本的物質單元。況且，相對論和量子力學，還有弦論等，各家立場針鋒麥芒，從中剝離出來的形上原型又歧見多過共識。筆者敢講，現代西方物理已經走入一條死胡同。

　　科學儒學沿襲傳統儒學千年卓見，主張事物是邏輯（理）物質（氣）一體化生的機體結構，直接也稱機體。機體是物質，是氣，涵蓋凡屬形下之器物；機體有其內在結構法式，這便是邏輯，是理，舉為形上之道。此即宋明理學一再強調的「理生氣也」，而「理復在氣之內」。法式與機體，或者說邏輯與物質，兩者不是各自獨立存在、再行結合；兩者關係是一體流行、渾然不分。《朱子文集》說：「天地之間，有理有氣。理也者，形而上之道也，生物之本也。氣也者，形而下之器也，生物之具也。必稟此理然後有性，必稟此氣然後有形。」《朱子語類》還說：「天下未有無理之氣，亦未有無氣之理。

氣之成形，理亦賦焉。」

　　邏輯與物質的關係標榜道器不離，體用不二；有物有則，有理有氣。縱使萬有化生，器物種類形形色色，但規格與器具、形式與事物、精神與軀體、制度與組織……等等，堪稱一時俱有，既是同在、也是同滅。《朱子語類》稱：「且如這個椅子，有四只腳，可以坐，此曰椅之理也。若除去一只腳，坐不得，便失其椅之理矣！」當然，這二者在說辭上，乃要言稱邏輯是第一存在（先或主）、物質是第二存在（後或從）；不過在實際上，二者卻是同時並生，同步並存。這點要注意，完全不能以西學觀點所謂第一存在與第二存在來看待。《朱子語類》有一段話可作注腳：「有理而後有氣，雖是一時都有，畢竟以理為主。」

　　所以，科學儒學的現實宇宙，小至基礎粒子（不是西學的基本粒子）而大至整個宇宙，都具內在邏輯及結構。這論點不單為儒學的天地物我同一之說創造條件，更體示現實宇宙就是一相對屬性的不定動況。西學向來著眼於存有與分割，及由此導出了絕對性宇宙；但相對論、量子力學、熱爆炸宇宙論等都強弱不一地暗示，吾人直接身處僅是一相對性宇宙。說穿了，現代物理的困境何嘗不是身在相對，卻又硬要進行窮盡分割以求把握最終實存，以致掉落在追尋虛幻的絕對性中！

　　圖 7-7 邏輯（理）與物質（氣）圖解闡述宇宙由無到有（注意，「無」是另類形式的「有」）一體生成的經過。首先，理生氣，理復在氣之內；相對宇宙轟然而生，元初邏輯和元初物質渾淪浮沈。物質（相對相對）是相對存在，相對映涉；邏輯（相對絕對）也是相對存在，卻絕對映涉。理與氣同為一體性、相對性，同生同滅；但物質反映相對的姿色現象，而邏輯卻反映絕對的抽象形式。因此，物質現象具有形下之徵狀，如斷續、有限、曲面，而邏輯形式卻含映形上性質，如連續、無限、平面。由此可以推知，唯物論以至量子力學所說物質是唯一實體、是第一存在，而邏輯只是物質的作用，這一說法壓根兒不通。因為，若說物質才是唯一實體，也就是本質（質體），是

圖 7-7　邏輯（理）與物質（氣）圖解

理氣一體化生		物質（氣）	邏輯（理）
相對宇宙　　　　　　相對融合 理生氣也 理復在氣之內 邏輯：相對絕對 物質：相對相對		元初物質	元初結構
絪縕相盪　　　　　　微粒 陰陽正負 各判彼此		粒子 （基礎粒子）	內部結構
理化作用　　　　　　元素 1.生命週期 2.內部複雜結構與互動 3.一百多種元素	元 素（核  子）原 子	原子	原子結構
萬物化生　　　　　　森羅萬物 1.進化 　簡單發展為複雜 2.趨向真善美 3.體現心智理知	 靜態／動態 現實宇宙 不定動況	無機物、有機物 生物 人 人工器具	化學結構 生理結構 心智結構 規格、型樣

原因；反之邏輯不過是作用，僅僅是功能，僅僅是結果。那麼，邏輯便會受到物質的制約，肯定不可能產生突破物質徵狀的形式！作用無法超越質體，至少，人類就不可能產生超越物質的邏輯觀念！

拿塑料或金屬「直尺」當作例子，它是根據產品規格製造，一經生產，規格（理）就蘊蓄於直尺（氣）之內。其實，物質角度而言，吾人如果使用光學甚至電子顯微鏡去探測，就能辨識直尺的細微組織點陣排列，發現它既不平坦也不筆直，更談不上連續。物質的作用，絕無法形成真正連續、平直！吾人之所以將一把「直尺」（後有之氣）當成既平又直的尺，是因為它蘊含、體現直尺規格（先有之理），並與吾人心智精神相符應。假設一把直尺不合規格，就淪為瑕疵品了。而直尺一旦拗斷或扭曲，就不成為直尺，也失去直尺之理了。最重要是，由於物質的斷續、曲面……等徵狀，整個宇宙根本找不到任何真正平面或直線的物體。真正平面或直線都僅僅存在於事物的形式，也存在於吾人的精神裏頭。因此，邏輯遠遠超越物質的範疇，而絕不可是物質聚散的作用！

接著，各種基礎粒子誕生。西方物理認為構成物質的基本粒子是「零維」的質點，科學儒學則認為是大於「零維」的微粒，稱為基礎粒子。基礎粒子雖是至小物質單元，它有變有面（粒子只是一種稱呼），仍有內在邏輯和結構，故有各自彼此之「分」，且有陰陽正負（反）之「異」。「分異」之外，這些單元大皆秉具質量，能占積，並有運動和壽命的通性。基礎粒子震盪流轉形塑高能粒子，再互相作用組成更大的粒子，內含更複雜的邏輯和結構；它們的分異、質量、運動、壽命等屬性也更為明顯。由此可見，宇宙萬物由微小到巨大，早在微觀世界便已無處不是一體化生、流動不居。一體多面、一靈多變，何止是粒子─波動雙象性，更絪縕為多象性之濫觴──感觀和宏觀世界事物皆屬多象性。

若按西方物理脈絡，基本粒子不具內在結構，則同類粒子就沒有理由不同；即使有陰陽正負之異，總不該有各自彼此之分吧！再者，量子論駁斥因果關係而把現代物理推往唯物論路線，傾向認定物質是

唯一實體且邏輯是物質的作用。可是，當粒子結合再結合構成感觀或宏觀事物，吾人發覺縱使同類同種，事物反而因其內在邏輯的限制，導致各自彼此的殊異差別。到最後，不管機率是多少，吾人已經無法看到二個或以上事物，它們的邏輯是一模一樣。

也許人工器具諸如電腦系統是如此，廠商可以製造二套以上內在邏輯一模一樣的電腦硬體軟體。它們的產品規格完全一致，資料輸入如果相同，內部作業與處理就一模一樣，輸出訊息也絲毫不差（某方面講，只是相似卻不盡相同，將另文討論之）。但是，自然界始終未曾發現有此一狀況。繁多事物尤其動物的物質面儘管相同（若依量子力學機率估算，物質面完全相同是可以預期的），不止屬同一種類，甚至具同一親代；但牠們的邏輯面顯示，沒有二個個體是同一的！特別是人類，身材相貌相同雖然偶爾發生，但古今中外乃至未來絕不可能會有二個或以上精神意識一模一樣的人。那怕是雙胞胎，彼此的心智意識依舊迥然有別。儘管他日生物科技大幅進步，一個人可以同時複製千百個人，但這千百個人肯定不會有相同的精神思緒。無論如何，他們各自都是異己，彼此心神絕非同一。以上事實說明，邏輯不會是物質的作用。

再接著，質子、中子、電子等形成，進而組成原子，並結合為化學元素。元素意指構成自然萬物的一百多種金屬與非金屬基本物質，如鉀、鎂、鐵、碳、氫、氧等。每一種元素皆由清一色一種原子構成，原子因此就成為保有元素特性的最小微粒。於是，不同元素的原子必定不同，各有不同的原子結構（主要為原子數或原子序）。到西元 2007 年為止，人類已經知道有一百一十八種元素，但實際只找到一百一十五種。元素週期表上因此可以看到一百一十八種排列，唯 113、115、117 號元素猶未發現，只有一百一十五種證實存在。未來隨著科學進步，預期將有更多元素陸續會被發掘出來。

表面看來，現代物理在原子的層次以上的理論歧見比較不嚴重，但在次原子粒子層次以下的爭議倒是不小。其實，西方物理的分裂乃是環繞在動力學 vs.熱力學熵說、相對論 vs.量子力學、微觀 vs.宏觀的

拉鋸。若加深入端詳，更環繞在實存 vs.進程、物質 vs.邏輯、性命 vs. 非性命等的對峙。

西方科學認為生物方具有生命現象，物理所研究的對象大都以非生物為主，屬於沒有性命的事物。然而，無性命事物像原子和次原子粒子這類小不點，又怎能構成有性命的生物機體!?如果物質的作用，猶如上述事實證明，尚且不能催生邏輯，則又豈能觸發性命的序曲音符!?科學儒學強調性命就是事物的內善進程，也就是內在邏輯；況且，實存與進程相即不離，性命還可解釋為事物的本質。因此，小至粒子、大至星球，不論有機或無機、不論生物或非生物，萬有事物莫不具有性命。不是嗎？事物作為開放系統，其內善進程便是藉由與外界的能量交流以及物質循環來維持其整體運作，這不也就是性命嗎!?固然，不同種類事物其性命本質雖然一樣，但其體現卻大不相同——有些週期很短，有些週期卻很長；有些層次很低，有些層次則很高。人類性命週期未必很長，但層次卻相當高。

原子，是感觀領域性命體現的基石。微觀領域高能粒子體積很小，只有原子十萬萬分之一，大都不穩定的，很快衰變；性命週期很短，有些是以皮秒（ps）、毫秒（ms）來計算，性命層次也很低。但一般原子組合為元素再構成有機與無機化合物，無機物就不必提了，而有機物的主要原子像碳、氫等都很穩定（放射性原子則常會衰變，半衰期短的只有幾毫秒）。形色遂以原子為基石，躍而疊架築成姿彩繽紛的感觀領域。隨著新、日新、又日新，特化再特化，萬有事物尤其生物的性命，其週期也由短而長；同時，其層次也由低而高，一路強哉奮進。

性命的自覺，正是凸顯物質背反（非物質）的一面。其一，性命是唯一。唯物論認為事物分割到最後，同款的基本粒子完全相同。然而，相同的粒子聚合構成同一種類的事物，縱使同分同構，牠們的性命還是不同。終究，沒有任何二個性命是一模一樣。其二，求生是本能。唯物論主張事物的存亡只是粒子的聚散，本質上無損物質一絲一毫；這也就是物質不滅定律稱物質雖然變化，但不能消滅或創生。可

是，事物尤其生物都有強烈求生本能，極力追求性命及生命意義的延續。性命唯一跟求生本能，雙雙展現物質背反的特性；這種背反物質特性，不可能是物質的作用所致。

到今日，一些考古資料指出，百億年以上歲月流光中，宇宙積極演進且萬物也適時化生。吾人感觀領域一百多種金屬與非金屬（九十多種落在地球），複以分子型態經化學作用構成數十萬種無機物以及上千萬種有機物。現代科學昌明，上述化合物多係人工合成，但在長達四十五億年壽命的地球上，自然化合而來的無機與有機物，也早已足夠進一步發展出生物生成的多彩多姿。進化之路迢迢，卻始終沿著有序化方向奮鬥，由簡單而複雜，由粗糙而精緻，由低等而高等。終於讓吾人目睹多嬌的大地湖海、絢麗的山川物礦之外，尚有生氣勃勃的全球至少三百多萬種生物。

有機物具有共同特徵，都屬含碳、氫的化合物。碳原子的結合力很強，能夠構成穩定的碳鍵或碳環；碳原子少的話可以是一兩個，多也可以是成千上萬之數，形成內部結構甚為複雜的機體。譬如：一個蛋白質分子便含有數百到上千的碳，加上其他像氫、氧等原子，全部的原子數目和排列真夠繁瑣嚇人。所以，大約三十五至三十六億年前，先是原始類細胞結構初生，不久原核生物面世，是一種由原核細胞組成的生物，如：細菌。二十五億年前，真核生物藻類形成，進行光合作用產生氧氣。十至十五億年前，單細胞過渡到多細胞生物，很快就開啟有性生殖的紀元。生物演變漫長又曲折，一直到六億年前主要還是藻菌類簡單生物型態，但在五億多年前，一起寒武紀生命大爆發（Cambrian explosion），涵蓋現生動物遠祖在內的大量多細胞生物密集湧現。約在二百萬年前，人類始祖南方古猿誕生，而大概五萬年前，現代人直接始祖晚期智人（又稱新人）出現，寫下地球生物的生理大突破一頁。一萬年前新石器時代肇始，現代人祖先點燃了宇宙知性文明曙光。

細胞堪稱生物體生理結構的基本單位。低等生物像細菌和原生生物多由一個細胞組成，稱單細胞生物。高等生物像植物和動物則是多

細胞生物。高等生物細胞因功能的差異而分化不同任務、形狀的細胞，遂發展出特定專業的組織跟器官。人類身體最為奧秘，既精緻又繁沓的結構反映巧妙的內在邏輯，傲然登為萬物之靈。

　　大家豈能不知，一個高一百七十五公分的人，身體概分為十二個系統包括上百個器官，像心臟血管系統含有心臟、血管、血液等器官，神經系統含有腦、脊椎、神經等器官。籠統估算一下，全身計有五十至七十五兆（億）個細胞。若再由理化基準加以剖析，則全身約有五十至七十五兆的上百倍數的有機分子，每個分子又含有不下十萬個原子；換算一下，一個細胞無疑內有上千萬個原子，而人體整個就有五十至七十五億萬乘以千萬個原子（5～7.5 億億萬個原子）。再說，心臟血管系統扮演人體樞紐。心臟每天抽送約八百加侖（1 美制加侖＝ 3.785 公升）血液，一生無休跳動（抽送）二十五億次；血管遍行密布共有一千億條，總長近十萬公里。若單將血液與細胞循環看成有如人們的產銷作業運輸搬移，非常令人震驚，這相當於上萬個地球合併在一塊的龐大國度及人數。全體聚集起來，不眠不休忙碌活動。

　　然而，人之所以拔擢為萬物之靈，是由於內在邏輯促成特化的神經系統急遽演進，以致發展出理知的操作。躍升的腦—神經進一步反映人類獨有的思維意念（簡稱思維），昂首成為邏輯的最高形式。誠然，思維是人類腦—神經對事物探詢而淬鍊的邏輯形式，權且視同人類心智，主要是藉由體內工具（如數學、語文等）來進行操作。思維能對主體、客體事物進行多次淬鍊，包括分析、抽象、綜合、構象等，以探討事物的本質屬性以及內在的關係、規律。嘖嘖稱奇的，人類的可貴不單因性命的大幅躍升而孕育了思維意念，更因思維意念的極致展現，此即：自由意志、真善美理念、超越精神，這些恰恰正好凸顯物質背反，正是吾人斷定物質既非唯一實存也非第一存在的明證。

　　自由意志指人類具備自主決定能力，甚至出現逆向化行徑。物質的運動定律表示物質受力後順著力的方向移動，但自由意志卻可以使人逆力（逆向）前進。而且，只要有人曾經有過以下類似經驗：即使客觀條件跟主觀企圖相勃，但人類仍可在狹幅範圍中冒出一個小小生

理反動或小小心理反思。那麼，這小小反應就足夠說明自由意志和物質背反的存在事實。真善美理念指人類思維符應和諧形式，並從各個方面自覺地追求合序真諦。許多物理學家認為，物質的最根本受力運動無疑來自重力或反重力的作用；而這終會引發無序化的效應，熵的現象便是例子之一。但是，一粒沙子可以見證真善美。事物含攝真善美的形色等要素，諸如：幾何形式、象數結構，卻都是有序化的實現，無一不是物質背反。因此，理在氣中，事物便依其邏輯本質趨向真善美，尤其人類思維更能不斷打破物性枷鎖而揮灑真善美理念。

超越精神指在性命本能上，人類思維的高度昇華，竭盡純粹化的結果。這意義非比尋常，不單物質背反，簡直是大力去物質化，極致淨化以飛躍到一個完全沒有物性的境域！這種反過來徹底排除物性的存在，當然就不可能是物質的作用。縱使唯物主義，本身也是一項思想產品。苟有人因唯物主義或者把任何思想奉作無限上綱，以致敢於捨生取義，甘願犧牲性命彰顯思想的永恆價值，這樣子的行為顯然必有一種超越精神貫穿其中。

最後，吾人擬將事物依其性質作一分類。事物是由一個或以上的機體所組成，具有某種自然或人為界線。事物內中組件以非線性互相關聯，總合起來滾為有序的構體（氣）和邏輯（理）。整體言之，組合而成的事物仍然是一個機體，也可看作是一個開放系統（Open system），還是一個以歷程來表示存在的動態系統。此外，還會因其構體和邏輯的簡繁，組件關聯的疏密，而有強或弱意味的樞紐。強意味樞紐像高等動物的腦—神經組織，弱意味樞紐像原子、星球的核心，更弱意味樞紐像生態系統或晶體的約略重心（中央）位置。

事物約莫分為以下四大類。

第一類是生存機體。通過高能、化學或生理作用而自然生成的獨立存續事物個體。機體內部組件（任何組件本身也都是一個機體）與組件之間緊密互動，相互牽涉的是一種性命關係。當某一組件遭遇不測，便會危及另一組件；而當樞紐或關鍵組件受到破壞，勢必連累其他組件面臨致命撞擊甚至整體性命的終結。現實宇宙無處不充斥生存

機體，天體間小者如粒子、大者如星球，地球上低等如細菌、高等如
脊椎動物……等等，都是生存機體。

第二類是聚群機體。眾多生存機體彼此依附，聚結或成群在一起，
形成聚群系統（其中同類機體通常自成一特定組件或組織）。個體與
個體、組件與組件之間視為生活關係，相互有效運作維持聚群的發
展。當其中某一組件發生破損，便會造成聚群的失調，影響程度則要
看組件的關鍵性還有破損的嚴重性等。聚群失調經過一陣子，因修
補、替代或其他因素，能夠逐漸恢復正常。但如組件破損過劇，或時
間過久幅度過大，整個聚群便會走向衰敗。常見例子垂手可得，如：
蜂蟻社群、生態系統等。

第三類是集組機體。眾多生存機體同區共處，毗連綿延並藉以保
持整體的均衡，此為集組。其中同類機體合為一特定組件（組成），
個體或組件之間為成分關係。集組機體因其成分異同可分為：純淨
物、混合物與匯集物。純淨物成分為元素（自然界中沒有 100 ％純淨
物），是一或多種元素構成的化合物，可寫出化學式，如碳（C_2）、
甲烷（CH_4）。混合物是二種或以上純淨物構成，不起化學作用，沒
有化學式，如天然氣、空氣。匯集物是二種或以上混合物構成，從感
觀的地理疆域到宏觀的天體廣袤到處皆屬之，如黃河流域、銀河系。
集組機體某一組件一旦受到破壞，短期內倒不至於帶來太大後遺症。

第四類是人工機體。這是狹義定義（廣義則整個文化世界皆為人
工機體），依特定人、群及單一目的，並藉由人為作用而成的人工事
物，泰半是依規格而製造的器具，另有一部分是依設計而建立的體
系。事物內中相同功能或性質的機體合為同一組件（部位），相互之
間為協同關係，往來牽動保持整體的穩定。當某一組件失效，連帶也
會妨害到其他組件或整體的有效運作。人為器具種類非常多，一般用
品像五金、電氣產品等，還有自動化、智慧性器材像機器設施、資訊
設備等。隨著人文腳步的邁進，人工機體益為多端，如試驗設置、畫
定的地理或天體區域等。

中外時間的秘密

最後,再來探討什麼是時間?它和空間的關係又是什麼?古今中外,人們對此尚未找到明確答案!

人們眼中,空間是指空曠通暢的物理空間,時間是指曲進不可逆的歷程時間(時間之矢)。二者雖是耳熟能詳的名稱,卻有不為常人知悉的特殊意涵。千年來知識進步,固然使到時空界說幾度更進;唯中外文化的抗禮,彼此包含分歧精義,各自蘊藏似異非異又似同非同的哲思。

西學以存有為主軸,著重外動(事物在外在環境中的活動情形)學理,認為空間是事物的外在廣延,是可以容積,可供運動的幾何空域。動力學(Dynamics)便是一套研究物體在空間中因外力而運動的學問,甚至物理學到頭來也只是一門物體與空間的科學。

真正空間應是三維真空,也就是虛空(Vacuum),乃物質以外的部分。古希臘原子論便把宇宙本原歸為原子和虛空。不過,亞里斯多德倒認為空間猶如位置(位域),不相信自然界有真空。再加上後來基督教義宣揚上帝臨在無限空間(無所不在Omnipresence),使到中古歐洲長期秉持「自然厭惡真空」(Nature abhors a vacuum)的觀點,否定真空的存在。

近代科學發軔,笛卡兒與牛頓都排斥真空。牛頓主張絕對空間亦即絕對靜止參照系或稱以太參照系,內中瀰漫以太,成為扮演經典物理的絕對間架。同樣在十七世紀,伽利略學生托里切利(E. Torricelli)把汞柱倒插在注滿汞的容器中,柱內汞下降產生低於一大氣壓力的真空。但這所謂真空依舊含有稀薄氣體和粒子。一直到二十世紀,世人才對真空有一清楚輪廓。狹義相對論首倡四維時空連續體概念,廣義相對論進一步強調曲面空間,可用重力場域來呈現。量子論開闢出高能物理的坦途,大家才發現真空非虛空,在至小極細之境頻起量子漲落,真空不空!

　　話說回來，不管空間是否為真空，真空又是否為虛空，西學都把空間視為真實存在。相反的，西學一講到時間，卻有迥然不同的立場。在西方文化數千年探索路途中，時間從未被看成是真正存在（至少不是根本性），它不過是空間與人的產物。空間與人的效應各自形成運動時間以及歷程時間，二者又都共同憑藉計時單位（如分秒）和儀器（如：鐘錶）來統一表徵。也因此，古代許多人每每迷亂在這二者之中，等到二十世紀，人們才逐漸認清這二者的差別。

　　再回頭檢視，最早可以看到古希臘羅馬時期關於時間的見解。當時原子論只承認原子與空間（虛空），時間如同萬有事物乃屬於感性現象。而亞里斯多德更只在運動範疇中探尋時間，稱時間為運動的數目。中世紀神學家奧古斯丁則更斷言時間是心靈的伸展，這句話的感染力甚為深遠。古代西方，隱約已見與空間運動有關的運動時間，以及與事物現象有關的歷程時間，而歷程時間只是心官感覺罷了！至於十七世紀牛頓提出絕對時間與相對時間，前者是純粹的數學時間依其本性而均勻地、超恆地、獨自地流逝，後者便是運動時間。二十世紀愛因斯坦狹義相對論進一步揭露時間與空間關係密切，並且時間、空間與物體質量形態還會隨著運動（加）速度而改變。特別是，廣義相對論允許「閉合類時（亞光速）曲線」，沿著這曲線進行時間旅行，可以遊走未來與過去。愛氏清楚把時間視為物體在空間中的運動時間，這就怪不得，為何他悍然對不可逆的歷程時間嗤之以鼻，大聲譏諷過去、現在、未來的流逝時間僅是幻象。

　　藉由上述時間說辭佐證，現代物理學確實只知物體及其外在的物理空間，而把時間界定為運動時間。嚴格言之，運動時間只是空間與物體運動的產物，不啻反映運動之間（Duration）。低速運動當兒，時間等於距離除以速度（$t = d / v$），單純視為物體運動的度量。高速運動時，由於拉曳與連動的效應顯著，相關的時空、質量、形態等跟著改變。反之，刻畫事物存續久暫、過往今來即為歷程時間，始終只是一個虛幻不實的荏苒現象；雖然熱力學發現熵值增加定律暗示時間之矢，但它在西方存有與分割的思想園地既無法播種也很難萌發。

　　中國文化奠立的是一個以化生為核心的世界。現實宇宙森羅萬象皆為有機結構，歷程即實存。儒學方針一向強調內變（內動，指事物內在變動情形），窮究事物——其對象多為社會——內部互動，在時間邁進中奮追「全善」目標。因此，相對於西學，儒學本質上無疑是一門事物與時間的學問。

　　儒學的重點便在內變索解，因此時間與空間另有不同詮釋。時間專指歷程時間，它真實展現，是事物內變曲進的不可逆過程；遂有事物內部連續構態的不斷遞嬗，可用過去、現在、未來的系列順序作為展現。空間專指事物的內界空間，簡稱內空間，為事物結構的一部分；儒學常研社會領域，其內空間主要落實為：方位（社會環境位置）與名位（社會人事位置）。

　　古代儒學以天道反諸人道，用仁來貫通社會。近古理學起於繼天立極，用「理」來統攝整個宇宙，並明立仁義是人道之理作為社會本元。標榜為宋明新儒學，雖然派別壁壘分明，它仍舊渾成一龐大哲學體系。理學早在冒芽初期就孕育有一優越的宇宙架構，蘊涵化生的歷程時間；後因物（物理）我（人或事理）、心（主體）性（本體）、主（主觀）客（客觀）等的齟齬，加上大時代背景的限制，造成自然知識停滯不前。理學無法自糾纏中脫困，使到治學的對象多轉向社會倫理，明清以降反侷限於人學一偶。

　　依照前文事物分類方式，任何客體小至粒子大至整個宇宙，莫不是機體結構。科學儒學的挑戰，端在能否深切剖析事物（機體）內變曲進和歷程時間的實況。筆者相信中國人的智慧，將來一定能開拓人類新科學之路。到時，也許大家不會稱之為科學儒學；但在這邊，筆者所稱科學儒學至少能夠擔任先行任務，盡力消化並吸收西學，再科學地去勘察內在學理的範圍，見圖7-8外在存有學理 vs.內在化生學理。

　　很明顯的，中國人的世界觀乃是內在世界觀，是一有歷程時間而沒有外在物理空間的世界觀。深受文化的束縛，中國不太可能自發產生像西方物理這種物體與空間的知識。古來中國人開拓的是事物與時間的學問，秦漢儒學和宋明理學無不循此思路引領風騷。國人把事物

圖 7-8　外在存有學理 vs. 內在化生學理

西學：物體與空間（外動＆確決）／外在	儒學：事物與時間（內動＆錯綜）／內在
物理學（物理幾何化，幾何數符化） 物理之範疇 外在運動（局域性 Locality） 物理（幾何）空間 運動（鐘錶）時間	科學儒學（動況構象化，構象圖符化） 科儒之範疇 內在變動（非局域性 Nonlocality） 歷程（流程）時間 內在（區位）空間

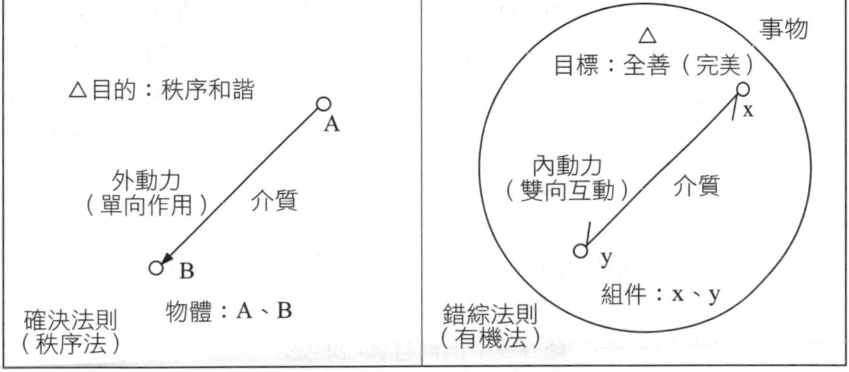

（圖示左：△目的：秩序和諧　A　外動力（單向作用）　介質　B　物體：A、B　確決法則（秩序法））

（圖示右：△事物　目標：全善（完美）　x　內動力（雙向互動）　介質　y　組件：x、y　錯綜法則（有機法））

註：1. 存有＝存有者＋秩序法則（永久法）＋外動力
　　2. 物理存有＝自然物體＋運動法則（自然法）＋外動力
　　　　後面兩項 {相對論為：因果規律＋外動力（起於基本力）
　　　　　　　　　 {量子論為：機率分布＋自動力（起於零點能）
　　3. 化生＝化生者＋道　亦即：化生＝化生者＋錯綜結構（有機法）＋
　　　　內善力（內動力）
　　4. 物理化生＝自然事物＋物理系統＋內動力
　　5. 生物化生＝生物＋生理組織＋內動力
　　6. 社會化生＝社會＋倫理綱紀＋內仁力（儒家以仁為核心）

都看成是一有機結構體，不管小到細小粒子，或者大到龐大的宇宙，無不是以統合（猶如綜合）而非分解（猶如分析）作為認知方法。然後，孜孜把視線聚焦其內部變動情形，更以積極態度發掘生生與新新的動況。二十一世紀今天，當前最新近的科學訊息也暗示，中國人這種固有的世界觀，似乎比較適合用來闡述自然現象和宇宙演變。

　　由於中國文化流露濃郁的內視（內部視察）意味，國人習慣上便常用「宇內」表示「宇宙」，「海內」表示「四海」，並認為整個指涉對象內部處處關聯互動又統合為一。這也就是為何國人會有「四海之內皆兄弟」的情懷，尚有「天地萬物本吾一體」的胸襟。張載《西銘》一文，其中「乾稱父，坤稱母；予茲藐焉，乃混然中處。故天地之塞，吾其體；天地之帥，吾其性。民吾同胞，物吾與也」，堪稱代表之作。

　　尤其，事物不是一成不變的。其內部變動更以連續性及互動性的曲進形式，以致在計時上鋪排單向一維的不可逆歷程時間。《中庸》曰：「天命之謂性，率性之謂道，修道之謂教。」深刻描繪一個日新又新的化育社會，而其歷程時間拉動的便是大家率性修道成己成物的人文發展。圖 7-9 化育社會說明圖針對《中庸》內容加以一番剖解，可見精義。吾人發現「性」是社會人的本元此即至誠至善目標，「道」是社會人的本元演成的中和規範也就是倫理綱紀和貫穿其間仁義力

圖 7-9　化育社會說明圖

中庸社會＝化育社會＋倫理＋仁義
性＝化育社會人的本元即誠善目標
道＝倫理＋仁義
教＝政經育樂（器）的實踐

化育社會

性（本元）＝誠善（目標）

道

倫理＋仁義

道器不離

體用不二

教（器）

政經育樂

體

用

基礎單元：社會人

人文時間＝率性修道的不可逆世事發展過程

量，「教」是社會規範的修習化成，主要藉由政經育樂措施（器）的實踐來達致。最後尚可發見「社會的歷程時間」或稱「人文時間」，無疑是內動講求中和及目標追求誠善的不可逆世事發展過程。

實質上，每一事物自有每一事物的歷程時間，就像每一社會有其獨有歷程時間即該社會的人文時間。「自然的歷程時間」可藉由天體運行為基準所刻畫出來可稱「天數時間」，人乃自然一員，故「人類的歷程時間」亦為天數時間，也稱「性命時間」。但量度上，人們自古依據天數時間訂定時制。現代的共同曆法跟時間標準，包括年、月、日和時、分、秒等的量度以及時差加減，是以太陽、地球為架構。二十世紀五〇年代起，逐漸採用物理的原子時間標準，時間基本單位是頻率，經此修正勉強可算是宇宙—地球時間制度。吾人可用此一計時方式統一計量所有物體（事物）的外動及其內變（內動）。

然而，撇開量度標準不講，時間的真正意思，指的就是事物內變曲進的歷程時間，而不是事物（物體）外動的運動時間！

高空鳥瞰，相較於西方文化是物體（外動）與空間的文化，中國文化不正活脫脫是事物（內變）與時間的文化。時間被賦予真實存在的身分，堪稱是中國文化的一個特色。所以說，中華民族稱得上是一個時間民族。讀者們無妨回頭想想，時間如非真實存在，事物如何能化生，又如何能內變日新與時俱進！?

人類的歷程時間是性命時間，中國人因而特別重視現世（相較於西方人重視往生世界）；對此，古人經常感嘆時間飛逝，年華不久留。詩人最為敏感，李白惆悵，「光景不待人須臾髮成絲」（〈相逢行〉），杜甫也憂煩，「少壯能幾時，鬢髮各已蒼」（〈贈衛八處士〉）。文起八代之衰，韓愈傷感中猶能進取，「百年詎幾時，君子不可閒」（〈讀皇甫湜公安園池詩書其後〉）。蘇軾是一等文豪，加上詩詞書畫造詣殊深，他〈晚歲三首〉無異性命之歌，懊惱與迷惘之餘，更有奮起，「明年豈無年，心事恐蹉跎，努力盡今夕，少年猶可誇」。

性命時間既美麗又哀愁，總是無奈意興。不少人竟抱有一分憧憬，

夢想可以「長繩繫白日」或「大藥駐朱顏」（白居易〈浩歌行〉），藉由某一種機制，可以有效控制時間步伐。爛柯樵夫王質在深山巧遇仙人的故事，山中方一日，人間已千年，確是讓世人無限嚮往。吾人看到古代常有求長生跟煉丹術的流傳，希望透過丹藥等來跳脫時間求得長生。這種修真煉丹是以理氣一體為深層基礎，不重來生而重此生得道成仙，不啻算是中國文化的另一個特色。

社會的歷程時間是人文時間，涉及歷史演化與時事機變，展列人們生活變動的單向過程；而過去社會的時間敘事（時事的時序性接續）即是歷史，是社會過去事件的時間戳印的記載與詮釋。中國人既然是一時間民族，當然也就極具濃烈歷史意識，不論大到民族歷史或小到家族歷史，總是牽動緬懷之念。民族歷史以國家正史為代表，中國歷代皆設立史官記錄國家言事，從商周到清朝，官名職掌雖有差異，但這一傳統制度和記史工作卻一直延續。清朝乾隆把歷代撰著的二十四套史御定為「二十四史」，皆屬正史。四部「經、史、子、集」，史的地位僅僅次於儒家經書。乾隆時代史學家章學誠進一步提出「六經皆史」，意指任何視為萬世常法的經書，剛一開始無非都是史書，這更大大凸顯了「史」的地位。

尤其，歷史反映過去歷變，這些歷變生成了現在的社會實體，又分秒不歇滾入未來進程。人們若能知道過去，就能適當定位現在並設想未來。因此，中國人的重史精神，還可以從這樣的知行模式來理解。大家應該知道，不同的民族時空觀，便有不同的知行模式。好比西方人是用實證推理，而中國人則採實鑑推演，強調師法先王、尚古尊古，援引前人典範體式作為知行參照。於是，考查歷史經驗，可以鑑古知今並依據案例推斷事變，唐太宗就曾說：「以古為鏡，可以知興替」。借助歷史褒貶批判，甚至可以導正世道，煥發積極義理，孟子說：「孔子懼，作《春秋》……而亂臣賊子懼。」

自然的歷程時間（天時）姑且說是天數時間，概括天體運行的歷程，以曆法作為表達形式。初民的時間意識便是起自日月輪轉，季節交替中草木生生之象。所以，「時」字在甲骨文寫作「峕」，從「日」

從「之」（ㄓ）；而歲、年、春、秋等甲骨文字，也都跟農作物生成收割有關。商朝已有日月星辰的記載並訂定了一套相當完備的陰陽合曆，以月的圓缺紀月，以日的回歸紀年。西周曆法大有進步，紀月紀日更趨詳細，還把商曆春與秋再添上夏與冬，畫分一年內有四季，《逸周書》：「凡四時成歲，歲有春夏秋冬。」時間的觀念確立了，它以曆算映寫天象流變，《說文解字》：「時，四時也。」《管子‧山權數》「時者，所以記歲也。」

古人懷抱敬畏心態觀察天象，探尋天時天機。儘管天體一向籠罩在神聖與神秘的渲染中，但哲學家的睿智總是真理的先行，早已察覺時間恆動是萬化的因素也是實存的要件。朱熹深知自然流變頃刻不息，「天運不息，非特四時為然，雖一日一時頃刻之間，其運未嘗息也」（《語類》）。王陽明熟諳陰陽、動靜流轉而分秒不停，「自元會運世歲月日時，以至刻杪忽微，莫不皆然，所謂動靜無端，陰陽無始也」（《傳習錄》）。中國文化奇葩逸麗，確實是圍繞在「事物與時間」才可以怒放盛開。而中國人的時間，原意指天數時間。

《論語》大約成書於春秋戰國，記錄孔子及其弟子言行。該書宗旨雖不是著眼在時間問題，但從其中一些句子可窺孔子和先秦學者的時間觀。《論語》一書提到「時」字有十處（十一字），其中當然有跟「記歲」、「四時」相關的天數時間，這是「時」的初始意涵。接著，古人當然將之用以表述性命時間，而按照天數曆法計算出來的年齡就是曆法年齡（時序年齡）。天年便是天賦的壽命，即為自然壽命。此外，《論語》的「時」字還當作跟人間世事相關的人文時間，是「時」的人文應用衍生的新增詮釋。國人自古顯然就把「時」畫分為「天之時」和「人之時」，前者便指自然的天數時間涵蓋性命時間，後者指世事的人文時間。宋代朱鑒：「有天之時，有人之時。寒暑之推遷，此時之運於天者，曆書所載蓋莫詳焉；至於因某日而載某事，此時之繫於人者。」（《歲時‧廣記序》）

孔子感覺到時間本質是一線性流逝，曾在川上說：「逝者如斯夫，不舍晝夜」（〈子罕〉）。他體察天道不言而大能，驅使日月運轉四

季次第產生,萬物也蓬勃生長;當然,時間就在他言外因天運化生而浮沈流走,「天何言哉,四時行焉,百物生焉」(〈陽貨〉)。天數時間以其單純描繪來概括天體現象並用曆法干支來刻畫,「行夏之時」的「時」就是天數時間。曆算馬上被引用作為敘述性命的光陰穿梭,「少年之時」的「時」便是性命時間。甚至可以不用「時」字而在句子中嵌入「歲月」等來代替,或者直接用數字來表示性命時間,如:「日月逝矣,歲不我與」,「吾十有五而志於學」等等。諸子百家當中,儒家尤其堅持入世精神,經世致用凸顯了社會的人文時間。狹義解釋,人文時間指的是歷史嬗遞世事年代;廣義意涵則是指時務歷變中的時機、時局,或是指合時、得時的行事等。譬如:「好從事而亟失時」、「使民以時」、「不時不食」等,這些「時」字都屬人文時間。

　　身為古聖中最能契時地引領大時代的不二偉人,孔子因此受到孟子的高聲讚頌,「孔子,聖之時者也」(《孟子·萬章》)。孔子備受推崇,後人甚至說「半部論語治天下」,其原因就在東周動亂使到人民生活困苦,時間的流逝導致神權體制逐漸禮崩樂壞;而他竟能巨變中探求社會的不變基礎作為正面力量——由己仁,再憑以重建社會綱常體制。孔子強調「為仁由己」,不然的話,「人而不仁,如禮何?人而不仁,如樂何」(〈八佾〉)?由己之仁,為當時新興社會創造條件。

　　《周易》尊為群經之首,拙作第四章曾經介紹其宗旨及因反辯證的認知模式。此處改由《周易》形上維度切入再作檢視,方知它竟是一部時間之書!該書提到「時」字有五十八處(六十一字),意思也一樣概分為天之時與人之時。前者是天數時間,以「四時」、「奉天時」、「治曆明時」等的詞句出現。天數時間透過曆法曉以自然規律,性命時間也是其中一環,直接套用曆法單位(像年、歲)以及算符數字。後者便是人文時間,通常牽扯到社會世事包括史事和時事的異動推移,許多詞句像「與時偕行」、「時行」、「失時」等,都跟世事錯綜中的時機、時勢、時局這類狀況有關。

越過《論語》的視野，《周易》則隱含時間本質是一非線性的曲折變動流序。不同於《論語》的流逝時間，《周易》的時間，可稱為流變時間。

書如其名，《周易》講的就是變易。司馬遷表示：「《易》著天地陰陽五行，故長於變」（《史記・太史公自序》）。《周易》用卦爻代表萬物現象，易道所引伸的不啻便是萬有物則。書中稱此為乾元之道，表示天道親德以化生交變來育養萬物、成全性命；「大哉乾元，萬物資始」，「乾道變化，各正性命」（《周易・彖辭》）。易道故為變之道，它變動不已又變幻不定，唯一不變的正是變與適變。面對驚人的千變萬化，《易・繫辭下》有傳神描述，「易之為書也不可遠，為道也屢遷，周流六虛，上下無常，剛柔相易，不可為典要，唯變所適」。

變以變通奮勉推進，「易，窮則變，變則通，通則久」（〈繫辭下〉）。流變依此起伏宛延，時間便也沿此曲折逶邐；時間跟流變透過變通展現緊密聯繫。甚至說，流變與時間，乃一體之兩面。天數時間一向配合日月輪替四季更遞，「變通配四時」；而且，「變通莫大於四時」，古人視界中，自然萬象要算寒暑相推四時變化最為浩大。人文時間穿梭在社會時變——因時而變且變以應時——的步伐間，「變通者，趣時者也」。通變處置化成世事，變通應用才可竭盡物利，「通變之謂事」，「變而通之以盡利」；政經發展要懂得趨吉避凶就全憑如何精準掌控時間，「時行則行，時止則止，動靜不失其時」，簡言之，「時中」二字。

不單揭示「變」，《周易》還高舉「生」與「新」。變易指事物（機體）在大化流行中演進，時時刻刻設法圖謀蛻故再造、除舊更始。因此，變易實質上涵蓋「新新」與「生生」，由於新新與生生的絕妙唱作，才看出變易之道擁有超拔能耐。

變易以乾元天道為本原（體），天道反之以變易為顯現（用），含有新新、生生等二種不同變動型態。針對「新」與「生」，〈繫辭上〉說，「日新之謂盛德」，剛健篤實自強不息，一次又一次鼎新維

新。透過不斷自我鞭策自我改革，以達到日新又新的碩果，並秉持德貴日新，把創新求新當作一項珍貴德行。〈繫辭下〉則說，「天地之大德曰生」，世代繁衍生生不已，一代又一代進行交替嬗遞。「生生之謂易」，既張揚自然生生不窮，尤蘊藏天地生物之心的生生之仁。

早唐孔穎達在《周易正義》書中給變易下一注解，「易者變化之總名，改換之殊稱」，還進一步說明，「自天地開闢，陰陽運行，寒暑遞來，日夜更出，孚萌庶類，亨毒群品，新新不停，生生相續，莫非資變化之力換代之功」。他的話非常貼切，變易不啻便可現形為「新新不停，生生相續」。如果要破象闡微，想要找到一簡易原理，《周易》其實自有答案：變易之道乃是化生之道！〈繫辭〉說：「天地絪縕，萬物化醇，男女構精，萬物化生」，〈彖傳〉也說：「天地感而萬物化生」。《周易》在時間的倥傯之際尋取不易典範，提出一體生成的化生構想（完全有別於西學的二截對立的存有說）。宋初周敦頤再據此構想，建置一套圍繞時間軸的宇宙發展萬物生成的化生論；《太極圖說》稱：「無極而太極，太極動而生陽，……靜而生陰。……陽變陰合，而生水火木金土，……二氣交感，化生萬物。萬物生生而變化無窮焉。」他還領先為理一分殊奠定基礎，《通書》（又名《易通》）：「二氣五行，化生萬物。五殊二實，二本則一；是萬為一，一實萬分。」

有別於西哲秉持二截分立的存有主張，《周易》以時間為綿延而開展一體生成。《周易》作者群也許並非全都清楚知道「一體」的意涵，但大都能夠體認宇宙萬物出自同一本原；在這樣子思想間架中，天人二大範疇必然具有密切關係。不止如此，這批易傳作者尤比同期其他學者更能提出強有力的論證。他們認定天地化育生成是無上之德，接著再循此巧構一套堅實的天人模式。

最後，特別介紹一下科學儒學的時間大略，從而為本書終結畫下句點。

科學儒學矢志探尋繼承並創新。《周易》揭示時間本質是曲進流變，謹慎地順此易理千百年足跡印出的路標，科儒更把時間本質看作

是任何機體內變的化生歷程。經過這麼一個概括，便找到了時間──歷程時間──的單一定義；它適用於所有宇宙萬物的內變進程，把國人自古以來的天之時和人之時的分裂狀態，完全地、徹底地加以統合起來！

二十一世紀中國人要大力開拓的，正是關於事物與時間的科學。時間是一真實存在，任何事物內部結構無不在時間維度向量中變動演進。外動有賴空間，內變則依憑時間；科儒在此宣告時間專指歷程時間，反映所有任何事物內變進程的不可逆跋涉。不管宇宙、社會、人類或任何對象，其內部遂有連續構態的不斷遞嬗，可引用過去、現在、未來的系列順序作為度量。因此，度量時間像鐘錶時間、日曆時間……等，僅僅是人文約定罷了。而歷程時間則是每一事物真真實實的各自的內變進程，整體呈現以生存週期（Life cycle）作為描繪。

所以，大至整個宇宙、星系、星球，小至任一分子、原子、粒子，每個對象都有各自的歷程時間。還有，以人類為代表的每一有機體，也各自都有各自的歷程時間。此外，由有機體特別是人類依某些條件組成的任何個別社會群體，同樣也都各自有它各自的歷程時間。以上所有的機體，也各自都有其生存週期作為歷程描繪。

讀者們一定要理解「各自」二字的涵義。西學的物理空間是公共的，科儒另起時間經典爐灶，歷程時間卻是各自的。物理空間被視為公共而公有，占積物體是互相排斥的。科儒的歷程時間被視為各自而私有，而且每一事物的生存以至生命也是獨具的。古代天之時與人之時處於分裂，天之時涵蓋天體運行以及人類壽命，全都仰賴天的因素，由天決定。相反的，人之時主要泛指社會時間攸關，卻是牽涉到人為因素，受到人類行為的左右。現在，科儒把天之時和人之時統合起來，成為每一事物各自的歷程時間及生存週期，其快慢端看每一個體的各自因素，全憑各自的內部動況影響遷變步調。吾人相信，歷程時間有關課題在未來科學領域，勢必扮演極具意義的角色！

時間因「變」而凸呈，「變」又以化生落成形形色色。這點《周易》已有驚覺，一再對「變」詳加抽絲剝繭，認為「道」和「變」互

為體（本原）用（顯現）。《周易》還提出「新」和「生」的觀點，緊緊環繞著化生一併登上時間舞台。爾後經過《周易正義》「新新不停，生生相續」的詮釋，更洞察這兩者是「變」的不同型態。於是，新新是自變，生生是他變，各有特定意義，且皆以化生方式的變易為總稱；反之，化生變易則以新新與生生為內涵，為分類。

　　無疑，天道和變易仍是近似體用關係，連袂打造現實世界。而化生（「變」的方式）和新新、生生可說是總稱和分類的關係，由此拉開曲折歷程，宛延鋪排時間的節拍。經此廓清，就把時間的特質給襯托供出，也揭開時間與歷程的共同性；並把「變」的面貌豐富浮起，一覽無遺。為了讓讀者們能切身感受，吾人透過圖 7-10 科儒的內變時間圖譜的上半截圖式的繪製，使「變」得以具象化而清楚地呈現在大家眼前。

　　換句話說，「變」以化生為形色，「道」以化生為原理。儘管萬物化生，總歸體用一源，顯微無間。於是，宇宙（含自然事物）、人類、社會三大機體範疇各種事物，觸目統統都顯現為形色諸象。理知睿見無形的本原，則是幽微密布於機體中；它發揮主導功能，驅策內動之力，訂成有機法則。任何機體因此非但一體流行，並塑成合理型式，還各自都以全善為目標，追求完美的境界。形上謂之「道」，也就是本原或原理，雖然看去是無蹤無跡但其存在卻是有憑有據。請參考圖 7-10 科儒的內變時間圖譜的下半截圖式，關於天道的抽象化。

　　請讀者們再對圖 7-10 作一全面檢視，就可看到化生原理（道）是歷程時間的最初始、最根本的緣起。它具有四大項獨特質素，其中對現代科學帶來迎頭重擊的乃一體流行與有機法則。吾人必需瞭解，首先，由於這兩項質素發揮有效作用，才會產生歷程時間。其次，現代物理主導的物質理念，不管是唯物一元論或心物二元論，到此都已站不住腳。至於合理型式與內動之力，則將決定新興儒學的優異性與效益性，是否有足夠動量坐上領航者位子。

　　對國人來講，一體流行並不陌生，實在不是什麼新鮮事；理氣相即不離尤其耳熟能詳，是宋明理學關於物質組成的見解。不同的是，

圖 7-10　科儒的內變時間圖譜

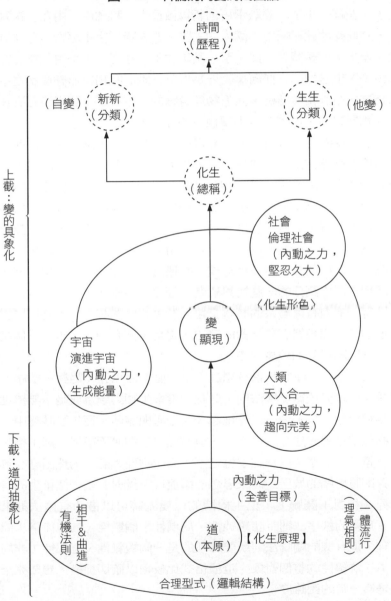

一旦融合中外又貫穿古今，這句理氣一體的論言因而現代化了、科學化了、並統一化了；經繼承再創新以致重生！科儒由「內在」綜覽發聲，在此擲地鏗鏘喊出中國人的主張。吾人斷言宇宙萬物無非理氣不離，至大宇宙整體是如此，至小基礎粒子（注意！不是現代物理的基本粒子）也是如此。任何事物皆為理氣一體，在物質形態徵狀之中，都有其內在邏輯與結構。西方物理宣揚的基本粒子，意指沒有內在結構的物質質點，現實宇宙中壓根兒不存在。

進一步探看，當內在論者凝視任一觀測對象，同時卻又循西方學者角度進行外在剖析，會是什麼景象呢？可想而知，內在論者馬上會發見該對象它不過只是某一更大機體的「次單元」，而且它與其他「次單元」相互交織構成那一更大機體的內在邏輯與結構。這樣逐次往外擴大觀測，最後可以推廣到整個現實宇宙，整個現實宇宙無疑便是一個巨大有機構體。於是，現實宇宙之內不管任何觀測對象，它和相關周遭事物便會自然而然形成一有機體系。如此一來，當前讓西方物理學家頭疼萬分的一些物界難題，好比：不確定性、非局域性、雙象性等，都因有機體系的關聯交錯而有更完備的解釋了！整個現實宇宙不但是一個相對而非絕對的宇宙，更是一個有機的宇宙、一個流變不定又關聯互動的現象宇宙。

西方存有物理的背景設想近乎是一個無機世界（絕對＋秩序），物體運動終究依循無機法則，曾經一度奉牛頓力學為典範。無機世界因為相對論、量子論……等堆起多少矛盾與嫌隙，百年爭吵聲中，現代物理基礎儼然建在流沙之上。但物理學家像愛因斯坦、薛丁格和好幾位量子論巨擘，以及到本世紀不少高能物理大師，仍然困守在無機世界即將坍塌的城堡。儒家思想一體流行所投射的是一個化生的有機世界（相對＋關聯），化生機體的內變流轉可以借助有機法則來說明。無機的秩序法則訴諸單純性、局域性、個體性，其規律講求簡明精確。但有機的關聯法則所要處理的是一個複雜性、全部性（非局域性）、群體性的整個對象，這種格式比較難以確切捉摸，想要完全掌握是有一定的困難度。

　　解析中外文化特色，發見雙方的認知方法本就反映著各自的世界觀。猶如西方實證推理必定影射一個無機世界，而《周易》最早就勾畫一個有機世界。《周易》把陰陽剛柔（因反交錯）與日新、生生都視為變易方式，並把由此導致的萬物化生以致成象成形都看作變易成效。變易成效開啟有機世界，而變易方式所展布出來便是有機的關聯法則之雛形。

　　儘管愛因斯坦自身也迷失於相對與絕對的叉路（見前文關於光速的討論），但相對論確實摧毀了曾經屹立不搖的絕對時空。至於由量子論起步的現代物理關於物質基礎新見，本來要吹響號角作為唯物先鋒，卻反隱約洩漏有機世界射來薄光，包括：零點能、不確定原理、非局域性……等。這些訊息顯示微觀領域涵蓄交錯漲落與機率分布狀況，嚴重戳突了世界底層是無機的說法。不單如此，一旦吾人審視感觀領域，舉凡生物遺傳、氣象天候、天體運轉、社會政經……等，統統也都攙混有流轉動況。

　　若再深加考究，可以發見甚至整個宇宙也都處在「幾微」（幾）狀態中。何謂「幾」？〈繫辭〉：「幾者動之微也」，周敦頤《通書・聖第四》：「動而未形，有無之間者，幾也」，張載《正蒙・坤化》：「幾者，象見而未形也」。幾（幾微）指動靜有無之際，講白一點，就是參差與不定，也就是現代物理的疊加態（注意，陽明的「寂」是「不知」的疊加態）。中國人竟然在一、二千年前因有機世界而能體悟疊加態，是令人感到意外！不過，易學也好，宋明理學也好，乃至現代物理也好，都還未破「以人觀物」的窠臼，把疊加態或「幾微」當成特定狀態。然而，科學儒學以物觀物，遂能洞察時間恆動、萬物參差不定，進一步得以透視疊加態仍是常態！本書第六章對此經有充分論證，請詳加參考。

　　於是，歸納許多不同領域變動現象，在此嘗試建立一套科學的有機法則（目標為全善）如下：

有機法則 $\begin{cases} 化生＝曲進（遞代、不停），流轉（偶然、牽涉）\\ 因反＝幾微（參差、不定），錯綜（相干、關聯）\end{cases}$

　　採取以上有機法則，大致可以稍解當前知識僵局，也可以統合微觀與宏觀、局部與全部，還有秩序與機率，乃至物理（非生命）與生物（生命）。不止如此，甚至可以把科學（真理）與人文（善德）也統合起來，形成整個統一的有機結構現實世界。

　　文化決定興衰命運。優秀文化的足跡揭露，人類常會多方去探尋且設法契合宇宙原理（宇宙的邏輯），而興衰關鍵就在誰更能回應宇宙玄奧。西學標榜科學符應真理，卷開自然之書，科學的偉大貢獻便在深入研究物質與空間，發現萬物與人類都由相同的物質粒子組成。此外，科學還尋獲機械格式，成為發明與產製的搖籃；尤其發見物理作用力，特別是引力、電磁力、核力等，更在二十世紀後期把西方文明推上巔峰。

　　不同的文化背景，科學儒學穿透物表直達本源，審度事物皆從氤氳之理氣巧滾凝聚、妙合化生，一本散為萬殊，以及人類身為萬物之靈在時間中求變求新的不屈不撓。多方揣摩萬物各自的合理機體型式，既是各自的進化要素，也是各自的存續要件。吾人於是因應不同狀況，以不同的合理型式為索引、為範例；成己成物，將可創造嶄新自己，並創造殊異規格、功能的嶄新器物（較之工業產品）。

　　合理的機體型式是時間的恩典，萬物生成都是由無而有。宇宙熱爆一秒瞬間，物理能量最大，強壓高溫約一百億度。那時候萬物未形無狀，氤氳型式處於最簡單。繼之在某一溫度下，基礎粒子形成，進而出現太初核合成。大約三十萬年後，電子和原子核再結合為原子（主要為氫原子）。到現在，物理能量已大幅下滑，生物類合理機體型式進化顯著。以地球為例子，可以看到驚豔的合理型式確已在各種物體尤其生物類上發揮效用。未來，縱使物理能量持續下滑（熵值增加），天擇適者（尤其生物）仍依其內善化生軌道應會向上演進，理當躍為更高等、更複雜、更精緻的物種。而且，這些物種的合理機體型式（及其生成）預期也更近完美，生命歌舞也注定更為絢爛瑰麗。

　　萬物遷變之中，人的內動之力以至全善目標最為精深萃美，也最能貼切符映上述宇宙真理。這一恢弘道體，最早見諸孔子一磚一瓦奠定的由己之仁，並憑以初步搭橋天人的內在聯繫。《周易》儘管還囿於以人觀物的人觀視界，卻能援引許多事例推論天人合德，塑造出天人合一的原始型態。科學儒學則在中國文化沈潛數百年後，融存有入化生，融理性入心性，抱持以物觀物的物觀視野，預見天人合一將可締造何其多的可能性。從宇宙熱爆膨脹萬物形成、以至人類日新發展，化生者莫不以驚豔化生來證明宇宙真理全善躍進的極大價值。科儒於是站在內動力之新高，強調天人合一的莫測意境。

　　讀者們應能清楚看到，森羅萬象全都是起於各自的內動之力與生成動量，縱使微觀粒子之小尚且有內動之零點能。動起求全達善，從一己的存續，到整個種類的存續和姿彩。人類更不止於此，猶致力於軀體之破繭化蝶，堅毅朝向精神形式的真善美執意衝刺。正因為如此，文明冉冉昇起，人類才得以走上一條萬物之靈的路。

　　從人類社會角度檢視，將近一萬年時間，由新石器時代肇始，人類在不同地域演著興亡遷變，也在時光中刻畫下盛衰嬗遞。地球上千千百百族群所譜出的文化，所組成的社會，都在歷史長空此起彼落畫過一道又一道流星的閃耀。但讀者們應該也已注意到，以儒學為核心的中國文化倫理社會，無疑是世界唯一仁義宗旨的內善之倫理社會，卻獨能堅忍久大。炎黃事蹟縱使遙遠，但中國文化相合（符合），思想相續（連續），社會紐帶相接（接替），民族薪火相傳（傳承）；歷經漫長數千年，中國文化始終綿延不斷，中國道統心脈也一直跳動不絕。到二十一世紀今天，中國仍能矢志求變求新，奔騰再造壯麗！

　　未來，中國人追求的不止是作為萬物之靈的社會人（或自然人）。你我將再度躍進，貫穿宇宙真理，融入歷程時間的奧秘，使中國人從社會人飆上頂尖變為宇宙人。宇宙人的特徵，就是精神急遽昇華趨向完美，成己成物！筆者花了十年之久探詢時間，直到最近領會單向時間以至全善完美，本書才敢畫下結尾句號。

　　最後，要跟讀者致歉的是書中一些論說略有含糊，這是因為有些

關鍵問題沒有提出說明。不過,本書重點乃在探索科學儒學,任務看來尚能勉強達成;其他問題,就不是本書關注焦點。

第五科學革命——新興儒學世紀領航

作者◆周哲水

發行人◆王學哲

總編輯◆方鵬程

主編◆葉幗英

責任編輯◆徐平

校對◆趙蓓芬

美術設計◆吳郁婷

出版發行：臺灣商務印書館股份有限公司

台北市重慶南路一段三十七號

電話：(02)2371-3712

讀者服務專線：0800056196

郵撥：0000165-1

網路書店：www.cptw.com.tw

E-mail：ecptw@cptw.com.tw

網址：www.cptw.com.tw

局版北市業字第 993 號

初版一刷：2010 年 11 月

定價：新台幣 400 元

ISBN 978-957-05-2541-0

第五科學革命：新興儒學世紀領航／周哲水 著
-- 初版. -- 臺北市：臺灣商務, 2010.11
　　面 ； 　公分

ISBN 978-957-05-2541-0 (平裝)

1. 科學哲學　2. 新儒學

301　　　　　　　　　　　　　　99018098